한 권으로 끝내는
화학

한 권으로 끝내는
화학

ⓒ 비지블 잉크 프레스, 2014

초판 1쇄 발행일 2014년 2월 10일
개정판 2쇄 발행일 2019년 1월 15일

지은이 이안 C. 스튜어트 · 저스틴 P. 로몬트
옮긴이 곽영직
펴낸이 김지영   펴낸곳 지브레인 Gbrain
편집 김현주
제작·관리 김동영

주소 04021 서울시 마포구 월드컵로 7길 88 2층
                              (지번주소 합정동 433-48)
전화 (02)2648-7224   팩스 (02)2654-7696
지브레인 블로그 blog.naver.com/inu002

ISBN 978-89-5979-510-9 (04430)
      978-89-5979-477-4 (SET)

• 책값은 뒤표지에 있습니다.
• 잘못된 책은 교환해 드립니다.

Chemistry

한 권으로 끝내는 화학

한 권으로
끝내는

이안 C. 스튜어트 · 저스틴 P. 로몬트 공저
곽영직 옮김

지브레인

Contents

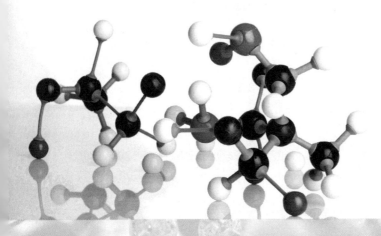

감사의 글

젊은 두 과학자에게 기회를 준 비저블 잉크 프레스의 로저 자네케와 켈빈 힐에게 감사드린다. '우리 주변 세상'을 다룬 장에 많은 질문을 보내준 미시간 대학과 브란데이스 대학의 학생들에게도 창의적이고 핵심적인 질문을 해준 것에 대해 감사한다. 학생들의 이름은 다음과 같다. Jon Ahearn, Krishna Bathina, Alex Belkin, Matt Benoit, Emma Betzig, Jeetayu Biswas, Ariana Boltax, Nick Carducci, Gina DiCiuccio, Alice Doong, Christina Lee, Shelby Lee, Greg Lorrain, Jake Lurie, Sotirios Malamis, Aysha Malik, Yawar Malik, Katie Marchetti, Nicholas Medina, Leah Naghi, Humaira Nawer, Logan Powell, Nilesh Raval, Alexandra Rzepecki, Minna Schmidt, Leah Simke, Sindhura Sonnathi, Eva Tulchinsky, Afzal Ullah, Anna Yatskar.

마지막으로 저술을 제안하고 프로젝트를 수행할 수 있도록 격려해주고, 배우고 가르치는 것이 무엇인지, 그 밖의 것들을 우리에게 가르쳐준 많은 이들에게 바칩니다. 브라이언, 당신에게 바칩니다.

여드름 속에는 무엇이 있을까? 칠면조 고기를 먹으면 왜 졸릴까? 불꽃은 어떤 원리로 작용할까? 숙취의 원인은 무엇일까? 화학(그리고 이 책)에는 이 질문들에 대한 답이 있다. 화학에 관한 재미있는 많은 이야기와 발명 뒤에는 많은 사람들의 이야기가 있다. 고등학교나 대학에서 화학을 공부했거나 화학과 관련된 직업을 가지고 있는 경우에도 이 책은 즐거움을 선사할 것으로 확신한다. 이 책을 쓰는 동안 매우 즐거웠다. 독자들은 이 책이 교과서의 접근 방법과 전혀 다르다는 것을 쉽게 알 수 있을 것이다. 살아가면서 매일 만지고 느끼고 맛볼 수 있는 것들에 대한 수백 가지 질문의 답을 원한다면 이 책은 올바른 선택이 될 것이다.

《한 권으로 끝내는 화학》은 우리 생활 속의 화학을 설명하기 위해 질문하고 답하는 형식을 차용했다. 이 책에는 지속가능한 화학, 요리의 화학, 천체 화학에 관한 장도 있다. 질문의 일부는 일반인들에게서 받았다. '우리 주변 세상'에 나온 질문들은 미시간 대학과 브한데이스 대학의 학생들이 보내준 것이다.

사람들은 샴푸에서 소디움로레스셀페이트가 어떤 작용을 하는지 알고 싶어도 물어볼 기회가 없었을 것이다. 우리는 이런 것을 쉽게 설명하려고 노력했으며, 내용이 다소 전문적인 경우라도 책 전체를 통해 대화하려고 했다. 때문에 독자들이 화학에 대해 편하게 들려주는 느낌을 받았으면 한다. 실제로는 가능하지 않다고 해도 말이다. 이 책에는 화학 구조가 제시되어 있는데 가능한 간단하게 나타내려고 노력했다. 이 추상적인 그림을 보고 이해할 수 있다면 좋겠지만, 그림을 이해하는 데 많은 시간을 할애할 필요는 없다. 분자에 대해 우리가 하려는 이야기에만 집중하면 된다. 그리고 화학에 대한 질문이나 하고 싶은 말이 있다면 아래 주소로 e-메일을 보내주기 바란다.

마지막으로 여러가지로 협조해준 분들에게 고마움을 표하며 앞으로도 이런 관계가 계속 되었으면 한다. 혹시 부족한 부분이나 실수가 있다면 이는 전적으로 우리 저자들의 책임이며 우리를 도와준 사람들이나 다른 사람 또는 단체와는 아무 관계가 없다.

즐거운 시간이 되기를…

Ian Stewart Justin Lomont handy.chemistry.answers@gmail.com

화학의 역사

화학을 최초로 연구한 것은 언제일까?

화학이라는 단어를 사용하지는 않았지만 고대 문명에서도 일상생활에서 화학반응을 다양하게 이용했다. 고대인들은 광석에서 순수한 금속을 추출해내는 야금이나 여러 가지 금속을 섞어 청동 같은 합금을 만드는 합금기술에 다양한 화학적 방법을 사용했다. 다양한 그릇을 만들어 사용한 도자기 기술, 포도주나 맥주와 같은 발효기술, 천의 염색이나 화장품으로 사용하던 물감 사용 등은 사람들이 물질을 변화시키는 화학적 방법에 매료되어 있었음을 잘 나타내는 증거이다.

화학이 태동한 곳은 어디인가?

수많은 초기 문명이 염색하는 방법이나 포도주를 만드는 발효기술을 알고 있었지만 화학의 기초가 되는 이론을 최초로 발전시킨 곳은 그리스와 인도였다.

그리스의 레우키포스(기원전 5C경 그리스 철학자)와 인도의 카나다(인도 육파철학의 개조)는 물질을 구성하는 더 이상 쪼갤 수 없는 알갱이가 존재한다고 생각했다. 원자라는 뜻의 영어 단어 'atom'은 '쪼갤 수 없는'이라는 뜻을 가진 그리스어에 어원을 두고 있다. 카나다는 더 이상 나눌 수 없는 원소를 '파라마누' 또는 간단히 '아누'라고 했다.

밀레투스는 화학과 무슨 관계가 있는가?

그리스의 대도시 중 하나인 밀레투스는 현재의 터키 서부 해안에 위치한 도시로, 화학에 대한 초기 개념 일부가 형성된 곳이다. 기원전 6세기에 자연철학자들인 밀레투스학파가 성립되었으며 이들을 대표하는 탈레스, 아낙시만드로스, 아낙시메네스의 사상은 후세에 많은 영향을 끼쳤다. 탈레스는 물이 우주를 구성하는 기본 물질이며 지구가 물 위에 떠 있는 원반이라고 주장했다. 아낙시만드로스는 이러한 생각에 도전해 우주는 물과 불이 분리될 때 생겨났으며, 지구는 아무것도 없는 곳에 떠 있다고 주장했다. 아낙시만드로스의 친구이자 제자였던 아낙시메네스는 만물을 이루는 근원 물질은 공기이며, 공기가 응축되면 물이 되고 물이 증발하면 다시 공기가 된다고 주장했다.

원소라는 개념을 처음 도입한 사람은 누구인가?

플라톤이다. 플라톤은 전체 우주를 구성하는 다섯 가지 기본 형태를 정사면체, 정육면체, 정팔면체, 정십이면체, 정이십면체로 보고, 이를 설명할 때 원소라는 단어를 처음 사용했다. 그는 엠페도클레스가 주장한 원소와 이 다섯 가지 기하학적 구조가 밀접한 관계가 있다고 생각하고, 불은 정사면체, 흙은 정육면체, 공기는 정팔면체, 물은 정십이면체, 에테르는 정이십면체에 대응시켰다. 기하학의 기본원리를 이용하여 우주의 구조와 성질을 설명하는 것은 성공적인 답을 제시하지는 못했지만 이러한 시도는 유클리드가 기하학을 완성시키는 중요한 계기가 되었다.

엠페도클레스가 제안했던 4원소는 무엇이었나?

엠페도클레스는(밀레투스 출신이 아닌 시실리 출신의) 최초로 4원소를 제안한 사람이다. 그는 물, 불, 흙, 공기의 4원소가 만물의 근원 물질이라고 주장했다. 엠페도클레스가 주장한 물, 불, 흙, 공기는 오늘날의 화학자들이 사용하는 것과는 다른 의미를 가지고 있었다(뒤에서 다시 다룰 예정이다). 원소에 대한 현대의 정의와는 달리, 엠페도클레스가 제안한 원소는 순수한 물질이 아니었다. 예를 들어 물은 엠페도클레스가 알고 있던 액체 상태의 물이 아니었다. 흙은 고체를, 물은 액체를, 공기는 기체를, 불은 열을 의미한다고 볼 수 있다.

아리스토텔레스가 추가한 다섯 번째 원소는?

4원소를 처음 제안한 사람은 엠페도클레스지만 아리스토텔레스도 4원소설의 성립에 공헌한 사람으로 인정받고 있다. 또한 아리스토텔레스는 에테르라고 하는 다섯 번째 원소를 제안하고, 하늘의 별과 행성을 구성하는 신성한 원소라고 주장했다.

원자론은 언제 처음 등장했나?

원자에 대한 개념은 고대 그리스의 과학자 데모크리토스와 레우키포스가 원자론을 처음 제안한 것으로 알려져 있다. 그들의 주장에 의하면 원자에는 여러 가지 다른 종류의 원자가 존재하며, 원자들 사이에는 진공이 있고, 우리가 매일 경험하는 물질의 성질은 원자들의 상호작용에 의해 결정된다는 것이다. 수 세기 동안 원자의 구조와 성질에 관한 개념들은 논리적 분석이나 추론에 근거를 두고 있었다. 그리

최초의 원자론은 고대 그리스에서 시작되었다. 고대 그리스의 학자들은 다양한 종류의 원자가 존재하며 원자 사이의 대부분의 공간은 진공으로 채워져 있다고 생각했다.

고 1800년대 이후에야 오늘날 우리가 아는 원자론으로 발전시키는 데 필요한 실험 연구가 시작되었다.

원소란?

원소는 화학물질의 가장 기본 형태이다. 순수한 원소로 이루어진 물체를 구성하는 모든 원자는 같은 수의 양성자를 가지고 있으며(뒤에서 다시 설명할 예정이다), 동일한 화학적 성질을 가지고 있다. 우리가 일상생활을 하면서 접하는 물질 중에서 한 가지 원소만으로 이루어진 물질은 그리 많지 않다. 대부분의 물질은 다양한 종류의 원소가 결합되어 만들어진다.

고대 화학과 현대 화학의 차이점은?

고대 화학과 현대 화학 사이에 명확한 경계가 존재하는 것은 아니지만 몇 가지 기본적인 차이점이 있다. 현대 화학은 세상을 원자와 분자, 전자를 이용해 설명한다. 또 화학반응을 설명하는 데 필요한 물질을 구성하는 기본 입자에 대해서 거의 완전한 이해를 바탕으로 하고 있는 반면, 고대 화학은 이런 정보를 가지고 있지 않았기 때문에 실험적 증거보다는 이론이나 신화에 더 많이 의존했다. 예를 들어 고대 화학자들은 젊음을 유지시켜 준다는 현자의 돌의 신화적인 능력에 매료되어 아무런 증거가 없는 현자의 돌(아래 참조)을 찾기 위해 노력했다.

최초로 화학실험을 한 사람은?

서양 교과서에서는 '게베르gerber'라고 알려진 자비르 이븐 하이얀Jabir ibn Hayyan이 최초로 화학실험을 한 사람으로 알려져 있다. 8세기에 현재 이란에 해당되는 지역에 살았던 자비르는 다른 많은 연금술사들과 마찬가지로 한 종류의 금속을 다른 종류의 금속으로 변환시키는 것에 흥미를 느꼈다. 자비르는 아리스토텔레스의 4원소설에 황과 수은을 추가하고, 모든 금속은 황과 수은이 다른 비율로 결합되어 만들어지는 것이라고 주장했다. 그는 최초로 엄격한 실험의 중요성을 강조했으며, 현재도 우리가 사용하고 있는 많은 실험 기술과 실험 장비를 사용했다.

금속학이란?

금속학은 순수한 금속이나 여러 가지 금속이 결합하여 만들어진 금속(합금이라고 불리는)의 성질을 다루는 과학 분야이다. 이 분야에서는 처음으로 물질을 구성하는 원소의 비율이 어떻게 물리적 성질을 결정하는지를 이해하기 위해 노력했다.

청동은 무엇인가?

청동은 구리와 주석의 합금으로, 주석이 3분의 1까지 차지한다. 초기 문명에서는 청동이 순수한 구리나 돌보다 강해서 내구성 있는 도구를 만들 수 있어 청동을 많이 사용했다.

고대 문명에서는 어떻게 청동을 만들었나?

주석은 광산에서 광물의 형태로 채광하여 제련 과정을 통해 정제한다. 이를 통해 순수한 주석이 얻어지면 다양한 비율로 녹인 구리에 섞어 생활도구나 무기를 만드는 데 사용하는 청동을 만들 수 있다.

철 제련이란 무엇인가?

제련은 광석(광석은 금속과 다른 물질을 포함하고 있는 암석이다)에서 순수한 금속을 추출해내는 방법이다. 제련 과정에서는 광석에 들어 있는 산화 상태의 금속을 다른 상태로 바꾸어 정제하기 위해 화학반응이 이용되기도 한다(산화된 상태에 대해서는 이 책의 뒷부분에서 자세하게 다룰 예정이다). 철의 제련은 기원전 1000년경부터(더 이른 시기일 가능성도 있음) 시작되었다. 철의 제련에는 보통 광석을 가열하는 과정이 포함된다. 광석을 가열하면 성형이 용이한 연한 철 재료를 얻을 수 있다. 상대적으로 순수한 이 연한 철을 굳기 전에 망치로 두드려 불순물을 제거하는 과정을 거친다.

운석철이란?

운석철은 말 그대로 운석에 들어 있는 철을 말한다. 고대 문명에서 운석철은 상대적으로 순수한 철을 구할 수 있는 몇 안 되는 광물 중 하나였다(철광석에서 철을 제련하는 기술이 발견되기 전에는). 운석에는 철이 주로 철과 니켈의 합금 형태로 함유되어 있다. 철이 함유된 운석은 특이한 모양이어서 다른 운석에 비해 쉽게 발견할 수 있어, 지금까지 발견된 운석의 대부분은 운석철이다.

연금술이란?

연금술은 어떤 면에서 최초의 화학 연구에 속한다고 할 수 있다. 연금술의 상당 부분은 현대 화학실험 과정과 비슷하다. 그러나 신화와 영혼 이론에 바탕을 두고 있어 현대 화학과 구별된다. 기본적으로 연금술사의 목적은 값싼 금속을 귀중한 금속인 금으로 바꾸거나 젊음을 유지하고 죽지 않게 하는 물질을 만드는 방법이나 그런 물질을 발견하는 것이었다. 신화는 그런 물질의 존재를 이야기하고 그 가능성을 제시해 연금술사의 목표는 이런 신화들을 근거로 하고 있으며 중세에는 세계 곳곳에서 활동했다. 지역과 연금술사에 따라 믿는 내용이 조금씩 달랐으며 서양에서는 1700년대까지도 금속으로 금을 만들 수 있다고 믿는 사람들이 많았다.

연금술사들이 금을 만드는 일을 포기한 것은 언제인가?

제임스 프라이스 James Price 라는 과학자는 1700년대 후반에도 여전히 금속을 금이나 은으로 만드는 일을 하고 있었다. 그리고 1782년에는 수은을 금과 은으로 바꾸는 데 성공했다고 주장했다. 그의 연구는 처음에는 성공한 것처럼 보여 많은 과학자들이 이 실험을 직접 보고 싶어 했다. 하지만 확실한 결과를 보여주지 못하자 프라이스는 신뢰를 잃게 되었다. 그뒤 몇 달 동안 잠적했던 프라이스는 1783년 실험실로 과학자들을 초청했다. 그리고는 실험에 참관한 사람들 앞에서 실험을 하던 도중 독약을 마시고 자살했다.

프라이스는 연금술의 목적을 달성했다고 주장한 마지막 과학자로, 이 비극적 사건 이후 값싼 금속을 금으로 바꾸는 방법이 있다고 믿는 과학자는 없었다.

> ### 현자의 돌이란 무엇인가?
>
> '현자의 돌'은 연금술사들 사이에 전해 내려오는 전설의 돌이다. 연금술사들은 현자의 돌이 다른 금속을 금으로 바꾸고 불로장생을 가능하게 하는 능력을 가지고 있다고 믿었고, 이것을 찾기 위해 노력했다. 물론 그러한 돌은 발견되지 않았다.

약학은 어떻게 시작되었나?

약학에 처음 화학을 사용한 사람은 파라셀수스 ^{Paracelsus}라고 알려져 있다. 파라셀수스 이전에는 몸의 평형이 깨지면 질병이 발생하는 것이라고 믿었다. 히포크라테스는 네 가지 체액(혈액, 점액, 흑담즙, 황담즙)의 평형이 깨지는 것이 질병의 원인이라고 설명했고, 갈레누스는 각각의 체액 불균형을 질병의 증세와 연결시켰다.

이와 같은 이론은 피를 흘리게 하는 것과 같은 질병 치료법에 대한 이론적 근거가 되었다. 그러나 파라셀수스는 외부에서 신체를 공격해서 질병이 발생하는 것이라고 생각했고, 일부 질병은 화학물질로 치료할 수 있다고 믿었다.

독성학의 기초를 다진 사람으로도 알려진 파라셀수스는 독이냐 아니냐는 복용하는 양에 따라 달라진다고 주장했다.

최초로 출판된 화학 교과서는?

이전에도 많은 화학 교과서가 있었지만 1597년 안드레아스 리바비우스 ^{Andreas} ^{Libavius}가 출판한 《알케미아 ^{Alchemia}》가 체계적으로 정리된 최초의 화학 교과서로 인정받고 있다. 1555년 독일의 할레 ^{Halle}에서 태어난 리바비우스는 화학자인 동시에 의사였고, 노년에는 학교 교장으로 재직했다. 그는 교과서 외에도 화학을 마술과 주술, 연금술의 영역에서 끌어내어 교육이 가능한 논리 과학 분야로 발전시켜 화학 역사에 중요한 업적을 남겼다.

연금술과 화학의 차이는 무엇인가?

1661년에 《회의적인 화학자 $^{Sceptical\ Chymist}$》라는 책을 출판하고, 실험은 아리스토텔레스가 제안했던 것처럼 우주가 4원소로 이루어지지 않았을 증명하는 것이라고 주장했던 로버트 보일 $^{Robert\ Boyle}$에게서 이 문제의 답을 얻을 수 있다. 보일 역시 한 가지 금속이 다른 금속으로 바뀔 수 있다고 믿는 연금술사였지만, 과학적 방법을 발전시키고 화학을 과학의 반열에 올려놓은 사람이기도 했다. 간단히 말해서 연금술은 철학이고 화학은 과학이라고 할 수 있다.

초기의 화학과 의학은 어떤 관계가 있었나?

모든 초기 공동체들은 약품으로 쓸 수 있는 식물을 찾아내어 사용했다. 식물을 이용하는 치료법의 자세한 메커니즘에 대해서는 비교적 최근에 와서야 알려졌는데, 이런 치료법이 질병 치료에 도움이 되는 이유는 식물에 있는 화학물질이 우리 몸속의 화학물질과 긍정적으로 상호작용하기 때문이다.

약초 치료법이란?

약초 치료법이란 질병을 치료하기 위해 식물이나 식물의 추출물을 사용하는 것을 말한다. 약초 치료법에는 요리 치료법(감기에 삼계탕을 먹는 등)에서부터 추출물을 먹거나 마시는 것(민트 차를 마시는 등), 식물 전체를 먹는 것에 이르기까지 다양한 방법이 있다. 모든 고대 문명은 하나 또는 여러 가지 식물을 약물로 사용했다. 아이스맨 외치^{Ötzi the Iceman}와 같이 잘 보존된 미이라 옆에서 식물이 발견되는 것을 보면 3000년 전에도 약초를 사용했음을 알 수 있다.

약초 치료법은 여러 가지 질병을 치료하는 자연 치료법으로 오랜 역사를 가진 전통적인 치료법이다. 오늘날에도 종종 사용되고 있다.

약초 치료법은 어떻게 발견되었나?

만약 각각의 약초를 발견하고 질병 치료에 이용하게 된 과정을 찾아낸다면 아주 흥미로운 이야깃거리가 될 것이다. 하지만 안타깝게도 이런 흥미로운 이야기는 듣지 못할 것이다. 식물을 약물로 이용하게 된 것은 인류가 역사를 기록하기 이전부터이기 때문이다. 약초의 이용에 관한 최초의 문헌은 고대 문명이 태동한 후에 기록된 것이다.

약초는 어떻게 준비하는가?

약초는 다양한 방법으로 준비된다. 팅크제나 영약^{elixirs}은 에탄올과 같은 용매를 이용해 추출해낸다. 용매인 아세트산을 식초라고 하는데, 아세트산을 이용해 추출해낸 용액 역시 '식초'라고 한다. 또 식물에서 특별한 성분을 추출하는 데 뜨거운 물을 사용하는 탕약 형태도 있다.

오늘날에도 사용되는 약초 의약품에는 어떤 것들이 있는가?

약의 흐름을 바꾸어 놓은 가장 유명한 식물 추출물은 아스피린과 키니네일 것이다. 대부분의 현대 약품은 식물에서 추출한 물질로 만들어지다가 상업적으로 대량 생산하게 되면서 인공 생산 물질로 바뀌었다. 예를 들면 탁셀(파클리탁셀)은 원래 북미 서해안의 주목에서 추출한 물질로, 1967년 다양한 형태의 암 치료에 효과적이라는 것이 밝혀지자 그 후 거의 30년 동안 환자에게 투여했다. 그러나 1990년대에 이 물질의 합성 방법이 발명되자 약초 치료법에서 합성 의약품의 영역으로 옮겨가게 되었다.

파클리탁셀, 탁셀 ®

약초 치료법과 현대 의학의 다른 점은?

현대적인 방법으로 제조한 약물에는 단 하나 또는 몇 가지 치료 물질만 포함되어 있다. 약에 들어 있는 기타 다른 물질은 약물이 필요한 부위에서 활성화되는 것을 다양한 방법으로 돕는다. 그러나 한때 살아 있던 식물로 만든 약초 의약품은 많은 종류의 화학물질을 포함하고 있다. 물론 이 경우에도 대개 한 가지 물질이 질병을 치료하는 작용을 한다.

화학은 고대의 무역에 어떤 영향을 주었나?

고대부터 무역에 거래되는 다양한 제품 생산에 화학적 방법이 이용되었다. 이런 제품에는 소금, 비단, 염료, 귀금속, 포도주, 도자기 같은 것이 포함되어 있다.

불이란?

불에 타는 것을 화학적으로 설명하면 연소반응이라고 할 수 있다. 연소는 물질과 산소가 결합하는 화학반응이다. 불은 이 반응에서 열과 빛 형태로 방출된 에너지이다. 우리가 보는 불에는 연소과정에서 방출된 빛뿐만 아니라 뜨거워진 기체가 내는 빛도 포함되어 있다.

성냥이나 라이터가 발명되기 전에는 부싯돌로 불을 지펴 난방과 요리를 했다. 단단한 금속을 부싯돌에 충돌시키면 불꽃이 만들어지고 이 불꽃이 불쏘시개에 불을 붙였다.

부싯돌로 어떻게 불을 만들 수 있을까?

영화에서 주인공이 부싯돌을 이용해 불을 피우는 것을 본 적이 있을 것이다. 그것이 정말 가능할까? 부싯돌은 강철과 같은 금속과 부딪쳤을 때 불꽃을 만들어내는 단단한 돌이다. 부싯돌의 단단한 가장자리에서 마찰에 의해 높은 온도로 달구어진 강철 조각이 떨어져 나가면, 이 뜨거운 철 조각이 공기 중의 산소와 반응하여 불꽃이 만들어진다. 이렇게 만들어진 불꽃이 마른 나뭇조각이나 종이 또는 연료에 불을 붙인다.

공기가 무게를 가지고 있다는 것을 처음 알아낸 사람은 누구인가?

공기도 무게를 가지고 있다는 것을 실험을 통해 처음으로 증명한 사람은 수학자 에반젤리스타 토리첼리 Evangelista Torricelli 였다. 공기의 무게를 증명한 그의 실험은 광산에서 물을 퍼올리는 펌프가 일정한 높이 이상에서는 작동하지 않는다는 데에서 힌트를 얻었다. 물 표면을 누르는 공기의 압력이 중요한 역할을 하는 것으로 믿은 토리첼리는 1643년 자신의 이론을 증명하기 위해 수은이 들어 있는 밀폐된 유리관을 수은이 들어 있는 그릇 위에 거꾸로 세웠다. 그리고 공기의 무게가 수은을 특정 높이만큼 밀어 올리는 것을 관찰했다. 이 관찰을 통해 날씨에 따라 수은주의 높이가 다르다는 것도 알게 되었다. 현재 우리는 그 이유가 기압이 매일 다르기 때문이라는 것을 알고 있다. 토리첼리의 이 실험은 최초의 기압계이다.

불에 타기 위해서는 산소(O_2)가 필요하다는 것을 처음 발견한 사람은 누구인가?

기원전 2세기에 비잔티움에 살았던 필로 Philo of Byzantium는 물이 담긴 그릇에 촛불을 세우고 뚜껑을 덮으면 초가 탈수록 물이 위로 올라오다가 모든 산소가 소모되면 촛불이 꺼진다는 것을 최초로 관찰했다(적어도 최초로 그런 관찰을 기록했다). 이 실험은 정교하게 설계되어 행해졌지만 연소 과정에 대한 그의 설명은 사실 잘못된 것이었다. 로버트 보일 Robert Boyle은 같은 실험을 반복하면서 촛불 대신 쥐를 사용했다. 이번에도 물이 위로 올라왔다. 이 실험을 통해 그는 공기 중의 한 성분(그는 이 성분을 니트로에어루스라고 불렀다)이 연소와 호흡을 위해 필요하다고 결론지었다. 한편 로버트 후크 Robert Hooke는 17세기에 산소를 만들어냈던 것으로 보이는데, 그 당시에는 플로지스톤설이 널리 받아들여지고 있어 이것이 원소라는 것을 알아차리지 못했다. 즉 불에 타려면 산소가 필요하다는 것을 알기 위해서는 산소의 존재부터 발견되어야 했다.

플로지스톤설이란?

1667년에 요한 조아킴 베커 Johann Joachim Becher는 과학자들이 관측한 연소와 관련된 사실을 설명하기 위해 플로지스톤설을 제안했다. 여기에는 어떤 물질은 불에 잘 타고 어떤 물질은 잘 타지 않는다는 것과 밀폐된 용기 안에서 불에 타는 경우 물질이 모두 타기 전에 불이 꺼진다는 사실이 포함되어 있었다. 베커는 모든 물질 안에는 무게가 없는(거의 무게가 없는) 플로지스톤이 포함되어 있으며 연소 시에 이 플로지스톤이 빠져나간다고 주장했다. 밀폐된 용기 안에서 불타던 촛불이 꺼지는 것은 촛불이 불에 타면 초에서 플로지스톤이 빠져 나가 주변의 공기로 흡수되는데, 공기가 흡수 가능한 플로지스톤의 양이 한정되어 일정한 양의 플로지스톤을 흡수한 다음에는 더 이상 흡수할 수 없기 때문이라고 설명했다. 플로지스톤설에서는 몸 안의 플로지스톤을 배출하는 작용이 호흡이라고 했다. 연소에 사용된 공기는 호흡에 사용할 수 없으며 이는 이 공기가 이미 충분한 양의 플로지스톤을 함유하고 있기 때문이라는 주장이었다.

플로지스톤설은 어떻게 폐기되었나?

18세기 프랑스의 화학자였던 안토닌 라부아지에^{Antoine Lavoisier}는 연소 시에 기체(산소)가 필요하며 기체는 무게를 가지고 있다는 것을 증명함으로써 플로지스톤설이 옳지 않음을 증명했다. 밀폐된 용기 안에서 물질을 연소시키는 실험에서 연소된 물질의 무게는 증가했지만 전체 무게는 변하지 않았고, 변한 것은 용기 내부의 압력이었다. 라부아지에가 용기의 뚜껑을 열자 공기가 안으로 들어가 전체 무게가 증가했는데 이는 베커의 설명과는 반대였다. 초가 연소하면서 플로지스톤을 내놓는 것이 아니라 산소를 소모했던 것이다.

산소는 어떻게 발견되었나?

언제 산소가 발견되었는지 보다 누가 산소를 발견했는지를 알고 싶은 사람이 더 많을 것이다. 그러나 이 질문의 답은 간단하지 않다. 산소의 발견자라고 할 수 있는 사람은 칼 빌헬름 셸레^{Carl Wilhelm Scheel}, 조셉 프리스틀리^{Joseph Priestley}, 그리고 안토닌 라부아지에로 세 사람이나 되기 때문이다. 셸레는 1772년에 산화수은(HgO)에서 산소(O_2)를 만들어내고 '불공기^{fire aire}'라고 불렀다. 프리스틀리 또한 1774년 비슷한 실험을 통해 산소를 만들어내고 이를 '탈플로지스톤 공기'라고 이름 붙여 1775년에 발표했다. 마지막으로 라부아지에는 독립적으로 산소를 발견했다고 주장했다. 그는 연소에서 산소의 역할을 처음으로 정확하게 이해했으며 정량적인 실험을 통해 질량 보존의 법칙을 이끌어내고 플로지스톤설이 옳지 않다는 것을 증명했다. 셸레는 최초로 산소를 발견했지만 그것을 발표하지 않았고, 프리스틀리는 자신의 발견을 발표했지만 바르게 설명하지 못했다. 라부아지에는 시기적으로 다른 두 사람보다 늦었지만 정확하게 발견했다. 그렇다면 산소를 발견한 공로는 누구에게 돌아가야 할까?

전기화학은 무엇이며 발견한 사람은 누구인가?

현대 전기화학에서는 도체와 전하를 띤 이온(대부분 전해질)의 접촉 부분에서 일어나는 반응에 대해 연구한다. 전기화학은 자기, 전하, 도체에 대한 연구에서 출발했다. 초기의 연구는 어떤 물질이 자화될 수 있으며 어떤 물질이 전하를 띨 수 있는가와 같은 물질의 성질과 관련된 문제를 주로 다뤘다.

1750년대에 과학자들은 전기적 신호가 인간의 생활에서도 중요한 역할을 한다는 것을 발견하고 근육경련 같은 질병 치료에 이용하기 시작했다. 1700년대 말 찰스 쿨롱Charles Coulomb은 전하를 띤 물체 사이에 작용하는 전기력을 나타내는 법칙을 발견했다. 이 '쿨롱의 법칙'은 아직도 널리 이용되고 있으며 모든 전자기학의 기초 과정에서 가르치고 있다.

최초의 전지는 1800년대에 개발되었다. 전지는 전극과 전해액으로 구성되어 있는데 화학반응을 통해 전류를 만들어내거나 전류를 흐르게 하여 화학반응이 일어나도록 한다. 이러한 전지는 현재 자동차나 휴대전화처럼 일상 용품에 널리 사용되고 있다. 또한 현대에서도 전기화학은 중요한 연구 분야로 남아 있으며, 앞으로도 새로운 제품과 기술 개발에 중요한 역할을 할 것이다.

일정성분비의 법칙은 무엇인가?

'일정성분비의 법칙'은 화합물을 구성하는 원소의 비율이 항상 동일하다는 법칙이다. 예를 들면 물 분자(H_2O)는 항상 한 개의 산소 원자에 두 개의 수소 원자 비율로 이루어져 있다. 현대인들에게 이것은 너무나 당연한 사실이지만 물질의 미세 구조를 이해해 가는 과정에서 이것은 매우 중요한 의미를 갖는다. 1800년대에 최초로 이러한 주장을 한 사람은 프랑스의 화학자 조셉 프루스트Joseph Proust였다. 대부분의 화학자는 물질은 원소가 임의의 비율로 결합하여 만들어진다고 믿고 있었던 당시에 이것은 매우 혁신적인 생각이었다.

아보가드로수란?

아보가드로수는 1몰의 원자나 분자 안에 들어 있는 원자나 분자의 수를 나타내는 아주 큰 수이다. 아보가드로수(소수점 넷째 자리에서 반올림하면)는 6.022×10^{23}이다. 산소의 원자량이 16이라는 것은, 산소 원자 1몰의 질량이 16g이라는 뜻이다. 따라서 산소 16g 안에는 아보가드로수, 즉 6.022×10^{23}개의 산소 원자가 들어 있다. 현재까지 밝혀진 가장 정확한 아보가드로수는 $6.02214078 \times 10^{23}$이다. 이것은 규소의 동위원소 si^{28} 1kg에 포함된 규소 원자의 수를 측정하여 알아낸 수이다.

아보가드로수는 언제 발견되었나?

1811년에 아마데오 카를로 아보가드로$^{Amedeo\ Carlo\ Avogadro}$는 기체의 종류에 관계없이 일정한 부피 속에는 (일정한 온도와 압력 하에서) 같은 수의 원자나 분자가 들어 있다는 이론을 발표했다. 그러나 아보가드로는 실제로 그 숫자를 결정하지 못했고, 1865년에 요한 요셉 로쉬미트$^{Johann\ Josef\ Loschmidt}$가 공기 분자의 평균 크기를 추정하여 아보가드로수를 계산해낼 때까지 50년이라는 긴 시간이 걸렸다. 그럼에도 이와 같은 방법으로 매우 근접한 아보가드로수를 알아낸 것은 놀라운 일이다.

프랑스의 물리학자 진 페린$^{Jean\ Perrin}$은 여러 가지 방법을 이용하여 아보가드로수를 정밀하게 결정했다. 이 공로로 1926년 노벨 화학상을 수상한 페린은 이 상수를 '아보가드로의 상수'라 하자고 제안했다(이 상수의 사용에 대해서는 '원자와 분자' 부분 참조).

화학이 왜 '중심 과학'일까?

화학은 모든 것과 연관되어 있기 때문에 중심 과학이라고 한다. 화학은 생물과 물리학, 재료과학, 수학, 공학 및 다른 많은 분야를 연결하는 교량 역할을 한다. 또 우리 몸이 작동하는 것을 이해하고, 우리가 먹는 음식물과 약품이 어떻게 작용하는지를 이해하는 데 필요하다. 그뿐만 아니라 우리 주변에서 일어나는 수많은 자연 현상을 이해하는 데에도 꼭 필요하다. 여러분도 이 책을 읽고 나면 이 의견에 동의하게 될 것이다!

원자와 분자

원자의 구조

원자란 무엇인가?

원자는 모든 물질을 구성하고 있는 기본 입자이다. 원자라는 뜻의 영어 단어 atom 은 그리스어 atomos에서 유래했는데 '쪼개지지 않는 것'이라는 뜻이다. 더 이상 작게 쪼갤 수 없는 기본 단위인 원자의 존재는 현대 화학과 물리학이 등장하기 오래 전에 제안되었다. 사실 원자도 더 작은 입자로 구성되어 있다는 것이 밝혀졌지만 원자는 원소를 정의하는 가장 작은 입자이다. 원자는 (+) 전하를 가지고 있는 양성자, 전하를 가지고 있지 않은 중성자, (−) 전하를 가지고 있는 전자로 구성되어 있다.

전자란?

전자는 원자를 구성하고 있는 세 가지 입자 중 하나로 (−) 전하를 띠고 있는 입자이다. 원자가 결합하여 분자를 이루는 데에는 전자가 중요한 역할을 한다. 그리고 우리가 사용하는 전자제품의 도체 속을 흐르는 전류의 전하 운반자 역할을 하는 것도 전자이다. 양성자와 중성자가 원자의 중심에 있는 원자핵 안에 들어 있는 것과 달리, 전자는 원자핵에서 멀리 떨어져 있으며 전자 밀도 구름을 통해서만 나타낼 수 있다. 또 모든 화학반응은 어떤 형태로든 전자의 배치 형태의 변화와 관련이 있다.

양성자란?

양성자란 원자를 구성하는 입자로 (＋) 전하를 띠고 있다. 양성자는 전자보다 훨씬 무겁지만(약 1836배), 전자와 같은 양의 (＋) 전하를 가지고 있다. 모든 원자의 원자핵 안에는 양성자가 들어 있으며 원자핵에 들어 있는 양성자의 수는 원자의 화학적 성질을 결정한다(다시 말해 원소의 종류를 결정한다).

중성자란?

중성자는 양성자와 함께 원자핵을 구성하는 입자이다. 중성자는 전하를 가지고 있지 않고 양성자와 비슷한 크기의 질량을 가지고 있다. 양성자의 수는 같지만 중성자의 수가 다른 원자는 일반적으로 같은 화학적 성질을 가지고 있다. 양성자나 중성자도 더 작은 입자로 이루어져 있지만 화학에서는 이 입자들을 다루지 않는다.

초기 원자 모델은 어떤 것이 있었나?

원자가 더 작은 입자로 이루어져 있다는 것을 나타내는 실험결과를 바탕으로 양성자, 중성자, 전자로 이루어진 원자의 모델을 발전시켰다. 초기 원자 모델 중 하나는 톰슨 Thompson이 제안한 '플럼 푸딩 모델'이다. 이 모델에서는 원자가 (＋) 전하로 이루어진 푸딩에 (－) 전하를 띤 전자가 건포도처럼 박혀 있는 구조라고 주장했다. 그 후 러더퍼드가 (＋) 전하를 띤 원자핵을 가지고 있는 원자 모델을 제안했다. 그러나 이 모델에서는 전자가 원자핵 속으로 끌려들어가지 않는 이유를 설명할 수 없었다. 덴마크의 물리학자 닐스 보어 Niels Bohr는 특정한 궤도에서 전자가 원자핵을 돌고 있는 원자 모델을 제안하여 오늘날 우리가 알고 있는 원자 이론에 근접하도록 발전시켰다.

과학자들은 원자가 양성자, 중성자, 전자로 이루어졌다는 것을 어떻게 알게 되었나?

처음에는 원자가 물질을 이루는 가장 작은 단위라고 생각했지만 19세기 말 실험을 통해 원자가 하부 구조를 가지고 있다는 것을 알게 되었다. 원자의 구조를 알아내는 초기 실험자들 중에는 전자를 발견한 영국의 톰슨^{J. J.} Thomson도 포함된다. 그는 음극선(실제로는 전자의 흐름이지만 그 당시에는 그것을 몰랐기 때문에 음극선이라고 불렀다)이 전기장에서 휘어져 진행하는 것을 보고 음극선이 원자보다 훨씬 작은 (−) 전하를 띤 입자의 흐름이라고 결론지었다.

톰슨의 첫 대학원생이었던 어니스트 러더퍼드^{Ernest Rutherford}는 원자의 성

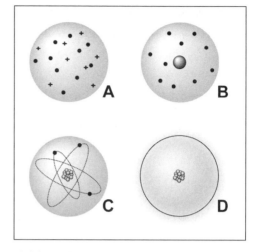

원자의 이론적 모델의 진화 과정.

A: **톰슨 모델**((+) 전하를 띤 입자들과 (−) 전하를 띤 입자들이 섞여 있는 원자 모델).

B: **러더퍼드 모델**((+) 전하를 띤 원자핵 주위를 전자들이 돌고 있는 원자 모델).

C: **보어 모델**(전자들이 원자핵 주위의 일정한 궤도에서만 돌 수 있는 원자 모델).

D: **양자역학적 모델**(양자역학에 바탕을 둔 원자모델 전자의 위치에 대한 확률만을 결정할 수 있다).

질을 알아내기 위한 실험을 계속했다. 그는 20세기 초에 지금은 매우 유명해진 방사선을 아주 얇은 금박에 충돌시키는 금박실험을 했다. 대부분의 방사선은 금박을 그대로 통과했지만 일부는 반대 방향으로 튕겨져 나갔다. 러더퍼드는 이를 통해 금박을 이루고 있는 원자의 대부분이 빈 공간으로 이루어져 있다고 결론지었다. 그리고는 (+) 전하를 띤 원자핵 주위를 전자가 돌고 있는 원자 모형을 제안했다. 또 원소가 여러 가지 동위원소를 가지고 있는 것으로 보아 중성입자(중성자)도 포함되어 있을 것이라고 예측했다.

현재의 원자 모델은 무엇인가?

'현재의 원자 모델'은 (+) 전하를 띤 원자핵 주위를 (−) 전하를 띤 전자가 돌고 있는 원자모델이다. 원자핵을 구성하고 있는 양성자와 중성자는 강한상호작용으로 매우 강하게 결합되어 있다. 원자핵 주위를 돌고 있는 전자는 원자핵을 둘러싸고 있는 구름 같은 모양으로 분포해 있어 전자가 정확하게 어느 곳에 있는지 결정할 수는 없다. 원자핵에 비해 전자는 매우 가볍고 빠르게 움직인다.

원자 안의 빈 공간은 얼마나 되나?

매우 크다. 실제로 원자가 차지하는 공간의 99.9%는 빈 공간이다! 양성자, 중성자, 전자가 매우 작은데도 원자가 비교적 큰 공간을 차지하고 있는 것은 원자핵을 둘러싸고 있는 전자구름이 넓은 공간에 퍼져 있기 때문이다.

원자량의 단위는 무엇인가?

1원자 질량단위는 1.66×10^{-27}kg이다. 이것은 양성자 또는 중성자 하나의 질량과 비슷한 값이다. 이 단위를 이용하면 원자의 질량이 정수에 가까운 값이 되기 때문에 매우 편리하다. 주기율표에 표시되는 원자량은 원자 질량단위를 이용해 나타낸 것이다.

동위원소란?

동위원소란 양성자와 전자의 수는 같지만 중성자의 수가 다른 원소를 말한다. 양성자와 중성자의 수가 원자의 반응성을 결정하기 때문에 동위원소는 기본적으로 동일한 화학적 성질을 가지고 있는 동일한 원소이다. 그러나 중성자의 수가 다르므로 질량은 다르다.

대부분 동위원소의 존재비는 비교적 일정하다. 그러나 경우에 따라서는 원소가 발견되는 주변 환경이나 분자에 따라 달라지기도 한다. 예를 들어 탄소는 대부분 여섯 개의 양성자와 여섯 개의 중성자, 여섯 개의 전자를 포함하고 있다(원자핵에 포함되어 있는 입자의 총수가 12이므로 탄소-12라고 한다). 그러나 일부 탄소는 여섯 개의 양성자와 일곱 개의 중성자, 여섯 개의 전자를 가지고 있다(탄소-13). 탄소의 99%는 탄소-12 이고 나머지 1%가 탄소-13이다.

아래 표에는 여러 가지 원소의 동위원소 존재비가 나타나 있다.

원소	기호	원자량	정확한 질량	존재비(%)
수소	H	1	1.00783	99.99
	D 또는 ^{2}H	2	2.0141	.01
탄소	C	12	12	98.91
		13	13.0034	1.09
질소	N	14	14.0031	99.6
		15	15.0001	0.37
산소	O	16	15.9949	99.76
		17	16.9991	0.037
		18	17.9992	0.2
불소	F	19	18.9984	100
규소	Si	28	27.9769	92.28
		29	28.9765	4.7
		30	29.9738	3.02
인	P	31	30.9738	100
황	S	32	31.9721	95.02
		33	32.9715	0.74
		34	33.9679	4.22
염소	Cl	35	34.9689	75.77
		37	36.9659	24.23
브로민	Br	79	78.9183	50.5
		81	80.9163	49.5
요오드	I	127	126.9045	100

반응성의 경향과 주기율표

'삼원소의 법칙'이란 무엇인가?

요한 되베라이너 $^{\text{Johann Döbereiner}}$는 원소의 반응성에 일정한 규칙이 있다는 것을 발견했다. 되베라이너는 리튬, 나트륨, 칼륨과 같이 화학적 성질이 비슷한 세 원소가 있을 때, 이 중 가장 가벼운 원소와 가장 무거운 원소의 원자량을 평균내면 가운데 원소의 원자량이 된다는 것을 알아냈다. 예를 들어 리튬과 칼륨의 원자량의 평균값은 $11\left(\frac{3+19}{2}\right)$인데 이것은 나트륨의 원자량이다. 물론 각 원소가 가지고 있는 중성자의 수가 다르고 동위원소가 존재하기 때문에 이 법칙이 정확하게 지켜지지는 않는다. 그러나 이 법칙은 대체적으로 성립하며 특히 원자번호가 작은 원소들에서는 잘 지켜진다. 따라서 이러한 법칙이 성립하는 원인을 이해하려는 노력이 주기율표를 성립시키는 데 중요한 역할을 했다.

'옥타브 법칙'은 무엇인가?

옥타브 법칙은 영국의 화학자 존 뉼랜즈 $^{\text{John Newlands}}$가 제안했다. 그는 원자번호가 증가하는 순서대로 원소를 나열하면 비슷한 화학적 성질을 갖는 원소가 여덟 번째 원소마다 반복된다는 것을 발견했다. 그는 음악의 음계에서 힌트를 얻어 원소의 이런 경향을 옥타브 법칙이라고 명명했다. 이것은 원자번호와 원소의 화학적 성질 사이에 밀접한 관계가 있다는 것을 처음으로 발견한 것으로, 이러한 주기성은 원자의 구조를 이해하게 되자 자세하게 설명할 수 있게 되었다. 옥타브 법칙은 오늘날 사용되는 주기율표의 발전에 매우 중요한 단계가 되었다.

현대 주기율표는 어떻게 발견되었나?

최초로 모든 원소를 원자번호가 증가하는 순서대로 나열한 사람은 프랑스의 지질학자 알렉산더 샹쿠르투아 $^{\text{Alexandre Béuyer de Chancourtois}}$였다. 그가 만든 표에는 모두 62개의 원소가 포함되어 있는데, 그는 이 원소들을 원통을 감싸고 도는 방법으로 배열했다. 이 초기 표를 바탕으로 많은 진전된 표들이 만들어졌다. 그중 비슷한 화학적 성질을 가지는 원소를 같은 열에 배열한 뉴랜즈의 표는 오늘날 우리가 사용하는 주기율표로 발전시키는 데 크게 공헌했다.

현재 우리가 사용하고 있는 주기율표는 러시아의 과학자 드미트리 멘델레예프[Dmitri Mendeleev]가 1869년에 제안했다. 그는 최초로 주기율표의 행에 원자번호가 증가하는 순서대로 원소를 배열하고 열에는 같은 화학적 성질을 가지는 원소를 배열했다. 주기율표에서 원소들은 기본적으로 옥타브의 법칙을 따라 주기적으로 배열된다. 멘델레예프가 작성했던 그 당시의 주기율표에는 같은 열에 같은 화학적 성질을 가지는 원소를 배열하다 보니 빈칸이 남아 있었다. 그 후 새로운 원소가 발견되어 빈칸이 모두 채워지면서 이 주기율표가 옳다는 것이 입증되었다.

우주에 가장 풍부하게 존재하는 원소는?

원소	존재비 (ppm)
수소	909,964
헬륨	88,714
산소	477
탄소	326
질소	102
네온	100
규소	30
마그네슘	28
철	27
황	16

주기율표의 원소는 어떻게 세분되는가?

주기율표의 원소를 세분화하는 방법에는 여러 가지가 있다. 먼저 주기에 따라 구분하는 방법이다. 즉 같은 행에 속한 원소를 하나로 묶는 것이다. 그렇게 되면 원소의 화학적 성질은 오른쪽으로 갈수록 변화한다. 같은 열에 있는 원소를 하나로 묶는 방법도 있다. 이렇게 하면 같은 그룹에 속한 원소는 옥타브 법칙의 주기적 성질에 의해 모두 비슷한 화학적 성질을 갖는다.

원소를 분류하는 또 다른 방법은 가장 큰 에너지를 가지는 최외각전자의 상태가 동일한 원소를 묶는 것이다(아래 참조). 원소의 화학적 성질은 최외각전자의 상태에 의해 결정되기 때문에 이 방법으로 원소를 분류하면 같은 그룹의 원소는 비슷한 화학적 성질을 가지게 된다. 이 밖에도 원소를 분류하는 방법은 다양하지만 이 세 가지 방법이 가장 널리 사용된다.

숫자의 과학적 표기법이란?

과학적 표기법은 아주 큰 수를 나타낼 때 사용하는 방법이다. 소수점을 이용해 나타낸 수에 10의 지수를 곱하는데, 이런 표기법이 왜 필요한지는 다음 질문을 보면 알 수 있다.

주기율표의 숫자들은 무엇을 의미하는가?

주기율표에는 원소 기호, 원자번호, 원자량(동위원소들의 평균값)이 들어 있다. 가장 전형적인 주기율표에는 다음과 같은 숫자가 포함되어 있다.

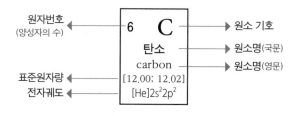

표준주기율표 Periodic Table of the Elements

· 상온에서 액체인 원소의 이름은 회색으로 표시되어 있다.
· 상온에서 기체인 원소의 이름은 굵은 글씨로 표시되었다.
· 상온에서 고체인 원소의 이름은 검은 글씨로 표시되었다.
· 사각형의 색깔은 원소들이 속한 그룹을 나타낸다.
  알칼리금속(▢), 전이금속(▢), 비금속(▢),
  불활성 기체(▢), 란탄족(▢), 악티늄족(▢),

1								
1 H 수소 hydrogen [1.007; 1.009] 1s¹	2							
3 Li 리튬 lithium [6.938; 6.997] [He]2s¹	**4 Be** 베릴륨 beryllium 9.012 [He]2s²							
11 Na 소듐(나트륨) sodium 22.99 [Ne]3s¹	**12 Mg** 마그네슘 magnesium 24.31 [Ne]3s²	3	4	5	6	7	8	9
19 K 포타슘(칼륨) potassium 39.10 [Ar]4s¹	**20 Ca** 칼슘 calcium 40.08 [Ar]4s²	**21 Sc** 스칸듐 scandium 44.96 [Ar]3d¹4s²	**22 Ti** 티타늄(타이타늄) titanium 47.87 [Ar]3d²4s²	**23 V** 바나듐 vanadium 50.94 [Ar]3d³4s²	**24 Cr** 크로뮴 chromium 52.00 [Ar]3d⁵4s¹	**25 Mn** 망가니즈 manganese 54.94 [Ar]3d⁵4s²	**26 Fe** 철 iron 55.85 [Ar]3d⁶4s²	**27 Co** 코발트 cobalt 58.93 [Ar]3d⁷4s²
37 Rb 루비듐 rubidium 85.47 [Kr]5s¹	**38 SR** 스트론튬 strontium 87.62 [Kr]5s²	**39 Y** 이트륨 yttrium 88.91 [Kr]4d¹5s²	**40 Zr** 지르코늄 zirconium 91.22 [Kr]4d²5s²	**41 Nb** 나이오븀 niobium 92.91 [Kr]4d⁴5s¹	**42 Mo** 몰리브데넘 molybdenum 95.96(2) [Kr]4d⁵5s¹	**43 Tc** 테크네튬 technetium [Kr]4d⁵5s²	**44 Ru** 루테늄 ruthenium 101.1 [Kr]4d⁷5s¹	**45 Rh** 로듐 rhodium 102.9 [Kr]4d⁸5s¹
55 Cs 세슘 caesium 132.9 [Xe]6s¹	**56 Ba** 바륨 barium 137.3 [Xe]6s²	**57-71 La** 란타넘족 lanthanoids ★	**72 Hf** 하프늄 hafnium 178.5 [Xe]4f¹⁴5d²6s²	**73 Ta** 탄탈럼 tantalum 180.9 [Xe]4f¹⁴5d³6s²	**74 W** 텅스텐 tungsten 183.8 [Xe]4f¹⁴5d⁴6s²	**75 Re** 레늄 rhenium 186.2 [Xe]4f¹⁴5d⁵6s²	**76 Os** 오스뮴 osmium 190.2 [Xe]4f¹⁴5d⁶6s²	**77 Ir** 이리듐 iridium 192.2 [Xe]4f¹⁴5d⁷6s²
87 Fr 프랑슘 francium 223 [Rn]7s¹	**88 Ra** 라듐 radium 226 [Rn]7s²	**89-103 Ac** 악티늄족 actinoids ♣	**104 Rf** 러더포듐 rutherfordium 257 [Rn]5f¹⁴6d²7s²	**105 Db** 더브늄 dubnium 260 [Rn]5f¹⁴6d³7s²	**106 Sg** 시보귬 seaborgium 263 [Rn]5f¹⁴6d⁴7s²	**107 Bh** 보륨 bohrium 262 [Rn]5f¹⁴6d⁵7s²	**108 Hs** 하슘 hassium 265 [Rn]5f¹⁴6d⁶7s²	**109 Mt** 마이트너륨 meitnerium 266 [Rn]5f¹⁴6d⁷7s²

★	**57 La** 란타넘 lanthanum 138.9 [Xe]5d¹6s²	**58 Ce** 세륨 cerium 140.1 [Xe]4f¹5d¹6s²	**59 Pr** 프라세오디뮴 praseodymium 140.9 [Xe]4f³6s²	**60 Nd** 네오디뮴 neodymium 144.2 [Xe]4f⁴6s²	**61 Pm** 프로메튬 promethium [Xe]4f⁵6s²	**62 Sm** 사마륨 samarium 150.4 [Xe]4f⁶6s²	**63 Eu** 유로퓸 europium 152.0 [Xe]4f⁷6s²
♣	**89 Ac** 악티늄 actinium 227 [Rn]6d¹7s²	**90 Th** 토륨 thorium 232.0 [Rn]6d²7s²	**91 Pa** 프로탁티늄 protactinium 231.0 [Rn]5f²6d¹7s²	**92 U** 우라늄 uranium 238.0 [Rn]5f³6d¹7s²	**93 Np** 넵투늄 neptunium 237 [Rn]5f⁴6d¹7s²	**94 Pu** 플루토늄 plutonium 242 [Rn]5f⁶7s²	**95 Am** 아메리슘 americium 243 [Rn]5f⁷7s²

참조) 표준 원자량은 2011년 IUPAC에서 결정한 새로운 형식을 따른 것으로 [   ] 안에 표시된 숫자는 2 종류 이상의 안정한 동위원소가 존재하는 경우에 지각 시료에서 발견되는 자연 존재비의 분포를 고려한 표준 원자량의 범위를 나타낸 것임. 자세한 내용은 Pure Appl. Chem. 83, 359-396(2011); doi:10.1351/PAC-REP-10-09-14을 참조하기 바람.

	18
표기법:	2 **He** 헬륨 helium 4.003 $1s^2$

원자 번호 (X) → 기호
원소명(국문)
원소명(영문)
표준원자량
전자궤도

13	14	15	16	17
5 **B** 붕소 boron [10.80; 10.83] $[He]2s^22p^1$	6 **C** 탄소 carbon [12.00; 12.02] $[He]2s^22p^2$	7 **N** 질소 nitrogen [14.00; 14.01] $[He]2s^22p^3$	8 **O** 산소 oxygen [15.99; 16.00] $[He]2s^22p^4$	9 **F** 플루오린 fluorine 19.00 $[He]2s^22p^5$	10 **Ne** 네온 neon 20.18 $[He]2s^22p^6$
13 **Al** 알루미늄 aluminium 26.98 $[Ne]3s^23p^1$	14 **Si** 규소 silicon [28.08; 28.09] $[Ne]3s^23p^2$	15 **P** 인 phosphorus 30.97 $[Ne]3s^23p^3$	16 **S** 황 sulfur [32.05; 32.08] $[Ne]3s^23p^4$	17 **Cl** 염소 chlorine [35.44; 35.46] $[Ne]3s^23p^5$	18 **Ar** 아르곤 argon 39.95 $[Ne]3s^23p^6$

10	11	12	13	14	15	16	17	18
28 **Ni** 니켈 nickel 58.69 $[Ar]3d^84s^2$	29 **Cu** 구리 copper 63.55 $[Ar]3d^{10}4s^1$	30 **Zn** 아연 zinc 65.38(2) $[Ar]3d^{10}4s^2$	31 **Ga** 갈륨 gallium 69.72 $[Ar]3d^{10}4s^24p^1$	32 **Ge** 저마늄 germanium 72.63 $[Ar]3d^{10}4s24p^2$	33 **As** 비소 arsenic 74.92 $[Ar]3d^{10}4s^24p^3$	34 **Se** 셀레늄 selenium 78.96(3) $[Ar]3d^{10}4s^24p^4$	35 **Br** 브로민 bromine 79.90 $[Ar]3d^{10}4s^24p^5$	36 **Kr** 크립톤 krypton 83.80 $[Ar]3d^{10}4s^24p^6$
46 **Pd** 팔라듐 palladium 106.4 $[Kr]4d^{10}$	47 **Ag** 은 silver 107.9 $[Kr]4d^{10}5s^1$	48 **Cd** 카드뮴 cadmium 112.4 $[Kr]4d^{10}5s^2$	49 **In** 인듐 indium 114.8 $[Kr]4d^{10}5s^25p^1$	50 **Sn** 주석 tin 118.7 $[Kr]4d^{10}5s^25p^2$	51 **Sb** 안티모니 antimony 121.8 $[Kr]4d^{10}5s^25p^3$	52 **Te** 텔루륨 tellurium 127.6 $[Kr]4d^{10}5s^25p^4$	53 **I** 요오드(아이오딘) iodine 126.9 $[Kr]4d^{10}5s^25p^5$	54 **Xe** 제논 xenon 131.3 $[Kr]4d^{10}5s^25p^6$
78 **Pt** 백금 platinum 195.1 $[Xe]4f^{14}5d^96s^1$	79 **Au** 금 gold 197.0 $[Xe]4f^{14}5d^{10}6s^1$	80 **Hg** 수은 mercury 200.6 $[Xe]4f^{14}5d^{10}6s^2$	81 **Tl** 탈륨 thallium [204.3; 204.4] $[Xe]4f^{14}5d^{10}6s^26p^1$	82 **Pb** 납 lead 207.2 $[Xe]4f^{14}5d^{10}6s^26p^2$	83 **Bi** 비스무트 bismuth 209.0 $[Xe]4f^{14}5d^{10}6s^26p^3$	84 **Po** 폴로늄 polonium 209 $[Xe]4f^{14}5d^{10}6s^26p^4$	85 **At** 아스타틴 astatine 210 $[Xe]4f^{14}5d^{10}6s^26p^5$	86 **Rn** 라돈 radon 222 $[Xe]4f^{14}5d^{10}6s^26p^6$
110 **Ds** 다름스타튬 darmstadtium 271 $[Rn]5f^{14}6d^97s^1$	111 **Rg** 렌트게늄 roentgenium 272 $[Rn]5f^{14}6d^97s^1$	112 **Cn** 코페르니슘 copernicium 277 $[Rn]5f^{14}6d^{10}7s^2$	113 **Nh** 니호늄 Nihonium 284 $[Rn]5f^{14}6d^{10}7s^27s^1$	114 **Fl** 플레로븀 flerovium 289 $[Rn]5f^{14}6d^{10}7s^27s^2$	115 **Mc** 모스코븀 Moscovium 288 $[Rn]5f^{14}6d^{10}7s^27s^3$	116 **Lv** 리버모륨 livermorium 293 $[Rn]5f^{14}6d^{10}7s^27s^4$	117 **Ts** 테네신 Tennessine 294 $[Rn]5f^{14}6d^{10}7s^27s^5$	118 **Og** 오가네손 Oganesson 294 $[Rn]5f^{14}6d^{10}7s^27p^6$

64 **Gd** 가돌리늄 gadolinium 157.3 $[Xe]4f^75d^16s^2$	65 **Tb** 터븀 terbium 158.9 $[Xe]4f^96s^2$	66 **Dy** 디스프로슘 dysprosium 162.5 $[Xe]4f^{10}6s^2$	67 **Ho** 홀뮴 holmium 164.9 $[Xe]4f^{11}6s^2$	68 **Er** 어븀 erbium 167.3 $[Xe]4f^{12}6s^2$	69 **Tm** 툴륨 thulium 168.9 $[Xe]4f^{13}6s^2$	70 **Yb** 이터븀 ytterbium 173.1 $[Xe]4f^{14}6s^2$	71 **Lu** 루테튬 lutetium 175.0 $[Xe]4f^{14}5d^16s^2$
96 **Cm** 퀴륨 curium 247 $[Rn]5f^76d^17s^2$	97 **Bk** 버클륨 berkelium 247 $[Rn]5f^97s^2$	98 **Cf** 칼리포늄 californium 249 $[Rn]5f^{10}7s^2$	99 **Es** 아인슈타이늄 einsteinium 254 $[Rn]5f^{11}7s^2$	100 **Fm** 페르뮴 fermium 253 $[Rn]5f^{12}7s^2$	101 **Md** 멘델레븀 mendelevium 256 $[Rn]5f^{13}7s^2$	102 **No** 노벨륨 nobelium 259 $[Rn]5f^{14}7s^2$	103 **Lr** 로렌슘 lawrencium 257 $[Rn]5f^{14}6d^17s^2$

주기율표에는 얼마나 많은 원소가 있으며, 얼마나 많은 원소가 더 발견될까?

이 책을 쓰고 있는 시점에는 118개의 원소가 발견되어 있다. 가장 가벼운 원소는 하나의 양성자와 하나의 전자를 가지고 있어 원자량이 1.00794g/mole인 수소이다. 가장 무거운 원소는 118개의 양성자를 가지고 있으며 원자량이 294인 우눈옥튬이다. 2000년 이후에 다섯 개의 새로운 원소가 발견된 것을 보면 앞으로도 더 많은 원소들이 발견될 것이다. 그러나 현재까지 발견된 무거운 원소들은 모두 불안정해서 매우 빠르게 붕괴하기 때문에 새로운 원소를 발견하거나 만들어내기는 점점 더 어려워질 것으로 예상된다.

원소의 이름은 어떻게 짓나?

원소의 이름들은 모두 재미있는 기원을 가지고 있다. 각 원소의 이름들은 사람, 장소, 색깔, 신화, 그 밖의 다양한 곳에 기원을 두고 있다. 과학자의 이름을 따서 붙여진 원소들로는 퀴륨(마리와 피에르 퀴리의 이름을 딴), 로렌슘(어네스트 로렌스), 시보귬(글렌 시보그), 멘델레븀(디미트리 멘델레예프), 아인슈타이늄(알베르트 아인슈타인), 보륨(닐스 보어) 등이 있다. 루테튬(그리스어로 파리를 뜻하는 루테티아), 칼리포늄, 버클륨(캘리포니아, 버클리), 아메리슘, 더브늄(러시아, 더브나), 하슘(독일, 헤센), 이트륨, 이터븀, 터븀, 어븀(이 네 원소는 스웨덴의 이터비 이름을 따서 명명됨) 등은 장소의 이름을 따서 명명된 원소들이다.

탄탈럼(탄탈루스), 나이오븀(니오베), 프로메튬(프로메테우스), 우라늄(우라누스), 넵투늄(넵튠), 플루토늄(플루토), 팔라듐(팔라스), 세륨(세레스)은 신화 속 인물들의 이름을 딴 것이다.

나라마다 원소의 이름을 다르게 부르기도 하지만 일반적으로 사용되는 이름은 국제순수응용화학협회[IUPAC]에서 결정된 것이다.

원소의 성질과 원자 안의 전자들

우리가 볼 수 있는 물체와 비교해 원자는 얼마나 작을까?

사람의 눈으로 볼 수 있는 가장 작은 물체의 크기는 0.1 mm, 즉 10^{-4}m이다. 원자의 크기는 이보다 훨씬 작은 10^{-10}m 정도이다. 다시 말해 원자의 크기는 우리가 눈으로 볼 수 있는 가장 작은 물체의 약 100만분의 1 정도 크기이다.

원자를 쪼개는 것이 가능할까?

원자를 쪼개는 것은 가능하다. 원자를 쪼갠다는 것은 원자핵을 쪼갠다는 뜻이다. 원자핵을 쪼개는 과정 중 하나를 원자핵 분열이라고 한다. 자발적 핵분열은 원자핵이 가지고 있던 하나 또는 두 개의 양성자나 중성자를 방출하는 것이다. 가장 자주 방출되는 입자는 두 개의 양성자와 두 개의 중성자로 이루어진 알파입자이다. 원자핵 안에 있는 양성자의 수가 변하면 다른 원소가 된다. 원자핵은 실험실에서 인공적으로 분열시킬 수도 있다.

원자핵은 매우 단단하게 결합되어 있기 때문에 원자핵을 분열시키기 위해서는 큰 에너지를 가지고 있는 입자를 원자핵과 충돌시켜야 한다. 핵분열 반응을 시작하는 데에는 일반적으로 큰 에너지를 가지고 있는 중성자가 사용된다. 핵분열 시에는 에너지가 방출된다. 따라서 일단 하나의 원자핵이 분열하면 분열 생성물이 다른 분열을 일으킨다. 이것을 연쇄반응이라고 하며 원자로에서 많은 에너지를 발생시키거나(연쇄반응이 서서히 일어나면) 폭탄을 만드는 데(연쇄반응이 빠르게 일어나면) 사용된다.

한 원소가 다른 원소로 바뀔 수 있을까?

한 원소가 다른 원소로 바뀌는 것은 가능하다. 원소가 다른 원소로 바뀌는 반응 중 하나는 원자핵이 하나 또는 여러 개의 양성자를 잃는 핵분열 반응이다. 또 두 개의 원자핵이 융합하여 하나의 큰 원자핵이 되는 것도 가능한데 이것을 핵융합이라고 한다.

핵융합과 핵분열 반응에서는 반응 전에는 없던 새로운 원자핵이 만들어진다. 이런 반응은 제어하기가 어렵다. 그럼에도 과학자들은 에너지를 생산하는 등의 특정 목적을 위해 오랫동안 핵반응을 연구하고 있다.

원자의 전자궤도란 무엇인가?

원자의 전자궤도는 원자 내 전자의 위치에 대한 수학적인 설명이다. 전자의 위치는 쉽게 정의하기 어렵기 때문에 전자의 위치를 나타내는 전자의 궤도를 이해하기는 쉽지 않다. 전자는 원자핵을 둘러싸고 있는 (−) 전하를 띤 구름이라고 이해할 수 있으며, 원자의 전자궤도는 이 구름의 형태를 나타낸다고 할 수 있다. 전자궤도는 원소에 따라 다른 형태와 크기를 가지고 있지만 주기율표에서 인접해 있는 원소의 전자궤도는 비슷하다. 전자궤도의 수와 형태가 원자의 화학적 성질을 결정한다.

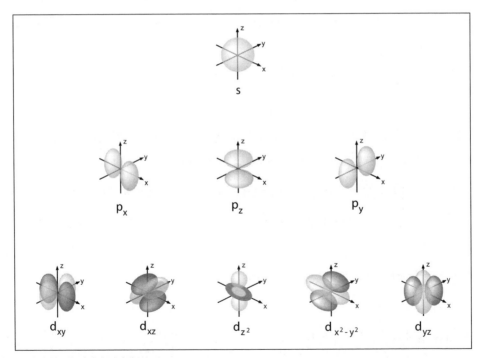

네 가지 주요한 원자의 전자궤도(s, p, d)

한 전자궤도에는 몇 개의 전자가 들어갈 수 있을까?

각각의 전자궤도에는 두 개의 전자가 들어갈 수 있다. 전자는 서로 반대 방향의 값만을 가지는 스핀이라는 성질을 가지고 있다. 같은 전자궤도에 들어가 있는 전자는 서로 반대 방향의 스핀 각운동량을 가져야 한다. 이것은 파울리의 배타원리라고 하는 양자물리학의 원리 때문이다.

원자의 전자궤도는 어떤 형태일까?

화학에서 중요한 역할을 하는 전자궤도는 세 가지가 있는 있는데 s, p, d 궤도로 분류된다. s는 sharp, p는 principle, d는 diffuse의 약자로 원자의 구조를 이해하기 위한 초기 실험 결과에서 유래되었다. 이 궤도들을 그림으로 나타내면 어떤 모습인지는 왼쪽 그림에서 이미 보여주었다.

전자궤도의 형태는 전자가 원자핵 주위를 도는 운동의 각운동량에 의해 결정된다.

최외각전자란?

전자는 '전자껍질'의 궤도를 안쪽에서부터 채운다. 가장 안쪽의 전자껍질은 하나의 s 궤도만을 가지고 있어 두 개의 전자가 들어갈 수 있다. 두 번째 전자껍질은 하나의 s 궤도와 세 개의 p 궤도를 가지고 있어 8개의 전자가 들어갈 수 있다. 이와 같은 원리로 바깥쪽 전자껍질로 갈수록 더 많은 전자궤도를 가지고 있어 더 많은 전자가 들어갈 수 있다. 최외각전자껍질은 전자궤도가 전자로 모두 채워졌거나 부분적으로 채워진 가장 바깥쪽 전자껍질을 말한다.

원자의 반지름이란?

원자의 반지름은 화학결합을 하고 있는 같은 원소의 두 원자 사이의 거리의 반으로 정의하고 있다. 그런데 이 거리가 매우 작은 것은 놀라운 일이 아니다! 가장 작은 원자인 수소 원자의 경우 반지름은 0.37Å, 즉 $3.7 \times 10^{-11} \text{m}$이다.

주기율표에서 원소의 반지름은 어떻게 변하나?

원자의 반지름은 주기율표의 왼쪽으로 갈수록 작아지고 같은 열에서는 위에서 아래로 갈수록 커진다(41쪽 그림 참조).

아래쪽으로 갈수록 원자의 반지름이 증가하는 것은 쉽게 이해할 수 있다. 아래로 갈수록 전자껍질의 수가 늘어나기 때문이다. 아래로 갈수록 원자핵에 포함된 양성자 수가 증가해 전자에 큰 전기적 인력을 작용하지만 안쪽 전자껍질에 있는 전자가 바깥쪽 전자와 양성자 사이의 전기적 상호작용을 방해하기 때문에 전기적 인력이 약해져 원자핵에서 멀어지고 따라서 반지름이 커진다.

같은 주기에서 좌측에서 우측으로 가면 원자핵의 양성자 수가 증가함에 따라 전기적 인력이 증가하여 최외각전자와 원자핵이 더 강하게 결합하기 때문에 원자의 반지름은 작아진다. 가장 우측에 있는 원자(불활성기체라고 알려진)의 경우에는 조금 복잡하지만 화학결합을 거의 하지 않기 때문에 이 원소들은 화학적으로 중요하지 않다.

원자의 이온화 에너지란 무엇인가?

원자의 이온화 에너지란 원자에서 하나의 전자를 분리하는 데 필요한 에너지를 말한다. 원자에서 전자를 분리해내면 원자에는 양성자의 수가 전자의 수보다 많아져 (+) 전하를 띤 이온, 즉 양이온이 만들어진다. 이온화 에너지는 전자가 원자에 얼마나 강하게 결합되어 있는지를 나타낸다.

일반적으로 같은 주기에서는 오른쪽 원소로 갈수록 원자핵의 양성자 수가 증가해 최외각전자에 더 큰 전기력을 작용하기 때문에 이온화 에너지가 커진다(예외도 있다). 같은 열에서는 아래쪽으로 갈수록 최외각전자가 원자핵에서 멀리 떨어져 있기 때문에 이온화 에너지가 작아진다. 원자의 반지름과 이온화 에너지는 밀접한 관계를 가지고 있다. 반지름이 큰 원자일수록 이온화 에너지가 작다.

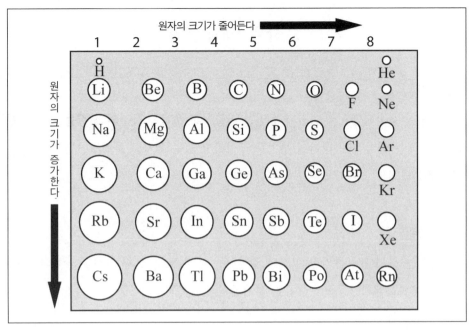

원자의 반지름은 일반적으로 같은 주기에서는 오른쪽으로 갈수록 작아지고 같은 족에서는 위에서 아래로 갈수록 커진다(원자의 크기가 변하는 경향을 나타내기 위해 과장되게 그려진 상태로, 그림에 나타난 원자의 크기는 실제 원자의 크기와 비례하지 않는다).

전자가 원자핵으로 끌려들어가는 것을 막는 것은 무엇인가?

반대 부호의 전하 사이에는 서로 끌어당기는 인력이 작용한다. 그렇다면 원자핵과 전자가 전기적 인력에 의해 서로 가까이 다가가 충돌하는 일은 왜 일어나지 않는 것일까? 이 질문의 답은 전자는 아주 작은 입자여서 큰 물체에 적용되는 법칙의 지배를 받지 않기 때문이다. 앞에서 언급했듯이 전자는 원자핵을 둘러싸고 있는 구름과도 같다. 전자의 행동은 입자로서가 아니라 이 구름 전체로서의 행동을 설명하는 법칙에 의해서만 설명된다. 전자는 특정 위치를 차지하지 않고 원자핵 주위에 널리 펴져 있다. 여기서 자세히 설명할 수는 없지만 전자구름이 원자 주위에 가깝게 운집하면 전자와 관련된 에너지가 증가해 불안정해진다. 전자가 원자핵 가까이 다가와 전기적 위치 에너지가 낮아지는 것과 전자구름이 원자핵에서 멀리 떨어져 운동에너지를 작게 하는 것 사이에 평형점이 있다. 이것은 전자가 원자핵에 가까이 다가가 충돌하는 것을 막는다.

분자와 화학결합

분자란?

원자들이 화학결합으로 연결되어 있는 만들어진 분자는 물질의 성질을 가지고 있는 가장 작은 입자이다. 따라서 분자를 구성하고 있는 원자를 분리하면 물질의 성질이 사라진다.

치환기란?

치환기는 분자에서 특정한 원자와 결합하는 원자 또는 원자 그룹을 말한다. 예를 들면 3-브롬화펜테인(아래 그림 참조) 분자에서 브로민 원자를 세 번째 탄소 원자의 치환기라고 볼 수 있다.

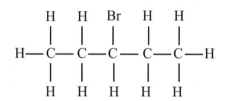

화학결합이란?

화학결합은 전자 밀도의 공유를 통해 원자가 결합하는 상호작용을 말한다. 가장 간단한 화학결합은 두 원자핵이 두 개의 전자를 공유해 최외각전자가 옥텟 규칙을 만족시켜(H-H의 경우에는 두 개의 전자를 가져) 안정한 전자구조를 만들면서 결합하는 것이다. 두 원자가 두 개의 전자를 공유하면 두 원자는 단일결합을 하고 있다고 한다.

결합은 분자 안에서 원자들을 하나로 묶는 것으로, 쉽게 분리되지 않는다. 분자 안에서 원자의 배열이 화합물의 종류를 결정하며, 결합을 만들거나 분리하는 것이 하나의 화합물을 다른 화합물로 바꾸는 화학반응이다.

화학결합을 원자 사이의 용수철처럼 생각해도 될까?

화학결합을 두 원자를 연결하고 있는 용수철이라고 생각해도 된다. 결합하고 있는 두 원자를 평형거리보다 잡아당기거나 누르면 원자 사이에는 평형 상태로 돌아가려는 힘이 작용한다. 비교적 작은 위치 변화의 경우에는 두 원자 사이에 작용하는 힘이 용수철로 연결한 두 물체 사이에 작용하는 힘과 매우 비슷하다. 화학결합의 용수철 모델은 원자가 분자 내에서 어떻게 결합하고 있는지에 대한 직감적인 아이디어를 얻을 수 있는 매우 유용한 방법이다.

루이스 구조란 무엇인가?

루이스 구조는 원자나 분자의 전자구조를 나타내는 간단한 방법이다. 루이스 구조는 분자 내에서 어떤 원자가 다른 원자와 결합하고 있고 각 원자의 최외각전자가 몇 개인지를 보여준다. 루이스 구조를 이해하는 가장 쉬운 방법은 몇 개의 예를 살펴보는 것이다. 가장 간단한 루이스 구조는 수소 원자로, 수소 원자는 하나의 전자를 가지고 있어 루이스 구조는 다음과 같다.

$$H \cdot$$

원소 기호로 H는 수소 원자를, H 옆의 하나의 점은 하나의 전자를 나타낸다.

분자의 루이스 구조를 알아보기 위해 먼저 F_2의 루이스 구조를 알아보자.

F_2는 불소 원자 두 개로 이루어진 분자라는 뜻이다. 원자를 연결하는 하나의 선은 이 원자들 사이의 결합이 단일결합(두 전자를 공유하는)임을 나타낸다. 각각의 원자는 결합에 참여하지 않는 여섯 개의 전자를 주위에 더 가지고 있다.

마지막으로 하나 이상의 결합을 가지고 있는 CH_2O에 대해 알아보자.

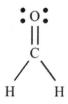

이것은 포름알데하이드 분자이다. 루이스 구조를 보면 탄소 원자는 수소 원자들과 각각 단일결합(두 개의 전자를 공유하는)을 하고 있으며, 산소 원자와는 이중결합(네 개의 전자를 공유하는)하고 있다. 산소 원자는 결합에 참여하지 않는 네 개의 전자를 가지고 있다.

'안정한 옥텟 규칙'이란 무엇인가?

'안정한 옥텟'이란 많은 원자의 경우 최외각전자의 수가 여덟 개일 때 안정하다는 뜻이다. 최외각전자의 수에는 화학결합에 참여하는 전자와 참여하지 않는 전자를 모두 포함한다. 분자의 경우에는 분자를 구성하는 모든 원자의 최외각전자가 여덟 개일 때 가장 안정하다. F_2와 CH_2O의 루이스 구조(이전 질문 참조)에서 우리는 불소, 탄소, 산소 원자가 모두 여덟 개의 전자들로 둘러싸여 있는 것을 볼 수 있다. 각각 원소를 둘러싸고 있는 결합에 참여하는 전자와 참여하지 않는 전자의 수를 모두 합하면 여덟 개가 된다. 수소는 첫 번째 주기에 속하고 전자껍질에 단 하나의 궤도만 가지고 있기 때문에 옥텟 규칙을 만족시키기 위해 두 개의 전자만 필요로 한다(단일결합).

전기음성도란 무엇인가?

전기음성도는 화학결합에서 전자를 끌어당기는 경향을 나타낸다. 가장 강한 전기음성도를 가진 원자는 다른 원자와의 화학결합에서 공유하고 있는 전자를 가장 강하게 끌어당긴다. 전기음성도의 정의와 이것을 나타내는 방법에는 여러 가지가 있지만 여기에서는 가장 일반적으로 사용되는 라이너스 폴링 Linus Pauling의 방법을 사용한다. 전기음성도는 원자핵에 포함된 양성자의 수와 가전자 구름이 원자핵으로부터 얼마나 멀리까지 분포하는지를 이용해 나타낸다. 일반적으로 전기음성도가 가장 큰 원자는 원자핵과 가전자 사이의 거리가 가장 짧은 원자이다. 전기음성도는 직접 측정할 수 있는 물리량이 아니어서 다른 측정 가능한 물리량을 바탕으로 이 값을 계산하는 다양한 방법이 개발되어 있다.

극성이란 무엇이며 분자의 구조와 어떤 관계가 있는가?

극성은 분자 내의 전자 밀도 분포가 대칭을 이루고 있는 것과 관계가 있다. 극성을 가지고 있는 분자는 쌍극자를 가지고 있는 분자이다. 다시 말해 전자 밀도가 모든 방향으로 대칭을 이루고 있지 않는 분자가 극성 분자이다. 반면에 비극성 분자들은 전자 밀도가 모든 방향으로 대칭적으로 분포하기 때문에 쌍극자 모멘트를 가지고 있지 않다. 비극성 분자라고 해서 전자들이 모든 부분에 골고루 분포하는 것은 아니며 균일하지 않은 전자의 분포에 의해 만들어진 쌍극자 모멘트가 다른 원자와의 화학결합을 통해 상쇄되기 때문에 알짜 쌍극자 모멘트가 존재하지 않는 전자 분포의 대칭성이 만들어진다.

분자는 어떤 전하를 띠는가?

분자 전체의 전하는 분자에 포함되어 있는 양성자와 전자의 수에 의해 결정된다. 만약 양성자의 수가 전자의 수보다 많다면 분자는 전체적으로 (+) 전하를, 전자의 수가 양성자의 수보다 많은 경우에는 (-) 전하를 띠게 된다. 그러나 양성자와 중성자의 수가 같으면 분자는 전기적으로 중성이 된다.

형식전하란 무엇인가?

형식전하란 분자를 구성하는 개별 원자에게 부여된 전하를 말한다. 형식전하는 원자가 공유하는 전자의 수를 화학결합에 참여하는 모든 원자의 수로 나눈 값에 의해 결정된다. 대부분의 교과서에서는 형식전하를 다음 식을 이용해 정의하고 있다.

형식전하= 원소가 속한 족 수 – 결합에 참여하지 않는 전자의 수 – $\frac{1}{2}$ 공유전자 수

일산화탄소를 예로 들어 보자.

$$:C\equiv O:$$

탄소는 주기율표에서 4족에 속하고, 결합에 참여하지 않는 전자의 수가 두 개다(두 개의 점으로 나타나 있다). 탄소와 산소는 삼중결합을 하므로 모두 여섯 개의 전자를 공유하고 있다. 따라서 탄소 원자의 형식 전하는 $4-2-\frac{1}{2}(6)=-1$이다. 산소는 6족에 속하고 같은 수의 전자를 공유하고 있으므로 형식전하는 $6-2-\frac{1}{2}(6)=1$이다. 일산화탄소 분자는 전하를 띠고 있지 않지만 개별 원자는 형식전하를 가지고 있다.

쿨롱의 법칙이란?

쿨롱의 법칙은 전하 사이에 작용하는 전기력의 크기를 알 수 있는 법칙이다. 쿨롱의 법칙은 정전기학의 기본 법칙으로 정전하 사이의 상호작용을 설명하며, 식은 다음과 같다.

$$F=\frac{q_1 q_2}{r_{12}^2}$$

이 식에서 q_1과 q_2는 r_{12} 만큼 떨어져 있는 전하로 단위는 다음 식으로 정의된다.

$$q_i=\frac{z}{\sqrt{4\pi\varepsilon_0}}$$

쿨롱의 법칙 실험

이 식에서 z는 쿨롱(C)으로 나타낸 전하량이며, ε_0는 공간의 유전율을 나타내는 기본 상수이다.

이 법칙의 핵심은 서로 다른 부호의 전하 사이에 작용하는 인력은 거리 제곱에 반

비례한다는 것이다. 화학에서는 전하 사이에 작용하는 힘이 거리에 따라 천천히 감소해서 상대적으로 밀도가 큰 물체(액체나 고체)가 전하를 띤 경우 주변에 큰 영향을 미치게 된다는 것을 언급할 필요가 있다.

유전율(유전상수)이란?

유전율은 전하의 흐름이나 전기장의 영향을 차단하는 성질을 나타내는 상수이다. 유전율이 큰 물체는 전하의 영향을 잘 차단하지만 유전율이 작은 물체는 전하의 영향이 크게 나타난다. 이온을 포함하고 있는 용액의 경우 유전율은 용액에 포함된 다른 분자에 미치는 전하의 영향 정도를 나타낸다. 가장 작은 유전율은 전하의 작용을 방해할 물질을 전혀 포함하고 있지 않은 공간의 유전율이다.

원자가결합 이론이란?

원자가결합 이론은 분자의 결합을 설명하는 두 가지 중요한 이론 중 하나(다른 이론은 분자궤도 이론)로, 개별 원자들의 전자궤도의 상호작용으로 화학결합이 이루어진다는 이론이다. 이 이론의 기본 개념은 개별 원자들의 전자궤도가 겹쳐지면서 강한 화학결합이 형성된다는 것이다. 최근에는 원자의 전자궤도를 바탕으로 화학결합을 설명하는 원자가결합 이론보다 분자궤도 이론이 널리 받아들여지고 있다.

분자궤도란?

분자궤도는 여러 개의 원자 또는 분자를 구성하는 모든 원자를 포함한다는 면에서 원자의 전자궤도와는 다르다. 원자의 전자궤도가 하나의 원자에 국한되는 데 반해 분자궤도는 원자의 전자궤도의 결합에 의해 만들어진다. 분자궤도는 분자 내의 원자 사이 공간을 전자가 차지할 수 있기 때문에 원자를 묶는 화학결합이 잘 설명된다.

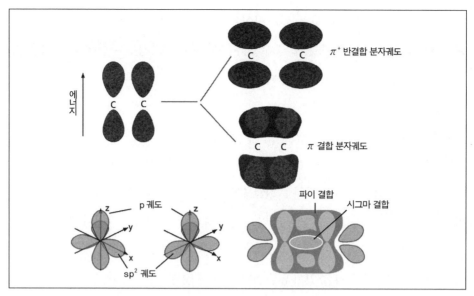

위의 그림(A)은 두 개의 p궤도로부터 형성된 파이궤도를 나타내며, 아래 그림(B)은 두 개의 sp² 혼성 탄소 원자로부터 시그마와 파이 분자궤도가 형성되는 것을 나타낸다.

분자궤도 이론이란 무엇인가?

분자궤도 이론은 분자의 결합을 설명하는 두 가지 중요한 이론 중 하나이다. 분자궤도 이론은 여러 원자에 걸쳐 있는 분자궤도를 이용해 화학결합을 설명한다. 이 이론에서는 결합하고 있는 원자들을 모두 포함하는 분자궤도를 이용해 전자의 위치를 설명하기 때문에 원자가결합 이론보다 화학결합을 더 잘 설명할 수 있다.

분자의 일반적 구조는 어떤 모양인가?

화학 연구는 기하학적 구조와 관련된 지식, 특히 분자의 대칭성에 대한 지식에서 많은 도움을 받고 있다. 분자가 어떤 모양인지를 이해하기 위해서는 화학 연구에서 자주 다루는 몇 가지 기하학적 구조를 살펴보는 것이 좋다.

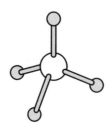

자주 접할 수 있는 구조 중 하나는 정사면체이다. 분자식이 CH_4인 메테인은 C−H 결합 사이의 각도가 약 $109°$인 정사면체를 이루고 있다.

선형 구조인 분자도 많다. 분자식이 CO_2인 이산화탄소는 CO 결합 사이의 각도가 $180°$인 선형 구조이다.

또 다른 일반적인 구조는 평면구조이다. 평면구조를 이루고 있는 BH_3는 BH 결합 사이의 각도가 $120°$이다. 한 평면에 네 개의 결합을 가지고 있는 평면구조도 있다. 이런 경우에는 결합 사이의 각도가 모두 $90°$이다.

분자의 크기는 얼마나 될까?

분자의 크기는 아주 작은 것에서부터 매우 큰 것까지 다양하다. 두 개의 원자만을 포함하고 있는 가장 작은 분자는 분자를 구성하는 두 원자의 지름을 합한 정도의 크기이다. 가장 작은 분자는 두 개의 수소 원자로 이루어진 H−H로, 길이는 $0.74\,Å\,(7.4 \times 10^{-11}\,m)$ 정도이다. 큰 분자는 매우 크다. 생물학적으로 중요한 단백질과 같은 분자는 수천 개의 원자를 포함하고 있다. 공유결합을 하고 있는 원자들이 길게 연결된 고분자는 이보다도 커서 눈으로도 볼 수 있을 정도이다.

분자를 볼 수 있을까?

고분자처럼 큰 분자는 현미경을 이용하면 눈으로 볼 수 있다. 그러나 대부분의 분자는 매우 작아서 가장 좋은 현미경을 이용해도 식별이 불가능하다. 분자의 크기(약 0.1~1.0㎚)가 가시광선의 파장(400~700㎚ 사이)보다 훨씬 작기 때문에 가시광선으로 분자를 보는 것은 물리적으로 불가능하다. 현재는 분자에 의해 산란된 전자를 이용하거나 금속 탐침의 분자에 작용하는 힘을 측정하는 것과 같은 다른 종류의 현미경으로 분자의 영상을 만드는 방법이 개발되어 있다. 그러나 우리가 물체를 본다는 의미와 동일한 의미로는 대부분의 작은 분자는 볼 수 없다.

모든 것이 분자나 원자로 이루어져 있을까?

기본적으로 그렇다! 원자나 분자로 이루어지지 않은 물체는 원자를 만드는 아원자 입자뿐이다. 우리 주위에서 발견되는 모든 물체는 주기율표에 실려 있는 원자의 조합으로 만들어졌다.

분자는 어떻게 상호작용하는가?

분자 사이에 작용하는 힘은 다음의 몇 종류로 나눌 수 있다.

반데르발스 상호작용 – 반데르발스 상호작용은 분자 사이의 다양한 상호작용을 포함한다. 여기에는 이온(전하를 띤 원자나 분자)이 개입되지 않은 모든 인력과 척력이 포함되기도 하고 때로는 수소결합만을 의미하기도 한다. 반데르발스 상호작용에는 극성 분자의 쌍극자 모멘트에 의한 힘과 비극성 분자의 유도된 쌍극자에 의한 상호작용을 포함된다.

이온 상호작용 – 분자 사이에 작용하는 또 다른 상호작용에는 이온 사이 또는 이온과 중성 분자 사이에 작용하는 상호작용이 있다. 이 상호작용은 일반적으로 반데르발스 상호작용보다 강하다. 이온쌍 사이에 작용하는 상호작용은 쿨롱 법칙을 따른다. 그러나 이온과 중성 분자들 사이의 상호작용은 이온과 쌍극자 또는 이온과 유도된 쌍극자 사이의 상호작용이다.

수소결합 – 수소결합은 수소 원자와 다른 전기음성도가 큰 원자(주로 불소, 산소, 질소) 사이의 상호작용이다. 수소 원자는 전기음성도가 큰 원자(주로 산소나 질소)와 결합한다. 수소 원자가 전기음성도가 큰 원자와 강한 상호작용을 하는 이유는 수소 원자가 전자 밀도의 부족으로 인해 부분적으로 (+) 전하를 띠고 있기 때문이다. 따라서 수소 원자는 과다한 전자 밀도로 인해 부분적으로 (−)전하를 띠게 되는 전기음성도가 큰 원자 (또는 이온)를 강하게 끌어당긴다.

분자 사이의 작용은 공유결합에 비해 얼마나 강한가?

대부분의 분자 사이의 상호작용은 공유결합에 비해 상대적으로 약하다. 공유결합은 일반적으로 1몰당 약 100kcal의 에너지가 관여한다. 이에 비해 반데르발스 상호작용은 가장 약한 분자 사이의 상호작용으로 1몰당 약 0.01에서 1kcal(공유결합 에너지의 0.01% 내지 1%)의 에너지가 관여한다. 이온과 이온, 이온과 쌍극자 사이의 상호작용은 경우에 따라 크게 다르다. 특히 용액에서는 이온이나 쌍극자 사이의 거리가 다르기 때문이다. 이온이 가지고 있는 전하 사이의 상호작용은 주변에 있는 용매 분자에 의해 방해를 받는다. 이온이 아주 가까이 있다면(고체의 경우와 같이) 이들의 결합 에너지는 공유결합 에너지와 비슷해진다(심지어 더 클 수도 있다). 수소결합은 가장 강한 분자 사이의 상호작용으로, 관여하는 에너지는 몰당 2 ~ 5kcal 정도이다(공유결합의 2% ~ 5%). 이처럼 수소결합은 강한 상호작용이기 때문에 액체, 고체, 분자의 구조를 결정하는 데 중요한 역할을 한다.

용매란?

화학에서의 용매는 다른 물질이 녹아들 수 있는 액체(기체나 고체도 용매가 될 수 있지만 여기서는 다루지 않겠다)이다. 용매에 녹아드는 물질은 용질로, 용질과 용매를 합쳐서 용액이라고 한다. 소금물을 예로 들면, 물은 용매이고 소금은 용질이며 소금물은 용액이다.

자석의 성질은 어떻게 생기나?

앞에서 설명했듯이 전자는 스핀 또는 스핀 각운동량이라는 물리량을 가진다. 전자는 두 가지 스핀 각운동량 중 한 값을 가질 수 있다. 스핀과 전자가 전하를 가지고 있다는 사실을 결합하면 전자가 자기 모멘트를 가져야 한다는 것을 알 수 있다. 이것을 스핀 자기 모멘트라고 한다. 큰 물체가 가지는 자기적 성질은 전자의 스핀 자기 모멘트가 어떻게 배열하느냐에 따라 결정된다. 만약 스핀 자기 모멘트가 모두 같은 방향으로 배열하면 이 물체는 자석의 성질을 나타내게 된다. 그러나 반대로 임의의 방향으로 흩어져 있다면 이런 물체는 자기적 성질을 나타내지 않는다. 특정한 물질만 자기적 성질을 가지게 되는 것에 대해서는 뒤에서 다시 다룰 예정이다.

어떤 금속이 자화될 수 있는지를 결정하는 것은 무엇인가?

물질은 자기적 성질에 따라 반자성체, 상자성체, 강자성체 등 세 가지로 분류된다.

반자성체는 모든 전자가 쌍을 이루고 있는 물질이다. 모든 스핀 자기 모멘트 역시 쌍을 이루고 있고, 따라서 서로 상쇄된다. 그러므로 반자성체는 자화되지 않으며 자석의 영향을 받지 않는다.

상자성체는 쌍을 이루지 않은 전자를 가지지만, 전자의 스핀 자기 모멘트가 모두 같은 방향으로 정렬되어 있지 않아서 강하게 자화되지 않는다. 쌍을 이루지 않는 전자를 가지고 있기 때문에 외부 자기장의 영향을 받지만 세 번째 물질인 강자성체만큼 강한 영향을 받지는 않는다.

강자성체는 우리가 잘 알고 있는 자석을 만들 수 있는 물질이다. 자석과 강하게 상호작용하는 물질은 모두 강자성체이다. 이러한 물질은 모두 한 방향으로 정렬된 전자 자기 모멘트를 가지고 있다. 강자성체라고 해서 전부 자석인 것은 아니며 자화될 수 있는 성질을 가지고 있다는 것을 의미한다. 클립을 예로 들어보자. 클립은 자석이 아니지만 자석 부근에 잠시 놓아두면 약한 자석이 된다. 가장 흔하게 사용되는 강자성체는 철, 니켈, 코발트를 이용해 만든다.

이상기체란 무엇인가?

이상기체란 서로 상호작용하지 않는 원자나 분자로 이루어진 기체로, 원자나 분자가 실제로 차지하는 부피를 무시해도 될 정도로 작은 기체를 말한다. 이것은 매우 이상적인 경우로, 대부분의 기체는 이상기체로 취급할 수 있다. 왜냐하면 기체에서는 분자 사이의 거리가 멀어 분자 사이의 상호작용이 매우 약하기 때문이다. 이상기체는 온도, 부피 압력 사이의 관계를 나타내는 이상기체의 법칙을 따른다. 이상기체의 법칙을 이용하면 온도가 올라갈수록 부피가 어떻게 변할지 예측할 수 있다. 이상기체 방정식은 다음과 같다.

$$PV = Nk_b T$$

이 식에서 P와 V는 압력과 부피, N은 입자(원자 분자) 수, T는 온도, k_b는 볼츠만 상수(기본적인 물리 상수)를 나타낸다.

얼마나 많은 종류의 화합물이 발견되었나?

화학과 관련된 정보를 가장 많이 다루는 CAS Chemical Abstracts Service 에 의하면 700만 번째 화합물이 최근(2012년 12월) 등록되었다고 한다. 현재도 새로운 화합물이 발견되어 등록되고 있어 등록된 화합물의 숫자도 정확하지 않다. 600만 번째 화합물이 등록된 것이 불과 18개월 전이었다!

우리가 보는 큰 세계의 성질

물질의 상태와 성질

물질의 상태란?

우리가 매일 대하는 물질에는 세 가지 상태, 즉 고체, 액체, 기체가 있다. 이 세 가지 상태 외에도 주로 별이나 외계에서 발견되는 네 번째 상태인 플라스마도 있다. 처음 세 가지 상태는 전체적인 성질에 의해 구분된다. 고체는 정해진 부피와 모양을 가지고 있고, 액체는 부피가 일정하지만 모양이 쉽게 변한다. 기체는 일정한 부피와 모양을 가지고 있지 않다.

플라스마란?

물질의 네 번째 상태인 플라스마 plasma는 일부가 이온 상태로 존재하는 기체라고 할 수 있다. 전체 분자의 1%만 이온화되어 있어도 전도성과 자성에서 매우 다른 성질을 가지게 된다.

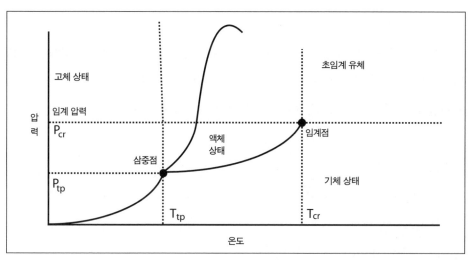

상태도는 특정한 물질의 상태가 온도와 압력에 따라 어떻게 변하는지를 나타낸다.

일상생활에서 플라스마를 발견할 수 있을까?

플라스마는 형광등이나 네온등에도 사용되고 있다. 과학박물관에서 테슬라 코일을 본 적이 있다면 이 코일이 만들어내는 아크가 바로 빛을 내는 플라스마이다. 플라스마 TV나 플라스마 램프는 형광등과 마찬가지로 플라스마를 이용해 빛을 낸다.

상태도란?

상태도란 특정한 물질의 상태를 온도와 압력의 함수로 나타낸 것이다. 단일 물질의 상태도의 예가 위에 제시되어 있다. 혼합물의 상태도도 만들 수 있지만 이 경우에는 매우 복잡해진다.

삼중점이란?

물질의 세 가지 상태가 평형을 이루는 온도와 압력을 삼중점이라고 한다. 세 가지 상태는 고체, 액체, 기체일 수도 있지만, 두 개의 고체 상태(분자들이 다른 방법으로 배열된 고체 상태)와 액체 상태일 수도 있다.

임계점이란?

임계점은 그 이상에서는 더 이상 상태의 경계가 존재하지 않는 온도와 압력을 말한다. 액체와 액체의 임계점 위에서는 두 액체 상태가 서로 섞일 수 있다. 액체와 기체의 임계점 위에서는 액체와 기체의 경계가 사라져 초임계 물질이 된다.

초임계 유체란?

임계점의 온도와 압력 이상에서 액체와 기체처럼 행동하는 물질을 초임계 유체라고 한다. 초임계 유체는 액체와 마찬가지로 매우 좋은 용매이기 때문에 현대의 수많은 화학 공정에서 이를 이용하고 있다.

커피에서 카페인은 어떻게 제거할까?

커피에서 카페인을 제거하는 화학반응에 대해 알아보자. 대부분의 경우 커피 원두를 볶기 전에 카페인을 제거한다. 카페인을 제거하는 방법 중 하나는 원두를 증기로 찐 후 유기 용매(주로 디클로로메테인)로 씻어내는 것이다. 또 초임계 이산화탄소를 이용해 카페인을 제거하는 방법이 있는데 독성이 있는 용매는 아니지만 많은 에너지가 소요된다. 카페인을 제거하는 모든 방법에서 가장 중요한 것은 카페인을 제거하면서도 우리가 원하는 커피의 풍미를 유지할 수 있어야 한다는 것이다.

얼마나 많은 상태가 동시에 존재할 수 있을까?

깁스의 상태 법칙은 주어진 물질이나 혼합물이 얼마나 많은 상태를 동시에 가질 수 있는지를 알려준다. 이 법칙은 여러 가지 상태가 동시에 존재하기 위해서는 각 상태의 화학포텐셜^{chemical potential}이 같아야 한다는 것을 바탕으로 하고 있다. 이 경우 약간의 계산을 통해 계를 이루는 요소의 수와 변수(온도, 압력, 혼합물 안에 존재하는 각 요소들의 비율과 같은), 그리고 동시에 존재할 수 있는 상태의 수 사이의 관계를 알 수 있다.

이 관계는 다음과 같다.

$$F=C-P+2$$

이 식에서 F는 자유도 수, C는 독립적인 요소들의 수, P는 상태의 수이다.

균일한 혼합물과 불균일한 혼합물의 차이는 무엇인가?

균일한 혼합물이란 각 요소가 균일하게 혼합되어 있어 혼합물의 어느 부분에나 같은 요소가 같은 비율로 들어 있는 것을 말한다. 설탕물(녹지 않은 설탕 덩어리가 떠돌아다니지 않는)은 균일한 혼합물의 예이다. 불균일한 혼합물은 각 요소들이 균일하지 않게 섞여 있는 혼합물을 말한다. 녹지 않은 설탕덩어리가 떠다니는 설탕물은 불균일한 혼합물의 예이다.

여러 가지 액체가 서로 섞이지 않을 수 있을까?

가능하다. 물과 기름이 좋은 예로, 물과 기름은 같은 그릇에 두어도 섞이지 않는다. 물과 기름은 서로 다른 액체 상태이다.

하나의 물질이 두 개 이상의 고체 상태를 가질 수 있을까?

가능하다. 고체는 다른 종류의 미세구조를 가질 수 있다. 원자가 규칙적으로 배열되어 있는 것을 결정이라고 한다. 전체 물질이 하나의 결정으로 이루어진 것은 단결정(다이아몬드), 물체가 여러 개의 결정으로 이루어져 있으면 다결정이라고 한다. 고체 중에는 원자가 무질서하게 배열되어 있는 경우도 있는데, 이것을 비정질 또는 무정형이라고 한다.

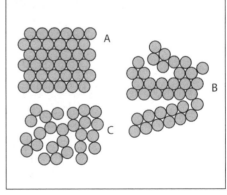

고체 안의 원자는 다양한 방법으로 배열된다. 원자들의 배열 방법에 따라 A)단결정, B)다결정, C)무정형으로 나눈다.

물질의 밀도는 무엇을 나타내는가?

밀도는 질량을 부피로 나눈 값이다. 예를 들어 물의 밀도는 $1.0g/cm^3$ ($1cm^3$ 안에 1g이 들어 있다)이다.

물질의 밀도를 결정하는 것은 무엇인가?

기본적으로 밀도는 물질 안에 원자나 분자가 얼마나 밀집해 있는지와 물질을 이루는 원자의 질량에 의해 결정된다. 주기율표에서 가장 무거운 원소로 이루어진 물체가 밀도가 가장 큰 것은 아니지만 일반적으로 무거운 원소로 만들어진 물체는 밀도도 크다. 이리듐이나 오스뮴과 같은 무거운 금속은 밀도가 높다.

물질의 밀도는 얼마나 많은 질량을 가지고 있느냐 하는 것이 아니라는 것을 기억해 둘 필요가 있다. 1g의 납과 1㎏의 납은 밀도가 같다. 물질의 질량의 증가는 밀도에 영향을 미치지 않는다.

얼음은 왜 물에 뜰까?

얼음이 물에 뜨는 이유는 얼음의 밀도가 물의 밀도보다 작기 때문이다. 물과 얼음은 동일한 물질의 고체 상태와 액체 상태의 밀도를 비교해볼 수 있는 좋은 예이다. 대부분의 물질은 액체에서 고체 상태로 변하면 밀도가 증가하지만 H_2O의 경우에는 반대이다. 물이 얼어 얼음이 되면 H_2O 분자 사이에 수소결합에 의한 네트워크가 형성되는데 이때 분자들 사이의 결합 길이 때문에 얼음의 밀도가 물의 밀도보다 작아진다.

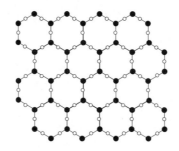

온도란?

온도는 물질을 이루는 입자의 평균 운동에너지를 나타낸다. 입자의 평균 운동에너지란 무슨 뜻일까? '평균 운동에너지'는 분자 수준에서 입자가 얼마나 빠르게 운동하고 있는지를 나타낸다. 분자가 더 빨리 진동하면 할수록 우리는 더 뜨겁다고 느낀다. 분자들이 더 빨리 진동하면 더 많은 열이 우리 손으로 전달되기 때문이다.

화씨(파렌하이트), 섭씨(셀시우스), 절대온도(켈빈)는 서로 어떤 관계가 있는가?

섭씨온도와 절대온도는 같은 온도 스케일을 사용하지만 0도의 위치가 다르다. 다시 말해 섭씨온도에서 1도 올라가면 절대온도도 1도 올라가지만 섭씨온도 0℃(물이 어는 온도)는 절대온도 273.15K이다. 따라서 섭씨온도와 절대온도는 273.15° 차이가 난다.

화씨온도는 전혀 다른 온도 스케일을 사용한다. 물은 32℉에서 얼고 화씨온도로 1° 차이는 섭씨온도 0.55℃ 차이에 해당한다.

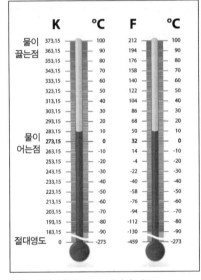

화씨, 섭씨, 절대온도 스케일의 비교

왜 금속을 만지면 공기보다 더 차가울까?

금속을 만지면 공기보다 차갑게 느껴지는 이유는 금속이 훌륭한 열전도체이기 때문이다. 차가운 금속은 손의 열을 다른 곳으로 빠르게 전달할 수 있기 때문에 주변의 공기보다 차갑게 느껴진다.

끓는점이란?

끓는점의 기술적인 정의는 액체 상태의 증기압과 주변 기체의 압력(특히 기압)이 같아지는 온도이다. 이것은 액체가 기체로 변하는 온도를 화학적으로 설명한 것이다.

끓는점과 관계있는 분자의 성질은?

물질의 끓는점을 결정하는 중요한 요소가 몇 가지 있다. 첫 번째 요소는 분자량이다. 일반적으로 무거운 분자일수록 끓는점이 높다(무거운 분자일수록 액체에서 기체로 이동하기 위해 더 많은 에너지가 필요하다).

끓는점에 영향을 미치는 다른 성질들은 분자 사이에 작용하는 힘, 즉 분자 사이의 상호작용과 관계가 있다. 분자들 사이의 상호작용이 강하면 강할수록 끓는점이 높아진다. 이온결합이나 수소결합과 같은 공유결합이 아닌 결합은 끓는점을 크게 올라가게 한다. 왜 그럴까? 기체 상태로 변하기 위해서는 분자 사이의 상호작용을 끊어야 한다. 쌍극자 상호작용이나 발데르발스 상호작용 역시 비슷한 효과가 있지만 이러한 상호작용은 매우 약해 끓는점에 미치는 영향이 크지 않다. 마지막으로 분자의 탄소 골격의 가지치기 역시 낮은 끓는점을 만드는 데 영향을 주는 요소이다. 이 경우에는 반데르발스 힘이 약해지는 것이 끓는점이 낮아지는 원인이다.

녹는점이란?

녹는점은 물질이 고체 상태에서 액체 상태로 바뀌는 온도이다. 이 온도에서는 액체 상태와 고체 상태가 평형을 이룬다. 따라서 물질의 일부는 계속적으로 두 상태 사이를 이동한다. 실제로 물질의 녹는점을 정확하게 측정하는 것은 쉬운 일이 아니다.

분자의 어떤 성질이 녹는점을 낮게 하는가?

끓는점을 높이는 분자의 성질에서 이야기했던 대부분의 것들이 여기에도 해당된다. 그러나 한 가지 예외가 있다. 가지를 많이 가지고 있어 원자가 더 밀집해 있는 분자는 녹는점이 더 높다. 일반적으로 원자가 밀집해 있는 분자는 밀도가 더 높은 결정을 만든다. 결정의 밀도가 높을수록 더 안정한 고체가 되기 때문에 고체를 녹여 액체를 만들기가 더 어려워진다.

불순물이나 용질을 더하면 물질의 끓는점과 녹는점은 어떻게 변하나?

용질을 더하면 일반적으로 끓는점은 올라가고 녹는점은 내려간다. 이러한 효과를 '끓는점 오름', '녹는점 내림'이라고 한다.

공유결합을 하지 않는 용질(Nacl과 같은)을 첨가하면 용질이 용액의 증기압을 낮추어 끓는점이 올라간다. 특정한 상호작용(수소결합의 형성과 같은)이 일어나지 않기 때문에 이런 끓는점 오름은 용질의 종류와 관계가 없고, 용질이 증기압을 낮추는 한(기본적으로 비휘발성이므로 증기압은 0이다) 이 효과는 존재한다. 이는 첨가한 용질이 혼합물의 증기압을 낮추는 것으로 생각하면 된다(매우 낮은 증기압을 가진 물질을 섞으면 평균 증기압이 내려간다).

용액에 용질을 첨가하면 일반적으로 녹는점(어는점)은 내려간다. 이 효과에 대한 가장 좋은 설명은 엔트로피('물리화학 및 이론화학' 부분 참조)를 기반으로 한 것이다. 용매 분자들이 액체 상태에서 고체 상태로 변하면(얼면) 액체 상태의 용매의 양은 줄어든다. 이것은 같은 양의 용질이 더 좁은 영역에 있게 된다는 것을 뜻하고, 이것은 곧 엔트로피를 감소시킨다(에너지는 증가시킨다). 에너지가 증가한다는 것은 고체 상태에 있는 분자를 떼어내는 데 더 많은 에너지가 필요하다는 뜻이다. 적은 에너지는 온도를 낮추는 것을 의미하므로 용질의 추가는 어는점을 낮춘다. 이것을 다른 측면에서 보면 모든 불순물이 결정구조를 흐트러뜨려 액체 상태에 비해 에너지를 증가시킨다. 이것 역시 용질을 첨가하면 어는점이 내려가는 역할을 한다.

액체의 농도는 어떻게 정의될까?

용액의 농도는 용액 안에 녹아 있는 물질의 양을 용액의 부피로 나눈 값이다. 화학자들은 일반적으로 몰농도(물질의 몰 수/부피)를 사용한다.

용해도에 영향을 미치는 성질은 어떤 것이 있을까?

가장 중요한 성질은 분자 사이에 작용하는 힘과 온도이다. 용매와 용질 분자들 사이에 결합이 존재하면 용해도가 올라간다. 용매와 용질 분자의 상호작용과 고체 상태에 있는 용질의 안전성이 균형을 이룬다. 온도 역시 용해도에 영향을 미쳐, 대부분의 물질은 용매의 온도가 올라갈수록 용해도가 증가한다.

도로에 소금을 뿌리면 눈이 잘 녹는 이유는 무엇인가?

앞에서 말했듯이 용질을 용액에 첨가하면 어는점이 내려간다. 소금을 눈 위에 뿌리면 얼음 위에 있는 적은 양의 물에 녹아든 뒤 주변의 물과 얼음의 어는점을 낮추어 얼음을 녹인다. 소금이 다 녹을 때까지 이러한 과정은 계속된다.

길이의 기본 단위는 무엇인가?

대부분의 길이는 m를 기본으로 한다. 화학자들은 아주 작은 길이를 다루는 경우가 많다. 일반적으로 사람들은 ㎜(10^{-3}m)가 어느 정도의 길이인지 감으로 느끼지만, 나노미터가(㎚, 10^{-9}m)가 어느 정도의 길이인지는 감지하지 못한다. 화학결합을 다룰 때는 옹스트롬(Å)이라는 길이의 단위를 쓰는데 1옹스트롬은 백억분의 1m(10^{-10}m)이다. 원소에 따라 다르지만 화학결합의 길이는 1~2Å 정도이다.

원자는 얼마나 큰 공간을 차지하는가?

가장 작은 원자인 수소 원자의 반지름은 53×10^{-12}m이다. 따라서 지름은 10^{-10}m 정도이다. 가장 큰 원자인 세슘의 반지름은 270×10^{-12}m이므로 대략 수소 원자의 다섯 배 정도이다. 이들은 모두 매우 작은 크기이다!

원자핵은 얼마나 큰 공간을 차지하는가?

원자핵은 원자가 차지하고 있는 공간 중 아주 작은 부분을 차지하고 있다. 원자핵의 지름은 전체 원자 지름의 10만분의 1 정도이다.

화학결합의 길이는 얼마나 되는가?

화학결합은 두 원자가 결합해 만들어지기 때문에 화학결합의 길이는 대략 원자 반지름의 두 배 정도로, 10^{-10}m 정도이다.

압력의 기본 단위는?

길이와 온도의 단위와 달리 압력은 적어도 여섯 가지 단위가 사용되고 있다. 공식적인 단위는 파스칼(Pa)이지만 지역에 따라 바(bar), mmHg, 기압(atm), 토르(torr), psi 등의 단위가 사용된다.

비행기는 어떻게 공중에 떠 있을 수 있을까?

비행기는 매우 무겁기 때문에 중력에 대항해 공중에 떠 있게 하기 위해서는 큰 힘이 필요하다. 비행기를 앞으로 가게 하는 것이 엔진이라면, 위로 뜨게 하는 것은 무엇일까? 비행기를 공중에 뜨게 하는 힘은 위쪽은 휘어져 있고 아래쪽은 평평한 모양인 비행기의 날개에서 만들어진다. 이런 모양 때문에 날개 위쪽을 흐르는 공기가 아래쪽을 흐르는 공기보다 빠르게 지나간다. 따라서 위쪽에 작용하는 공기의 압력이 아래쪽에 작용하는 공기의 압력보다 작다. 날개 아래쪽과 위쪽의 이런 압력 차이가 비행기를 공중에 뜨게 하는 힘이다. 이것을 '베르누이의 원리'라고 한다. 예를 들어 종이 위쪽에 바람을 불면 같은 이유로 종이는 위로 올라간다.

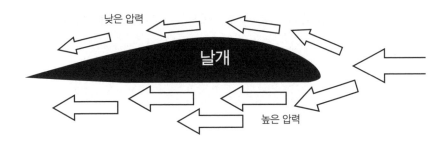

물보다 기름이 더 미끄러운 이유는?

윤활유를 칠하는 이유는 표면 사이의 마찰력을 줄여 부품을 오래 사용하고 움직이는 동안에 소모되는 에너지를 줄이기 위해서이다. 좋은 윤활유의 핵심 요소는 윤활유 박막이 형성되는 데 필요한 길이가 부품의 운동 길이보다 훨씬 작아야 한다는 것이다. 기본적으로 기름은 부품이 계속적으로 움직이고 있는 경우에도 박막을 만들어 유지할 수 있기 때문에 좋은 윤활유이다.

박막을 만들 수 있는 능력은 쉽게 측정할 수 있는 다른 성질과 관련이 있다. 좋은 윤활유는 대개 끓는점이 높고, 어는점이 낮으며, 점성이 크고, 산화 반응에 안정적이고, 온도 변화에 잘 견딘다.

대기의 공기가 지구에서 멀어지지 않는 이유는?

중력 때문이다! 지구상의 모든 분자에는 지구의 중력이 작용한다. 가벼운 공기 분자도 마찬가지이다. 지구의 중력을 벗어나기 위해서는 우주선이나 헬륨 원자나 모두 탈출속도보다 빠른 속도로 운동해야 한다. 대부분의 대기 분자의 속도는 대기의 온도에서(높은 온도에서는 분자들이 더 빠르게 운동한다) 탈출속도보다 느린 속도로 운동하고 있다.

거의 대부분이 그렇지만 지구는 조금씩 대기 분자를 잃고 있다. 가장 가벼운 분자가 먼저 지구에서 달아난다. 약 $3kg$의 수소가 매년 우주 공간으로 달아나고 있다. 기체의 운동에너지는 볼츠만 분포함수에 따라 분포하기 때문에 입자의 일부만 달아나는 것이다. 볼츠만 분포함수에 의하면 매우 빠른 속도를 가진 입자의 수는 매우 작지만 항상 존재한다.

물체의 색깔을 결정하는 것은 무엇인가?

물체의 색깔은 물체가 반사하는 빛의 조합에 의해 결정된다. 다시 말해 우리는 물체가 흡수하지 않는 빛을 보게 되는 것이다. 물질의 전자구조에 의해 어떤 진동수의 빛은 흡수하고 어떤 진동수의 빛은 반사한다.

유리는 무엇인가?

유리는 비정질 고체, 즉 규칙성이 결여된 고체이다. 고분자화학에서는 단단한 상태에서 고무 같은 상태로 변하는 유리 전이온도를 다룬다. 유리 전이온도에서는 물질이 고체에서 액체로 변하는 것이 아니라 한 가지 상태의 고체에서 다른 상태의 고체로 변한다.

수은은 왜 위험할까?

수은은 피부를 통해 흡수될 수 있기 때문에 다루기가 어렵다. 메틸수은(CH_3HgCH_3) 같은 유기금속 수은은 특히 위험해서 많은 실험자들이 목숨을 잃었기 때문에 독성이 강한 수은을 이용한 대부분의 실험은 중지되었다. 가정에서도 깨진 온도계를 치울 때는 특히 주의해야 한다.

진공이란 무엇인가?

진공이란 물질이 없는 공간을 말한다. 진공이라는 뜻의 영어 단어 vacuum은 '비어 있다'라는 뜻의 라틴어에서 유래했다. 물질을 전혀 포함하지 않은 절대 진공을 만들기는 매우 어렵지만 현대 공학자들은 우주 공간으로 나가지 않고도 절대 진공에 가까운 진공상태를 만들 수 있다.

진공을 통해서 소리가 전달될 수 있을까?

아니다. 소리는 분자의 충돌을 통해 전달되는 역학 파동이다. 진공에는 물질이 없으므로 소리가 전달되지 않는다.

진공청소기는 어떻게 작동할까?

일상생활에서는 상대적으로 낮은 압력을 진공이라고 한다. 압력이 높은 곳에 있는 공기는 압력이 낮은 곳으로 이동한다. 이것이 진공청소기가 작동하는 원리이다. 팬을 이용해 진공청소기 안의 공기를 밖으로 밀어내면 청소기 안은 낮은 기압 상태가 된다. 이 압력 차이를 없애기 위해 밖의 공기가 안으로 밀려들어오면서 먼지나 쓰레기를 함께 받아들인다. 팬이 계속적으로 돌면서 압력 차이를 유지하기 때문에 공기가 밖에서 안으로 들어가도 진공청소기는 계속 일을 할 수 있다.

빛은 진공을 통해 전달될 수 있을까?

그렇다. 소리와 달리 빛은 전자기파이기 때문에 전달되기 위해 매질이 필요하지 않다. 햇빛이 지구까지 전달되기 위해서는 지구와 태양 사이의 진공상태의 공간을 가로질러야 한다.

우리 눈으로 확인할 수 있는 화학반응에는 어떤 것이 있을까?

우리가 직접 볼 수 있는 화학반응은 많다. 금속에 녹이 스는 것, 나무가 타는 것, 불꽃놀이에서 불꽃이 터지는 것, 은이 검게 변하는 것, 소다와 식초가 반응하는 것 등의 화학반응이 우리가 직접 눈으로 확인할 수 있는 화학반응이다.

폭발은 우리가 눈으로 관찰할 수 있는 극적인 화학반응이다.

종이수건이 물을 잘 흡수할 수 있는 이유는?

종이수건은 많은 당 단위체가 길게 연결되어 만들어진 고분자인 셀룰로오스를 포함하고 있다. 이 당 단위체는 물 분자와 강하게 상호작용하기 때문에 종이수건은 물을 닦아내는 데 효과적이다.

전류란?

물질을 통해 전자가 흐르는 것을 전류라고 한다. 가정이나 사무실에서 사용하는 전기는 도선을 통해 전자가 흐르는 것이다.

좋은 전도체란 어떤 물질인가?

좋은 전도체란 자유전자가 많은 물질이다. 여기서 자유전자란 원자나 분자에 강하게 구속되어 있지 않은 전자를 말한다. 대체로 금속은 좋은 전도체이다. 물질이 자유전자를 가지는 것은 물질의 전자구조와 관계가 있다. 기본적으로 자유전자가 많으면 많을수록 더 많은 전자가 자유롭게 돌아다닐 수 있고, 더 많은 전하를 운반할 수 있어 전기전도도가 높아진다.

고무줄이 잘 늘어나는 이유는?

고무줄은 긴 고분자로 이루어져 있다. 이 고분자들은 모두 복잡하게 얽혀 있다. 서로 엉켜 있는 한 뭉치의 스프링을 연상하면 된다. 고분자는 잘 늘어나는 성질이 있기 때문에 고무줄은 끊어지지 않고 길게 늘어날 수 있다. 그러나 수축된 상태에 있을 때 좀 더 많은 가능한 상태를 가질 수 있다. 다시 말해 수축된 상태가 더 큰 엔트로피('물리화학 및 이론화학' 참조)를 갖기 때문에 자연 상태에서는 수축 상태로 존재하려고 한다. 따라서 고무줄은 수축하려고 하고 이것이 탄성을 제공한다(고분자에 대한 더 많은 질문은 '고분자화학' 부분 참조).

탄산음료에 이산화탄소를 첨가하는 방법은?

탄산음료는 물이나 음료수에 고압의 이산화탄소 기체를 주입해 만든다. 대기압 하에서 음료수가 포함할 수 있는 양보다 훨씬 많은 양의 이산화탄소 기체를 음료수에 녹아들게 한 후 밀봉함으로써 기체가 날아가는 것을 막는다. 따라서 음료수의 뚜껑을 열어 놓으면 이산화탄소가 공기 중으로 날아가 음료수의 양이 줄어드는 것을 볼 수 있다.

왜 탄산음료수 뚜껑을 열면 얼까?

액체에 물질이 녹아 있으면 액체의 어는점이 낮아진다고 했던 것을 기억할 것이다. 탄산음료수의 뚜껑을 열어 이산화탄소가 증발하면 음료수에는 적은 양의 이산화탄소만 남게 되어 어는점이 높아진다. 일정한 온도에서 어는점이 높아지면 음료수가 얼 수도 있다. 이런 현상이 보고 싶다면 음료수를 냉동실에 잠시 동안 넣어두자. 그러나 너무 오랫동안 넣어두면 음료수 용기가 폭발하므로 조심해야 한다.

헬륨 풍선은 왜 뜰까?

헬륨의 밀도가 공기의 밀도보다 작기 때문이다. 즉 중력이 헬륨 풍선보다 공기를 더 큰 힘으로 잡아당기는 것이다. 밀도의 차이 때문에 공기의 무게가 풍선의 무게를 충분히 지탱할 수 있어서 헬륨 풍선은 위로 떠오른다.

헬륨 풍선은 풍선 안의 기체의 밀도가 주변 공기의 밀도보다 훨씬 작기 때문에 뜰 수 있다.

드라이아이스는 무엇이며 고체 상태가 되면 증발하는 이유는?

한마디로 말해 드라이아이스는 고체 상태의 이산화탄소(CO_2)이다. 일정한 압력 하에서 온도가 올라가면 고체 상태에서 기체 상태로 바로 증발하는 것을 볼 수 있는데 이를 승화라고 한다. 드라이아이스의 승화는 $-78.5\,°C$에서 일어난다.

한 분자가 다른 분자를 '느낄'수 있는 거리는 얼마나 될까?

분자는 분자 사이에 작용하는 힘을 통해 서로를 느낀다. 분자가 서로를 느끼는 거리는 화학결합의 길이보다 조금 더 긴 $5 \times 10^{-10}m$ 정도이다.

음식과 감각

우리 몸은 어떤 원소로 이루어졌을까?

질량으로 따지면 우리 몸의 99%를 구성하고 있는 것은 여섯 가지 원소이다. 많이 포함된 순서에 따라 산소, 탄소, 수소, 질소, 칼슘, 인이다. 우리 몸을 구성하는 세포의 50% 이상이 물로 이루어져 있기 때문에 산소와 수소는 몸의 어느 곳에나 있다.

우리가 먹는 음식에는 어떤 원소가 들어 있을까?

우리가 먹는 음식물은 우리 몸과 거의 비슷한 원소로 이루어져 있다. 음식물을 구성하는 원소가 결국은 우리 몸을 이루고 있으므로 어쩌면 당연한 일이다. 우리가 먹는 음식물이 바로 우리다.

유기농 식품의 다른 점과 특별한 점은 무엇인가?

유기농 식품의 정확한 정의는 아직도 명확하지 않지만 일반적으로 농약과 합성 비료를 사용하지 않고 재배한 식품을 말한다. 방사선을 사용했거나 유전자 조작을 한 과일, 채소도 유기농 식품에서 제외된다. 유기농 식품의 맛이 더 좋고 건강에 더 좋은지에 대해서는 여러분(적어도 화학자들이 아닌 다른 사람들이)이 판단할 문제이다.

음식의 맛을 내는 것은?

물론 분자이다! 학교에서 단맛, 쓴맛, 신맛, 짠맛의 네 가지 기본적인 맛이 있다고 배웠을 것이다. 과학책에는 아래쪽 그림처럼 쓴맛을 느끼는 미뢰는 혀의 뒤쪽에, 단맛을 느끼는 미뢰는 혀의 끝쪽에 위치한다는 그림이 실렸었다. 그런데 사실 이 그림은 틀렸다. 틀렸다. 틀렸다!

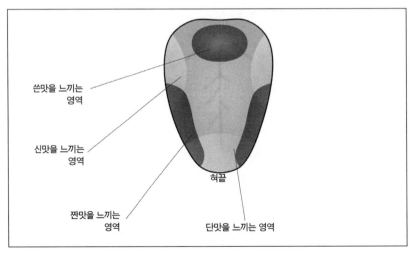

혀의 각각 다른 부분이 서로 다른 맛을 느낀다는 예전의 사고는 틀렸다. 최근 혀의 표면에 고르게 분포되어 있는 미뢰가 단맛, 신맛, 짠맛, 쓴맛의 기본적인 맛을 모두 감지하는 것으로 밝혀졌다.

현재 알려진 사실은 다섯 가지의 기본적인 맛이 있을 뿐만 아니라 이 맛을 느끼는 미뢰가 혀에 골고루 분포되어 있다는 것이다. 다섯 가지 기본적인 맛은 학교에서 배운 네 가지 맛과 유암미umami이다. 서양 음식을 먹으면서 자랐다면 유암미는 MSG 같은 맛이거나 '아시아' 음식 같은 맛이다. 지방을 감지하는 여섯 번째 미뢰와 매운맛을 느끼는 미뢰가 있느냐 하는 것에 대해서는 아직도 논란이 계속되고 있다.

그러나 다섯(여섯 또는 일곱) 가지 기본적인 맛마저도 음식을 먹을 때 느끼는 모든 감각을 나타내는 것이 아니다. 포도주(포도주를 마시는 것)가 가장 좋은 예일 것이다.

포도주가 '드라이'하다고 느끼게 하는 것은 무엇일까? '드라이'한 감각은 분명 다섯 가지 기본적인 맛에 속하지 않는다. 이것은 타닌의 존재와 관련이 있다. 그렇다면 타닌을 감각하는 미뢰가 있는 것일까? 그것은 아직 아무도 모른다.

물질이 독성을 가지게 하는 것은 무엇일까?

우리 생명체를 심각하게 교란시키는 방법에는 여러 가지가 있다. 일산화탄소는 헤모글로빈과 결합하여 세포에 산소가 전달되는 것을 막는다. 시안은 미토콘드리아에서 ATP의 생산을 막는다. 헴록은 신경계에 작용하는 적어도 여덟 가지 이상의 독성 분자를 가지고 있는 잡초이다. 탈륨 이온(Tl^+)이 특히 독성이 강한 것은 물에 잘 녹고, 몸에서 이온 채널과 결합해 정상적으로는 칼륨 이온(K^+)과 작동하는 다른 반응을 교란시키기 때문이다.

농약 식품은 우리를 더욱 위험하게 만들고 있을까?

농약이 식품을 안전하게 하지 않는 것은 확실하지만 장기간에 걸친 농약의 위험성은 측정하기 어렵다. 그럼에도 가능하면 농약을 적게 사용하는 것이 좋은 것은 분명하다.

냄새를 맡게 하는 것은 무엇인가?

냄새를 맡을 수 있는 이유는 우리의 코(또는 후각)가 휘발성 분자를 감지할 수 있기 때문이다. 사람의 코는 분자를 감지하는 대략 350가지 다른 수용기를 가지고 있어 분자에 대한 정보를 후각 기관의 여러 곳으로 보내고 이런 신호는 뇌로 전달된다. 냄새는 신호를 포착한 하나의 수용기에 의해 느끼는 것이 아니라 수용기 전체의 작용을 통해 감지된다. 그리고 뇌는 받아들인 신호의 조합을 냄새에 대한 감각으로 인식한다.

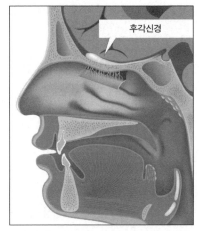

코속에 있는 수용기는 공기 중에 있는 분자를 감지하여 후각계로 신호를 보낸다. 이 신호가 뇌로 전달되어 냄새를 인식한다.

어떤 물질의 냄새가 다른 물질보다 더 심한 이유는 무엇 때문일까?

어떤 물질의 냄새가 심하게 나는 데에는 여러 가지 이유가 있다. 첫 번째는 분자의 휘발성 또는 증기압이다. 간단히 말해 공기 중에 더 많은 분자가 있으면 더 강한 냄새를 맡게 된다. 또 어떤 분자는 다른 분자보다 코 속에 있는 수용기와 더 강하게 상호작용해서 냄새를 더 잘 맡게 한다.

상온에서 액체인 원소는?

상온에서 액체인 원소는 수은과 브로민이다. 브로민은 이원자 화합물(Br_2)이고 수은은 액체 금속이다.

수은은 다른 액체에 비해 얼마나 밀도가 큰가?

수은의 밀도(상온에서 액체인)는 약 5.43g/mL이다. 이것은 물의 밀도보다 약 5.5배 큰 값이다. 수은 다음으로 밀도가 큰 액체는 브로민으로 3.03g/mL이다. 수은의 밀도는 브로민의 밀도보다 거의 두 배나 크다.

수은은 상온에서 유일하게 액체인 금속이다. 독성
이 강하기 때문에 맨손으로 다루어서는 안 된다.

눈의 밀도는 물의 밀도와 비교해 얼마나 되는가?

막 내려서 쌓인 눈의 밀도는 물의 밀도의 약 10
분의 1 정도이다. 이것은 1cm의 비와 10cm의 눈이
거의 비슷한 양의 물을 포함하고 있다는 뜻이다.

계면활성제란?

계면활성제는 액체의 표면 장력을 감소시키는 물질이다. 일반적으로 계면활성제는
친수성과 소수성을 모두 가지고 있는 유기분자이다. 따라서 이런 분자는 액체 표면에
특정한 방법으로 배열하여 액체의 표면 장력을 감소시킨다.

석출이란?

석출이란 용액 속에서 고체가 형성되는 것을 말한다. 석출은 물질의 용해도가 낮아
용액 속에 녹아 있기 어려울 때 일어난다. 이는 여러 가지 이유로 발생하는데 화학반
응의 생성물이 용해도를 저하시키거나 온도의 변화가 용해도를 변화시키는 것 등이
그것이다. 석출은 작은 결정이 형성되면서 시작된다.

물질의 퀴리 온도란?

강자성체는 온도가 높아지면 상자성체가 된다('원자와 분자' 부분의 강자성체와 상자성체
에 대한 논의 참조). 강자성체가 상자성체로 변하는 온도를 퀴리 온도라고 하며, 물이 얼
거나 증발하는 것처럼 눈으로 볼 수 있는 변화는 아니지만 일종의 상변화이다.

물리적 변화란?

물리적 변화는 화학적 조성의 변화 없이 거시적인 성질만 변하는 것을 말한다. 물리적 변화의 예에는 증발, 용해, 자르는 것, 쪼개지는 것, 깨지는 것, 가는 것 등이 있다. 이런 변화는 모두 물질의 화학적 조성을 변화시키지 않는다.

강도를 나타내는 모스 스케일이란?

물질, 특히 광물은 서로 흠집을 낼 수 있는 능력으로 강도를 결정한다. 만약 한 광물이 다른 광물에 흠집을 낼 수 있다면 모스 스케일에서 더 높은 강도를 갖는다. 프리드리히 모스 Friedrich Mohs가 이 스케일을 제안했을 때는 다이아몬드가 가장 강한 물질이었기 때문에 다이아몬드에 10의 값을 부여했고 탈크(탈쿰 분말이라고 알려진)는 강도가 낮아 1의 값을 가졌다.

모스는 오스트리아 은행가가 개인적으로 수집한 암석의 분류를 돕기 위해 이 스케일을 개발했으며 후에는 대공작의 박물관 수집품을 분류하는 데 사용했다.

오늘날에는 강도를 측정하는 더 정확한 방법이 개발되어 있지만, 간단하기 때문에 모스 스케일은 아직도 널리 사용되고 있다.

화학반응

운동학과 열역학

화학반응이란?

화학반응이란 하나 또는 여러 개의 분자를 다른 분자로 변화시키는 반응을 말한다. 대부분의 경우 반응물과 생성물의 분자는 다르다. 화학반응은 항상 화학결합의 분리와 새로운 화학결합의 형성을 포함한다.

화학결합을 나타내는 방정식은 어떻게 쓰는가?

화학자들은 화학반응을 나타내기 위해 '방정식'을 사용한다. 일반적으로 방정식의 왼쪽에는 반응물을, 화살표 오른쪽에는 생성물을 쓴다. 아래 방정식은 메테인과 산소가 물과 이산화탄소를 생성하는 화학반응을 나타낸다.

$$CH_4 + 2O_2 \rightarrow CO_2 + 2H_2O$$

오른쪽으로 향하는 화살표는 화학반응을 통해 반응물이 생성물로 변화되는 것을 나타낸다. 일부의 경우 화학반응이 가역적인데 이때는 양쪽으로 향하는 두 개의 화살표($\rightleftarrows$)를 이용하여 나타낸다. 화학에서는 $\leftrightarrow$ 와 $\rightleftarrows$ 의 의미가 같지 않다는 것에 주의하자!

화학반응의 생산성이란?

화학반응의 생산성은 생성물의 양(예를 들면 2g)에 의해 결정된다. 대부분의 경우 관심을 가지는 것은 사용된 일정한 양의 반응물을 이용해 생산할 수 있는 최대 생성물의 비율이다. 퍼센트로 나타내는 이 비율은 특정한 화학반응이 생성물을 생산하는 데 얼마나 효과적인지를 나타낸다.

화학반응에서 선택 가능성이란?

화학반응에서 선택 가능성은 여러 가지 의미를 가질 수 있지만 보통은 두 가지 중요한 범주로 나눌 수 있다. 하나는 화학반응이 특정한 물질에서만 선택적으로 일어나도록 하거나 원하지 않는 부차적인 효과를 피하기 위해 분자의 특정 부위에서만 일어나게 하는 것이고, 다른 하나는 특정 생성물만 생산하도록 선택적으로 일어나게 하는 것이다.

현대 화학자들은 화학반응의 생성물을 어떻게 특징짓는가?

화학자들은 그들이 만든 분자의 조성과 구조를 확인할 수 있도록 화학반응의 생성물을 특징지을 필요가 있다. 먼저 생성물의 녹는점을 측정하는 방법이다. 이 방법으로는 분자 내의 화학결합에 대한 구체적인 정보를 제공할 수 없기 때문에 분자를 특징짓기 위해서는 좀 더 발전된 기술이 필요하다. 분자의 에너지 준위를 측정하기 위해 전자기파 복사를 이용하기도 한다('물리화학 및 이론화학' 부분 참조). 분자가 어떤 에너지 또는 어떤 파장의 빛을 흡수하는지에 대한 정보는 분자의 구조적인 특징과 직접 연관지을 수 있다.

화학자들은 아직도 새로운 화학반응을 찾고 있을까?

그렇다. 화학 지식은 수백 년 동안 쌓여왔지만 아직 완전하다고 할 수 없다. 현존하는 분자를 만들어내는 새로운 방법, 그리고 지구에 존재하지 않는 새로운 분자를 만들어내는 것이 현대 화학의 궁극 목표다. 따라서 새로운 화학반응을 개발하고, 예전의 화학반응을 이해하는 것은 화학자들의 영원한 연구 주제이다.

질량 보존의 법칙이란?

질량 보존의 법칙은 물질이 만들어지거나 파괴되지 않는다는 법칙이다. 화학반응 전후에는 반응에 참여하는 원자들의 수가 변하지 않기 때문에 질량 보존의 법칙이 잘 지켜진다. 앞에서 설명한 예에서 반응물 안에 있던 두 개의 산소 분자, 즉 네 개의 산소 원자는 하나의 이산화탄소 분자와 두 개의 물 분자를 만들기 때문에 산소 원자의 수는 전부 네 개가 되어 늘어나거나 줄어들지 않았다.

반응의 화학량론이란 무엇인가?

반응의 화학량론은 질량 보존의 법칙과 밀접한 관계가 있다. 화학량론은 반응하는 분자의 비를 다룬다. 76쪽의 화학반응식을 다시 살펴보자. 반응비율 1 : 2 : 1 : 2는 메테인이 산소와 반응해 이산화탄소와 물을 생성하는 반응에 관여하는 분자의 비를 나타낸다.

일부 화학반응에서 색깔의 변화가 일어나는 이유는?

우리가 보는 물체의 색깔은 모두 물체가 흡수하거나 반사하는 빛의 파장과 관련이 있다. 화학반응을 통한 색깔 변화가 나타나기 위해서는 생성물이 반응물과 다른 빛을 흡수하거나 반사하기만 하면 된다. '물리화학 및 이론화학' 부분에서 분자와 빛의 상호작용에 대해서 좀 더 자세히 다룰 것이다.

> ### 우리에게 익숙한 화학반응의 예는 어떤 것이 있는가?
>
> 산소와 수소가 반응해 이산화탄소와 물을 형성하는 불은 누구나 관찰할 수 있는 화학반응이다. 눈으로 관찰할 수 있는 또 다른 화학반응은 자동차에 녹이 스는 것이다. 녹이 스는 것은 철이 산화되는 화학반응이다. 우리 몸에서도 수없이 복잡한 화학반응이 일어나고 있다. 그중에는 우리가 움직일 때마다 우리의 근육과 신경에서 일어나는 무수한 화학반응도 있다.

엔탈피란?

엔탈피는 어떤 계가 포함하고 있는 총 열에너지를 나타낸다. 화학반응에서는 반응과 관련된 엔탈피(H로 나타내지는)의 변화에 관심을 갖는다. 반응에 관여하는 엔탈피는 생성물의 엔탈피에서 반응물의 엔탈피를 뺀 값으로 정의되며 화학반응이 일어나고 있는 동안의 온도 변화를 이용해 측정한다.

칼로리란?

칼로리(cal)는 열량을 나타내는 단위로 물 1g의 온도를 1℃ 높이는 데 필요한 열량으로 정의된다. 음식물의 경우 1cal는 1000cal 또는 1kcal를 나타낸다(따라서 혼동의 여지가 있다).

결합 엔탈피란?

결합 엔탈피는 화학결합을 분리하는 데 필요한 에너지이다. 이것은 원자가 분리되어 있는 것에 비해 결합되어 있는 것이 에너지 측면에서 얼마나 안정한가를 나타낸다.

형성 에너지란?

물질의 표준 형성 에너지는 표준 상태('분석 화학' 부분 참조)의 구성 원자에서 물질 1몰('화학의 역사' 부분 참조)이 형성되는 동안 변화하는 엔탈피의 양으로 정의된다.

깁스 자유에너지란?

깁스 자유에너지는 일정한 온도와 압력 하에서 계로부터 얻을 수 있는 유용한 일('물리화학 및 이론화학' 부분 참조)의 양을 나타낸다. 깁스 자유에너지의 변화는 반응이 일어날 수 있는지를 알려준다.

화학반응이 자발적으로 일어나도록 하는 것은 무엇인가?

자발적 화학반응은 반응과 관계된 깁스 자유에너지의 변화가 음의 값을 갖는 반응이다. 그러나 반응이 자발적이라는 사실이 그 반응이 얼마나 빠르게 진행되는지를 말하는 것은 아니다. 자발적 반응은 매우 빠르게 진행되기도 하지만 수천 년에 걸쳐 일어나기도 한다.

단분자 반응이란?

단분자 반응은 한 종류의 반응물질이 생성물을 형성하는 화학반응이다. 그런 반응 중 하나는 분자 내 화학결합의 배열을 바꾸어 다른 종류의 생성물을 만들어내는 반응이다. 또 반응하는 분자가 쪼개져서 여러 가지 분자를 형성하는 반응도 있다.

이분자 반응이란?

위의 질문을 읽었다면 이름에서 이분자 반응이 무엇인지 유추할 수 있을 것이다. 이분자 반응은 두 종류의 분자가 화학반응을 하는 것이다. 한 종류의 분자를 만들어낼 수도 있고(결합하여), 여러 종류의 분자를 형성할 수도 있다.

화학반응의 평형상수란?

일부 화학반응은 양방향으로 진행될 수 있는 반면 어떤 반응은 한 방향으로만 진행된다. 양방향으로 진행되는 반응의 경우 평형상수는 생성물과 반응물의 비를 나타낸다. 다음 반응을 살펴보자.

$$A \rightleftarrows B$$

이 반응의 평형상수는 다음과 같다.

$$K_{eq} = [B]/[A]$$

계속해서 다음 반응을 살펴보자.

$$A + B \rightleftarrows C$$

이 반응의 평형상수는 다음과 같다.

$$K_{eq} = [C]/[A][B]$$

이번에는 반응과 평형상수를 함께 살펴보자.

$$A + B \rightleftarrows C + D$$

$$K_{eq} = [C][D]/[A][B]$$

큰 평형상수를 가지는($K_{eq} > 1$) 화학반응은 생성물의 생성에 유리하며, 반대로 작은 평형상수($K_{eq} < 1$)를 가지는 화학반응에서는 반응물 생성이 유리하다.

르샤틀리에의 원리란?

르샤틀리에의 원리는 조건의 변화가 화학평형에 미치는 영향을 예측할 수 있게 하

는 것으로, 평형상태에 있는 계는 평형을 깨뜨리는 변화에 반하는 방향으로 화학변화
가 일어난다는 원리이다. 조건의 변화에는 농도의 변화, 온도, 압력 그리고 다른 조건
의 변화가 포함된다. 자주 거론되는 것이 화합물의 농도 변화이므로 여기서도 농도
변화에만 초점을 맞추어보자.

다음과 같은 반응이 평형에 도달해 있는 경우에 대해 살펴보자.

$$A+B \rightleftarrows C+D$$

만약 A의 농도가 줄어들면 C와 D가 반응해 부족한 A를 채우게 되어 C와 D의 농
도가 작아진다. A가 채워지는 동안에 B의 농도도 함께 증가한다. 따라서 A의 농도가
줄어들면 C와 D의 농도도 함께 줄어들고 B의 농도가 증가하는 결과를 가져오게 된
다. 일반적으로 반응물의 감소는 평형이 반응물 쪽으로 움직여 다른 반응물의 농도를
증가시키고 생성물의 농도는 감소시킨다.

그 반대도 성립한다. 생성물의 농도가 작아지면 평형이 생성물 쪽으로 움직여 다른
생성물의 농도를 증가시키고 반응물의 농도를 감소시킨다.

르샤틀리에의 원리는 가역적인 반응에만 적용되기 때문에 여기서 논의한 내용은
한 방향으로만 진행되는 반응에서는 성립하지 않는다는 것을 기억해두자.

화학반응의 자유에너지 다이어그램이란?

자유에너지 다이어그램을 이해하는 가장 쉬
운 방법은 다이어그램을 직접 살펴보는 것이
다(다이어그램 참조). y축은 화학반응에 관여하
는 화합물의 상대적 자유에너지를, x축은 반
응을 나타낸다(일반적으로 왼쪽에서 오른쪽으로는
반응의 진행을 나타내는 것으로, 반응시간을 나타내
는 것은 아니다). 왼쪽에는 반응물이 오는데 반

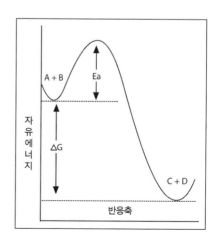

자유에너지 다이어그램의 예

응물은 여러 가지일 수 있지만 이 다이어그램에는 A와 B, 두 가지만 나타나 있다.

가운데 부분의 '언덕'은 화학반응이 극복해야 할 에너지 언덕을, E_a는 에너지 언덕의 높이를 나타낸다. 일반적으로 E_a를 반응의 활성화 에너지라고 한다. 다이어그램의 오른쪽에는 생성물이 온다. 생성물의 수도 여러 가지일 수 있지만 여기서는 C와 D로만 표시했다. 마지막으로 G는 반응과 관계된 깁스 자유에너지의 변화를 나타낸다. 반응물의 자유에너지가 생성물의 자유에너지보다 크다는 것은 이 반응이 자발적 반응이라는 뜻이 된다. 만약 생성물의 자유에너지가 반응물의 자유에너지보다 크다면 반응은 자발적으로 일어나지 않는다.

화학반응은 여러 단계에 걸쳐 일어날 수 있을까?

그렇다. 실제로 대부분 여러 단계로 일어난다. 물론 어떤 화학반응은 한 단계로 일어나기도 하지만 대부분 10단계 이상으로 진행된다. 그런데 세부 전공마다 반응의 성격에 따라 화학반응의 단계를 다르게 나눈다.

다단계 화학반응은 어떤 것이 있나?

생화학의 대부분의 반응들('생화학' 부분 참조)은 다단계 화학반응이다. 예를 들어 당을 분해해서 에너지를 얻는 과정인 당분해는 10단계의 반응으로 이루어진다. 각 단계는 효소라고 하는 특정 촉매에 의해 반응이 일어난다. 생명체에는 무수하게 많은 다단계 화학반응이 일어나고 있다.

'동적 평형' 이란 무엇을 뜻하는가?

가역적으로 진행되는 화학반응에서의 평형을 동적 평형이라고 한다. 이것은 평형 상태에서도 반응이 정지되는 것이 아니라 양방향으로의 반응이 계속되고 있다는 뜻이다. 그러나 전체적으로 반응물과 생성물의 농도는 변하지 않는다. 순방향과 역방향으로의 반응이 같은 비율로 일어나기 때문이다. 반응은 멈추는 것이 아니라 평형에 도달할 뿐이다.

반응비율 결정 단계란?

다단계 화학반응에서 반응비율을 결정하는 단계는 가장 느리게 진행되는 단계이다. 가장 느리게 진행되는 단계의 반응은 활성화 에너지가 커서 생성물의 생산량을 제한하기 때문이다.

화학반응이 1분 안에 일어났다는 것은 무슨 뜻일까?

화학반응이 1분 안에 일어났다는 것은 1분 동안에 특정한 비율(특히 $1-\dfrac{1}{e}$ 또는 63%)의 반응물 분자들이 생성물을 생성하기 위해서 소모되었다는 뜻이다(e는 그 값이 2.7182818…인 무리수이다). 화학반응이 1년 또는 일정 기간이 걸린다는 것은 같은 비율의 반응물이 소모되는 기간을 뜻한다. 따라서 반응물의 100%가 소모되는 데 걸리는 기간이 아니라 일정 비율이 소모되는 데 걸리는 시간이다.

생명체에서 화학반응이 중요한 이유는 무엇인가?

화학반응은 우리 몸이 작동하는 데 필수적이다! 이것은 모든 생명체(식물, 동물, 곤충, 세균 등)에게 공통된 사실이다. 아주 조금 움직이기 위해서도 수많은 화학반응이 필요하다. 음식물의 소화, 지방의 축적과 분해, 호흡, 세포 분열 그리고 우리 몸에서 일어나는 그 밖의 모든 과정이 수많은 화학반응과 관련되어 있다.

이처럼 화학반응은 실험실에서만 중요한 것이 아니라 생명과 관계된 모든 것에서 핵심 역할을 한다.

산과 염기

루이스산과 염기는 무엇인가?

루이스산과 루이스염기의 정의는 화학반응을 하는 동안 전자를 받으려는 경향이 있는지, 전자를 공여하려는 경향이 있는지를 기준으로 한다. 루이스산은 전자의 수용자인 반면 루이스염기는 전자의 공여자이다. 루이스산과 루이스염기는 상대방에게 필요한 것을 갖고 있기 때문에 서로 반응한다.

브론스티드산과 염기는 무엇인가?

브론스티드산과 염기의 정의는 루이스산과 염기의 정의와 조금 다르다. 루이스는 전자의 수용자와 공여자에 초점을 맞춘 반면 브론스티드 정의는 화학반응에서 수소 원자(양성자)를 주고받는 것에 주목한다. 브론스티드산은 화학반응에서 수소 원자를 제공하는 분자이고, 브론스티드염기는 수소 원자를 받아들이는 분자이다. 따라서 양성자를 받아들이기 위해서 브론스티드염기는 적어도 한 쌍 이상의 결합에 참여하지 않은 가전자를 가져야 한다.

양쪽성 분자란?

양쪽성 분자란 산이나 염기로 모두 작용할 수 있는 분자를 말한다. 루이스나 브론스티드의 산과 염기의 정의 모두 양쪽성 분자를 정의하는 데 사용할 수 있다.

브론스티드산의 pK_a는 무엇인가?

브론스티드산의 pK_a는 수용액 상태에서 양성자를 제공하는 경향을 나타낸다. pK_a가 낮은 분자는 양성자를 제공하려는 경향이 크기 때문에 강한 브론스티드산이다. pK_a는 수학적으로 산성 수용액에서 수소 원자가 분리되는 반응의 평형상수의 로그 값에 음의 부호를 붙인 값이다.

수용액의 pH는 무엇을 나타내나?

수용액의 pH는 수용액 속의 H_3O 이온(여분의 양성자를 받아들인 물 분자)의 농도를 나타낸다. pH는 수용액 안의 H_3O 이온 활성도의 로그에 음의 부호를 붙인 값이다. pH값이 7이라는 것은 수용액이 중성이라는 뜻이다. 산이나 염기를 전혀 포함하고 있지 않은 순수한 물의 pH가 7이다. 7보다 작은 pH 값을 가지는 수용액은 산성이고, 7보다 큰 pH값을 가지는 수용액은 염기성이다. 수용액의 pH값은 다음과 같은 식으로 계산한다.

$$pH = -\log[H_3O^+]$$

연소반응의 화학 방정식은?

연소반응은 탄화수소가 산소와 반응하여 이산화탄소와 물을 형성하는 반응이다. 연소반응의 대표적인 예는 다음과 같다.

$$CH_4 + O_2 \rightarrow CO_2 + 2H_2O$$

일반적으로 연소반응의 방정식은 다음과 같다.

$$탄화수소 + 산소 \rightarrow 이산화탄소 + 물$$

중조가 식초와 반응할 때 쉬익 소리가 심하게 나는 이유는?

중조의 화학명은 중탄산나트륨이며 화학식은 $NaHCO_3$이다. 식초는 주로 초산(CH_3COOH)과 물로 이루어져 있다. 식초에 중조를 첨가하면 다음과 같은 반응이 일어난다.

$$NaHCO_3(aq) + CH_3COOH(aq) \rightarrow CO_2(g) + H_2O(l) + CH_3COOna(aq)$$

이 두 가지 물질을 섞었을 때 생성된 이산화탄소가 거품을 만든다.

물에 강산을 부으면 뜨거워지는 이유는?

물에 강산을 부으면 발열반응인 양성자의 전이반응이 빠르게 진행된다. 발열반응이란 반응 시 에너지(따라서 열이)가 방출되는 것으로, 열이 주변으로 방출될 시간이 없이 많은 에너지가 쏟아지기 때문에 뜨거워진다.

촉매와 산업 화학

어떻게 하면 화학반응이 빨리 일어나게 할 수 있을까?

화학반응이 빠르게 일어나게 하려면 두 가지 방법이 있다. 반응이 일어나는 온도를 높이는 방법과, 촉매를 이용해 반응의 에너지 장벽을 낮추는 방법이다. 온도를 높이면 에너지 장벽을 극복하는 데 사용할 수 있는 에너지가 증가한다. 물론 반응물의 농도를 높이면 더 많은 생성물을 더 빨리 생산할 수 있다.

빛도 촉매로 사용될 수 있다. 빛은 화학결합을 분리해 반응물의 반응성을 증가시킬 수 있다.

화학반응의 촉매란?

화학반응에서 촉매는 화학반응이 일어나기 위해 넘어야 할 활성화 에너지를 낮추는 모든 물질을 말한다. 촉매는 반응이 일어나는 메커니즘을 크게 변화시킨다. 빛도 촉매로 작용할 수 있다.

촉매를 사용하는 공정에는 어떤 것이 있을까?

화학 산업에서는 우리가 일상생활에서 사용하는 생산품을 만드는 데 필요한 다양한 화학반응에 촉매를 이용한다. 질소(N_2)와 수소(H_2)를 반응시켜 암모니아(NH_3)를 만드는 하버-보쉬 과정에서는 철이나 루테늄이 촉매로 사용된다. 이 반응을 통해 매년 약 500만 톤의 비료가 생산된다! 전 세계에서 사용하는 대부분의 플라스틱 역시 다양한 형태의 촉매를 이용해 생산하고 있으며, 석유를 정제하여 휘발유와 다른 연료를 만드는 과정에서도 촉매가 사용된다. 니켈 촉매를 이용해 지방과 수소 기체를 반응시켜 생산되는 마가린처럼 촉매는 식품 제조 과정에서도 사용된다.

가장 대규모로 생산되는 화학물질은?

부피(가격이 아니라)로 보면 황산(H_2SO_4)이 세계적으로 가장 많이 생산되고 있는 화학물질이다. 전 세계의 황산 사용량은 연간 1억 톤이나 된다. 상상하기 어려울 정도

이와 같은 공장은 하버-보쉬 과정을 이용해 질소와 수소를 결합시켜 암모니아를 생산한다.

로 많은 양이다. 대체로 황산을 포함해 질소(N_2), 에틸렌(CH_2CH_2), 산소(O_2), 석회(주로 CaO), 암모니아(NH_3)가 가장 많이 생산되는 다섯 가지 화학물질이다.

균일 촉매작용과 불균일 촉매작용은 어떻게 다른가?

균일 촉매는 촉매와 반응물질이 같은 용액에 녹아 있을 때 일어난다. 불균일 촉매 작용은 주로 화학반응이 일어나고 있는 용액에 녹지 않는 촉매나 아주 조금만 녹는 촉매를 사용할 때 나타난다. 따라서 불균일 촉매 작용에서는 촉매와 용액이 현탁액을 형성하거나 촉매가 용액 안에 들어 있는 고체일 수 있다.

그 밖의 화학반응

철은 왜 녹이 슬까?

녹은 철이 산화된 것이다. 철이나 철합금('화학의 역사' 부분 참조)은 산소와 물이 있는 환경에 노출되면 산화가 일어난다. 이 화학반응은 철에서부터 전자들이 산소 원자로 전이되고 결국에는 물 분자와 반응하여 산화철을 형성한다. 소금물이나 H_3O 이온을 포함하고 있는 산성용액에서는 산화가 더 빨리 일어난다.

철이 산화되어 생기는 녹을 본 적 있을 것이다. 철은 물과 산소에 노출되면 녹이 슨다.

따라서 녹을 방지하려면 철이 산소와 물과 반응하는 것을 방지하는 보호막을 입혀야 한다.

녹는 것도 화학반응인가?

녹는 것은 화학반응이 아니다. 녹는 것은 물질 상태의 변화이기 때문에 화학결합이 분리되거나 새로 형성되지 않는다. 온도가 올라가 물질이 녹기 시작하면 고체나 액체 내 분자의 배열이 바뀐다. 그러나 화학반응은 일어나지 않는다. 액체에서 기체로 변하는 변화나 반대(어는 것과 응결)의 경우에도 마찬가지이다.

테르밋이란?

테르밋은 금속 분말과 강력하게 발열반응할 수 있는 금속 산화물의 혼합물이다. 여러 가지 종류의 금속이 사용되지만 가장 자주 사용되는 금속은 산화철(Fe_2O_3)과 알루미늄(Al) 분말이다. 이 혼합물은 상온에서 안정하지만 일단 점화되면 많은 열을 발생시킨다.

번개가 치는 이유는?

비바람이 불 때 구름 속에서 물과 얼음 알갱이의 충돌로 전하의 분리가 발생할 수 있는데, 이것은 강력한 전기장을 만든다. 전기장의 세기가 충분히 높아지면 구름과 지면 사이, 구름과 구름 사이에 번개가 칠 수 있다. 번개가 치면 전하의 분리가 해소된다. 하늘에서 일어나는 번개는 매우 큰 전기 불꽃으로 우리가 방문 손잡이를 잡았을 때 느낄 수 있는 작은 정전기 충격과 크게 다르지 않다.

화학반응을 시작하는 데 빛을 어떻게 이용할까?

빛은 분자에 충돌하면 전자를 높은 에너지 상태로 들뜨게 한다. 이런 일이 일어나면 분자는 불안정해지고 반응성이 증가한다. 때로는 분자를 분리시켜 반응성을 더욱 증가시키거나 촉매로 작용하여 다른 분자의 반응을 촉진시킬 수도 있다.

확산이란 무엇인가?

확산은 기본적으로 분자(또는 원자)가 매질을 통해 무작위 운동을 하는 것이다. 확산으로 인해 액체나 기체의 모든 부분의 농도가 같아지며 이 안에서 분자의 확산운동은 충돌을 통해 두 분자 사이의 화학반응이 일어나게도 한다.

화학반응은 기체, 액체, 고체 상태에서 일어날 수 있을까?

그렇다. 기체나 용액 안에서 일어나는 두 분자 사이의 반응은 반응이 일어나는 장소에서 두 분자가 충돌할 때까지 무작위 확산운동을 한다는 면에서 매우 유사하다. 고체와 관계된 반응에서는 주로 고체의 표면에서 접촉하고 있는 고체, 액체, 기체와 반응한다. 이러한 예로는 자동차의 표면에 산화물이 형성되어 녹이 생기는 반응이 있다.

기체의 부분압력이란 무엇인가?

혼합 기체가 용기 안에 들어 있는 경우, 특정 기체의 부분압력이란 그 기체가 전체 부피를 차지하고 있다고 가정했을 때의 압력을 말한다.

기체 상태에서의 압력은 화학반응의 반응속도에 어떤 영향을 미치는가?

기체 상태의 화학반응에서 압력(또는 부분압력)은 농도와 직접적으로 관련이 있다. 액체 상태에서의 반응률 방정식이 상수에 각 분자의 농도를 곱한 값으로 나타냈던 것처럼 기체 상태의 화학반응 속도 역시 상수에 각 분자의 부분압력을 곱해서 구할 수 있다. 따라서 액체 상태에서의 반응과 마찬가지로 반응하는 기체의 압력이 증가하면 생성물이 형성되는 비율도 증가한다.

전자전이반응이란?

전자전이반응은 말 그대로 전자가 한 종류의 분자에서 다른 분자로 이동하는 반응이다. 대부분의 경우 전자는 다른 분자들 사이에서 이동하지만 한 분자 내부에서 전자가 이동하는 반응도 화학 연구에서 자주 접할 수 있다.

반응 화학량론은 전자의 전이에도 적용되는가?

그렇다. 화학반응에 적용되는 것과 같은 이유로 전자전이반응에도 화학량론이 적용된다. 질량 보존의 법칙은 화학반응 전후의 질량이 같아야 한다는 것이다. 마찬가지로 화학반응 전후의 전자의 수 역시 같아야 한다.

전자전이반응이 중요한 분야는 어디인가?

전자전이반응은 많은 분야에서 중요하다. 생명체 안에서의 광합성 작용, 질소 고정, 유기호흡(몸 안에서 산소를 이용해 에너지를 발생시키는 과정)과 같은 반응은 모두 전자전이반응에 크게 의존하고 있다. 전자전이반응은 광석에서 순수한 금속을 얻을 때에도 자주 사용된다. 전기화학적 전지들('분석 화학' 부분 참조) 역시 전자전이반응에 의존한다. 휴대폰과 다른 전자기기를 작동시키는 전지는 전자전이반응을 통해 전기를 발생시킨다.

발화제란?

공기에 노출되면 자연적으로 발화되는 물질을 발화제라고 한다. 발화제는 대개 공기 중의 물과 반응하여 일어나기 때문에 아르곤이나 질소 같은 비활성 기체를 채운 글로브박스 안에서 다루어야 한다. 보통 발화제가 쉽게 발화하지 못하도록 용매에 녹아 있는 용액의 상태로 거래되지만, 발화성이 크지 않은 발화제는 공기 중에서 취급하기도 한다. 하지만 장기간 보관하기 위해서는 용기의 공기를 제거하는 등 주의를 기울여야 한다. 또 자칫 불이 날 수도 있으므로 폐기할 때도 주의해야 한다. 발화제는 당연히 불을 피우는 데 사용될 수 있다. 라이터에는 발화제로 불꽃을 만들어내는 장치가 있다.

물질의 인화점이란 무엇인가?

물질의 인화점은 공기 중에서 연소할 수 있는 증기가 형성되기 시작하는 온도이다. 증기가 연소하기 위해서는 불꽃이 있어야 한다. 불꽃이 없으면 증기는 연소되지 않는다.

물질의 자연발화 온도는 무엇인가?

자연발화 온도는 인화점과 비슷하지만 연소가 시작되거나 계속되기 위해 불꽃이 필요 없다는 점이 다르다. 자연발화 온도보다 높은 온도에서는 불꽃이 없더라도 증기가 연소되기 시작한 뒤 계속 연소한다.

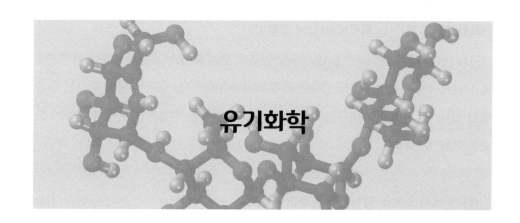

유기화학

구조와 명명법

유기화합물은 무엇인가?

탄소 원자를 포함하고 있는 분자나 화합물을 '유기물'이라고 한다. 그러나 이 단어는 엄격하게 정의된 것이 아니어서 화학자에 따라서 특정한 형태의 탄소(흑연이나 다이아몬드와 같은)나 탄소를 포함하고 있는 이온(개미산이나 탄산염)은 '유기분자'로 분류하지 않는다.

일상생활에서는 어디에서 유기화합물을 접할 수 있나?

우리가 먹는 음식, 입는 옷, 자동차에 사용하는 휘발유, 쇼핑백이나 에코 가방 등 우리 생활에서 대할 수 있는 유기화합물의 목록은 끝이 없다.

화학자들은 왜 탄소 화학에 관심이 많을까?

어느 곳에나 있기 때문이다. 탄소는 우주에 네 번째로 많이 분포하는 원소이며(지구에서는 다섯 번째), 생명체를 구성하는 물질(DNA, 아미노산)은 모두 다량의 탄소를 함유하고 있다. 또 생명체를 이루는 수많은 분자와 의약품은 전체적인 모양과 기능이 탄소에 의해 결정된다.

실험실에서 최초로 합성한 유기화합물은?

요산이다. 1838년 프리드리히 뵐러Friedrich Wöler는 암모늄 시안염($NH_4{}^+CNO^-$)을 만들기 위해 노력하고 있었다. 이 염은 불안정하다고 판명되었지만 이 과정에서 화학반응을 통해 요소를 생성할 수 있다는 것을 알게 되었다. 이것은 무기물을 이용해 유기물을 합성할 수 있다는 증거였다(이에 대해서는 반론도 있다).

$$NH_4{}^+CNO^- \xrightarrow{\text{열}} \underset{\text{요산}}{\overset{\displaystyle O}{\underset{\displaystyle H_2N \quad NH_2}{\overset{\displaystyle \|}{C}}}}$$

암모늄 시안염

프리드리히 뵐러를 유명하게 만든 발견은 무엇이 있나?

프리드리히 뵐러는 살아 있는 세포 밖에서 최초로 유기화합물을 합성한 것 외에 베릴륨(안토닌 부시Antoine Bussy와는 독립적으로 발견함), 규소, 알루미늄, 이트륨, 티타늄 등의 원소를 발견한 사람으로도 유명하다. 그것만으로는 그가 화학의 역사에서 족적을 남기기에 충분하지 않다고 주장한다면, 유기화합물이 함유되어 있는 운석을 최초로 발견하고 니켈을 정제하는 과정을 발견한 업적도 추가할 수 있다.

탄소는 얼마나 많은 결합을 할 수 있나?

탄소 원자는 다른 원소와 결합하는 데 사용할 수 있는 가전자 네 개를 가지고 있다. 탄소가 다른 네 개의 원소와 결합하면 이 원소들은 사면체를 이루게 된다. 탄소 원자와 다른 원자의 결합과 관련된 이 단순한 사실은 매우 중요한 의미를 가진다.

탄소는 어떤 종류의 결합을 할 수 있나?

탄소는 다른 원소와 단일결합(s)이나 이중결합(d)을 할 수 있다. 이중결합에는 전자 두 개가 사용되므로 탄소는 두 개의 이중결합(CO_2) 또는 하나의 이중결합과 두 개의 단일결합(포름알데하이드, H_2CO) 그리고 네 개의 단일결합(CH_4)을 할 수 있다.

탄소는 하나 이상의 π 결합을 할 수 있을까?

할 수 있다. 두 개의 탄소가 하나의 σ 결합과 두 개의 π 결합(삼중결합)을 하는 경우를 알킨이라고 한다. 가장 간단한 형태의 알킨은 아세틸렌(C_2H_2)이다. 산소와 아세틸렌을 이용하는 용접봉의 온도는 3300℃까지 올라갈 수 있다.

$$H - C \equiv O - H$$

탄소-탄소 이중결합을 가지고 있는 분자의 기하학적 구조는?

이중결합을 한 탄소가 포함되어 있는 분자의 기하학적 구조는 평면적이다. 이것은 탄소 원자가 sp^2 결합(하나의 p 궤도 전자가 단일결합을 형성하지 않는)을 하고 있기 때문이다. 나머지 두 개의 p 궤도 전자가 결합하려면 공간에서 겹쳐져야 한다. 따라서 에틸렌(C_2H_4) 등의 분자에서는 모든 수소 원자가 동일한 평면에 위치하게 된다.

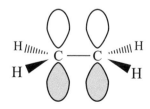

탄화수소는 무엇이며, 얼마나 많은 종류가 있을까?

이름에서 짐작할 수 있듯이 탄화수소는 탄소와 수소 원자만으로 구성된 분자이다. 탄소와 수소는 이론적으로는 무한히 많은 종류의 탄화수소를 만들 수 있다. 특히 고분자를 포함한다면 분자의 종류는 더욱 늘어난다('고분자화학' 부분 참조). 탄화수소는 매우 중요한 분자로, 천연가스, 휘발유, 양초, 플라스틱은 크기와 형태가 다른 탄화수소이다.

수많은 탄화수소에 이름을 붙이는 방식은?

몇 가지 규칙이 있다. 탄소 원자가 길게 늘어져 사슬을 이루고 있는 경우부터 살펴보자. 이 경우에는 우선 사슬을 이루는 탄소 원자의 수가 몇 개인지를 살펴보아야 한다. 분자에 이중결합이 포함되어 있지 않은 경우 이름의 어미에 '−에인(−ane)'을 붙인다. 접두어는 분자에 포함되어 있는 탄소의 수를 나타낸다. 대부분의 접두어는 숫자를 나타내는 그리스어에 기원을 두고 있다(그중 하나는 라틴어에 기원을 두고 있고, 몇 개는 명확하지 않다). 전체적으로 이런 분자들을 알케인이라고 한다.

탄소 원자수	접두어의 기원	IUPAC 명칭	분자의 구조식	분자식
1	Meth	메테인^{Methane}	CH_4	CH_4
2	Eth	에테인^{Ethane}	$CH_3 — CH_3$	C_2H_6
3	Prop	프로페인^{Propane}	$CH_3 — CH_2 — CH_3$	C_3H_8
4	But	부테인^{Butane}	$CH_3 — (CH_2)_2 — CH_3$	C_4H_{10}
5	Pent	펜테인^{Pentane}	$CH_3 — (CH_2)_3 — CH_3$	C_5H_{12}
6	Hex	헥세인^{Hexane}	$CH_3 — (CH_2)_4 — CH_3$	C_6H_{14}
7	Hept	헵테인^{Heptane}	$CH_3 — (CH_2)_5 — CH_3$	C_7H_{16}
8	Oct	옥테인^{Octane}	$CH_3 — (CH_2)_6 — CH_3$	C_8H_{18}
9	Non	노네인^{Nonane}	$CH_3 — (CH_2)_7 — CH_3$	C_9H_{20}
10	Dec	데케인^{Decane}	$CH_3 — (CH_2)_8 — CH_3$	$C_{10}H_{22}$

탄화수소 분자의 탄소들은 항상 직선 사슬을 형성할까?

아니다. 앞의 질문에서처럼 탄소 원자들이 긴 사슬을 이루는 경우는 또 있다. 알케인족 분자의 이름을 정하는 방법에 대해 알아보았으니, 이번에는 다음 단계에 대해 생각해보자.

우선 가지의 이름을 정할 필요가 있다(아래 그림 참조). 화학자들은 가지의 길이를 나타낼 때 같은 어미를 사용한다. 그러나 이번에는 '-에인(-ane)'이 아니라 '-일(-yl)'이다. 메테인(CH_4)의 가지 하나가 열려 있으면 메틸($-CH_3$)이 되고, 에테인($C_2H_3CH_3$)은 에틸($-CH_2CH_3$)이 된다. 다른 알케인도 마찬가지이다.

다음에는 주 탄소 사슬의 가지가 나오는 지점이 어디인지 명시할 필요가 있다. 이것은 매우 간단하다. 탄소 원자에 번호를 매기고 이 번호를 가지의 이름 앞에 넣는다. 만약 8개의 탄소(옥테인)로 이루어진 사슬에서, 끝에서 세 번째 탄소에서 두 개의 탄소로 이루어진 가지가 나와 있으면(에틸옥테인) 3-에틸옥테인이라고 부른다.

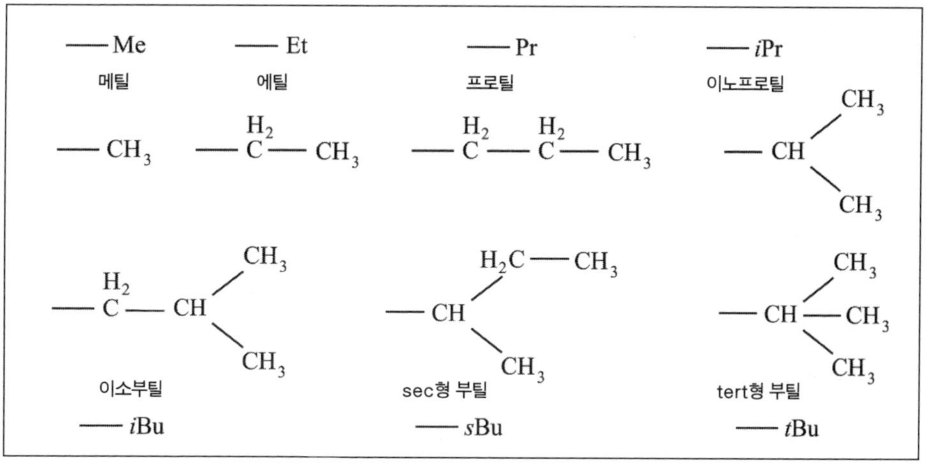

다른 원자가 탄화수소의 직선 사슬에 부착되어 있는 분자에는 '-ane' 대신에 '-yl'이라는 어미를 붙인다.

$$
\begin{array}{c}
\text{CH}_3 \\
\text{H}_2\text{C} \\
\text{CH} \quad \text{H}_2 \quad \text{H}_2 \\
\text{H}_3\text{C} \quad 3 \quad \text{C} \quad 5 \quad \text{C} \quad 7 \\
1 \quad \text{C} \quad \text{C} \quad \text{C} \quad \text{CH}_3 \\
\text{H}_2 \quad \text{H}_2 \quad \text{H}_2 \quad 8 \\
2 \quad 4 \quad 6
\end{array}
$$

훨씬 더 많은 규칙이 있지만 여기에서는 이 정도 설명으로 충분할 것이다.

탄소 사슬이 고리를 만들기도 하는가?

그렇다. 탄소 사슬은 앞과 뒤가 서로 연결되어 고리를 만들기도 한다. 시클로(cyclo-)라는 접두어가 선형 사슬에 붙어 있다면 고리가 만들어져 있다는 뜻이다(헥세인이 시클로헥세인이 된다). 고리 구조는 여분의 에너지를 포함하고 있으므로 고리 구조에 대한 화학은 선형 사슬 구조에 대한 화학과 다르다. sp³ 결합을 하고 있는 원자는 109.5° 각도로 배열하는 것이 이상적이다. 고리 구조로 인해 원자 사이의 각도가 이 각도에서 멀어질수록 더 많은 에너지(고리 스트레인이라고 부르는)를 가지고 있어 고리가 분리되는 화학반응 시 더 많은 에너지를 방출한다.

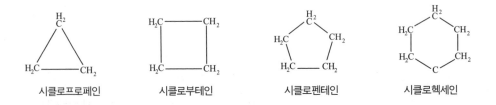

시클로프로페인 　　　시클로부테인 　　　시클로펜테인 　　　시클로헥세인

다이아몬드의 구조는 어떠한가?

다이아몬드는 모든 탄소 원자가 다른 네 개의 탄소 원자와 정사면체를 이루는 구조로 결합되어 만들어진다. 여섯 개(-hex-)의 탄소 원자가 고리를 이루며(cyclo-) 결합하고, 이중결합 없이 단일결합으로만 이루어진(-ane) 시클로헥세인을 반복적으로 연결하면 다이아몬드 구조에 이르게 된다.

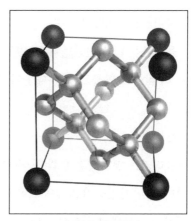

다이몬드 결정 구조

숯이란?

숯은 동물이나 식물에서 물과 다른 성분을 제외하고 탄소와 재만 남은 것을 말한다. 산소가 없는 상태에서 나무나 생물학적으로 만들어진 물질을 가열하면 만들어진다.

헤테로 원자란?

헤테로 원자는 탄소와 수소 원자를 제외한 모든 원자를 말한다. 그중에서도 특히 산소, 황, 질소, 인, 염소, 브로민, 요오드를 나타낸다.

칼코겐(산소족 원소)이란?

칼코겐은 주기율표의 16족에 속하는 원소들로 산소족 원소라고도 한다. 여기에는 산소, 황, 셀레늄, 텔루륨, 폴로늄과 리버모륨이 포함된다. 칼코겐은 '구리 형성자'라는 뜻의 그리스어에서 유래했다. 이 원소들의 일부가 금속 광석 속에서 금속 원소와 화합물을 형성하고 있기 때문이다.

양이온이란 무엇인가?

양이온은 (+) 전하를 띠고 있는 원자나 분자를 말한다. 양이온은 전자보다 양성자를 더 많이 포함하고 있기 때문에 (+) 전하를 띤다.

음이온은 무엇인가?

음이온은 (−) 전하를 띠고 있는 원자나 분자를 말한다. 음이온은 양성자보다 전자를 더 많이 포함하고 있기 때문에 (−) 전하를 띤다.

유리기란?

유리기는 전자껍질에 짝을 이루지 못하는 전자를 포함하고 있는 원자나 분자를 말한다. 일반적으로 유리기의 짝을 이루지 못한 전자는 다른 전자와 결합하려는 경향이 강하기 때문에 반응성이 크다. 유리기는 (+)나 (−) 전하를 띠기도 하지만 전하를 띠지 않기도 한다.

이성질체란 무엇인가?

같은 분자식으로 나타내지만 다른 성질을 나타내는 화합물을 이성질체라고 한다. 이성질체에는 구조이성질체, 입체이성질체, 거울상이성질체가 있다(거울상이성질체는 입체이성질체에 속한다. 이에 대해서는 다시 다룰 예정이다).

구조이성질체는 같은 수의 원자를 포함하고 있지만 다른 순서로 결합된 것을 말한다. 예를 들면 네 개의 탄소와 10개의 수소 원자는 두 가지 방법으로 배열할 수 있다.

n-부테인   2-메틸 프로페인

기하이성질체란 무엇인가?

기하이성질체는 같은 수의 원자가 결합되어 있지만 일부 원자나 원자들이 다른 입체적 위치에 결합되어 있는 것을 말한다. 기하이성질체의 예로는 시스와 트랜스 이성질체가 있다.

입체이성질체란?

입체이성질체는 같은 수의 원자가 똑같은 순서로 결합되어 있지만 공간에서의 배열이 다른 이성질체를 말한다. 그중 한 형태인 기하이성질체에는 거울상이성질체와 편좌우이성질체가 있다.

카이럴리티란?

완전히 겹쳐지지 않는 거울상을 가진 물체를 카이럴리티를 가지고 있다고 한다. 완전히 겹쳐지지 않는 거울상이란 무슨 뜻일까? 완전히 겹쳐진다는 것은 두 물체 위에 다른 물체를 포개 놓을 수 있다는, 쉽게 말해 동일한 형태라는 뜻이다. 그러나 거울상이성질체는 동일한 형태가 아니라 서로 거울 대칭이다. 우리의 손이 이 거울상이성질체이다. 한 손을 들어 거울을 만지면 거울에 생긴 상은 다른 쪽 손을 들어 거울을 만지고 있는 것처럼 보인다. 한 손 위에 다른 손을 얹으면(서로 손바닥을 마주 대지 않으면) 동일하게 보이지 않는다(따라서 완전히 겹쳐지지 않는다).

거울상이성질체란?

카이럴리티를 가지고 있는 분자를 거울상이성질체라고 한다. 만약 탄소 원자가 네 개의 다른 원자나 원자단과 결합한다면 두 가지 다른 거울상이성질체를 상상할 수 있다.

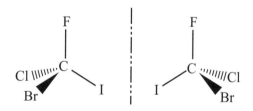

원자의 결합 순서는 같지만 공간에서의 원자의 배열이 다르다. 점선과 톱니 모양의 선으로 나타낸 이 결합은 무엇을 의미할까? 지금까지는 대부분의 경우 분자를 평평한 물체라고 생각하여 원자 사이의 결합을 실선을 이용해 모두 나타냈다. 그러나 실제로 분자들은 평평하지 않다. 앞에 나온 질문 중 네 개의 할로겐 원자가 중심에 있는 탄소와 결합하여 정사면체를 만든다는 내용이 있었다. 화학자들은 평면 뒤쪽에 있는 원자를 나타낼 때는 점선을 사용하고, 앞으로 튀어나온 원자를 나타낼 때는 톱니 모양의 선을 사용한다.

편좌우이성질체는 무엇인가?

편좌우이성질체는 거울상이성질체가 아닌 입체이성질체를 말한다. 이것이 실제로 편좌우이성질체의 기술적 정의이다. 편좌우이성질체의 한 형태는 탄소가 이중결합을 할 때 나타난다. 탄소에 세 개의 원자나 세 개의 원자단이 결합하는 경우(sp^2 결합) 평면을 이룬다고 했던 것을 떠올려보자. 이 경우 이중결합이 탄소 고리의 중앙에 있으면 두 가지 이성질체가 가능하다.

시스-2 부텐 트랜스-2-부텐

이 두 분자는 서로 완전히 겹쳐지지 않지만 거울 대칭도 아니므로 편좌우이성질체이다. 편좌우이성질체에는 여러 가지 형태가 있지만 이것이 가장 이해하기 쉽다.

라세미 혼합물이란?

라세미 혼합물은 두 가지 거울상이성질체가 동일한 양만큼 포함되어 있는 혼합물을 말한다.

거울상체 잉여는 어떻게 측정하는가?

거울상체 잉여는 혼합물 속에 하나의 거울상이 얼마나 더 많이 포함되어 있는지를 나타내며 대부분 백분율로 표현한다. 라세미 혼합물은 두 가지 거울상체가 똑같은 양만큼 포함되어 있으므로 거울상체 잉여는 0%이다. 한 가지 거울상체를 75% 가지고 있는 용액의 거울상체 잉여는 50%(75%-25%=50%)이다.

분자의 카이럴리티(손대칭성)**는 언제, 어떻게 발견되었나?**

라세미 혼합물이 아닌 혼합물은 편광된 빛을 시계 방향이나 시계 반대방향으로 회전시킨다. 1815년 프랑스의 물리학자였던 장 밥티스트 비오Jean-Baptiste Biot는 수정 결정, 테레빈유, 설탕 수용액에서 이 현상을 관측했다. 이것은 빛의 성질을 알아내는 중요한 연구 결과로, 이것이 분자의 구조에 의한 현상이라는 것을 처음으로 알아낸 사람은 1848년 루이 파스퇴르Louis Pasteur였다. 파스퇴르는 타르타르산의 라세미 혼합물에서 매우 어렵게 두 종류의 거울상이성질체만 분리해내고, 두 종류의 이성질체가 빛을 각각 반대 방향으로 회전시킨다는 것을 실험을 통해 확인했다.

벤젠의 탄소 결합 길이는 모두 같을까?

그렇다. 그러나 단선을 이용한 벤젠의 구조를 보면 그렇지 않다고 생각할 것이다. 벤젠의 실제 구조는 다음의 두 구조의 결합이다.

기술적으로는 p결합을 하는 전자는 공명현상을 나타낸다. 화학자들이 사용하는 분자의 구조 그림으로는 이러한 성질을 적절하게 나타낼 수가 없다. 전자는 다른 곳으로 움직이지 않으며 탄소와 탄소의 결합은 긴 결합과 짧은 결합 사이에서 진동하지도 않는다. 분자의 구조는 이 두 그림의 평균이다. 즉 벤젠의 분자 구조를 그림으로 정확하게 나타내는 것은 불가능하다.

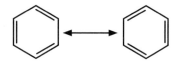

때로는 파이-전자들이 한 곳에 편제되어 있지 않다는 것을 나타내기 위해 벤젠 고

리 안에 원을 그려 넣어 표시하기도 한다.

공명이란?

공명이란 화학자들이 비편재화된 전자의 구조를 나타내는 말이다. 이 말의 의미를 살펴보자. '비편재화'라는 말은 전자 또는 전자쌍이 하나의 원자나 결합에만 위치해 있지 않은 상태를 나타낸다. 아래 그림에 나타난 이산화질소(NO_2)의 두 구조를 보자. 한 공명 구조에서는 한 산소 원자가 (−) 전하를 띠게 되지만 다른 공명 구조에서는 다른 산소 원자가 (−) 전하를 띠게 된다. 이때 두 구조에서 원자의 이동을 언급하는 대신 '전자구조'를 이야기하고 있다는 것에 주목할 필요가 있다.

공명은 원자의 위치와는 관계가 없으며 전자들의 위치하고만 관계가 있다. 전자들이 한 공명 상태에서 다른 공명 상태로 '이동'하지 않는다고 했던 것을 기억할 필요가 있다. 이런 구조가 필요한 것은 우리가 간단한 그림으로 나타낼 수 있을 정도로 분자의 구조가 간단하지 않기 때문이다.

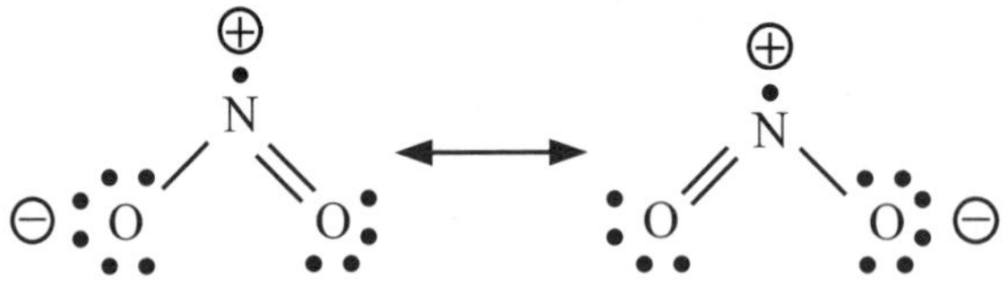

'방향족'이라는 말은 언제 처음 사용되었나?

방향족이라는 말은 1855년에 출판된 화학 문헌에 처음 등장했다. 아우구스트 빌헬름 폰 호프만 August Wilhelm von Hofmann이 쓴 이 문헌에는 왜 이런 단어를 사용하게 되었는지에 대해서는 아무런 언급이 없다. 그런데 사실 일부 방향족 화합물을 제외하고는 냄새가 나지 않고 화학실험실에서 사용하는 대부분의 비방향족 화합물에서는 역겨운 냄새가 나기 때문에 썩 어울리는 용어는 아니다.

방향족성이란 무엇인가?

방향족성은 특별한 종류의 공명 비편재화를 나타낸다. 전자들의 비편재화는 항상 분자를 좀 더 안정한 상태로 만든다(전자가 퍼질 수 없는 상상적인 분자와 비교해서). 이러한 비편재화가 평평한 탄소 고리에서 일어나고, 여기에 관계되는 전자들의 수가 $4n+2$(즉 2, 6, 10, 14 등)인 것을 방향족이라고 한다.

카르보 양이온과 카르보 음이온은 무엇인가?

카르보 양이온은 탄소가 양전하를 띠는 데 중요한 역할을 하는 (+) 전하를 띤 기이다. 반대로 카르보 음이온은 탄소가 중요한 역할을 하여 (−) 전하를 띠게 된 기이다.

유기화학에서 작용기란 무엇인가?

다른 분자에서 비슷한 반응을 나타내는 경향이 있는 기를 작용기라고 한다. 화학자들은 여러 가지 분자가 다른 분자와 어떻게 반응하는지를 이해하고 예측하기 위해 작용기를 구분하며, 작용기는 화합물의 명명에도 사용된다.

작용기의 예

유기화합물의 반응

유기화학에서 '휘어진 화살'은 무엇을 나타내는가?

화학반응에서는 전자의 흐름을 나타내기 위해 휘어진 화살표를 사용한다. 화살표는 친핵체(긴 전자쌍, π 결합 또는 σ 결합)에서 시작되어 친전자체(전체 또는 부분적으로 (+) 전하를 띤 원자나 결합)로 향한다. 에스테르결합 전이반응(즉 하나의 에스테르를 다른 에스테르로 바꾸는)이 한 예이다.

친핵체란 무엇인가?

화학반응에서 전자를 공여하는(친전자체에) 분자를 친핵체라고 한다. 대부분의 경우 쌍을 이루지 못한 전자를 가지고 있는 작용기가 친핵체지만 π 결합을 가진 분자도 친핵체가 될 수 있으며, 드물게는 σ 결합을 가진 분자도 친핵체가 될 수 있다.

친전자체란 무엇인가?

친전자체란 화학반응에서 전자를 받아들이는 (친핵체로부터) 것을 말한다. 보통 친전자체는 전체적으로나 부분적으로 (+) 전하를 띠고 있으며 때로는 (BH_3와 같이) 전자껍질에 전자가 모두 채워지지 않는 경우도 있다.

치환반응이란?

원자가 다른 작용기나 원자로 치환되는 것을 치환반응이라고 한다. 앞에서 언급한 에스테르결합 전이반응은 $-OCH_2CH_3$가 $-OCH_3$로 치환되는 반응이다. 또 다른 간단한 치환반응은 하나의 할로겐 원자가 메틸기로 치환되는 반응이다.

단분자 치환반응이란 무엇인가?

치환반응에 대해 이미 설명했으므로 단분자라는 용어만 이해하면 될 것이다. 전이상태(화학반응에서 가장 에너지가 높은 상태라는 것을 상기하라)에 있는 분자가 하나인 경우를 단분자 치환반응이라고 한다. 실제로는 구별하기 어려울 것 같지만 단분자 치환반응과 이분자 치환반응 사이에는 차이점이 많다. 이 차이는 모두 얼마나 많은 분자가 전이상태에 관계하느냐에 따른 것이다.

삼차염화부틸$^{tert-butyl\ chloride}$과 수산이온 사이의 반응을 예로 들어보자.

첫 번째는 C-Cl 결합이 끊어지는 단계인데, 여기서는 $(CH_3)_3C-Cl$분자만 관계한다. 다음 단계에는 수산이온이 삼차부틸 탄소 양이온$^{tert-butyl\ carbocation}$과 반응한다. 느린 첫 번째 단계(여기서는 이것이 사실이라고 가정하자)에서 하나의 분자만 관계했으므로 이 반응은 단분자 치환반응이다.

이분자 치환반응이란?

앞의 질문에서 이분자 치환반응은 전이상태에 두 개의 분자가 관여한다는 사실을 유추할 수 있을 것이다. 이것은 가장 느리게 진행되는 단계에 두 개의 분자가 관여한다는 뜻이다. 앞의 예에서는 이 단계에 한 분자만 관여했었다.

비슷한 치환반응이지만 tBuCl 대신에 CH_3Cl:이 수산이온과 반응하는 것을 예로 들어보자.

이 반응에서는 중간 단계인 카르보 양이온을 형성하지 않고 친핵체(OH^-)가 직접 염소(Cl^-)를 대체한다. 이것은 메틸 이온(CH_3^+)이 앞에서 예를 든 반응에서 형성되었던 삼부틸 카르보 양이온보다 훨씬 덜 안정적이기 때문이다.

치환된 카르보 양이온은 왜 더 안정한가?

좋은 질문이다! 우선 이 질문을 하게 된 이유부터 알아보자. 우리가 살펴본 단분자 치환반응에서는 중간 단계인 삼부틸 양이온이 형성되었지만 이분자 치환반응에서는 이 양이온(이 경우에는 메틸 양이온, CH_3^+)의 에너지가 너무 높았다. 이런 경우에는 수산이온이 직접 염소이온을 대체한다.

일반적으로 카르보 양이온을 더 많이 치환할수록 더 안정해진다. 이유는 다양하다. 첫 번째는 탄소 치환체가 수소 원자보다 전자를 더 잘 제공하기 때문이다. 이웃에 있는 양이온의 전자들은 양이온의 중심부를 안정시키는 데 도움이 된다. 간단히 말해서 카르보 양이온의 안정성 정도는 양이온화된 탄소와 결합하고 있는 탄소의 수와 일치한다. 즉 더 많이 결합할수록 더 안정해진다.

초공액이란?

초공액 ^{hyperconjugation}은 치환된 카르보 양이온이 더 안정한 이유를 설명하는 방법 중 하나이다. 양이온의 중심에서 가까이 있는 C−C나 C−H 결합 전자는 비어 있는 p 궤도와 상호작용할 수 있다. 이것은 직접적으로 연결된 결합이 아니라 중심의 탄소를 제거하고 이루어지는 결합이다. 이것이 가장 중요하다(아래 그림 참조). 가장 간단한 수준에서는 이것이 이전 질문의 답에서 이웃 탄소 원자가 수소 원자보다 전자를 더 많이 공여한다고 한 것에 대한 설명이 된다. 실제로 비어 있는 p 궤도를 안정시키는 데 도움이 되는 것은 이웃에 있는 C−H 결합이다.

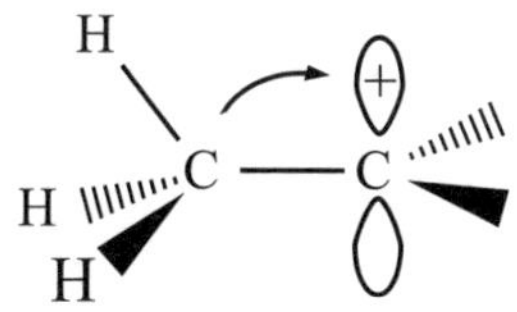

위의 화살표는 C−H 결합과 비어 있는 p 궤도가 겹치는 것을 보여주기 위한 것일 뿐 수소 원자가 실제로 움직인다는 의미는 아니다(때로는 그런 일이 발생하기도 하지만).

첨가반응이란?

첨가반응에서는 두 개 또는 그 이상의 분자가 결합해 하나의 분자를 형성한다. 이것은 앞에서 살펴본 치환반응, 즉 두 개의 분자가 결합해 두 개의 다른 분자를 만드는 반응과 다르다. 산을 알켄에 첨가하는 것이 가장 간단한 예이다. 이 경우에는 산이 탄소−탄소 이중결합에 양성자를 제공한다. 형성된 카르보 양이온은 다른 화학반응을 통해 형성될 수 있는 다른 생성물로 치환된다. 그렇게 되면 산의 짝염기는 이 카르보 양이온과 반응한다.

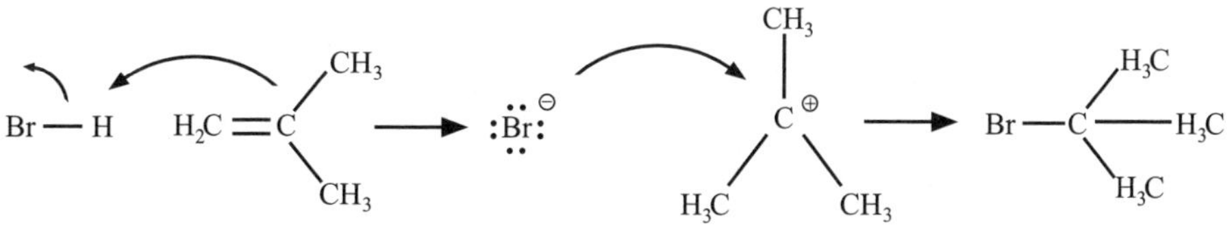

마르코브니코 법칙이란 무엇인가?

앞에서 마르코브니코 법칙의 예를 살펴보았다. 이 법칙은 양성자성 산(HBr과 같은)을 알켄에 첨가하면 양성자는 적은 수의 알킬 치환체를 가진 탄소에 부가되고 짝염기는 더 많은 알킬 치환체를 가진 탄소와 결합한다는 것이다. 이것은 중간 단계에서 형성되는 카르보 양이온의 안정성 때문이다(치환체를 많이 가지고 있다는 것은 더 안정하다는 뜻이다).

제거반응이란 무엇인가?

첨가반응이 분자에 첨가물을 더하는 것이라면, 제거반응은 분자의 일부를 제거하는 반응이다. 여기에서도 탄소와 탄소의 이중결합이 관계되는데, 이 경우에는 이중결합을 만든다. 염기 분자(수산이온, −OH)는 HBr을 제거하는 역할을 한다. 이 경우에 반응이 한 단계로 일어난다.

첨가반응과 마찬가지로 제거반응에도 단분자, 이분자 제거반응이 있을까?

그렇다! 그렇다면 제거가 한 단계나 두 단계로 일어나도록 제어하는 것은 무엇일까? 카르보 양이온의 안정성이 그런 역할을 한다. 앞의 예에서 브로민 이온이 우선 분리된다면 기본적인 카르보 양이온이 형성된다.

이것은 HBr의 제거가 한 단계로 일어나는 이분자 과정보다 훨씬 어려운 반응이다. 그러나 만약 할로겐화 알킬이 안정적인 카르보 양이온을 만들 수 있다면, 단분자 제거반응이 빠르게 진행된다. 이것을 '단분자 반응'이라고 보는 이유는 치환반응에서와 마찬가지로 느린 단계가 전이상태에 하나의 분자만 가지고 있기 때문이다.

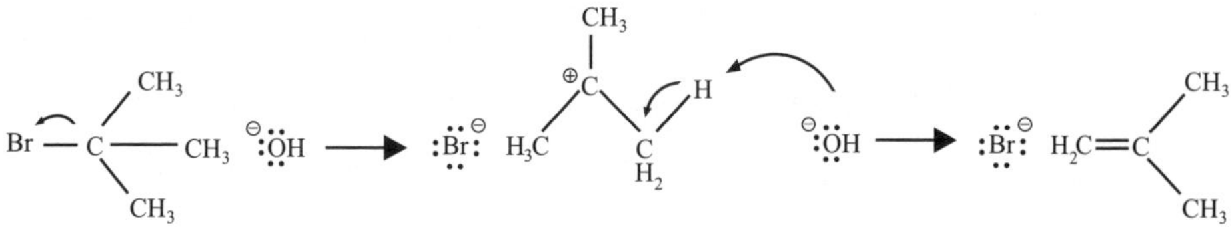

딜스와 알더는 누구인가?

딜스-알더 반응은 유기화학의 다른 반응과 마찬가지로 발견한 과학자의 이름을 따라 명명되었다. 오토 폴 헤르만 딜스Otto Paul Hermann Diels(1876~1954)와 쿠르트 알더Kurt Alder(1902~1958)가 그 주인공이다. 쿠르트 알더는 킬 대학에서 딜스의 학생이었으며 1926년에 박사학위를 받았다. 딜스와 제자 알더는 1950년에 공동으로 노벨 화학상을 수상했다.

첨가환화 반응이란?

가장 일반적으로 설명하면 첨가환화 반응은 다중 π 결합에서 고리를 형성하는 반응이다. 아래 그림에 나타난 첨가환화 반응을 살펴보면 쉽게 이해할 수 있을 것이다.

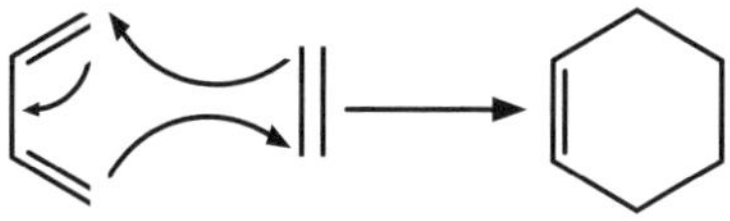

디엔+친디엔체

딜스-알더 반응이라고 알려진 이 반응은 공액 디엔(이중 알켄)과 디엔과 잘 반응하는 다른 알켄(따라서 친디엔체 또는 디엔노파일) 사이의 반응이다. 이 반응은 직접 결합을 형성하는 원자의 번호를 사용하여 [4+2] 첨가환화 반응으로 분류한다(고리를 형성하는 데 관여하는 π 전자의 번호를 이용하여 첨가환화 반응을 분류하는 방법도 있지만 여기서는 다루지 않겠다).

페리 고리모양 반응이란?

첨가환화 반응은 페리 고리모양 반응의 한 종류이다. 페리 고리모양 반응에는 다른 형태의 반응도 포함된다. 교과서에는 페리 고리모양 반응을 전이상태가 고리 구조(즉, 전자가 폐쇄 고리를 따라 흐른다)를 가지고 있는 반응이라고 정의되어 있다. 첨가환화 반응(두 개의 π 결합을 두 개의 σ 결합과 교환하거나 그 반대의 반응이 진행되는) 외에도 페리 고리모양 반응에는 시그마트로피 반응, 고리모양 전자반응, 켈레트로피 반응(이 밖에도 몇 가지가 더 있지만 언급하지 않겠다)이 포함된다.

시그마트로피 반응이란?

첨가환화 반응이 두 개의 π 결합을 이용하여 새로운 두 개의 σ 결합을 만드는 반응이라면, 시그마트로피 반응은 하나의 σ 결합을 이용하여 하나의 σ 결합을 만드는 반응이다. 가장 유명한 시그마트로피 재배열은 코프 재배열이라는 이름으로 널리 알려져 있다. 앞에서 이야기한 분류 체계를 이용하면 이 반응은 [3, 3] 시그마트로피 반응(메틸 치환체는 직접 관여하지 않으므로 계산하지 않았다)으로 분류할 수 있다.

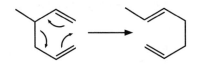

고리모양 전자반응이란?

첨가환화 반응이 $2\pi \rightarrow 2\sigma$ 이고, 시그마트로피 반응이 $1\sigma \rightarrow 1\sigma$ 이라면 페리 고리모양 반응은 $1\pi \rightarrow 1\sigma$ 라고 할 수 있지 않을까? 그것이 바로 고리모양 전자반응이다. 대부분의 페리 고리모양 반응과 마찬가지로 고리모양 전자반응도 σ 결합을 만들기도 하고 분리시키기도 한다. σ 결합이 만들어지면 폐쇄고리모양 전자반응이라고 하고, σ 결합이 사라지면 개방고리모양 전자반응이라고 한다. 고리모양 전자반응의 중요한 예 중 하나는 보통 산의 존재 하에 디비닐 케톤을 사이클로펜테인으로 전환시키는 나자로프 고리화 반응이다.

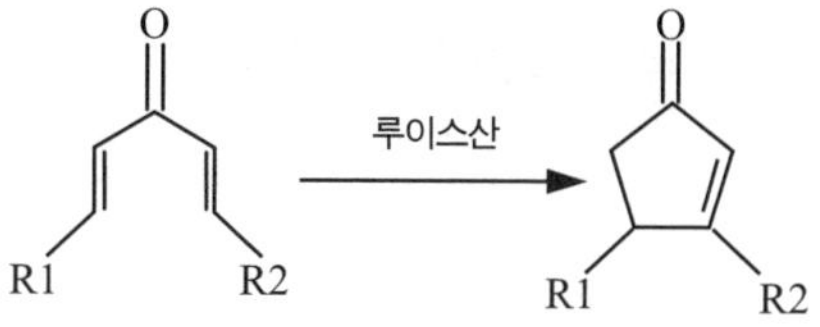

켈레트로피 반응이란?

마지막으로 두 개의 π 결합이 두 개의 σ 결합으로 바뀌는 두 번째 형태의 반응을 소개한다. 여기서의 차이는 두 개의 결합이 하나의 원자에 형성(또는 분리)된다는 것이다. 반면에 첨가환화 반응에서는 하나의 반응 원자에는 하나의 결합만 형성된다. SO_2 가 관련된 예가 다음 그림에 나타나 있다(이 반응은 누구의 이름에서도 따오지 않고 지어졌다). 이 반응에서 두 개의 σ 결합이 모두 황에 만들어(또는 분리)졌다. 이것을 앞에서 이야기한 두 개의 새로운 σ 결합이 두 개의 다른 친디엔체^{dienophile}의 끝에 연결되는 딜스-알더 반응과 비교해보자.

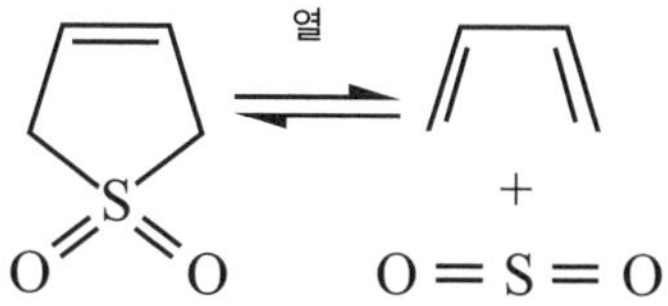

호변이성질체 반응이란?

호변이성질체화 반응은 수소 원자의 위치만 다른 호변이성질체라고 하는 유기분자를 구성하는 두 개의 이성질체를 상호변환시키는 반응이다. 아래 그림은 유기분자의 케톤 작용기에서 이 반응이 어떻게 일어나는지를 보여준다.

분자의 케톤 형태는 일반적으로 분자명에 '케토'를 붙이고, 알코올 형태는 분자명에 '에놀'을 붙인다.

구조와 결합

어떤 분자가 무기분자로 분류되는가?

탄소 분자를 가지고 있지 않은 모든 분자가 무기분자이다. 그러나 몇 가지 예외가 있다. 많은 염(탄산염, CO_3^{2-}, 시안화물, CN^-)들이 탄소를 함유하고 있지만 무기분자로 분류된다.

어떤 원소가 금속인가?

금속은 전기를 잘 흐르게 하는 원소이다. 주기율표에는 금속 원소가 몇 개의 그룹으로 나뉘어 있다. 금속 원소의 이름을 나열하는 대신 다음 질문들로 각 그룹의 금속 원소를 살펴보자.

알칼리금속과 알칼리토금속은 무엇인가?

주기율표의 첫 번째 두 열에 있는 원소가 알칼리금속(1족)과 알칼리토금속(2족)이다. 여기에 속한 원소는 작은 이온화 에너지를 가지고 있다. 다시 말해 이 원소들은 쉽게 한 개나 두 개의 전자를 잃고 불활성 기체의 전자구조(예, Na^+, Mg^{2+})를 가진다. 이 원소들은 공기나 수분과 빠르게 반응하고 때로는 격렬하게 반응하기 때문에 자연에서 순수한 금속 상태로는 발견되지 않는다.

전이금속이란?

주기율표의 3족에서 12족에(d그룹) 속하는 원소를 전이금속이라고 한다(보통 란탄족과 악티늄족은 제외한다). 12족을 제외하고는 전이금속 원소는 채워지지 않은 d 전자 껍질을 가지고 있다. 이 원소의 화학적 성질은 이 d 전자에 의해 결정된다.

대부분의 전이금속은 여러 가지 산화상태에서 안정하다. 쌍을 이루지 않고 있는 d 전자를 가진 금속은 자성을 가지고 있다. 많은 전이금속이 결합형성 반응의 촉매로 사용된다. 이 장의 후반부에서 전이금속 몇 가지를 다시 다룰 예정이다.

준금속이란?

준금속은 금속에 속하기도 하고 비금속에 속하기도 하는 원소를 말한다. 간혹 이 그룹에 속하는 원소를 반금속이라고도 한다. 좀 더 정확히 말해서 이 원소는 금속의 물리·화학적 성질의 일부를 가지고 있다. 일반적으로 준금속은 어느 정도의 전기전도도를 가지고 있지만 금속보다 전기전도도가 낮다.

이렇게 모호한 정의 때문에 어떤 원소가 준금속에 속하는지는 경우에 따라 다르다. 일반적으로 붕소, 규소, 게르마늄, 비소, 안티모니, 텔루륨이 속하며, 때로는 폴로늄과 아스타틴이 포함된다. 드물게는 셀레늄도 준금속으로 분류하기도 한다.

전이금속의 원자가궤도란 무엇인가?

전이금속을 d 블록 원소라고도 하는 이유는 원자가궤도가 d 궤도이기 때문이다(위 그림 참조). 다섯 개의 다른 d 궤도가 있다. 이 중 세 개(d_{xy}, d_{xz}, d_{yz})는 매우 비슷한 모양이며 공간에서 방향만 다르다. 네 번째 궤도($d_{x^2-y^2}$)는 앞의 세 개와 같은 모양이지만 루프가 축 사이가 아니라 축을 향해 배열되어 있다. 마지막으로 d_{z^2}은 z 축 방향으로 배열된 p 궤도에 고리(기술적으로는 토러스)를 두른 듯한 모습이다.

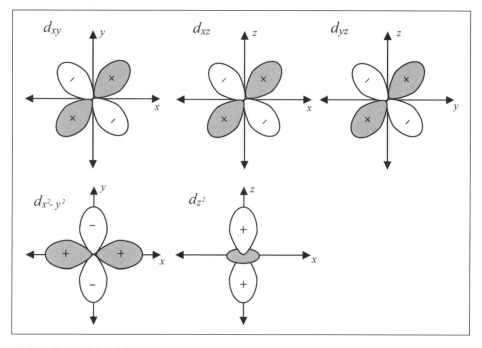

전이금속의 다섯 가지 원자가전자궤도

란탄족과 악티늄족이란?

악티늄족과 란탄족은 주기율에서 f블록을 형성한다. 이 두 열은 종종 주 주기율표에서 분리해 나타내기도 한다. 한 장의 종이에 주기율표를 그리기에는 원소를 포함할 수 있을 만큼 크지 않기 때문이다. 이 원소의 대부분은 방사성 동위원소이다. 그러나 이들의 반감기는 크게 다르다. 예를 들어 ^{238}U의 반감기는 45억 년인 반면 ^{234}Pa의 반감기는 72초에 불과하다!

결정학이란?

결정학은 고체 안의 원자 배열을 연구하는 학문 분야로, 오늘날에는 시료에 충돌한 후 산란된 광자(주로 X-선), 중성자 또는 전자가 만드는 상을 분석하는 방법을 가리킨다. 산란된 복사선이나 입자가 만드는 상의 형태를 해석하여 결정의 내부 구조를 결정할 수 있다. 산란 형태를 해석하여 화학 구조를 밝혀내기는 매우 어려운 일이지만 결정학자들은 오랫동안 그 일을 해왔고, 이제는 일상적인 기술이 되었다. 결정학적 방법은 무기화합물 고체와 유기금속 복합체의 구조를 연구하는 데에도 오랫동안 사용되어왔다.

결정학적 방법은 주로 무기화합물의 구조를 연구하는 데 사용되지만 단백질 같은 생체분자를 포함한 분자의 형태를 분석하는 데에도 종종 사용되고 있다. 결정학은 단백질 구조를 결정하는 데도 매우 유용하게 사용되었다.

결정격자란?

결정질 고체에는 원자나 분자가 규칙적으로 배열되어 있다. 이러한 배열을 분류하기 위해서 화학자들은 결정구조의 가장 작은 단위(단위격자라고 부르는)가 반복적으로 배열되어 만들어지는 3차원 결정격자를 사용한다. 여기에는 많은 수학적 계산이 포함되어 있다. 단위격자는 원자와 분자를 포함하는 작은 입체로, 모든 방향으로 반복하여 배열하면 전체 결정격자를 만들 수 있다.

결정격자는 정육면체인가?

다시 말해 단위 격자의 세 축은 항상 같은 길이일까? 아니다. 실제로 정육면체는 일곱 가지 '결정계' 중 하나일 뿐이다. 결정계는 단위격자의 길이와 각도에 따라 분류한다. 입방격자는 세 변의 길이가 같고 변 사이의 각도가 모두 90°이다. 만약 그중 한 변

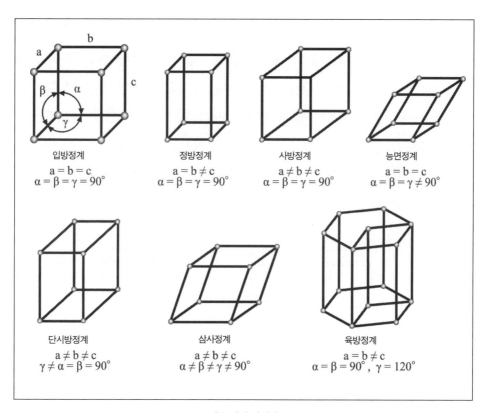

일곱 가지 결정계

이 길면 정방격자가 된다. 세 변의 길이가 모두 다른 결정계는 사방격자라고 한다. 만약 한 각이 $90°$가 아니면 이 결정계는 단사정계이다. 모든 각도가 같지만 $90°$가 아닌 경우에는 능면체 격자라고 하며, 각도가 모두 다르면서 $90°$가 아닌 결정계는 삼사정계라고 한다.

지금까지 이야기한 것은 모두 여섯 가지이다. 일곱 번째 결정계는 입방체에 바탕을 두지 않고 육면체에 바탕을 둔 육방정계이다.

입방격자에는 어떤 원자 배열이 가능할까?

기본적으로 세 가지 배열 방법이 있다. 이들은 작은 상자를 이용하여 나타낼 수 있다. 상자의 꼭짓점 여덟 개에 원자를 하나씩 배치한 것을 단순입방격자라고 한다. 단순입방격자의 여섯 면의 한가운데에 원자를 하나씩 더 배치하면 면심입방격자가 된다. 단순입방격자의 한가운데에 원자 하나를 더 배치하면 체심입방격자가 된다. 이 외에도 여러 가지 가능성이 있지만 이 세 가지 격자로도 화학자들이 다루는 많은 결정을 설명할 수 있다.

단순입방격자   면심입방격자   체심입방격자

무엇이 가장 적절한 배열을 결정하는가?

열역학이다! 그러나 그것은 책임을 열역학에 전가하는 대답이다. 결정격자의 안정성을 결정하는 데에는 인력적 상호작용(반데르발스 힘이나 수소결합과 같은)이 중요한 역할을 한다. 가장 안정한 배열은 결정이 형성되는 압력과 온도에 따라 달라진다.

같은 분자가 한 가지 이상의 결정구조를 가질 수 있는가?

그렇다. 이것을 동질이상이라고 하는데 대부분의 결정체(유기물, 무기분자, 고분자, 금속)에서 그 예를 찾을 수 있다. 고체 안에서 분자가 배열되는 방법이 달라지면 결정의 성질도 달라진다. 의약품으로 널리 사용되는 일부 분자는 고체 상태에서 하나 이상의 구조를 가지고 있거나 동소체를 가지고 있다. 경우에 따라서는 특정한 동소체 약품이 더 효과적이다. 예를 들면 특정한 배열이 더 잘 녹아서 인체 안에서 더 활발하게 작용한다. 아스피린(아세틸살리실산)의 두 번째 동소체가 2005년에 발견되었는데, 이 동소체는 −180℃에서만 안정적이다.

전기와 자기

상자성체와 반자성체의 차이는 무엇인가?

화학에서는 적어도 하나 이상의 쌍을 이루지 않은 전자를 가지고 있는(따라서 분자가 알짜 스핀을 가지는) 원자나 분자를 상자성체라고 한다. 모든 전자가 쌍을 이루고 있는 경우에는 반자성체라고 한다. 상자성체에 외부 자기장이 작용하면 자기장에 의해 인력이 작용하지만 반자성 분자는 자기장에 의해 반발한다.

자성을 증가시키는 것은 무엇인가?

우리에게 가장 익숙한 자석(냉장고 문에 사용하는 것과 같은 자석)은 기술적으로 강자성체이다. 강자성체는 쌍을 이루지 않고 있는 전자를 가지고 있다(따라서 앞에서 한 이야기에 의하면 반성체가 아니라 상자성체이다). 또한 쌍을 이루고 있지 않은 전자의 스핀이 모두 같은 방향으로 배열되어 있다는 중요한 특징도 보여준다. 따라서 강자성체는 영구적인 자기장을 가지게 된다.

처음부터 다시 이야기해보자. 전자는 스핀(양자역학적 성질. 여기서는 더 이상 자세하게 설명하지 않겠다.)을 가지고 있고 스핀은 아주 작은 자기장을 만들어낸다. 만약 모든 전자들이 쌍을 이루고 있으면 반자성체이다. 반대로 쌍을 이루지 않은 전자를 가지고 있으면 상자성체이다. 또 전체적으로 '알짜 스핀'을 가지고 있고, 이 전자의 알짜 스핀이 한 방향으로 배열되어 있으면 강자성체이다. 우리가 잘 아는

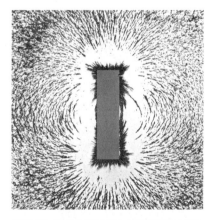

막대자석 주위의 철가루를 보면 N극과 S극을 포함해 주변 자기장의 모양을 알 수 있다.

강자성체의 예로는 냉장고 문에 붙여 놓는 자석이 있다.

왜 금속은 금속을 끌어당길까?

자석은 왜 냉장고에 붙을까? 강자성체는 스스로 자기장을 만든다. 이것은 상자성체가 자기장에 의해 끌려가는 것과 마찬가지로 다른 상자성체가 강자성체에 달라붙는다는 것을 뜻한다. 대부분의 금속이 상자성체이기 때문에 자석은 금속으로 만들어진 냉장고에 붙는 것이다. 그러나 냉장고가 자석은 아니다.

자석의 양극은 왜 서로 잡아당기거나 밀어낼까?

우리가 사용하는 자석이 강자성체라는 것을 상기하자. 따라서 전체적으로 알짜 스핀을 가지고 있다. 이것은 양자역학적 스핀 때문이다. 스핀이 '업'과 '다운'이라는 두 가지 값만 가질 수 있기 때문이라고 생각해도 좋다. 강자성체에서는 모든 스핀이 같은 방향을 향하고 있다. 만약 두 자석의 '업' 방향을 가까이 가져오면 서로 반발한다. 즉 자기장이 반대방향으로 밀어낸다. 반대로 자석의 '업' 방향과 '다운' 방향을 가까이 가져오면 서로 잡아당긴다. 다시 말해 전자 자기장이 자석 안에서 한 방향으로 배열하듯이 두 자석의 자기장이 같은 방향으로 작용한다.

지구의 북극과 남극은 자석의 극일까?

자세한 물리적 사실을 언급하지 않는다면(지구의 자기장을 설명하는 것은 냉장고 자석의 극을 설명하는 것보다 훨씬 복잡하다) 그렇다고 대답할 수 있다. 다시 말해 지구의 북극과 남극은 자석의 극이다. 보통 나침반의 N극이 가리키는 쪽을 '북극'이라고 하지만 실제로는 S극이다. 이는 남극의 경우에도 마찬가지이다.

자기부상이란 무엇인가?

자석 사이에는 힘이 작용한다. 자석 사이에 작용하는 힘은 인력이나 척력이다. 자석 사이에 척력이 작용하고 이 힘이 중력과 균형을 이루는 경우에는 물체를 공중에 띄울 수 있어 현재 레일 위에 떠서 빠르게 달리는 고속 열차에 이용하고 있다.

전자석은 자기부상 열차를 공중에 띄운 후 앞으로 달릴 수 있게 해 부드럽게 달리면서도 빠른 수송이 가능하다.

금속은 왜 좋은 전기전도체일까?

도체는 전자가 자유롭게 이동할 수 있는 물체를 말하고, 전자가 이동하는 것을 전류라고 한다. 금속은 전자의 에너지 구조 때문에 좋은 도체이다. 기본적으로 금속에는 두 종류의 전자에너지 띠가 있다. 금속에서 전자가 채워져 있는 궤도로 이루어진 띠를 가전자띠라고 하고, 전자가 채워져 있지 않은 궤도로 이루어진 띠를 전도띠라고 한다. 여기서 띠는 촘촘한 간격으로 분포하는 에너지 준위로 이루어진 부분이다. 금속이나 다른 도체는 띠 사이의 간격, 즉 에너지 간격이 좁거나 아예 없다. 반도체는 아주 좁은 에너지 간격을 가지고 있어 열이나 빛에 의해 가전자띠의 전자가 전도띠로 올라갈 수 있다. 전류가 흐르지 않는 부도체는 에너지 간격이 큰 물체이다.

에너지 간격이란?

에너지 간격이란 가전자띠와 전도띠 사이의 에너지 차이를 말한다. 에너지 간격의 크기는 물질이 얼마나 좋은 도체인지를 나타낸다. 에너지 간격의 크기가 작으면(에너지 차이가 작으면), 전자가 채워진 궤도에서 빈 궤도로 전자가 쉽게 올라갈 수 있어 좋은 도체가 된다.

에너지 간격은 태양광 전지 설계와 관련이 있을까?

에너지 간격은 태양광 전지가 어떤 파장의 빛을 흡수하는지를 결정한다. 태양광 전지는 태양이 방출하는 복사선을 흡수할 수 있어야 한다. 따라서 태양광 전지는 태양이 방출하는 전자기파를 효과적으로 흡수할 수 있는 에너지 간격을 가진 물질로 만들어야 한다.

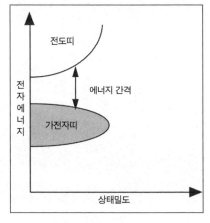

전도띠와 가전자띠 사이의 에너지 차이를 보여주는 그래프. 간격이 작을수록 더 좋은 도체이다.

유기금속 화학

유기금속화합이란 무엇인가?

탄소와 금속 사이의 결합을 가지고 있는 분자를 말한다. 여기에는 알칼리금속과 알칼리토금속(주기율표의 1족과 2족) 그리고 전이금속(f 블록을 포함하여 3족에서 12족)을 포함하며 때로는 13족 원소가 포함되기도 한다. 금속과 탄소 사이의 결합은 이온결합에서 공유결합에 이르기까지 다양하다.

다음과 같은 두 경우에는 금속과 탄소 사이의 결합이 주로 이온결합이다. (1) 1족이나 2족처럼 금속이 전기적으로 (+) 전하를 띠기 쉽거나, (2) 탄소를 포함한 기가 안정적인 음이온인 경우(싸이클로펜타디엔닐 이온과 같이 공명을 통해 비편재화된)가 그것이다.

금속 원자와 탄소 원자가 공유결합을 하는 유기금속 화합물도 있다. 이것은 보통 전이금속의 경우나 알루미늄과 같은 원소에서 볼 수 있다. 금속과 탄소 사이의 결합의 성격은 유기금속 화합물의 반응에 중요한 역할을 한다. 싸이클로펜타디엔닐의 공명 구조는 다음과 같다.

18-전자 규칙은 무엇인가?

앞에서 탄소나 산소 같은 원소가 여덟 개의 가전자를 가질 때 가장 안정하다는 옥텟 규칙에 대한 설명이 있었다. 전이금속의 경우에는 d 궤도가 중요한 역할을 하기 때문에 여덟 개의 전자로는 더 이상 충분하지 않다. d 궤도에는 다섯 개의 궤도가 있기 때문에 가전자 껍질을 채우기 위해서는 10개의 전자가 더 필요하다. 따라서 $8+10=18$이므로 전이금속의 경우에는 18개의 전자가 필요하다.

유기금속 화합물의 산화상태는 어떻게 결정하는가?

이 문제에 접근하는 방법에는 여러 가지가 있다(물론 모든 화학자들은 자신이 사용하는 방법이 가장 정확한 방법이라고 생각한다). 가장 간단한 방법에 대해서 알아보자. 여기에서는 금속과 탄소 결합만으로 이루어진 화합물 외에 다른 형태의 리간드에 대해서는 다루지 않을 예정이다. 산화질소와 전이금속의 결합에 대해서 알고 싶다면 무기화학 교과서를 찾아보면 될 것이다.

전하를 띠고 있는 테트라(메틸)지르코늄을 살펴보자. 이 계산 방법에서는 금속-탄소 결합의 모든 전자가 탄소 원자에 모두 귀속된다. 따라서 네 개의 메틸 음이온과 하나의 지르코늄 양이온을 갖게 된다. 이 화합물은 알짜 전하를 가지고 있지 않으므로 지르코늄 중심은 메틸기가 가진 네 개의 (−) 전하와 균형을 이루어야 한다. 따라서 지르코늄은 +4 산화상태에 있어야 한다. 매우 쉽다.

또 다른 예를 들어보자. 헥사시아노철산칼륨(황혈염), 즉 $K_3[Fe(CN)_6]$을 살펴보자.

금속-탄소 결합 전자를 탄소기로 옮겨 여섯 개의 시안 이온(CN^-)과 하나의 철 이온, 그리고 세 개의 칼륨 이온을 만들어보는 것이다. 시안 이온은 여섯 개의 (−) 전하와 세 개의 (+) 전하(3K$^+$ 이온)를 가지게 된다. 따라서 전하가 균형을 이루기 위해서는 철 중심이 3 산화상태에 있어야 한다.

$$ZrMe_4 \quad 4Me^{1-}+Zr^{4+}$$
$$K_3[Fe(CN)_6] \quad 3K^{1+}+6CN^{1-}+Fe^{3+}$$

이런 방법으로 전자를 계산하는 것은 단지 전자 계산법일 뿐으로, 이는 모든 금속−탄소 결합이 똑같다는 뜻도 아니고 모두 이온결합이라는 뜻도 아니다.

유기금속 화합물은 왜 좋은 촉매인가?

정의에 의하면 촉매는 생성물을 만들어내기 위해 극복해야 할 에너지 장벽을 낮추는 물질이다. 유기금속 화합물은 유기분자끼리의 반응과는 다른 방법으로 유기분자와 반응한다. 가장 기본적인 수준에서 이것은 전이금속이 화학결합의 형성과 분리에 관여하는 d 궤도를 가지고 있기 때문이다. 탄소, 질소, 산소 같은 원자가 가지고 있는 s 궤도나 p 궤도와는 다른 대칭성을 가지고 있는 d 궤도를 가진 유기금속 화합물은 다른 원소에는 가능하지 않은(금지된!) 묘기를 부릴 수 있다.

무기원소도 생명체에는 중요할까?

물론이다! 나트륨이나 칼륨 이온은 신경계에서 중요한 역할을 할 뿐만 아니라 대부분의 효소(자연의 촉매)는 활발한 부분에 금속 이온을 함유하고 있다. 비타민의 구성 성분을 살펴보고 우리가 하루에 얼마나 많은 금속을 필요로 하는지 알아보자.

유기금속 리간드의 햅티시티란 무엇인가?

유기금속 리간드의 햅티시티^{hapticity}는 매우 간단한 개념이다. 햅티시티는 특정 리간드에서 금속 중심까지 몇 개의 원자가 연결되어 있는지를 나타낸다. 일반적으로 햅티시티는 그리스어 에타(η)를 이용하여 나타낸다. η^2는 리간드가 두 원자의 연결을 통해 금속 중심에 연결된 것을 나타내고, η^1은 하나의 원자를 통해 연결된 것을 나타낸다. 리간드의 가장 일반적인 햅티시티는 η^1지만 싸이클로펜타디엔닐(η^5)처럼 높은 수를 가진 햅티시티도 자주 발견된다.

카르벤 리간드(배위자)란?

카르벤은 두 개의 결합과 두 개의 쌍을 이루지 않은 전자를 가진 탄소 원자를 포함하고 있는 분자를 말한다. 이것은 탄소의 형식전하('원자와 분자' 부분 참조)를 중성으로 만들지만 네 개의 결합을 가진 탄소 원자보다 반응성이 훨씬 크다. 카르벤은 종종 유기금속 화합물에서 금속 중심에 연결되어 있다. 이 카르벤 리간드는 자유 카르벤보다 반응성이 적다. 실제로 유기금속 카르벤 화합물이 자유 카르벤과 금속 중심의 반응으로 만들어지지 않는다는 것에 놀랄 것이다.

유기금속 리간드와 마찬가지로 카르벤도 탄소 원자에서 친전자체가 될 수도 있고 친핵체가 될 수도 있다('유기 화학' 부분 참조). 탄소에서 친전자체인 카르벤 리간드는 피셔^{Fischer} 카르벤, 탄소에서 친핵체인 카르벤은 슈록 ^{Schrock} 카르벤이라고 한다. 특히 반응성이 낮은 세 번째 종류의 카르벤은 영구 카르벤(또는 아르두엔고 카르벤)이라고 한다.

한자리 리간드란?

금속 중심에 하나의 원자를 통해 연결되어 있는 리간드를 한자리 리간드라고 한다.

여러자리 리간드란?

금속 중심에 두 개나 그 이상의 원자가 두 개 이상의 결합을 형성하여 연결된 리간드를 여러자리 리간드라고 한다. 여러자리 리간드를 가지고 있는 화합물은 킬레이트 화합물이라고 알려져 있다.

처음 발견된 유기금속 화합물은 무엇이며 언제 발견되었나?

최초 유기금속 화합물은 카코딜이라는 화합물이다. 화학식이 $C_4H_{12}As_2$인 카코딜 (아래 왼쪽)은 1760년에 발견되었는데, 독성과 심한 악취로 널리 알려졌다. 첫 번째 백금 올레핀 화합물($C_2H_4Cl_3KPt$, 차이스염이라고 알려진)은 1829년에 발견되었다.

이 초기 유기금속 화합물은 유기금속 화학에서 핵심이 된 기본적인 개념 형성에 큰 영향을 주었다. 이들은 최초로 발견된 유기금속 화합물의 몇 가지 예에 불과하다. 오늘날에는 수천 종류의 유기금속 화합물이 알려져 있다.

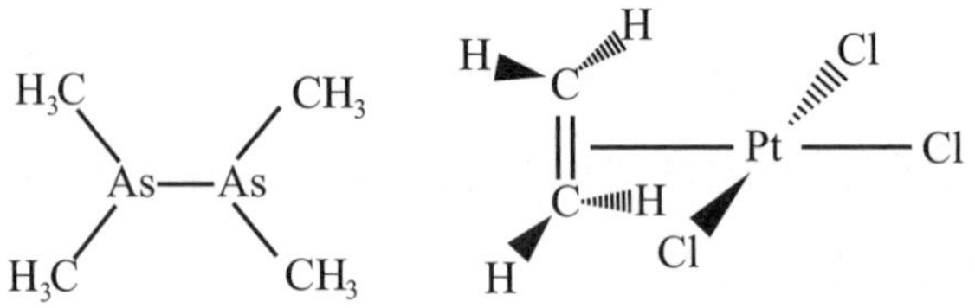

탄소-수소결합 활성반응이란 무엇인가?

탄소-수소결합 활성반응은 반응성이 낮은 탄소-수소결합을 분리하는 반응이다. 유기화합물이 탄소-수소 결합을 많이 포함하고 있음을 감안하면 이 반응은 선택적으로, 그러나 효과적으로 일어날 수 있는 또 하나의 매우 중요한 형태의 반응이다. 탄소-수소 활성반응의 성공적인 예는 비교적 최근에 와서야 알려졌다(최초의 예는 1965년경에 보고되었다). 유기금속 시약이 탄소-수소 결합반응의 발전에 핵심 역할을 했다.

그리나르 반응이란?

새로운 탄소-탄소 결합을 쉽게 만들 수 있는 그리나르 반응은 유기금속 합성 중에서 가장 널리 알려진 반응이다. 이 반응에서 그리나르 시약은 알데하이드나 케톤의 카르보닐 작용기를 첨가함으로써 반응하여 카르보닐 탄소에 새로운 탄소-탄소 결합을 형성한다. 그리나르 반응을 일으키는 유기금속 화합물인 그리나르 시약은 마그네슘 금속을 알킬이나 알킬 할로겐화물(아래 그림에서 R^1-Br)에 첨가하여 만든다. 이

반응의 명칭은 발견자인 프랑스의 화학자 프랑세스 아우구스틴 빅토르 그리나르
François Auguste Victor Grignard의 이름에서 왔으며 그는 1912년 노벨 화학상을 수상했다.

반응은 항상 유기금속 화합물의 금속 중심에서 일어날까?

항상 그렇지는 않다. 반응은 화합물의 리간드에서 일어날 수도 있다. 예를 들면 친
핵체가 금속 중심에 붙어 있는 리간드에 부가될 수 있다.

시스플라틴은 무엇이며 어떻게 암 치료에 도움이 될까?

시스플라틴은 백금을 기반으로 하는 화합물(아래 구조 참조)로 DNA와 반응하여 세
포를 죽게 만든다. 아포토시스라고도 하는 시스플라틴은 백금을 포함하고 있는 첫 번
째 항암제로, 다양한 암 치료에 사용되는데 특히 고환암에 효과가 높다.

원자가전자쌍 반발 모델은 무엇인가?

원자가전자쌍 반발 모델VSEPR은 화학결합과 이온쌍의 전자들 사이의 반발력을 예
측하는 규칙을 바탕으로 중심 원자 주변의 결합 구조를 예측하는 데 사용된다. 이 모
델에서는 결합구조를 예측하는 데 두 가지 요소가 사용되는데, 입체 수와 결합에 참
여하지 않는 전자쌍의 수가 그것이다. 입체 수란 중심 원자에 결합된 원자 수와 결합
에 참여하지 않는 전자쌍의 수를 합한 것으로 정의되어 있다. 이 두 수를 바탕으로 오
른쪽의 표를 보면 중심 원자 주변의 결합 구조를 예측할 수 있다. 이것은 단지 예측

모델일 뿐 항상 100% 정확하지 않다는 것을 기억해두자.

	없음 고립전자쌍	1개 고립전자쌍	2개 고립전자쌍	3개 고립전자쌍
2	X — A — X			
3	X — A ⋯ X, X	E, X—A—X		
4	X, A, X X	E, X—A—X, X	E E, A, X X	
5	X X, A—X, X X	E, X—A—X, X	E E, X—A—X, X	E, X—A—X, E E
6	X, X A X, X X	X, X A X, E	E, X A X, E	
7	X, X A X, X X	E, X A X, X X	E, X A X, E	

위에서 아래로, 좌측에서 우측으로 결합 구조는 다음과 같다. 입체수 2) 선형; 입체수 3) 삼방정 평면, 굽어진; 입체수 4) 사면체, 삼방정 피라미드, 굽어진; 입체수 5) 사면체 이중피라미드, 시소, T자 형, 선형; 입체수 6) 8면체, 정사면체 피라미드, 정사각형 평면; 입체수 7) 5각형 이중피라미드, 5각형 피라미드, 5각형 평면.

군론이란 무엇이며 화학에서는 어떻게 이용되나?

화학적인 의미에서 군론은 분자의 물리적 성질을 더 잘 이해하기 위해서 분자의 대칭성을 이용하는 것과 관련있다. 분자의 대칭성을 조사해 특징짓는 대칭 변환(반사와 회전)을 나타내는 '점군'으로 분류하는 것이다. 군론은 화학자들이 분자에너지 준위의 간격, 분자에너지 준위의 대칭성, 일어나는 전이의 형태(진동에 의한 것이거나 전자의 들뜬상태의 의한 것과 같은) 그리고 분자의 비편재화된 진동운동의 형태를 포함하여 수많은 분자의 흥미로운 성질의 이해를 돕는다. 복잡한 계산을 하지 않고도 대칭성을 이용해 분자에 대해 많은 것을 이야기할 수 있는 것은 매우 인상적이다!

의사가 환자에게 처방하는 리튬은 리튬 이온전지의 리튬과 같은 것일까?

같은 원소이다! 리튬의 흥미로운 응용 방법이 몇 가지 있다. 양극성 장애의 치료나 리튬 이온전지, 숟가락으로 자를 수 있는 금속으로 열핵반응의 발화제를 만들 때나 장갑차 제조에도 이용되며 이들 모두 작은 리튬 원소를 이용한 것이다.

'강한' '약한' 루이스산과 염기는 무엇인가?

'강한'과 '약한'이라는 단어는 루이스산과 염기를 폭넓게 분류할 때 사용된다('화학반응' 부분 참조). 강산과 강염기는 일반적으로 원자(또는 이온의)의 지름이 작고, 고도로 산화된 상태이며, 큰 전기음성도를 갖고(염기의 경우), 크게 극성을 띠지 않는다. 약산과 약염기는 반대로 상대적으로 원자(이온) 반지름이 크고, 낮은 산화상태에 있으며, 낮은 전기음성도를 가지고 있고, 큰 극성을 갖는다. 강산은 강염기와 빠르게 반응하여 강한 결합을 형성한다. 약산과 약염기의 경우도 마찬가지이다. 이러한 경향이 강산과 강염기, 약산과 약염기의 이론을 무기화합물의 반응성을 이해하고 예측하는 데 이용되게 한다.

나트륨을 물에 넣으면 어떻게 될까?

나트륨은 물과 격렬하게 반응한다! 나트륨과 물의 반응은 다음 방정식으로 나타낼 수 있다.

$$2Na(s)+2H_2O(l) \rightarrow 2NaOH(aq)+H_2(g)+열$$

이 반응은 열을 발생시키는 발열반응으로 이때 발생하는 열의 양은 매우 크다. 이 열은 수소 기체(반응에서 발생한)를 점화시켜 다음 반응을 일으키기도 한다.

$$H_2(g)+O_2(g) \rightarrow H_2O(g)+열$$

이 반응들에 의해 발생한 열은 아직 반응하지 않고 남아 있는 나트륨을 다음과 같은 반응에 의해 연소시킨다.

$$Na(s)+O_2(g) \rightarrow Na_2O_2(s)$$

이 반응으로 나트륨과 물의 반응은 많은 열을 발생시킨다.

전자 상자성체 공명 분광기란?

전자스핀 공명^{ESR} 분광기라고도 알려진 전자 상자성체 공명^{EPR} 분광기는 분자 안의 쌍을 이루지 않은 전자를 탐지할 때 사용하는 방법이다. 이 방법은 핵자기공명^{NMR}('현대 화학실험' 부분 참조)과 매우 유사하지만 여기서는 원자핵 대신 전자의 스핀 상태를 들뜨게 한다. NMR에 비해 이 방법은 대부분의 분자가 쌍을 이루지 않은 전자를 포함하고 있지 않기 때문에 조사할 수 없다는 것이 약점이다. 반면 대부분의 용매나 다른 분자들의 방해를 받지 않는다는 것은 장점이다.

무기화학은 생화학과 어떤 관련이 있을까?

수많은 생명과정에서 금속은 매우 중요한 역할을 한다! 중요한 반응이 일어나는 효소('생화학' 부분 참조)의 활성부위에서 금속 중심은 촉매를 이용한 결합 형성과 분리에 핵심 역할을 한다. 금속은 근육의 운동을 포함해 다양한 생명 과정에 필요한 이온농도를 적절하게 유지하는 데 중요한 역할을 한다. 생물 무기화학은 매우 큰 분야로 이 두 분야는 종종 연계하여 연구된다.

금속은 어떻게 효소 촉매에서 효과적인 활성부위를 만들까?

유기금속 화합물이 좋은 촉매가 되는 것과 같은 이유로 금속은 효소의 촉매작용에서도 핵심 역할을 한다. 여기에는 많은 금속 중심이 다양한 기질을 형성하고, 산화상태의 손쉬운 변화를 유도하며, 좋은 전자 공여자나 수용자를 제공하는 것이 포함된다. 이러한 특징들은 때로 함께 작용하여 놀라운 화학적 묘기를 부리기도 한다.

의학에서 MRI 조영제란 무엇이며 조영제로 사용되고 있는 것은 무엇인가?

자기공명 영상장치 MRI('현대 화학실험' 부분 참조)를 사용할 때는 몸의 조직과 구조를 잘 조사하기 위해 조영제를 사용한다. 많은 조영제들이 다양한 리간드가 부착된 가돌리늄을 기반으로 하고 있다. 조영제는 혈관에 주사하거나 복용하며 MRI 스캔을 통해 관찰한 원자의 이완시간을 변화시킨다. 이 화합물은 모두 몸에서 일어나는 일을 관찰하는 능력을 향상시킨다.

질소고정에서 전이금속은 왜 중요할까?

공기 중에 있는 이원자분자인 질소 기체(N_2)를 암모니아(NH_3)로 바꾸는 과정을 질소고정이라고 한다. 이것은 반응성이 없는 N_2를 아미노산이나 다른 분자를 합성할 수 있는 형태로 바꾸는 과정이기 때문에 생태계에서 매우 중요하다. 이 반응을 수행하는 활성 부위에서 전이금속(바나듐이나 몰리브데넘과 같은)이 발견된다.

세포의 삼투압 균형을 유지하는 데 금속이 중요한 이유는?

나트륨과 칼륨(실제로는 이들의 이온, Na^+, K^+)은 이온농도를 조절하여 세포막 사이의 농도 차이를 유지한다. 이 이온들은 세포막을 통해 선택적으로 통과하거나 배출된다.

> ## 강한 뼈를 만드는 데 칼슘은 왜 필요할까?
>
> 우리 뼈가 강한 상태를 유지하기 위해서는 칼슘을 바탕으로 하는 물질로 분자식이 $Ca_5(PO_4)_3(OH)$인 칼슘 하이드록실라파타이트가 필요하다. 18~50세 사이는 매일 1000 mg의 칼슘을 섭취하도록 권장하고 있고, 이보다 나이가 많은 사람들은 1200~1500mg의 칼슘을 섭취하는 것이 좋다.

전이금속은 광합성 작용에서 왜 중요한가?

광합성 작용에서 핵심 역할을 하는 초록색 염료인 엽록소는 포르피린 고리(포르피린 고리는 많은 생화학계에서 발견되는 유기고리분자이다)의 중심에 마그네슘 원자를 포함하고 있다. 마그네슘 원자는 태양 빛을 흡수하는 데 중요한 역할을 한다. 흡수된 에너지는 분자에 저장되어 식물의 세포에서 사용하게 된다.

생명체에 자연적으로 존재하는 금속으로는 어떤 것들이 있는가?

나트륨, 마그네슘, 바나듐, 크로뮴, 망가니즈, 철, 구리, 니켈, 코발트, 아연, 몰리브데넘, 텅스텐 등의 금속 원소는 모두 생명체 안에 자연적으로 포함되어 있는데, 그 양은 종류에 따라 다르다.

생명체의 검출 시약으로 사용되는 금속에는 어떤 것이 있는가?

이트륨, 테크네튬, 금, 은, 백금, 수은, 가돌리늄이 생명체의 검출 시약으로 사용된다.

간에서 알코올 탈수소 효소로 작용하는 금속은?

알코올 탈수소 효소의 활성 부위는 에탄올을 아세트알데하이드로 바꾸는 반응에 촉매 역할을 하는 아연 중심을 포함하고 있다.

분석화학

간단한 수학

정량적인 관측과 정성적인 관측의 차이점은 무엇인가?

정량적인 관측은 말 그대로 얼마나 많은 양이 있는지를 측정하는 것이다. 화학자들은 종종 화학물질의 농도, 화학반응에서 방출되는 에너지의 양, 화학결합의 길이, 화학적 성질과 관련된 여러 가지 값들을 측정하는 데 관심을 갖는다. 분석 화학자들이 하는 측정의 몇 가지 예를 들면, 과자 안에 얼마나 많은 지방이 포함되어 있는지(약 10g), 공기 중에 얼마나 많은 이산화탄소가 포함되어 있는지(약 390ppm), 우리가 마시는 물 안에 얼마나 많은 납이 포함되어 있는지(적을수록 좋다) 같은 것들이 있다.

정성적인 측정은 물체의 일반적인 성질을 알아보는 측정으로, 정확한 양을 측정하지는 않는다. 일반적으로 정성적인 관측에서는 측정 결과를 수치로 표시하는 것이 아니라 물체의 질을 설명하는 데 이용한다. 정성적인 측정의 예는 사탕이 달다, 하늘이 푸르다 또는 원이 둥글다 같은 것이다. 하지만 일부 관측은 정량적인 관측인지 아니면 정성적인 관측인지 구별하기가 매우 어렵다. 예를 들어 올림픽 경기에서 심판은 체조 연기가 마음에 들 경우 9.5점을 줄 수 있다. 정량적으로 선수들의 연기를 평가할 수 있지만 정성적인 관측으로 보이기도 한다. 왜냐하면 측정 결과는 심판이 얼마나 조심스럽게 연기를 관찰했는지, 체조 연기의 어떤 요소를 가장 중요하게 생각하는지 또는 기분 등의 요소에 영향을 받기 때문이다.

화학자들은 새로운 사실을 알아내기 위해 우리가 마시는 물에 포함된 납이나 다른 물질의 농도를 측정하는 등의 정량적인 측정을 한다.

분석물란?

분석적 화학실험을 통해 성질을 측정하고자 하는 화학물질을 분석물이라고 한다. 대개의 경우 분석 화학자들은 표본에 포함되어 있는 분석물의 농도를 측정한다. 분석물의 농도를 측정하는 것은 정량적인 측정이다.

간섭물질은 무엇인가?

간섭물질이란 관심을 가지고 있는 분석물의 측정을 방해하는 물질을 말한다. 이런 물질은 우리가 측정하는 분석적 측정에서 분석물과 비슷한 반응을 한다. 일반적으로 분석 화학자들은 측정하기 전에 표본에서 간섭물질을 제거하거나 간섭물질이 내는 신호를 피할 수 있는 측정방법을 선택한다.

실험오차란?

실험오차란 여러 번에 걸친 반복 측정에서 나타나는 불확정성이나 측정값의 변화를 말한다. 이러한 변화는 측정하는 실험기기가 가진 정밀도의 한계, 반복 실험이나 측정을 하는 실험자의 능력의 한계, 측정하는 양이 가지고 있는 내재적인 한계 등 다양한 원인에 기인한다.

측정오차의 예에는 어떤 것이 있나?

예를 들어 트랙을 도는 경주용 자동차가 한 바퀴 돌 때마다 걸리는 시간을 측정한다고 생각해보자. 우리가 측정하는 시간은 스톱워치가 얼마나 정확하게 측정할 수 있는지, 스톱워치를 작동하는 사람이 얼마나 정밀하게 작동시키는지, 자동차나 운전자가 트랙을 얼마나 빨리 도는지에 따라 달라질 것이다.

표준편차란?

측정값의 오차를 나타내는 방법 중 하나는 측정값들의 표준편차를 계산하는 것이다. 표준편차는 다음 식으로 계산한다.

$$표준편차 = \sqrt{\frac{1}{N}\sum_{i=1}^{N}(x_i - \mu)^2}$$

이 식에서 N은 측정횟수이고, x_i는 i번째 측정값이며, μ은 N번 측정한 측정값의 평균값이다.

식수에 함유된 납의 측정 가능한 최소량은 얼마일까?

납은 식수에 들어 있어서는 안 되는 물질이다. 미국 환경보호국(2011년에)이 정한 최대 허용량은 0으로, 이것은 식수에 납이 포함되는 것은 허용할 수 없다는 뜻이다. 그러나 현실을 감안한 EPA의 최대 허용 기준량은 15ppb이다. 그렇다면 얼마까지 측정할 수 있을까? 다행히 이보다 작은 양까지 측정할 수 있다. 1990년대에도 0.1ppb까지 측정하는 것은 가능했다. 이처럼 분석 화학자들은 식수에 납이 들어가는 것을 막는 첨병 역할을 잘 수행하고 있다(정기적으로 측정을 하기만 하면).

신호 대 잡음의 비율이란?

신호 대 잡음의 비율은 실험에서 측정값과 자연적으로 존재하는 배경 신호의 세기 비를 말한다. 신호 대 잡음비는 여러 가지 방법으로 측정되지만 널리 사용되는 방법은 측정의 평균값과 배경 잡음의 표준편차를 비교하는 것이다.

예를 들어 감지기를 이용해 레이저빔의 세기를 측정한다고 가정해보자. 측정값은 레이저빔을 감지기에 비췄을 때의 세기이고, 잡음은 레이저를 탐지기에 비추지 않았을 때 주변에 있는 빛에 의해 측정되는 세기의 평균값이다.

이러한 정의는 영상이나 현미경의 약한 신호를 측정할 때 일반적으로 사용된다. 신호 대 잡음비를 측정하는 적절한 방법의 선택은 측정결과가 양의 값과 음의 값을 모두 가질 수 있는지 아니면 양의 값만 가질 수 있는 값인지 등에 따라 달라진다.

측정한계는 무엇인가?

측정한계는 배경의 잡음과 구별할 수 있는 가장 약한 신호의 세기이다. 측정한계는 보통 측정값이 실험에 내재된 잡음 이상일 가능성을 퍼센트로 표기한 신뢰정도와 함께 나타낸다.

랜덤오차란?

랜덤오차는 측정값이 평균값 주변에서 변하여 표준편차를 증가시키는 무작위적인 변화이다. 랜덤오차는 무작위로 분포하기 때문에 실제 값의 위와 아래에 분포한다. 따라서 측정횟수를 증가시키면 랜덤오차를 줄일 수 있다. 랜덤오차는 전기회로의 잡음, 실험의 온도와 습도의 무작위한 변화에 기인할 수 있으며, 평균값을 중심으로 가우스 분포를 한다는 특징이 있다.

가우스 분포란?

평균값을 중심으로 무작위하게 변하는 측정값의 확률분포의 형태를 가우스 분포라고 한다. 통계 분석 과정에서 자주 나타나는 형태의 분포이므로 이 분포에 익숙해지는 것이 좋다. 어떤 변수의 분포가 가우스 분포라는 것을 알고 있다면 그 변수의 분포는 평균값과 표준편차로 충분히 설명할 수 있다. 가우스 분포함수는 종 모양의 곡선으로 나타난다.

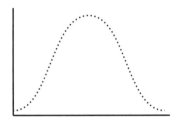

규격화된 가우스 분포 곡선 아래의 면적은 무엇을 의미하는가?

정규 확률분포와 마찬가지로 가우스 분포 곡선 아래의 전체 면적은 1이다. 특정한 사건의 확률이 의미 있는 값이 되기 위해서는 전체 면적이 1이어야 한다. 모든 가능한 결과의 확률의 합은 1(100%)이 되어야 하기 때문이다. 이러한 조건을 만족하는 확률분포를 규격화되었다고 한다. 가우스 분포함수는 보통 규격화된 분포함수이다. 따라서 가우스 분포함수에서는 68%의 측정값이 평균값으로부터 1 표준편차 내에 위치하며, 95%가 2 표준편차 범위 내에, 99%가 3 표준편차 범위 내에 있다.

계통오차란 무엇인가?

계통오차는 랜덤오차와 달리 측정값의 변화가 항상 한 방향으로 나타난다는 것이 다르다. 예를 들어 온도계의 눈금을 읽을 때 잘못된 각도로 읽는다면 온도계 안의 액체 높이를 실제보다 높게 읽을 것이다. 그렇게 되면 측정값은 실제보다 높게 나타난다. 또 다른 예는 눈금이 잘못 조정되어 있어 저울에 아무것도 올리지 않아도 눈금이

5g을 가리키는 경우의 오차이다. 이렇게 되면 측정된 무게 역시 실제 값보다 높게 나타날 것이다.

두 번 측정

정확도란 무엇인가?

정확도는 측정값이 얼마나 참에 가까운 값인지를 나타낸다. 예를 들면 방안의 온도가 20℃이고 온도계의 눈금이 20℃를 가리키고 있다면 이 측정은 매우 정확하다고 할 수 있다. 그러나 온도계의 눈금이 0℃를 가리키고 있다면 이것은 정확한 측정이 아니다.

정밀도란 무엇인가?

정밀도는 측정값이 실제 값과 얼마나 차이가 나는지에 관계없이 이 측정값이 얼마나 재현 가능한지를 나타낸다. 측정은 정확하지 않으면서도 정밀할 수 있다. 예를 들어 0점이 5kg이나 잘못 조정되어 있는 저울로 몸무게를 재는 경우, 항상 같은 정도로 잘못된 몸무게 값을 얻을 수 있다. 이런 경우 몸무게가 실제 값과 차이가 남에도 불구하고 측정값이 정밀하다고 할 수 있다. 정확한 값에서 일정하게 벗어나 있는 계통오차라면 이런 일이 가능하다.

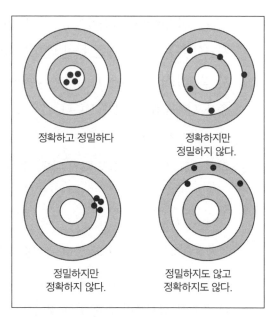

정확하고 정밀하다

정확하지만 정밀하지 않다.

정밀하지만 정확하지 않다.

정밀하지도 않고 정확하지도 않다.

이 그림의 탄착점을 통해 알 수 있는 것처럼 정확도와 정밀도 사이에는 차이가 있다.

용액에 포함된 물질의 농도를 나타내는 일반적인 단위는?

용액을 다루는 화학에서 농도를 나타내기 위해 사용하는 가장 일반적인 단위는 용액 1리터 안에 포함되어 있는 물질의 몰수를 나타내는 몰농도이다. 물질의 몰수는 분자의 수를 아보가드로수로 나눈 값이다(아보가드로수에 대해서는 '화학의 역사' 부분 참조). 분석화학에서는 농도를 나타내는 데 다른 단위를 사용하기도 한다. 특히 분석하고자 하는 물질의 양이 극히 작은 경우에는 더욱 그렇다. 흔히 사용되는 단위에는 전체를 백만으로 보았을 때 물질이 차지하는 양이 얼마나 되는지를 나타내는 ppm, 전체를 10억으로 보았을 때 물질이 차지하는 부분을 나타내는 ppb, 전체를 1조로 보았을 때 물질이 차지하는 부분을 나타내는 ppt가 있다. 이 단위들은 물질이 전체에서 차지하는 부분이 얼마나 되는지를 나타낸다.

1ppm은 1g 안에 분석하고자 하는 물질이 100만 분의 $1g(10^{-6}g)$ 들어 있는 것을 나타내고, 1ppt는 용액 1g 안에 1조분의 $1g(10^{-12}g)$ 들어 있는 것을 나타낸다. 단위 질량이 아니라 단위 부피를 기반으로 하는 단위도 가능하다(기체 상태에서는 이런 단위가 더 일반적이다). 예를 들어 부피로 1ppm은 분석하고자 하는 물질이 전체 부피의 100만 분의 $1(10^{-6})$ 만큼 차지하고 있다는 것을 나타낸다.

메니스커스란 무엇이며 어떻게 측정해야 하나?

메니스커스는 메스실린더 같은 용기(보통 좁은 용기) 안에 들어 있는 액체 표면이 이루는 곡면을 말한다. 오른쪽 그림을 살펴보자. 실린더 안에 들어 있는 액체의 양을 측정하기 위해 읽어야 할 눈금은 메니스커스의 어느 부분을 보는지에 따라 달라진다. 메스실린더나 다른 용기의 눈금은 눈높이에서 메니스커스의 가운데 값을 읽을 때 정

용기에 들어 있는 액체 표면의 곡면을 메니스커스라고 한다. 이 때문에 액체의 양을 정확하게 측정하기가 어렵다.

확한 양이 측정되도록 매겨져 있다. 메니스커스를 눈높이에서 보지 않으면 높이를

정확하게 측정할 수 없기 때문에 시차에 의한 오차가 발생한다.

적정이란 무엇인가?

적정은 용액에 녹아 있는 물질의 농도를 결정하는 데에 사용하는 방법 중 하나이다. 이 방법에서는 농도가 알려진 다른 물질(적정물질)을 첨가하여 농도를 측정하려는 물질(분석물질)과 반응하게 한다. 언제 적정이 끝나는지, 즉 농도를 알 수 없는 물질이 적정물질과 언제 완전하게 반응했는지를 알 수 있는 지시약이 있어야 한다. 흔히 볼 수 있는 예로 산을 이용하여 염기의 농도를 알아내는 것이 있다. 이런 경우 pH값에 따라 민감하게 색깔이 바뀌는 지시약을 소량 첨가하면 갑작스런 색깔의 변화를 통해 반응이 완료된 것을 알 수 있다.

수용액이란 무엇인가?

수용액은 물이 용매인 용액이다. 화학에서는 물을 용매로 사용하는 용액을 많이 다루기 때문에 수용액이라는 용어를 흔히 사용한다.

'표준상태'란 무엇일까?

표준상태는 다른 상태에서의 성질이나 계산된 성질을 비교하는 기준이 되는 상태이다. 예를 들어 표준상태에서 기체의 성질은 온도가 293.15K이고 압력이 1bar일 때의 성질을 말한다. 이 상태에서 기체의 성질은 다른 조건에서의 성질을 계산하는 기준으로 사용될 수 있다.

화학적 지시약이란?

앞에서 설명했듯이 적정이 성공적으로 이루어지기 위해서는 반응이 끝났다는 것을 알려주는 지시약이 있어야 한다. 화학적 지시약은 적정이 끝난 것을 알아내기 위해 가장 널리 사용하는 방법이다. 산-염기 적정에서 화학 지시약은 일반적으로 용액의 pH에 따라(다시 말해 양성자 상태에 따라) 색깔이 변하는 작은 분자이다. 이런 지시약의 분자는 용액 중 어느 성분과 결합하는지에 따라 색깔이 달라진다. 적정이 끝난 것을 알기 위해 pH에 민감한 전극을 사용할 수도 있다. 이 방법에서는 색깔의 변화를 알아차리는 능력에 좌우되지 않는다. 이런 장치는 색깔의 변화와 같은 정성적인 해석에 의존하지 않기 때문에 더 정확한 측정이 가능하다.

pH시험지는 어떻게 사용되는가?

용액의 pH를 측정하는 또 다른 방법은 pH시험지 사용이다. pH시험지는 용액의 pH에 따라 색깔이 변하는 화학 지시약이 든 시험지로, 매우 넓은 범위의 pH값을 결정할 수 있다. pH시험지를 적절하게 사용하기 위해서는 시험지를 직접 용액에 담그지 말고 용액을 시험지에 조금 떨구어야 한다. pH값을 결정하기 위해서는 색깔의 변화를 살펴봐야 한다. 색깔 변화를 눈으로 살피는 방법이기 때문에 pH값을 정확하게 결정할 수는 없지만 실험실에서 용액의 pH값을 빠르게 추정할 수 있어 매우 유용하다.

화학반응이 모두 끝날 때까지 시간은 얼마나 걸릴까?

반응하는 데 걸리는 시간은 1초보다 짧은 시간에서부터 수천 년에 이르기까지 다양하다. 반응에 걸리는 시간은 반응물이 생성물질로 변하기 위해 극복해야 할 에너지장벽에 따라 달라진다. 염산(HCl)을 물에 섞는 단순한 산-염기 반응의 경우에는 반응이 순식간에 진행된다. 그러나 자동차 문에 녹이 스는 등의 반응은 느리게 일어난다. 처음에 발견된 작은 녹이 문 전체에 퍼지기까지는 몇 년이 걸린다.

반응 중에는 이보다 훨씬 느린 것도 있다. 예를 들어 사람의 몸에서 일어나는 가장 느린 생화학적 반응은 촉매 역할을 할 효소가 없으면 1조 년이 걸리기도 한다. 이것은 과학자들이 추정한 우주의 나이보다도 길다! 그런데 다행히 이 반응을 몇 밀리초 내에 일어나게 하는 효소가 진화의 과정에서 만들어졌다.

다른 형태의 적정에는 무엇이 있는가?

앞에서 산에 의한 염기의 적정에 대해 알아보았다. 물론 산은 염기에 의해 적정될 수 있다. 그러나 다른 적정 방법도 있다. 여기서는 두 가지를 알아볼 것이다.

착염 적정– 이 형태의 적정은 분석물과 화합해 착물을 형성하는 적정물질을 사용한다. 이 경우 농도가 알려지지 않은 물질은 대부분 금속 이온이며 지시약은 금속 이온과 약한 착물을 형성하는 염료분자이다. 지시약 이온은 착물보다 약하게 결합하기 때문에 적정물질이 금속 이온과 결합한 지시약 분자를 대체한다. 따라서 적정물질이 분석물질 분자와 충분히 결합하면 지시약 분자가 결합에서 떨어져 나와 용액의 색깔이 변한다.

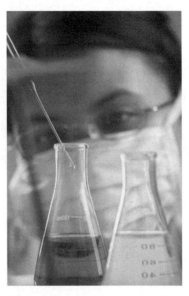

적정에서 두 **용액**(농도를 모르는 용액과 농도를 알고 있는 용액)은 반응이 일어나는 동안 서서히 결합한다. 반응이 일어나면 농도를 알 수 없는 용액의 농도를 결정할 수 있다.

산화환원 적정– 산화환원 적정은 농도가 알려지지 않은 물질의 농도를 결정하기 위해 산화제나 환원제를 사용하는 방법이다. 이 경우에도 지시약은 여분의 적정물질에 민감한 것을 사용한다. 여분의 적정물질이 존재하면 색깔의 변화가 나타난다.

완충용액이란 무엇인가?

완충용액은 산이나 염기를 용액에 첨가하더라도 pH의 변화에 대해 완충작용을 하는 용액이다. 완충용액은 약산과 이 산의 짝염기를 혼합한 수용액이거나 염기와 이 염기의 짝산을 혼합한 수용액이다. 산이 첨가되면 용액 속의 염기가 산이 내놓는 H^+와 결합하여 pH의 변화에 대해 '완충' 작용을 하고 H_3O^- 농도가 크게 변하는 것을 막는다. 마찬가지로 염기가 첨가되면 용액 안의 산이 염기를 중화하여 H_3O^1의 농도가 크게 변하는 것을 막아 pH의 변화에 대해 '완충' 작용을 한다.

사람의 몸에서 완충용액은 왜 중요한가?

매우 중요한 완충용액 중 하나는 혈액이다! 탄산(H_2CO_3)과 탄산의 짝염기인 중탄산염(HCO_3^-)은 혈액의 pH값을 약 7.4로 유지시키는 역할을 한다. 탄산은 혈액에 녹아 있는 이산화탄소(CO_2)에 의해 만들어진다. 이산화탄소는 물과 반응하면 탄산이 된다. 혈액에 포함된 이산화탄소의 양은 호흡수에 따라 달라지기 때문에 혈액의 pH도 호흡수에 따라 달라진다. 우리 몸은 혈액의 pH가 높고 낮은 것을 감지하여 호흡수를 조절한다!

석출이란 무엇인가?

영어에서는 석출과 강수를 나타내는 단어precipitation가 같다. 화학에서 석출물은 용액에 녹지 않은 고체물질을 뜻하고, 석출된다는 것은 석출물이 형성되는 과정이 진행 중이라는 뜻이다. 석출은 하나 또는 두 가지 이상의 용액에 녹는 물질이 반응해 하나 또는 그 이상의 용액에 녹지 않는 물질을 형성할 때 일어난다. 그 결과 고체 물질이 용액 안에서 만들어져 용기의 바닥에 쌓이거나 용액 위에 떠다닌다. 상황에 따라서 석출은 바람직할 수도 바람직하지 않을 수도 있다.

중량분석이란?

중량분석은 질량에 근거하여 분석물의 양을 결정하는 방법이다. 용액에 녹아 있는 분석물의 경우에는 우선 분석물이 다른 물질과 반응해 용액에서 석출되어 나오게 한다. 그 후에 고체 생성물을 걸러내 무게를 측정하면 용액에 녹아 있던 분석물의 양을 결정할 수 있다. 상황에 따라 분석물의 무게를 측정할 수 있는 적절한 방법을 사용해야 한다. 그러나 어떤 경우라도 무게를 측정하는 물질의 성분을 알고 있어야 하고, 이를 이용해 용액 속에 들어 있던 분석물의 양을 결정할 수 있어야 한다.

질량과 무게는 어떻게 다른가?

질량과 무게는 비슷한 의미로 사용되기도 한다. 무게가 얼마나 큰 중력이 작용하는 지를 나타내는 반면, 질량은 물체에 작용하는 중력의 크기와는 관계없이 물질의 양만을 나타낸다. 왜 이런 구별이 필요한 것인지 의아한 사람도 있을 것이다. 만약 물체를 달에 가져간다면 물체의 무게는 변하겠지만(달과 지구의 중력이 다르기 때문에), 똑같은 물질로 만든 물체의 질량은 변하지 않는다. 따라서 무게와 질량이라는 말을 사용할 때는 어떤 의미로 사용하는지부터 확인해야 한다.

다시 말해 무게를 측정하고 있는 것인지 질량을 측정하고 있는 것인지 확실히 해야 한다. 질량을 알기 위해 무게를 측정하는 경우에는 눈금이 지구 중력의 세기에 맞도록 조정되어 있어 무게의 측정을 통해 물체의 질량을 알아낼 수 있다.

분광광도법이란 무엇인가?

분광광도법은 빛을 시료에 비추어 시료에 의해 통과하거나 반사되는 빛의 비율을 측정하는 방법이다. 이 방법은 용액 속에 녹아 있는 분석물의 농도를 결정하거나 존재하는 분석물의 종류를 결정할 때 사용할 수 있다. 비어의 법칙Beer's law이라고 알려진 법칙('물리화학 및 이론화학' 부분 참조)은 분광광도법에서 특히 중요하다. 비어의 법칙은 물질의 농도는 용액에서의 흡수율에 비례한다는 내용이다. 이것은 특정 농도에서 분석물의 흡수율을 알고 있다면, 다른 용액에서의 흡수율을 측정하여 그 분석물의 농도를 결정할 수 있다는 뜻이다.

전해질이란?

전해질이란 이온(전하를 띤 입자)을 포함하고 있어 전류가 흐를 수 있는 물질이다. 대부분의 경우 전해질은 소금물(Na^+ 이온과 Cl^- 이온을 포함하고 있는)처럼 이온이 녹아 있는 용액이다. 용액 안에 이온이 존재하면 전류가 흐를 수 있다. 욕실에서 머리를 말릴 때 전기 코드가 물에 젖으면 위험한 것은 이 때문이다. 순수한 물에서는 전기가 흐르지 않는다. 그러나 물속에는 항상 이온이 존재하여 물을 전해질로 만든다. 생명체가 살아가기 위해서도 전해질은 꼭 필요하다. 사람이나 다른 생명체의 몸에 존재하는 액체들은 모두 이온을 포함하고 있는 전해질이다. 그중에서도 세포질의 이온 농도 변화는 세포 안에서 진행되는 과정을 조절하는 데 중요한 역할을 하며, 근육이나 신경 활동 같은 신체의 기능을 조절하는 데도 중요한 역할을 한다.

크로마토그래피란 무엇인가?

혼합물에서 성분을 분리하는 데 사용되는 일련의 기술을 크로마토그래피라고 한다. 가장 일반적인 형태의 크로마토그래피는 칼럼크로마토그래피이다. 이것은 분리하고자 하는 혼합물을 용액에 녹인 후 혼합물의 성분물질과 다른 정도로 반응하는 물

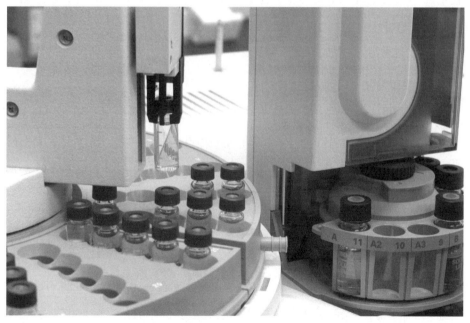

자동 시료 추출기가 여러 가지 형태의 크로마토그래피 기법 중 하나인 기체 크로마토그래피를 이용하여 분류할 시료를 선별하고 있다.

질로 채워져 있는 원기둥 모양의 관을 통해 흘려보내는 방법이다. 액체가 관을 통해 흘러가면 충진물질과 가장 강하게 반응하는 성분은 뒤에 남고 약하게 반응하는 물질은 관을 쉽게 통과한다. 관을 통과한 액체를 여러 개의 시험관에 모으면 각각의 시험관에는 다른 성분물질이 모인다. 그런 후에 시험관의 용매를 증발시키면 각각의 성분물질을 분리해낼 수 있다.

다양한 종류의 크로마토그래피가 사용되고 있지만 대부분의 크로마토그래피는 이 크로마토그래피와 기본적으로 같은 원리로 작동한다.

혼합 가능하다는 것과 혼합이 가능하지 않다는 것은 무슨 뜻인가?

혼합이 가능하다는 것과 혼합이 가능하지 않다는 것은 접촉하는 두 액체가 섞여서 하나의 균일한 액체를 만들 수 있는지의 여부를 나타낸다. 혼합이 가능한 두 액체는 섞여서 균일한 액체를 만들 수 있지만 혼합이 가능하지 않은 두 액체는 두 층으로 나뉜다. 두 액체가 혼합 가능하지 않으면 밀도가 낮은 액체는 위로 가고, 밀도가 큰 액체는 밑으로 간다.

왕수란 무엇이며 어디에 사용되는가?

아쿠아 레지아 Aqua regia는 '왕수'라는 의미의 라틴어이다. 왕수는 질산과 염산을 1 : 3의 비율로 섞은 혼합물이다. 두 가지 모두 강산이기 때문에 매우 위험하므로 조심해서 다루어야 한다. 이 혼합물은 여러 가지 금속을 용해시킬 수 있어 화학에서 매우 순도 높은 금의 정제를 비롯하여 다양한 용도로 사용되고 있다.

액체-액체 추출이란 무엇인가?

추출은 용해도의 차이를 이용해 혼합물의 성분을 분리하는 데 사용하는 기술이다. 액체-액체 추출은 서로 섞이지 않는 액체 혼합물을 분리하는 데 사용된다. 두 액체를 같은 용기에 넣은 후 강하게 흔들어 녹아 있는 성분이 두 액체 상태와 평형을 이루도록 한다. 그리고 한 액체를 용기에서 흘러나가게 한 후 용매를 증발시키면 혼합물의 성분을 분리할 수 있다.

산화/환원반응이란 무엇인가?

산화와 환원반응은 두 물질 사이에 전자가 교환되는 화학반응을 말한다. 산화는 물질이 전자를 주는 반응이다. 따라서 분자가 전자를 잃으면 산화된 것이다. 환원은 다른 물질에 전자를 받는 반응이다. 따라서 분자가 전자를 얻으면 환원된 것이다. 산화와 환원반응은 전기화학 분야에서 특히 중요하다.

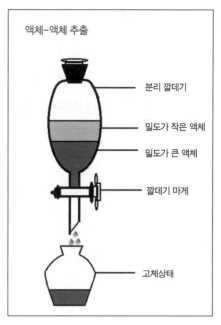

액체–액체 추출

분리 깔데기
밀도가 작은 액체
밀도가 큰 액체
깔데기 마게
고체상태

액체–액체 추출기구

전기화학

전기화학이란 무엇인가?

전기화학은 경계면이나 전해질의 분자를 통해서 전자가 전달되는 것을 다루는 화학의 한 분야이다. 경계면은 일반적으로 전도성이 좋은 금속 물질이다. 전기화학은 전지의 개발, 전기영동이라는 화학적 분리법의 이용, 전기 도금, 산화–환원과 관련된 지식의 축적 등 다양한 응용 기술과 관련된 분야이다.

화학전지란 무엇인가?

전기화학에서 흔히 다루는 환원반응의 한 예는 화학전지에서 전자가 아연(Zn)에서 구리(Cu)로 전달되는 반응이다.

아연은 구리보다 전자를 쉽게 잃기 때문에 전자는 아연에서 구리로 전달된다. 이 과정에서 아연 이온은 용액에 녹아들고, 구리는 용액에서 석출되어 고체 위에 축적된다. 이때 에너지가 방출되는데 이 에너지를 외부 과정에 사용할 수 있다(예를 들어 전구의 불을 밝히는 것 같은).

금속은 어떻게 표면에 도금될 수 있는 것일까?

금속은 전기도금 기술을 이용해 표면에 도금할 수 있다. 용액 속에 녹아 있는 (+) 전하를 띤 금속 이온은 (−) 극으로 끌린다. 이 전극에서는 (+) 전하를 띤 금속 이온이(전자를 받아) 중성 금속 원자가 된다. 중성 금속은 더 이상 용액에 녹지 않기 때문에 전극 표면을 코팅하게 된다.

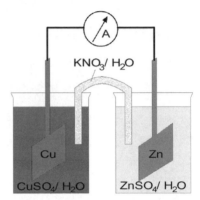

여기서 예로 든 전지에서는 아연(Zn)과 구리(Cu)가 각각 황산아연과 황산구리 용액에 포함되어 있다. 두 용액은 질산칼륨염 다리로 연결되어 있다. (−) 극의 아연이 내놓은 전자는 (+) 극의 구리로 전달되면서 전류가 흐른다.

전지는 어떻게 작동할까?

전지는 에너지를 전달하기 원하는 물체를 통해 전류가 흐르게 하는 환원반응에 의해 작동한다.

어떤 전지는 충전할 수 있고 어떤 전지는 충전할 수 없는 이유는?

전지는 화학반응을 통해 전기를 발생시킨다. 따라서 충전하기 위해서는 전류를 공급하여 역방향의 화학반응이 일어날 수 있도록 할 수 있어야 한다. 실제로 대부분의 전지는 역방향으로 진행될 수 있는 화학반응을 이용하지만 효율이 문제가 된다. 따라서 충전 가능한 전지는 화학반응이

충전이 가능한 전지는 충전이 가능하지 않은 전지에서보다 전지 내부에서 일어나는 화학반응이 쉽게 역방향으로 일어날 수 있다.

전지 물질의 심각한 성능저하 없이 쉽게 여러 번에 걸쳐 역방향으로 진행될 수 있는 화학반응을 이용한다. 반대로 1회용 전지는 일반적으로 역방향의 화학반응이 불가능한 화학반응을 이용한다.

전지의 환원전위란 무엇인가?

물질의 환원전위는 전자를 받아들이는 경향, 다시 말해 환원의 경향을 나타낸다. 전지에서는 두 가지 분리된 반응이 일어난다. 각각의 반응은 자체 환원전위와 관련되어 있다. 전지 전체의 환원전위는 두 반응의 환원전위의 차이이다.

네른스트 방정식이란 무엇인가?

네른스트 방정식은 전지의 환원전위와 온도, 반응비율, 반응이 일어나는 동안에 전달되는 전자의 수와 함께 표준상태의 환원전위를 연결해주는 방정식이다. 이 방정식은 물리화학 발전에 대한 공헌으로 1920년 노벨 화학상을 수상한 월터 네른스트Walther Nernst가 처음 발견했다.

열량 측정법이란?

열량 측정법은 화학반응 시에 열 형태로 방출되는 에너지의 양을 측정하는 방법을 말한다. 열량 측정에는 열량계가 사용되는데, 열량계는 환경과 단열된 상태에서 화학반응을 일으킬 수 있는 용기이다. 이것은 스티로폼으로 밀폐된 커피 컵에 온도계를 꽂아놓는 간단한 장치일 수도 있다(물론 더 정밀한 장치도 존재한다). 이를 통해 열량계 내부의 온도 변화를 측정하여 화학반응 시에 방출된 에너지의 양을 측정할 수 있고, 이를 이용해 화학반응과 관련된 엔탈피 변화를 알 수 있다.

불꽃이온화검출기란?

불꽃이온화검출기^{FID}는 기체 상태 크로마토그래피에서 유기 분석물을 검출하는 방법이다. 매우 뜨거운 불꽃이 크로마토그래피 장치에서 나오는 분석물을 태워 (+) 이온을 만들면 이 이온은 음극으로 끌리게 되고 전극에는 도달하는 탄소 이온의 수에 비례하여 전류가 흐르게 된다. 이 전류를 측정하여 이온의 양을 결정한다. FID는 시료에 들어 있던 다른 기체나 크로마토그래피에 운반체로 사용된 기체의 방해를 받지 않고 유기 분석물을 검출할 수 있기 때문에 매우 유용한 방법이다. 하지만 분석하는 동안 시료가 파괴된다는 단점도 있다.

우리 생활 속의 분석화학

분석화학은 의학에서 어떻게 이용되나?

분석화학의 기술은 수많은 의학 분야에서 일상적으로 사용되고 있다. 예를 들어 몸 안의 콜레스테롤, 비타민, 당, 백혈구 같은 여러 가지 물질의 수준을 결정하기 위해 혈액을 분석할 때 분석화학 기술을 사용한다. 근육 표본과 다양한 체액의 분석 역시 분석 기술에 바탕을 두고 있다.

의학과 관련된 또 다른 응용의 예에는 불법 약물이나 스테로이드 약물의 검출, 당뇨병 환자에 사용하는 혈당 측정 장치, 독극물에 노출되었을 때 몸 안에 잔류하는 독성 물질의 검출 등이 있다.

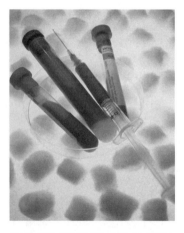

분석화학은 혈액검사를 통해 당, 콜레스테롤 또는 다른 화학물질을 검출하는 것 등 의학적 용도로 널리 응용된다.

의약품의 품질 관리에는 어떤 분석화학 기술이 이용되나?

의약품 품질 관리에는 적외선 분광법, UV(가시광선) 분광법, 녹는점 결정 방법, 색깔 변화와 관련된 반응, 그리고 얇은막 크로마토그래피, 고성능 액체 크로마토그래피, 기체 크로마토그래피를 포함하는 다양한 크로마토그래피 등의 분석화학 기술들이 널리 사용되고 있다.

주유소에서 볼 수 있는 옥탄가는 무엇을 의미하는가?

옥탄가는 연료를 연소하기 전에 압축할 수 있는 정도를 나타낸다. 이것을 '옥탄가'라고 하는 이유는 연료의 압축특성을 측정할 때 이소옥테인을 기준으로 사용하기 때문이다. 옥탄가 89인 연료는 89%의 이소옥테인과 11%의 헵테인을 섞은 혼합물과 같은 정도로 압축에 견딜 수 있다. 실제로 휘발유에는 다양한 성분이 포함되어 있다. 옥탄가가 높은 연료는 일반적으로 고성능 자동차에 사용된다. 이소옥테인보다 압력에 더 잘 견딜 수 있는 연료는 옥탄가가 100보다 더 높을 수도 있다.

주유소의 주유기에 쓰여 있는 숫자는 옥탄가를 나타낸다. 옥탄가는 연료가 연소하기 전에 얼마나 압축에 잘 견디는지를 뜻한다.

불법 마약은 어떻게 검출할까?

분석화학자들은 몇 초 만에 불법 약품의 존재를 알아낼 수 있는 화학실험 방법을 개발했다. 보통 용의자가 불법 마약을 소지하고 있는지 알아내기 위해 경찰관이 자주 사용하는 방법이다. 예를 들어 현장에서 코카인을 알아내기 위한 시험에는 코카인이 있으면 푸른색으로 변하는 코발트 티오시안산염을 사용한다.

법의학자들은 혈흔을 어떻게 찾아내나?

닦아낸 혈흔을 찾아내는 데에는 자외선이 이용된다. 헤모글로빈을 탐지하기 위해서는 눈에 보이는 혈흔을 닦아낸 다음에도 혈흔을 찾아낼 수 있는 루미놀이나 페놀프탈레인 같은 화학물질이 사용되기도 한다.

음주측정기는 어떻게 작동할까?

음주측정기에 숨을 불어 넣으면 내뱉은 공기가 두 개의 유리 용기가 들어 있는 통으로 들어간다. 하나의 유리 용기에는 황산 수용액과 질산은(촉매), 다이크롬산칼륨 혼합 용액이 들어 있다. 공기가 이 혼합물을 통과하는 동안 황산과 다이크롬산칼륨이 알코올과 반응하여 황산크롬과 다른 생성물을 만든다. 황상크롬의 크롬 이온은 용액 안에서 초록색이지만 처음부터 존재했던 다이크롬 이온은 붉은색(오렌지색)이다. 두 번째 유리 용기에도 같은 화학물질이 들어 있지만 공기와 반응하지 않는다. 따라서 비교를 위한 표준으로 사용된다. 공기에 노출된 용약의 색깔 변화를 광전지(광센서)를 이용해 감지하면 공기 안에 포함된 알코올의 함량을 결정할 수 있다.

식품의 영양가는 어떻게 결정하는가?

식품이 포함하고 있는 열량은 간단한 열량 실험을 통해 결정할 수 있다. 음식물의 열량을 측정하기 위해서는 열량계 안에 음식물을 넣고 태우면 된다. 그러나 오늘날에는 단백질(4cal/g), 지방(9cal/g), 탄수화물(4cal/g)의 표준 열량을 이용해 결정하기도 한다. 이때 중요한 것은 음식물에 포함된 단백질, 지방, 탄수화물의 양을 정확하게 결정하는 것으로, 분석화학자들이 능력을 발휘한다. 이 양을 결정하기 위해서는 단백질, 지방, 탄수화물을 음식물에서 추출해야 한다. 이는 지방·단백질·탄수화물이 용해되는 적절한 용매를 사용하면 된다. 용액에 들어 있는 각 영양물질의 양을 결정하는 데에는 여러 가지 방법이 사용되는데 광도 측정법도 그중 하나이다.

Nutrition Facts	
Serving Size 2/3 cup (55g)	
Servings Per Container About 8	
Amount Per Serving	
Calories 230	Calories from Fat 40
	% Daily Value*
Total Fat 8g	**12%**
Saturated Fat 1g	**5%**
Trans Fat 0g	
Cholesterol 0mg	**0%**
Sodium 160mg	**7%**
Total Carbohydrate 37g	**12%**
Dietary Fiber 4g	**16%**
Sugars 1g	
Protein 3g	
Vitamin A	10%
Vitamin C	8%
Calcium	20%
Iron	45%

* Percent Daily Values are based on a 2,000 calorie diet. Your daily value may be higher or lower depending on your calorie needs.

	Calories:	2,000	2,500
Total Fat	Less than	65g	80g
Sat Fat	Less than	20g	25g
Cholesterol	Less than	300mg	300mg
Sodium	Less than	2,400mg	2,400mg
Total Carbohydrate		300g	375g

음식물의 열량은 음식물 안에 들어 있는 단백질, 지방, 탄수화물의 양을 이용하여 결정할 수 있다.

음식물의 열량을 나타내는 칼로리는 과학자들이 사용하는 에너지의 단위와 같을까?

음식물 라벨에 표시된 칼로리는 표준에너지 단위로 환산하면 킬로칼로리이다. 우리가 먹는 간식이 100cal 라고 가정한다면 과학자들이 사용하는 단위로는 100,000cal인 셈이다.

스모그란?

스모그는 연기를 나타내는 스모그와 안개를 나타내는 포그의 합성어인데, 오늘날에는 공기 중에 포함되어 있던 오염물질이 태양 빛과 반응하여 또 다른 오염물질을 만드는 공기 오염을 뜻한다. 스모그의 주 오염원은 자동차, 공장, 발전소, 연료의 연소이다. 스모그의 주요 화학성분은 오존, 산화질소, 이산화질소, 그 밖의 다양한 유기화합물이다. 스모그는 세계의 모든 대도시 주변에 있으며 사람의 건강에 나쁜 영향을 주며 생명을 위협하기도 한다.

임신반응 검사의 원리는 무엇인가?

임신반응 검사는 수정된 후 태반에서 생산되는 인간 융모성고나도트로핀(hCG)이라는 호르몬을 검출하여 임신 여부를 확인한다. 임신 약 일주일 후에 혈액이나 소변에서 검출되는 hCG 호르몬이 이 호르몬과 결합하면 색깔이 변하는 지시약을 이용하여 검출한다. 시중에서 구입할 수 있는 임신 테스트기도 의사들이 사용하는 것과 매우 유사하다. 두 가지 모두 hCG 호르몬과 결합하면 색깔이 변하는 지시약을 사용하고 있는데 큰 차이점이라면 병원에는 이 약품의 사용에 익숙한 전문가들이 있다는 점이다. 따라서 병원에서 하는 검사 결과가 오진 가능성이 낮다.

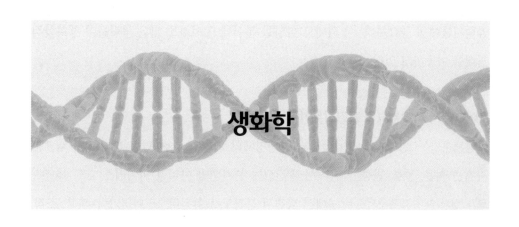

생명 분자

생화학이란 무엇인가?

생화학은 생명체 안에서 일어나는 복잡한 화학반응을 설명하고 이해하는 데 초점을 맞춘 분야이다. 생화학에서는 생명체가 살아가는 데 필요한 분자의 반응을 설명하기 위해 화학의 거의 모든 분야의 지식을 이용한다. 생화학자는 종종 화학에서 다루는 분자보다 훨씬 큰 분자가 관계하는 복잡한 일련의 반응이나 촉매작용을 연구한다. 생화학에서 다루는 주제 중에는 세포가 에너지를 얻는 방법, 유전 정보가 자손에게 전달되고 발현되는 과정, 우리가 먹는 음식에서 영양분을 얻고 그것을 조절하는 방법 등이 포함된다.

생화학적 지식이 중요한 직업은?

생화학은 의학 분야에 종사하는 사람들, 수의학을 공부하는 사람들, 의약품을 다루는 사람들, 식품 영양학을 전공하는 사람들, 물리학이나 화학 연구자들, 그 밖의 많은 공학자들에게 중요하다. 이 외에도 다양한 분야에 종사하는 많은 사람들이 생화학적 지식을 이용하고 있다.

어디에서 생체분자가 발견되는가?

생체분자는 생명체에서만 발견되며 생명체의 기능과 관련 있는 분자이다. 생체분자에는 식물, 동물, 곤충, 세균에서 발견되는 분자뿐만 아니라 바이러스(종종 기술적으로는 '살아 있다'고 간주되지 않는)에서 발견된 분자도 포함된다. 또 머리카락, 피부, 조직, 기관을 비롯한 몸의 거의 모든 부분에 들어 있다. 생체분자는 크기가 다양해서 어떤 분자의 무게는 50원자질량단위 ^{amu}에 불과하지만 어떤 분자는 수백만 원자질량단위 ^{amu}나 된다(원자질량단위의 정의에 대해서는 '원자와 분자' 부분 참조).

세포란 무엇인가?

세포는 생명체를 만드는 기본 구조이다. 가장 작은 생명체인 세균은 하나의 세포로 이루어져 있다. 이런 생명체를 단세포 생명체라고 한다. 동물이나 인간 등 그 밖의 생명체는 많은 세포로 이루어져 있다. 세포의 크기는 매우 작아 보통 $10^{-4} \sim 10^{-5}$m 정도이다. 따라서 눈으로는 세포를 볼 수 없고 현미경을 이용해야만 볼 수 있다.

우리 몸에는 얼마나 많은 세포가 있는가?

약 50조 개의 세포로 이루어져 있다!

세포소기관에는 어떤 것들이 있는가?

세포소기관은 특정한 기능을 수행하는 세포의 기관이다. 세포소기관은 세포의 다른 부분과 지질이중층 막으로 구분되어 있어 세포의 다른 부분과 용매의 농도를 다르게 유지할 수 있다.

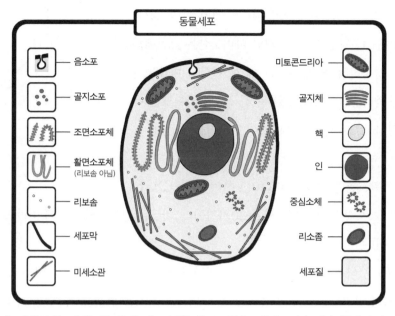

동물세포

음소포 · 골지소포 · 조면소포체 · 활면소포체 (리보솜 아님) · 리보솜 · 세포막 · 미세소관

미토콘드리아 · 골지체 · 핵 · 인 · 중심소체 · 리소좀 · 세포질

세포는 세포가 살아가는 데 필요한 기능을 하는 다양한 세포소기관을 포함하고 있다. 지질 이중층이 세포소기관을 세포의 다른 부분과 분리하고 있다.

생체분자의 주요 종류에는 어떤 것이 있는가?

단백질, 탄수화물, 지질, 핵산이 네 가지 주요 생체분자이다. 단백질은 가장 다양한 생체분자로 병원체로부터 몸을 보호하는 역할이나 화학반응의 촉매 작용 같은 기능을 수행한다. 탄수화물은 우리 몸에 필요한 에너지원으로 사용되며, 지질은 에너지를 저장하는 기능의 지방 분자를 포함하며 세포를 둘러싸고 있는 막을 형성한다. 핵산은 유전물질을 만들어 유전정보를 저장한다.

생체분자에 대해서는 뒤에서 더 자세히 다룰 예정이다.

아미노산의 기본적 구조는?

아미노산의 기본 구조는 다음과 같다.

모든 아미노산은 아민기(NH_2), 알파 탄소라는 중심 탄소, 곁사슬(R로 나타내지는), 카르복실기를 가지고 있다. 아미노산의 아민기와 카르복실기는 사슬 모양으로 연결되어 아미노산 고분자를 만든다. 두 개의 아미노산은 디펩타이드를 형성하고, 세 개의 아미노산은 트리펩타이드를 형성하며, 일반적으로 네 개 이상의 아미노산 사슬은 폴리펩타이드라고 한다. 긴 폴리펩타이드는 특정한 입체구조로 접히는데 이것이 단백질을 만든다.

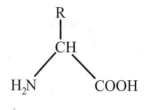

사람에게서는 얼마나 많은 아미노산이 발견되었나?

사람에게서 발견된 아미노산은 20가지이다. 이들은 곁사슬의 종류에 따라 네 그룹으로 나뉜다.

네 그룹은 극성 아미노산, 비극성 아미노산, 산성 아미노산, 염기성 아미노산이다. 이 20가지 아미노산이 우리 몸의 모든 단백질과 효소를 만들고 각 아미노산의 상호작용이 단백질의 구조를 결정한다. 그러나 아미노산의 순서와 단백질 구조 사이의 관계는 예측이 매우 어렵다.

생명체에서 발견되는 모든 아미노산이 똑같은 카이럴리티(나사선성)를 가지는 이유는 무엇인가?

이 질문의 대답은 아직 확실하지 않지만 최근 이 분야에 흥미로운 진전이 있었다. 생명체(오늘날 존재하는 형태의 생명체)를 구성하는 많은 생체분자에서 특정한 카이럴리티의 중심이 존재하는 것이 생명체의 기능에 중요한 역할을 하기 때문에 두 가지 카이럴리티가 같은 비율로 섞여 있는 아미노산의 라세미 혼합물에서는 생명체가 발생할 수 없다는 것이 알려졌다.

DNA의 자기 복제는 카이럴리티 중심의 존재에 의존하기 때문에 같은 종류의 카이럴리티를 가지지 않으면 DNA 분자의 복제 오류가 식물과 동물이 오랫동안 생명을 유지하는 데 문제가 될 수 있다.

아미노산이 한 가지 카이럴리티를 가지는 것에 대한 설명 중에는 외계에서 지구에 도달한 분자가 이미 한 가지 카이럴리티를 가지고 있었다는 것과 지구상에서 아주 짧은 기간 동안에 이루어진 현상이기 때문이라는 설이 있다. 이것은 생각해볼 만한 문제로, 아직도 연구와 토론이 계속되고 있다.

단백질이란?

단백질은 하나 이상의 긴 아미노산 사슬이 특정 배열을 이루면서 접힌 분자로, 각각의 단백질은 생명 기능을 할 수 있다(아직 모든 단백질이 생명 기능을 가지고 있는지 확실히 알지 못하며 많은 생화학자들이 모든 단백질의 기능을 밝혀내기 위해 연구하고 있다). 일부 단백질은 침투하는 병원체로부터 생명체를 보호하는 작용을 하고, 일부는 몸의 여러 부분에 메시지를 전달하는 역할을 하며, 일부는 근육의 운동에 관여하고, 일부는 세포의 구조 지탱 역할을 한다. 그리고 효소 단백질은 생명체에서 일어나는 화학반응의 촉매로 작용한다.

펩타이드 결합은 무엇인가?

펩타이드 결합은 각 아미노산을 펩타이드로 만드는 결합이다. 다음은 디펩타이드의 구조이다.

펩타이드 결합의 형성은 RNA 분자에 들어 있는 뉴클레오타이드의 순서를 기초로 펩타이드와 단백질을 만드는 일을 하는 리보솜에서 이루어진다. 이 과정에 대해서는 뒤에서 자세히 다룰 것이다.

효소란?

효소는 생명체 안에서 일어나는 화학반응의 촉매 역할을 하는 단백질이다. 효소의 기능 중에는 단백질과 생체분자의 합성, 지방과 다른 분자의 소화 같은 것 등이 있으며, 때에 따라서는 자연적인 생명환경을 벗어나 산업적으로 이용되기도 한다.

활성부위란?

모든 효소는 촉매작용을 수행하는 활성부위라는 영역을 가지고 있다. 활성부위는 화학반응의 에너지 장벽을 낮출 수 있다. 처음에는 반응물이 활성부위와 결합해 있지만 화학반응이 일어난 다음에는 활성부위에서 분리된다.

단백질의 자연상태란 무엇인가?

단백질에는 무수히 많은 원자들이 포함되어 있기 때문에 단백질이 접히는 구조에도 무수히 많은 방법이 있다. 단백질의 자연상태란 자연적인 생명환경에 존재하는 단백질의 입체구조를 말한다. 대개의 경우 이것은 단백질이 가질 수 있는 가장 낮은 에너지를 가지는 입체구조이다. 자연상태에 있는 단백질은 생명 기능을 수행할 수 있지만 이런 상태에 이를 수 없는 단백질은 그와 같은 기능을 할 수 없다. 예를 들어 단백질을 세포 밖으로 꺼내면 환경과 관련된 pH 같은 요소들이 단백질을 자연상태가 아닌 다른 입체구조를 가지게 만든다.

단백질은 얼마나 많은 입체구조를 가질 수 있나?

매우 많은 구조를 가질 수 있다. 100개의 아미노산으로 이루어진 전형적인 단백질은 대략 3^{198}가지 입체구조를 가질 수 있다. 이 때문에 레빈탈의 역설이 나타난다. 레빈탈의 역설은 단백질이 이렇게 많은 가능한 구조를 실제로 가질 수 있느냐 하는 것과 관련된 역설이다. 만약 단백질이 무작위로 3^{198}가지 가능한 구조를 모두 가진다면 모든 상태를 가지는 데에는 우주의 나이보다 더 긴 시간이 걸릴 것이다!

다행히 단백질은 이 가능한 상태를 무작위로 선택하지 않는다. 대신에 접히는 방법과 아미노산 사이의 국부적 상호작용과 관련된 에너지의 기울기가 단백질을 낮은 에너지 상태로 유도한다. 이것이 대부분의 중요하지 않은 입체구조를 피하고 자연상태를 가지게 한다.

당이란 무엇인가?

당은 탄소와 수소, 산소 원자로 구성된 탄수화물이라는 생체분자의 일부로, 가장 간단한 당을 단당류라고 한다. 아미노산처럼 당 역시 고분자화되어 이당류나 올리고당을 만들 수 있다. 당은 아래 그림처럼 고리 형태나 사슬 형태로 존재한다. 그림 속 당은 사람의 몸에서 에너지원으로 사용되는 당으로 글루코오스라고 한다.

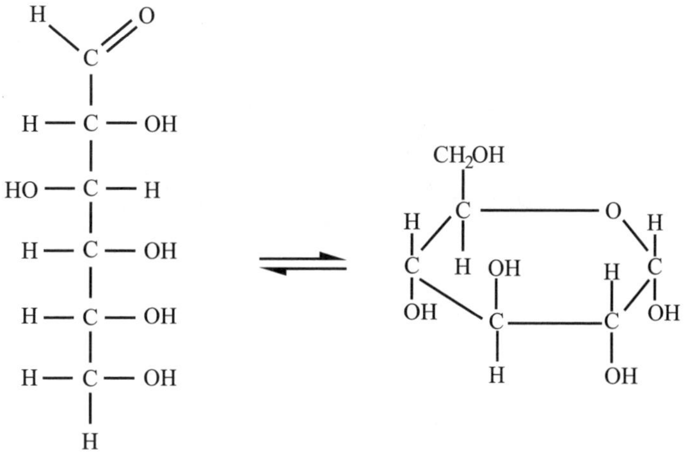

당은 몸에 어떻게 저장되는가?

우리의 몸은 여분의 당을 글리코겐이라는 가지를 가진 고분자로 변환시켜 저장한다. 그리고 식물은 녹말이라는 고분자로 저장한다.

어떻게 글루코오스 수준을 조절하나?

사람의 몸은 혈액에 들어 있는 글루코오스의 양을 매우 신중하게 조절한다. 만약 혈액 속 글루코오스의 수준이 높아지면 우리 몸은 혈액 안에 인슐린이라는 화학물질을 분비하여 여분의 글루코오스를 글리코겐으로 전환하라는 신호를 보낸다. 반대로 혈액 속 글루코오스의 수준이 낮아지면 글루카곤이라는 화학물질을 분비하며 글리세린을 분해해 더 많은 글루코오스를 혈액에 보내라는 신호를 보낸다.

글리코사이드 결합이란?

글리코사이드 결합이란 탄수화물 분자를 다른 탄수화물 분자와 연결하는 결합이다. 글리코사이드 결합은 모든 글루코오스 단위체를 연결하여 글리코겐이나 녹말을 만드는 결합이다. 아래 그림은 글리코사이드 결합을 보여주고 있다.

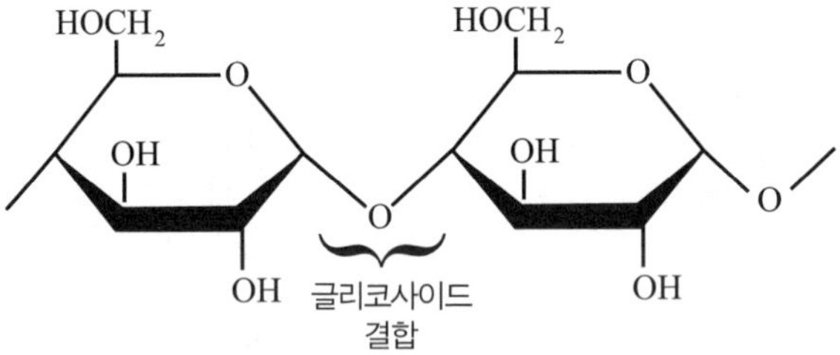

글리코사이드 결합을 분리하는 반응의 촉매 역할 효소를 글리코사이드 가수분해효소라고 하며 저장되었던 글루코오스를 분리하는 데 필요하다. 글리코사이드 결합을 형성하는 반응의 촉매 역할 효소는 글리코실 전달효소라고 한다.

비누화란 무엇인가?

비누화란 중성지방의 에스테르 작용기가 기본 조건 하에서 가수분해되는 반응을 말한다. 이 용어는 모든 에스테르의 가수분해를 나타내는 데에 사용된다.

유전학

뉴클레오타이드란 무엇인가?

뉴클레오타이드는 DNA와 RNA(데옥시리보핵산과 리보핵산)라고 하는 생체세포를 구성하는 기본 단위이다. DNA와 RNA는 우리 몸의 유전정보를 담고 있는 고분자이다. 뉴클레오타이드는 질소성 염기, 당, 인의 세 부분으로 이루어져 있다. 질산 염기의 종류는 이 뉴클레오타이드가 유전 정보의 어떤 '문자'에 해당하는지를 결정하고, 당의 형태는 이 뉴클레오타이드가 리보핵산인지 데옥시리보핵산인지를 결정한다(다시 말해 이 뉴클레오타이드가 DNA의 구성요소가 될지 RNA의 구성요소가 될지를 결정한다).

핵산이란 무엇인가?

핵산은 뉴클레오타이드가 연결되어 만들어진 고분자이다. DNA와 RNA는 유전자를 가지고 있고 전달하는 역할이기 때문에 가장 중요한 두 가지 형태의 핵산이다. DNA는 세포의 핵에 들어 있으며, 모든 세포는 완전한 유정정보를 가지고 있다. 이는 우리 모두는 몸속에 50조 벌의 유전정보를 가지고 있다는 것을 뜻한다! RNA는 RNA 폴리메라아제라는 효소에 의해 합성되며, DNA의 유전정보를 복제하여 기능을 수행할 수 있도록 세포의 다른 기관으로 전달한다.

사람의 몸속에서는 얼마나 많은 종류의 핵산이 발견되었을까?

뉴클레오타이드는 포함하고 있는 질소성 염기(질소를 포함하고 있는 염기)에 따라 이름이 붙여진다. 뉴클레오타이드에 사용되는 염기에는 아데닌, 구아닌, 사이토신(DNA와 RNA 모두에서 발견된다), 티아민(DNA에서만 발견된다), 우라실(RNA에서만 발견된다)까지 다섯 가지밖에 없다. 뉴클레오타이드는 포함하고 있는 염기의 종류에 따라 데옥시아데노신(DNA)/아데노신(RNA), 데옥시구아노신(DNA)/구아노신(RNA), 데옥시시티딘(DNA)/시티딘(RNA), 데옥시티미딘(DNA), 우리딘(RNA)의 이름으로 불린다. 모든 유전정보는 네 가지 뉴클레오타이드의 순서를 이용해 저장되어 있다. 전체 기계를 작동하는 모든 정보를 네 가지 문자를 이용하여 저장한다고 상상해보라! 유전정보는 바로 그런 것이다.

DNA의 구조는 어떻게 되어 있나?

DNA는 이중나선 구조로 잘 알려져 있다. 1953년 제임스 왓슨[James Watson]과 프랜시스 크릭[Francis Crick]가 X-선 회절 실험 결과를 이용하여 최초로 DNA 구조를 밝혀냈다.

이중나선의 두 가닥은 수소결합과 질소형 염기의 방향성 고리 사이의 상호작용에 의해 연결되어 있다. 이 강한 상호작용은 이중나선 구조를 매우 안정하게 만든다. 그러나 DNA가 RNA에 복제될 때는 이중나선이 일시적으로 풀린다. 이것은 헬리카제라고 하는 효소의 작용으로 가능하다.

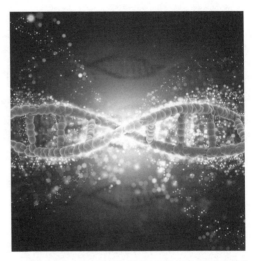

DNA의 구조는 꼬인 사다리 형태와 비슷하다. 사다리의 가로막대는 뉴클레오타이드 쌍들로 이루어졌으며 이들이 배열되는 방법은 우리 몸이 어떻게 자라고 기능할 것인지를 결정하는 유전정보가 된다.

인산디에스테르 결합이란 무엇인가?

인산디에스테르 결합은 DNA와 RNA의 골격을 만드는 결합이다. 이 결합은 DNA와 RNA를 구성하는 뉴클레오타이드를 연결하며, 폴리메라제라는 효소가 이들의 형성에 촉매작용을 한다(DNA에는 DNA 폴리메라제, RNA에는 RNA 폴리메라제). 오른쪽 그림은 인산디에스테르 결합 구조이다.

유전정보는 RNA와 DNA에 어떻게 저장되어 있을까?

DNA 안에 있는 뉴클레오타이드의 순서는 우선 DNA 이중나선이 풀려야만(헬리카제 효소의 작용으로 가능한) 읽을 수 있다. DNA에 담겨 있는 유전정보는 RNA 폴리메라제가 읽어 대응하는 RNA에 복제된다. RNA의 목적이 단백질을 합성하는 것이라면 이 유전정보는 리보솜에서 읽혀 RNA 가닥의 특정 뉴클레오타이드의 순서에 따라 단백질이 합성된다.

DNA에 들어 있는 뉴클레오타이드의 순서(따라서 RNA의 뉴클레오타이드의 순서)는 단백질의 기능을 결정하는데 중요한 역할을 한다. 뉴클레오타이드는 세 개씩 한 조로 읽힌다. 세 개의 뉴클레오타이드로 이루어진 것을 코돈이라고 하는데, 각각의 코돈은 특정한 아미노산을 합성하고자 하는 단백질/펩타이드에 결합시키도록 리보솜에 지시한다. 코돈 중에는 리보솜에 펩타이드의 생성을 시작 또는 중지하도록 지시하는 코돈도 있다. DNA와 RNA를 복제하는 과정에서의 오류는 큰 문제를 일으킬 수 있기 때문에 이런 과정을 수행하는 세포기관은 매우 정확하게 작동해야 한다.

DNA에 오류가 있다면 어떤 일이 벌어질까?

DNA 복제 과정에서 오류가 발생하면 심각한 생물학적 또는 생리학적 문제를 일으킬 수 있다. 낭포성 섬유종, 겸상적혈구 빈혈증, 혈우병, 헌팅턴병, 타이−작스병, 그리고 다수의 유전 질환이 유전정보의 오류에 기인하는 것으로 보고 있으며 그 외의 다른 질병도 매우 복잡한 방법으로 유전정보와 관련되어 있다. 예를 들어 어떤 사람은 다른 사람들보다 특정 질병에 취약하거나 특별히 강하다. 암, 정신질환, 천식, 심장 질환, 당뇨병 같은 질병이 그와 같은 질병에 포함된다. 하지만 다행스럽게도 우리는 계속적으로 손상된 DNA를 관리하는 다양한 DNA 수리 기능을 가지고 있다.

유전자란?

유전자는 유전의 기본단위이며, 생명체의 특성을 결정하는 모양이나 특징에 대한 정보를 포함하고 있는 뉴클레오타이드의 배열순서이다. 모든 사람은 부모로부터 물려받은 두 쌍의 유전자를 가지고 있다. 유전자의 크기는 일정하지 않다. 유전자 안에 포함된 염기쌍의 개수는 수백에서 수백만 쌍에 이르기까지 다양하기 때문이다. 유전자 안에 포함된 대부분의 유전정보는 모든 사람이 같지만 1%의 DNA 차이가 사람들 사이의 다양한 차이를 만들어낸다.

염색체란 무엇인가?

염색체는 DNA와 단백질이 덩어리를 이루고 있는 것이다. 효소에 의해 '읽혀지기' 전까지 유전정보는 이런 형태로 세포 속에 저장되어 있다. 각각의 염색체는 수많은 유전자를 포함하고 있다. 인간이 가진 46개의 염색체는 몸을 구성하는 모든 세포에 들어 있다. 따라서 RNA 폴리메라제나 다른 효소에 의해 DNA에 포함된 유전정보가 읽혀지기 위해서는 염색체가 풀려야 한다.

유전자 치료란 무엇인가?

유전자 치료는 질병을 유발하는 유전자나 결손을 가지고 있는 유전자의 교정을 시도하는 치료방법이다. 유전자 치료법은 정상적으로 기능하는 유전자를 게놈에 주입하는 것이 주를 이루고 있으며, 일부 치료법 중에는 변이된 유전자 수리를 통한 치료나 제대로 작용하는 유전자를 게놈의 불특정 부분에 넣어주는 방법을 이용하기도 한다.

유전공학이란 무엇인가?

유전공학은 세포의 유전정보를 바꾸거나 특정한 특성을 만들어내거나 새로운 생명체를 만들어내는 것과 관련된 과정을 다룬다.

진핵생물과 원핵생물의 차이점은 무엇인가?

원핵생물은 세포핵을 가지고 있지 않은 생물이고, 진핵생물은 세포핵을 가지고 있는 생물이다. 대부분의 원핵생물은 단세포 생물이다(예외가 있기는 하다).

원핵생물은 세포핵이 없을 뿐만 아니라 막으로 분리된 세포기관들도 가지고 있지 않다. 또 모든 단백질, DNA, 그 외의 분자들은 세포막 안에서 떠다니고 있으며, 여러 구역으로 나뉘어지지 않았다.

진핵생물은 일반적으로 세포 속에 막으로 분리된 세포기관을 가지고 있는 단세포 생물이거나 다세포 생물이다. 모든 커다란 생명체(동물, 식물, 버섯)는 진핵생물이며 수많은 작은 단세포 생물도 여기에 속한다.

물질대사와 다른 생화학적 반응

지방산이란 무엇이며 포화지방과 불포화지방의 차이점은 무엇인가?

　지방산은 한쪽 끝에 카르복실 작용기를, 다른 끝에 비극성 꼬리를 가지고 있는 긴 유기분자로, 우리 몸이 연료로 사용하는 ATP를 생산하는 중요한 에너지원이다. 음식물에 함유된 영양분에 관한 정보를 살펴볼 때 지방산의 구조를 알면 포화지방과 불포화지방의 개념을 이해할 수 있다. 포화지방은 사슬을 구성하는 탄소가 모두 단일결합만 하고 있는 지방이다. 이중결합과 삼중결합은 불포화의 단위를 나타낸다는 사실을 기억할 것이다. 불포화지방은 불포화 단위를 포함하는 지방이다. 다시 말해 사슬을 이루는 일부 탄소가 이중결합을 가지고 있는 경우이다. 모든 지방은 포화지방이거나 불포화지방이다.

포화지방

불포화지방

　그렇다면 음식물을 말할 때 자주 언급되는 '트랜스 지방'이란 무엇일까? 이중결합을 가지고 있는 불포화지방은 자연상태에서 cis 입체구조(두 개의 탄소 치환체가 모두 같은 쪽에 있는)를 가지고 있다. 트랜스 지방은 인공적으로 수소가 첨가된 지방으로, 수소를 첨가하면 이중결합을 중심으로 트랜스 입체구조를 가지는 불포화지방이 된다. 이런 트랜스 지방은 다른 지방보다 건강에 해롭다.

지질이란 무엇인가?

지질은 지방산, 비타민, 스테롤, 밀납이 들어 있는 무극성 또는 양쪽성 분자로 이루어진 다양한 물질을 말한다. 양쪽성 분자는 친수기와 소수기를 모두 가지고 있는 분자로, 분자의 한 부분은 극성기와 잘 결합하지만, 다른 부분은 그렇지 않다.

지질 이중층이란 무엇인가?

지질은 세포를 보호하고 연결하는 이중층을 형성하기 때문에 매우 중요하다. 지질 이중층에서는 비극성 꼬리가 이중층의 안쪽으로 가기 때문에 지질 분자의 극성을 가진 부분이 극성을 가진 세포의 수용액과도 상호작용을 잘 하고 주변 환경과도 상호작용을 잘 하도록 하고 있다. 이중층의 내부에서는 지질 분자가 미끄러질 수도 있고, 한쪽이 다른 쪽으로 뒤집힐 수도 있다. 지질 이중층은 일반적으로 분자나 이온을 통과시키지 않아 세포와 주변 환경 사이의 농도 차이를 만든다. 세포 안에서 구역을 분리하는 것과 같이 지질 이중층은 여러 곳에서 발견된다.

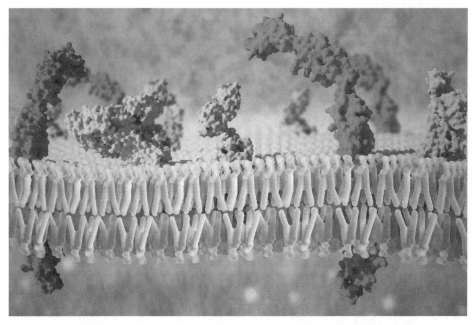

지질 이중층(옷핀이 배열되어 있는 것처럼 보이는 가운데 층)에는 비극성 꼬리가 이중층의 안쪽에 배열되어 지질 분자의 극성 말단이 세포 내부의 극성을 가진 수용성 환경 및 세포 외부 환경과 상호작용을 잘 할 수 있게 한다.

비타민 분자는 어떤 구조를 가지고 있는가?

다음 그림은 일부 비타민 분자의 구조를 나타낸다. 비타민 분자의 분자량은 100~1500g/mol 정도이다.

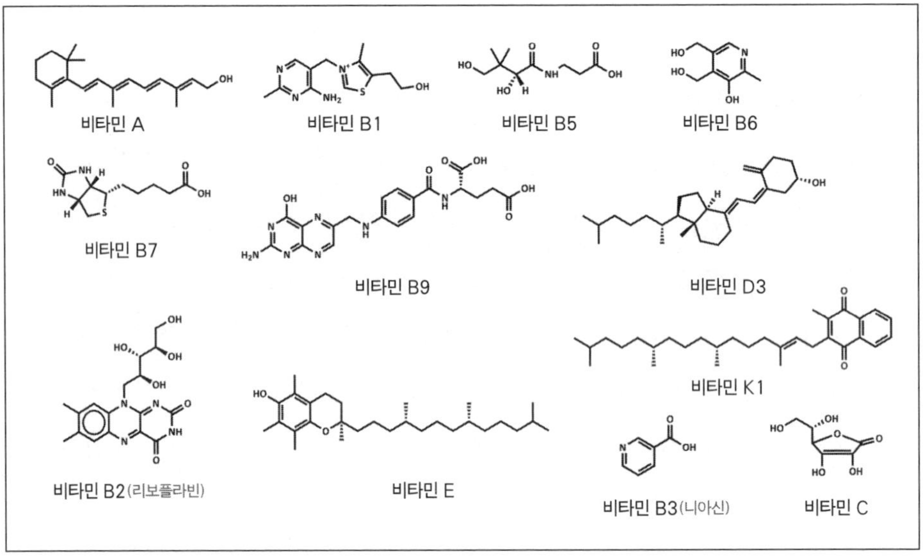

일부 비타민 분자의 구조

생화학적 회로란 무엇인가?

생화학적 회로는 생명기능에 영향을 미치는 중요한 상호작용의 화학적 과정이다.

화학신호 분자란 무엇인가?

화학신호 분자는 생명체에 메시지를 전달하는 작은 분자를 말한다. 세포는 신호분자를 분비하여 혈액을 통해 확산되게 할 수 있다. 신호분자는 세포 표면에 붙어 있을 수도 있는데 설명이 매우 복잡하므로 여기서는 몇 가지 신호만 소개한다.

세포의 의도적 죽음을 가리키는 아포토시스는 화학 신호와 관련된 과정이다. 외부 신호가 세포에 전달되면 세포 안에서 일어나는 일련의 반응이 정지되어 죽음에 이르게 된다. 칼슘 이온의 농도는 많은 단백질의 활동성에 영향을 주는 세포 신호에 관여하는 물질이다. 또한 세포가 재생산할 시기를 알려주기도 한다. 호르몬은 또 다른 형태의 화학신호 물질이다. 호르몬은 온몸을 돌아다니면서 근육과 조직의 성장, 기관의 재생, 물질대사 등을 조절한다. 이와 같은 것들은 화학적 신호를 통해 조절되는 많은 과정의 몇 가지 예이다.

크렙스 회로란 무엇인가?

크렙스 회로(시트르산 회로 또는 트리카르복실산 회로라고도 불리는)는 생명체가 다른 생체분자(당, 지방, 단백질)에서 만들어진 아세테이트를 산화하여 에너지(ATP(아데노신 3 인산) 형태로)를 발생시키는 과정이다. 산소를 소모하기 때문에 이 과정은 호기성 과정이라고 한다. 크렙스 회로는 NADH(니코틴아마이드 아데닌 다이뉴클레오타이드)와 같은 다른 분자도 생성한다. 시트르산을 시트르산 회로 또는 트리카르복실산 회로라고도 한다. 크렙스 회로라는 명칭은 사용하고 반응 과정에서 재생산되는 이 과정의 발견자 중 한 명인 한스 아돌프 크렙스 Hans Adolf Krebs 의 이름에서 딴 것이다.

결합 친화도란?

결합 친화도란 두 분자가 얼마나 강하게 상호작용하는지를 나타내는 것으로, 일반적으로 단백질의 리간드와 수용기 사이의 상호작용을 나타낸다. 또는 뇌에서 수용 부위에 결합하는 약물 분자를 나타내기도 한다. 하나의 약물 분자(D)가 하나의 수용 분자(R)와 결합해 화합물(DR)을 만드는 간단한 경우에 결합 친화도는 평형상수를 이용하여 나타낼 수 있다.

$$K_{eq} = [DR]/([D][R])$$

결합 친화도는 분자가 수용 부위와 얼마나 강하게 결합하느냐의 척도이다. 만약 약물이 결합 부위와 더 강한 친화도를 가지고 있으면 반응이 일어나는 데 필요한 약물의 양이 적어도 된다. 일반적으로 약사들은 수용 부위와 강한 결합 친화력을 가지고 있어 강한 효과를 나타낼 수 있는 약을 선호한다.

산소(O_2)는 어떻게 몸 안에서 전달되는가?

대기의 약 21%를 차지하고 있는 산소는 호흡을 하는 동안 허파를 통해 몸으로 들어온다. 허파 속의 산소는 혈액 속으로 확산되어 들어가 적혈구에 들어 있는 헤모글로빈 분자와 결합한다. 산소와 헤모글로빈의 결합 친화도는 pH에 따라 달라지기 때문에 허파에서는 산소와 쉽게 결합하고, 조직이나 몸의 다른 부분에서는 산소를 내놓는다.

협동작용이란?

협동작용은 단백질의 한 부위의 결합 친화도가 다른 부위의 결합 친화도에 영향을 주는 것을 말한다. 예를 들면 헤모글로빈에서는 산소와 결합할 수 있는 부위가 네 개 있다. 첫 번째 산소가 결합한 후에는 단백질의 나머지 부분의 입체구조에 변화가 생겨 다른 부위의 결합 친화도를 증가시킨다.

이에 따라 두 번째 산소가 더 쉽게 결합

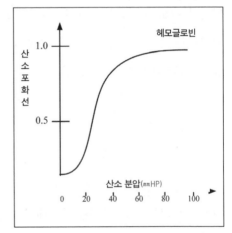

협동작용 그래프

할 수 있고, 세 번째와 네 번째 산소는 더 쉽게 결합된다. 따라서 산소와 결합한 헤모글로빈의 비율과 산소의 부분압력 사이의 그래프가 S자 형태의 그래프가 된다(그림 참조). 헤모글로빈이 협동작용의 예로 자주 거론되지만 다른 협동작용에도 비슷한 결합곡선이 나타난다.

ATP란 무엇인가?

ATP(아데노신 3인산)은 몸 안에서 에너지원으로 사용되는 분자이다. ATP 분자의 에너지는 화학결합 안에 저장되어 있으며 인산기가 가수분해 반응을 통해 ADP(아데노신 2인산)을 형성하면서 다시 방출된다. 우리 몸의 ATP는 매일 1,000번 이상 사용되고 재생산되고 있다.

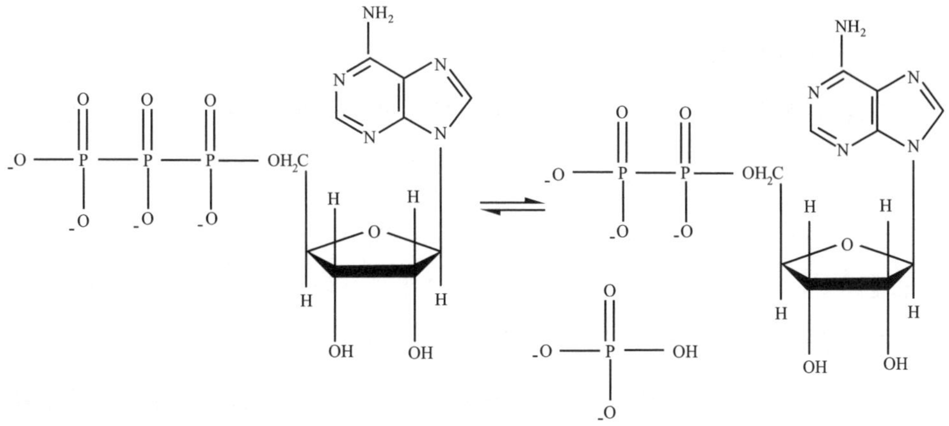

혈액 응고는 어떻게 일어나는가?

혈액 안의 혈소판이 상처 주변의 혈구들에게 수축하라는 신호를 보낸다. 혈소판은 피가 밖으로 흘러나오는 것을 막고, 프로트롬빈이라는 메신저는 트롬빈이라는 효소를 활성화시킨다. 그러면 트롬빈이 피브린을 형성하고 피브린은 실을 만들어 상처를 더 잘 막는다.

키나아제란 무엇인가?

키나아제는 인산화 반응이 일어나는 동안에 ATP와 같은 공여 분자로부터 기질로 인산기(아래 그림 참조)가 전달되는 데 관여하는 효소이다. 이들은 일반적으로 기질에 따라 이름을 붙인다. 예를 들면 타이로신 키나아제는 인산기가 단백질의 타이로신 잔기로 전이되는 반응을 촉매한다. 키나아제는 인산전달효소라고 하는 효소의 일부로 다음과 같이 인산기가 관련된 화학반응에 관여한다.

인산기

$$O = \overset{\displaystyle O^-}{\underset{\displaystyle O^-}{P}} - O^-$$

근육은 어떻게 작용하는가?

근육은 운동을 하거나 물건 운반, 숨쉬기, 혈액 공급과 같은 우리 몸이 하는 모든 일에 필요하다. 근육은 분자 수준에서 액틴과 미오신이라는 세포의 결합, 이동, 재결합에 의해 작동한다. 이 과정은 에너지를 방출하는 ATP 가수분해 반응과 관련되어 있다. 근육이 움직이기 위해서는 미오신이 액틴에 부착되어 브리지를 형성해야 한다. 이 시점에서는 ADP와 인산기가 미오신에 부착되어 있다. 미오신이 구부러지면서(이 것이 운동을 통제한다) ADP와 인산을 방출한다. 그러면 새로운 ATP 분자가 다시 결합되고 미오신이 액틴을 방출하며 이를 통해 ATP가 가수분해되면서 액틴을 처음 상

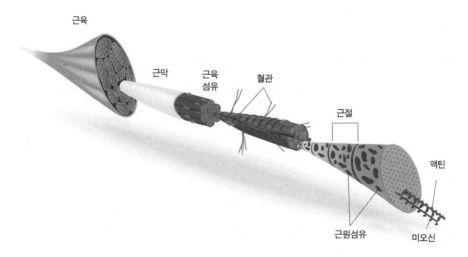

근육이 움직이기 위해서 근육 섬유 안에서 액틴과 미오신 분자가 결합하고 움직이고 재결합한다.

태로 돌려놓는다. 그리고 다시 새로운 사이클이 시작된다.

사후경직이란?

사후경직이란 사망 직후에 근육이 경직되는 것을 말한다. ATP가 거의 존재하지 않기 때문에 근육이 수축된 상태로 유지될 뿐 이완되지 못한다.

피부 세포인지, 혈액 세포인지를 구별할 수 있게 하는 것은?

새로운 세포가 특정 형태의 세포가 되어 가는 과정을 세포분화라고 한다. 흥미로운 점은 다른 종류의 세포라고 해서 다른 유전정보를 가지고 있는 것이 아니라 유전정보의 다른 부분이 발현된다는 것이다. 신호 분자가 DNA 분자의 어느 부분이 발현될지를 지시하는 것이다. 그 결과 세포에 포함된 단백질과 다른 분자가 결정되고 이것이 세포의 기능을 결정한다.

광합성은 어떻게 이루어지는가?

광합성은 식물이 햇빛에서 에너지를 흡수하여 저장하는 과정이다. 광합성에서 가장 중요한 분자는 엽록체로, 태양광을 흡수하는 분자인 엽록체 때문에 식물이 초록색으로 보이는 것이다. 이산화탄소(CO_2)는 기공이라는 분자를 통해 흡수되고, 물은 뿌리를 통해 흡수되어 잎까지 전달된다. 엽록체가 빛을 흡수하면 광합성 반응이 일어나 ATP와 NADPGH(니코틴 아데닌 디뉴클레오타이드인산)라는 또 다른 분자에너지원을 만든다. 이 과정에서 CO_2가 사용되고 물이 분해되어 O_2 기체를 배출한다. 이 산소를 다른 생명체(인간이나 동물과 같은)가 호흡하는 데 이용한다.

생명체들은 지방을 어떻게 저장하는가?

지방은 지방조직이라는 조직의 형태로 저장된다. 지방조직은 지방세포라는 세포로 구성되어 있으며 장기간의 에너지 저장에 사용되는 지질분자를 저장한다.

물질에 중독되면 어떤 일이 일어나는가?

중독을 일으키는 약물은 즐거움을 느끼게 하는 두뇌 수용기의 능력을 변화시킨다. 진정제는 보통 GABA(감마아미노낙산)라는 작은 분자 수용체의 능력을 증가시키고 각성제는 기분을 좋게 하거나 즐거워지게 만든다. 이런 작용들을 발생시키는 방법은 여러 가지가 있지만 가장 일반적인 두 가지 방법은 마약과 각정제의 사용이다. 이는 평상시 우리를 즐겁게 하는 분자를 흉내내 더 많은 도파민을 분비하도록 하거나 도파민의 재흡수를 방해해 더 오래 머물도록 하여 오랫동안 행복을 느끼도록 하는 방법으로 작용한다.

많은 알코올을 견딜 수 있는 사람에게는 무엇이 작용하는가?

생화학의 관점에서 보면 사람의 몸 안에 있는 알코올 탈수소효소의 양이 몸이 얼마나 빨리 알코올을 분해할 수 있는지를 결정한다. 더 많은 알코올 탈수소효소를 가지고 있는 사람은 에탄올(우리를 취하게 만드는)을 더 빨리 아세트알데하이드로 바꾼다. 그리고 몸의 크기도 중요한 요소이다. 몸집이 큰 사람은 알코올을 더 많이 분산시켜 혈중 알코올 농도가 보통 사람보다 천천히 올라간다.

뇌!

뉴런이란?

뉴런은 몸의 서로 다른 부분의 정보를 전달하는 세포이다. 뉴런의 기능은 근육이 운동하도록 지시하거나 감각기관으로부터 뇌로 정보를 전달하고 즐거움을 경험하게 하거나 뇌에서의 정보 처리 등 다양하다.

신경과학이란 무엇인가?

신경과학은 뇌와 신경계가 작동하는 방법을 연구하는 과학이다.

뇌는 어떻게 이루어져 있는가?

뇌는 서로 다른 기능을 하는 여러 부분으로 나뉘어 있다. 뇌의 주요 부분으로는 전두엽, 두정엽, 측두엽, 뇌교, 연수, 후두엽, 소뇌가 있다. 척수는 뇌와 몸의 다른 부분 사이의 정보를 전달하는 수백만 개의 신경을 통해 뇌와 몸을 연결한다.

대뇌반구란?

대뇌반구는 뇌의 위쪽 부분으로 기억과 지식, 언어를 담당하며 감각기관도 통제한다. 또 운동과 감정 통제도 이루어져 생각도 여기에서 일어난다.

전두엽에서는 무슨 일이 일어나는가?

전두엽은 의사결정 과정과 문제 해결, 활동적인 기억 등의 일을 한다.

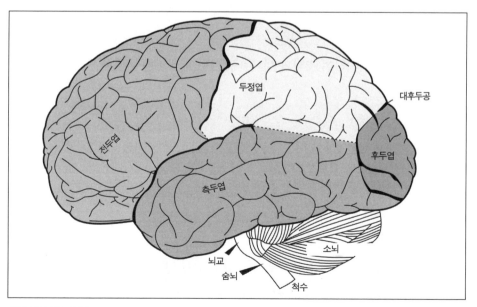

인간 뇌의 중요 부분

두정엽은 무슨 일을 하는가?

두정엽은 언어, 시각, 고통과 감각, 공간지각(어느 방향이 위쪽인가와 같은 지식) 및 다른 인식 과정을 통제한다. 지금까지의 설명에서 짐작했겠지만, 뇌의 서로 다른 부분에서 일어나는 기능은 상당 부분 중첩된다.

측두엽은 무슨 일을 하는가?

측두엽은 청각, 기억, 언어 능력에 관계한다.

후두엽은 무슨 일을 하는가?

후두엽은 시각 인식을 책임진다. 후두엽은 눈에서 받아들인 정보를 처리하는 역할을 한다.

소뇌는 무슨 일을 하는가?

소뇌는 균형감각과 일반적인 운동능력을 통제한다.

우리 뇌에서 뇌교란?

뇌교는 뇌간에 위치하며 소뇌와 대뇌반구 사이의 정보를 전달하는 기능을 한다.

연수란?

연수는 뇌의 뒤쪽에 모여 있는 뉴런 다발이다. 이 뉴런은 심장박동, 호흡, 혈관 수축과 확장, 재채기, 삼킴 등을 통제한다.

프리온병이란?

프리온은 감염성 있는 것처럼 행동하는 잘못 접힌 단백질이다. 프리온이 감염성이 있는 것처럼 보이는 이유는 프리온이 접촉하는 다른 단백질도 잘못 접히게 만들기 때문이다. 프리온병은 이 잘못 접힌 단백질 때문에 발생하는 질병으로 광우병, 스크래피, 크로이츠펠트야콥병 등이 있다. 포유류에서 알려진 모든 프리온병은 PrP라고 알려진 프리온 단백질에 의해 발생한다. PrP라는 약자는 '프리온 단백질'을 뜻한다.

생화학에 영향을 미치는 자연적으로 존재하는 분자의 예에는 어떤 것들이 있는가?

비타민 C라고 알려진 아스코르브산은 우리의 건강을 유지하는 데 중요한 역할을 한다. 1932년 감귤류(오렌지, 레몬, 라임, 자몽)에서 처음으로 분리되었으며 두 가지 다른 생물학적 경로를 통해 D-글루코오스로부터 합성될 수 있다. 수산기로 인해 물(생물학적으로 가능한 환경)에 녹을

과일에는 보통 우리의 건강에 중요한 아스코르브산(비타민 C)이 함유되어 있다. 아스코르브산은 염증을 막고 면역체계를 활성화시키며 음식물의 소화를 돕는다.

수 있으며 콜라겐 합성에 조효소로 사용된다.

아스코르브산

벤즈알데하이드는 아몬드, 체리, 살구, 복숭아씨에서 발견되며, 향수, 염료, 음식에 쓰이는 향료를 만드는 인공 아몬드 기름으로 사용된다. 살충제와 항암제로서의 유용성 연구는 계속 진행 중이며 톨루엔을 전구체로 이용해 실험실에서 합성할 수 있다.

벤즈알데하이드

카페인은 우리에게 익숙한 화학물질로, 커피를 마시는 사람들은 좋아하는 화학물질 중 하나일 것이다. 대부분의 사람들은 볼 기회가 없었겠지만 순수한 형태의 카페인은 흰색 결정 분말이다. 카페인은 주로 코코아나무, 커피 원두, 찻잎에서 발견된다. 사람들은 이것을 수천 년 동안 사용해왔다.

사람들은 심박동과 체온을 증진시키고 정신적인 경각심과 집중력을 향상시키는 효과 때문에 카페인을 섭취한다. 카페인이 들어 있는 탄산음료 등은 화학용매를 이용해 찻잎이나 커피 원두 같은 물질에서 카페인을 추출하는데 중추신경계를 자극하는 중독성 있는 물질이므로 짧은 시간 동안 많은 양을 소비하면 두통, 과민증, 불면증에 시달릴 수 있다.

카페인

말레이시아의 우림 지역에서 자생하는 나무에서 추출된 칼라놀리드 A는 항암제로 연구되었지만 대신 HIV(에이즈를 유발하는) 퇴치에 효과적이라는 것이 밝혀졌다. 이 화학물질은 희소가치로 인해 유효성이 입증된 직후부터 합성방법이 연구되었다.

이 약물은 세포 안에서 바이러스의 RNA가 DNA로 전사되는 것을 방지해 HIV가 복제되는 것을 막는다. 또한 다행스럽게도 일시적인 부작용만을 가지고 있다.

칼라놀리드 A

우리의 행복감의 균형을 유지하는 중요한 신경전달물질인 도파민은 아미노산 전구체로부터 우리 몸에서 합성된다. 도파민 생성이나 조절의 불균형 또는 부족은 파킨슨병, 정신분열증, 투렛증후군 등 여러 가지 질병을 유발할 수 있다. 도파민은 1950년대에 이미 신경전달물질이라는 것이 알려졌지만 역할을 충분히 이해하기까지는 수십년의 연구가 필요했다. 앞에서 언급한 질병과 연결시키고 정확한 기능을 이해하기 위해 진행된 연구는 2000년 노벨 생리의학상을 수상했다. 생리학에서 도파민의 역할에 대한 이해는 여러 가지 신경질환을 이해하는 데 매우 중요하다.

도파민

에탄올은 우리에게 익숙한 분자로, 알코올 음료에 포함되어 있으며 사람들은 이것을 수백 년 동안 사용해왔다. 이 외에도 용매, 방부제, 진정제, 향료의 재료, 도료, 화장품, 에어로졸, 부동액, 구강세척제 등의 재료로 사용되고 있다. 에탄올은 옥수수나 곡물 등의 식품을 당을 소화해 부산물로 에탄올을 생성할 수 있는 미생물을 이용해 발효시켜 생산할 수 있다.

에탄올

옥시토신은 여성의 뇌의 뒤쪽에 위치한 뇌하수체 후엽에서 자연적으로 생성되는 호르몬이다. 이 물질은 임신한 여성의 자궁수축과 젖의 분비 촉진 역할을 한다. 또한 분만이 제시간에 이루어지지 않을 때 분만유도제로도 사용된다.

옥시토신

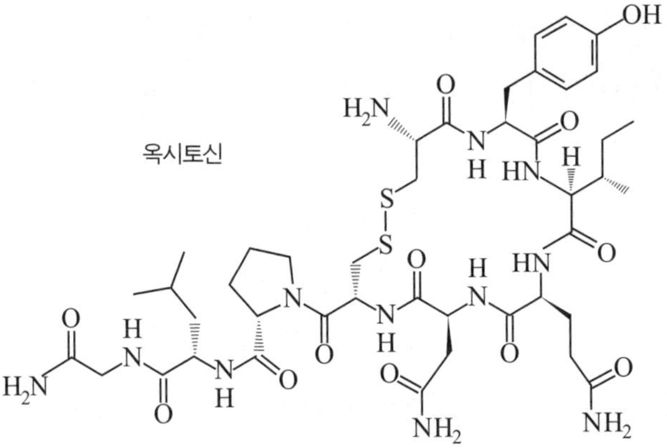

피리독살인산은 비타민 B6로 더 잘 알려져 있다. 이 물질은 뇌와 신경의 기능이 원활하게 이루어지도록 도와주고 몸의 화학적 균형을 유지시켜 준다. 이는 글리코겐(당을 저장하는 고분자물질)으로부터 글루코오스(단당류)를 분리하는 효소 반응에 필요하다. 비타민 B6는 육류, 곡류, 땅콩, 채소, 바나나 등 다양한 음식에서 섭취할 수 있다.

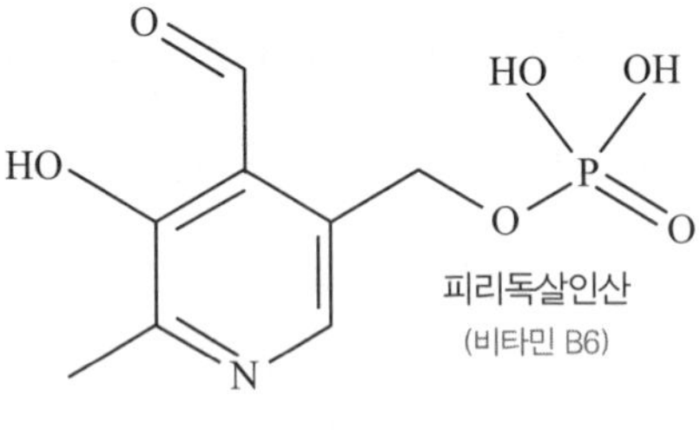

피리독살인산
(비타민 B6)

말라리아와 야간 하지경련의 치료에 사용되는 키니네는, 스페인 탐험가가 남아메리카의 친초나나무라는 나무의 껍질에서 최초로 발견하여 약품으로 사용했다. 하지만 수요가 점점 증가함에 따라 친초나나무를 찾기 어려워지자 인공적으로 합성하는 방법이 개발되었다.

키니네

숙시닐산은 크렙스 회로에서 중요한 역할을 하며 전자수송체계로 전달할 수 있다. 숙시닐산은 다양한 식물과 동물의 조직에서 발견되지만 정제에 성공하기까지는 오랜 도전이 필요했다. 지금은 실험실에서 생산 가능하며 옥수수를 원료로 사용해 생산하는 방법도 개발되어 있다. 숙시닐산은 크렙스 회로에서의 역할 외에도 염료, 향수, 페인트, 잉크, 섬유의 중간물로도 사용된다.

숙시닐산

물리화학 및 이론화학

에너지가 모든 것이다

물리화학이란 무엇인가?

물리화학은 화학 과정을 지배하는 기본 원리를 더 잘 이해하기 위해서 연구하는 화학의 한 분야이다. 이 분야는 실험 관찰에 바탕을 두고 있기 때문에 경험적인 화학이라고 할 수 있으며, 새로운 이론을 개발하기 위한 화학실험과 밀접하게 연결되어 있다. 이름에서 유추할 수 있듯이 물리화학은 기본적으로 화학 연구에 적용되는 물리학의 주제를 다룬다.

에너지란?

화학에서 에너지는 화학결합을 만들거나 분리하고 분자를 한 곳에서 다른 곳으로 이동하는 '현금'과도 같은 존재이다.

퍼텐셜에너지란?

퍼텐셜에너지는 물체가 가지고 있는 에너지 중에서 운동에너지가 아닌 모든 에너지를 말한다. 퍼텐셜에너지는 화학결합이나 수축된 용수철에 저장된 에너지일 수도 있고 다른 방법으로 저장된 에너지일 수도 있다. 퍼텐셜에너지의 또 다른 예로는 언덕 위의 공이 가진 에너지처럼 중력 퍼텐셜에너지가 있다.

다양한 형태의 퍼텐셜에너지가 있기 때문에 퍼텐셜에너지를 나타내는 한 가지 방정식은 없다. 퍼텐셜에너지는 항상 어떤 기준점과 차이로 나타내지므로 우리가 측정하는 의미 있는 퍼텐셜에너지의 값은 모두 퍼텐셜에너지의 변화량이다. 닫힌계에서는 퍼텐셜에너지가 운동에너지로, 운동에너지가 퍼텐셜에너지로 변환될 수 있지만 총에너지의 양은 변하지 않는다. 이것이 에너지 보존법칙이다.

운동에너지란?

운동에너지는 물체의 운동과 관계된 에너지이다. 빠르게 운동하는 물체는 더 많은 운동에너지를 가지고 있다. 물체의 운동에너지는 질량(m)과 속력(v)에 따라 달라지며 다음 식으로 나타낼 수 있다.

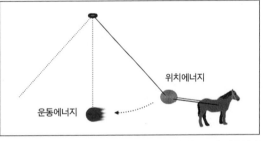

위치에너지

운동에너지

그림과 같이 말이 진자를 잡아당겼다가 놓아 자유롭게 진동한다고 가정하자. 진동을 시작하기 전에 진자의 질량은 위치에너지를 가지고 있다(A). 그리고 진자가 진동하면 진자는 운동에너지를 가지게 된다(B).

$$E = \frac{1}{2} mv^2$$

예를 들어 물체의 질량이 같고, 속력이 두 배로 빠르게 움직이는 물체는 네 배의 운동에너지를 갖게 된다.

분자는 연속적인 모든 값의 에너지를 가질 수 있을까?

아니다. 분자는 불연속적인 에너지만을 가질 수 있다. 다시 말해 분자가 가질 수 있는 에너지는 양자화되어 있다. 이것이 일상생활에 사용하는 에너지와 어떻게 다른지를 이해하기 위해 야구공을 던지는 경우를 예로 들어보자. 야구공은 $0^{m}/s$에서부터 던질 수 있는 최대속도 사이의 어떤 속도로든 던질 수 있다. 그러나 분자의 경우에는 불연속적인 에너지만 가능하다. 예를 들어 분자는 $2^{m}/s$ 또는 $40^{m}/s$의 속력으로는 달릴 수 있지만 $20^{m}/s$처럼 그 사이의 다른 속력으로는 달릴 수 없다는 뜻이다. 하지만 일상생활에서는 물체가 가질 수 있는 에너지가 불연속적인 값인 경우는 많지 않다.

분자에는 어떤 형태의 에너지 준위가 존재할까?

물리화학에서 다루는 에너지 준위에는 세 가지 중요한 형태가 있다. 전자의 에너지 준위, 진동운동의 에너지 준위, 회전운동의 에너지 준위가 그것인데 에너지 준위의 변화는 전자가 한 분자궤도에서 다른 궤도로 전이할 때 일어난다. 진동운동의 에너지 준위는 분자 안 화학결합의 진동과 관련된 에너지이고, 회전운동에너지 준위는 분자가 공간에서 회전하는 것과 관련된 에너지 준위이다. 예상할 수 있듯이 원자 내부에는 화학결합이 존재하지 않기 때문에 진동운동의 에너지 준위가 없다. 물리화학자들은 이런 에너지 준위 사이의 전이를 연구해 분자의 반응성과 구조에 대해 알아낸다.

양자역학이란?

양자역학은 전자처럼 아주 작은 질량을 가진 물체의 행동을 정확히 기술하는 데 필요한 이론을 다루는 물리학의 한 분야이다. 양자역학에서는 물질을 입자와 파동 모두로 다루며, 가질 수 있는 가능한 상태에 있을 확률과 관련된 파동함수를 이용해 나타낸다.

양자역학을 통해 배울 수 있는, 흥미롭지만 우리의 직관으로는 이해하기 힘든 것 중 하나가 아주 작은 질량을 가진 입자는 입자의 상태를 나타내는 위치, 속력 그리고 다른 물리량들을 동시에 정확하게 결정하는 것이 불가능하다는 점이다. 양자역학에서 입자를 파동으로 다루는 이유는 분자가 불연속적인 에너지 준위만을 가질 수 있다는 것과 고전역학과 맞지 않는 물리화학의 관측 결과를 설명하기 위해 필요하기 때문이다.

일이란 무엇인가?

일은 물리학에서 힘을 작용하여 물체 사이의 에너지를 전달하는 과정을 가리킨다. 야구공을 던질 때 팔이 움직이면서 손은 공이 움직이는 방향으로 힘을 가한다. 이 과정을 통해 공이 앞으로 움직이는 사이에 손은 공에 일을 하고 있는 것이다. 이 일의 총량은 공에 가한 힘의 크기에 힘을 가하는 동안 움직인 거리를 곱해서 구할 수 있다. 하지만 일단 손에서 공이 떠나면 손은 힘을 가하지 않으므로 더 이상 공에 일을 하지 않는다.

열이란 무엇인가?

열은 일의 형태로 에너지가 전달되지 않는 다른 모든 형태의 에너지 전달과 관계있다. 더운 날의 아이스크림을 떠올려보자. 아이스크림은 주변보다 온도가 낮기 때문에 주변에서 열이 전달되어 아이스크림의 온도를 올려 결국 아이스크림이 녹는다. 이와 같은 열의 흐름의 예는 아주 많다. 일이 아닌 모든 형태의 에너지 전달을 의미하므로 열의 범위는 아주 넓다.

열역학 제0법칙은 무엇인가?

열역학 제0법칙은 A와 B가 세 번째 상태 C와 각각 열적 평형상태에 있다면 A와 B도 열적 평형상태에 있어야 한다는 것이다. 열적 평형상태에 있다는 것은 두 계의 온도가 같다는 뜻이므로 A와 B는 온도가 같아야 한다. 이것은 명확한 사실로, 이 법칙으로 인해 온도계를 이용해 다른 물체의 온도를 비교할 수 있다. C가 온도계라면 우리는 이 온도계를 이용하여 다른 물체의 온도를 비교할 수 있는 것이다.

열역학 제1법칙이란?

에너지는 한 형태에서 다른 형태의 에너지로 전환될 수 있지만 만들어지거나 파괴되지는 않는다는 이론으로 에너지 보존법칙이라고도 한다. 이 법칙은 에너지와 일이나 열과의 관계를 나타내며 다음과 같은 방정식으로 표현된다.

$$\delta E = \delta Q - \delta W$$

이 방정식은 에너지의 변화(δE)는 계로 흘러들어오는 열(δQ)에서 계가 주변에 해주는 일(δW)의 양을 뺀 것과 같다는 뜻이다.

엔트로피란?

계가 가지고 있는 미시 상태의 총수와 관계된 양을 엔트로피라고 한다. 엔트로피에는 루드비히 볼츠만$^{Ludwig\ Boltzmann}$과 윌라드 깁스$^{J.\ Willard\ Gibbs}$가 제안한 두 가지 정의가 있다. 여기서는 좀 더 이해하기 쉬운 볼츠만의 엔트로피에 대해서만 살펴볼 것이다. 볼츠만이 정의한 엔트로피는 다음과 같은 식으로 나타낼 수 있다.

$$S = k_b \ln(W)$$

이 식에서 k_b는 볼츠만 상수이고 (W)는 계가 가질 수 있는 미시 상태의 수이다.

엔트로피가 어떻게 작용하는지 알아보기 위해 하나 또는 그 이상의 주사위를 굴리는 경우를 예로 들어보자. 하나의 주사위를 굴릴 때 나올 수 있는 눈의 가짓수는 6이므로 엔트로피는 $k_b \ln(6)$이다. 두 개의 주사위를 굴렸을 때 나올 수 있는 수의 가짓수는 $6^2 = 36$, 따라서 엔트로피는 $k_b \ln(36)$이다. 주사위가 세 개인 경우에는 $6^3 = 216$이 되어 엔트로피는 $k_b \ln(216)$이다. 이 예를 통해 알 수 있듯이 통계적으로 독립적인 사건의 수는 계의 크기가 커질수록 빠르게(지수함수로) 증가한다. 이것은 분자의 경우에도 같다. 가능한 상태의 수에 로그 값을 취하므로 엔트로피는 계의 크기에 비례한다. 계의 크기에 따라 가능한 상태의 수가 지수함수로 증가하지만 엔트로피는 계의 크기에 비례한다는 것은 계의 크기가 두 배가 되면 엔트로피도 두 배가 된다는 뜻이다. 이러한 성질 때문에 엔트로피는 계의 크기에 따라 값이 달라지는 양이다.

열역학 제2법칙은 무엇인가?

열역학 제2법칙은 여러 가지 방법으로 기술되지만 모두 자연에서 자발적으로 일어나는 일들을 설명하는 것이다.

열역학 제2법칙을 나타내는 식 중 하나는 계의 엔트로피는 증가하거나 같은 값을 유지하는 것만 가능하다는 것이다. 쉽게 말해서 자연은 더 많은 가능한 상태나 배열을 선호한다는 것이다. 예를 들어 물에 떨어뜨린 잉크 방울은 전체로 퍼질 뿐 저절로 한 점으로 다시 모이지 않는 것은 이 때문이다.

열역학 제2법칙의 또 다른 설명은, 열은 저절로 온도가 낮은 물체에서 온도가 높은 물체로 흘러가지 않는다는 것이다. 열이 온도가 낮은 물체에서 온도가 높은 물체로 흘러가려면 외부에서 일을 주어야 한다. 이것은 이 과정이 자발적으로 일어나지 않는다는 뜻이다.

열역학 제3법칙은 무엇인가?

열역학 제3법칙의 가장 일반적인 설명은 온도가 절대영도에 가까워지면 완전한 결정으로 이루어진 계의 엔트로피는 0에 접근한다는 것이다('거시적인 성질: 우리가 보는 세상'에서 완전한 결정은 결함이나 불규칙성이 없이 원자들이 3차원 공간에 규칙적으로 배열되어 있는 것이라고 설명했던 것을 기억하고 있을 것이다). 이것은 완전한 결정으로 이루어진 계는 온도가 절대영도에 다가가면 한 가지 가능한 상태만 존재한다는 것을 나타낸다. 하지만 실제로는 비슷한 에너지를 가지는 다중 에너지 상태가 있을 수 있으므로 엄밀히 말하면 옳다고 할 수 없다. 그러나 여기서는 그것을 무시하기로 하자.

어떤 효과가 이상기체 법칙에서 벗어나게 하는가?

이상기체 법칙에서 벗어나는 것은 기체분자가 부피를 가지고 있다는 것과 기체분자들 사이에 힘이 작용한다는 사실 때문이다. 이런 요소들을 감안하기 위해 원자나 분자의 종류에 따라 달라지는 상수를 사용하는 반데르발스 상태 방정식이 이상기체 법칙('원자와 분자' 부분 참조) 대신에 사용되고 있다. 이상기체 법칙으로부터 벗어나는 정도는 압력이 높을수록 그리고 온도가 낮을수록 크다.

분자의 평균 운동에너지란?

분자의 평균 운동에너지는 주변의 온도와 관련이 있으며, 온도는 입자가 얼마나 빠르게 운동하고 있는지를 나타낸다. 평균적으로 분자의 속력은 300㎧ 정도이다. 이것은 1초 동안에 축구장을 몇 번이나 가로지를 수 있을 정도의 속도이다! 또 분자는 서로 충돌하면서 운동방향이 계속 변하며, 분자가 특정한 방향으로 운동하는 거리는 매우 짧다.

이상용액은 무엇인가?

이상용액은 서로 상호작용하지 않은 용매 입자를 포함하고 있는 용액으로 대개의 경우 농도가 낮은 용액이다. 기체분자 사이에 있는 빈 공간 대신 용매 입자 사이에 약하게 상호작용하는 용질이 있다는 것을 제외하면 이상용액은 이상기체와 매우 유사하다.

등온과정은 어떤 과정인가?

등온과정은 전 과정에서 온도가 일정하게 유지되는 과정이다.

등압과정은 어떤 과정인가?

등압과정은 일정한 압력 하에서 이루어지는 과정이다

단열과정은 어떤 과정인가?

단열과정은 주변과 열의 출입이 없는 과정이다.

등적과정은 어떤 과정인가?

등적과정은 일정한 부피 안에서 일어나는 과정이다.

삼투현상이란 무엇인가?

용액의 전체 농도를 같게 하기 위해 용매 분자가 막을 통해 이동하는 것을 삼투현상이라고 한다. 용매 분자는 농도가 낮은 곳에서 높은 곳으로 이동하여 용매의 농도 차이를 없애려는 경향이 있다.

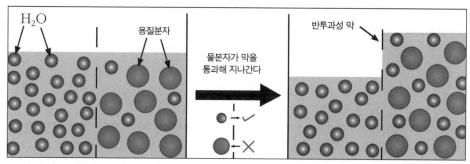

삼투현상에서 투과성 막 양쪽의 농도를 같게 만들기 위해 용매분자는 막을 통해 농도가 낮은 곳에서 높은 곳으로 이동한다.

운동학

반응의 전이상태란?

화학반응의 전이상태란 반응분자가 반응을 완료하기 위해 지나가야 하는 가장 높은 에너지 구조이다. 반응경로 중에서 가장 에너지가 높은 상태이기 때문에 이런 상태에 도달하는 것이 가장 '어렵다'. 즉 전이상태에 도달하기 위해 극복해야 하는 에너지 장애는 화학반응이 얼마나 빨리 일어날 수 있는지를 결정하는 요소이다.

반응속도상수란?

화학반응의 반응속도상수는 화학반응이 얼마나 잘 일어날 수 있는지를 나타낸다. 반응속도상수는 반응에 얼마나 많은 분자가 관여하는지에 따라 다른 단위로 나타낸다. A분자 하나가 B분자 하나로 변하는 단순한 반응을 생각해보자. 반응속도는 A분자의 농도([A]로 나타냄)와 이 반응의 반응속도상수(k)에 따라 달라질 것이다. 이 반응의 반응속도 방정식은 다음과 같다.

$$반응속도 = k[A]$$

이것은 반응속도가 A의 농도에만 의존하며, A의 농도가 증가할수록 반응속도가 빨라지는 것을 나타낸다. 실제로 반응속도는 온도, 압력, 그 밖의 다른 요소에도 영향을 받으며, 이 모든 요소의 영향은 상수 k에 반영되어 있다.

온도는 반응속도에 어떻게 영향을 주나?

화학반응의 속도는 온도가 올라가면 빨라진다. 온도가 높다는 것은 분자들이 더 많은 평균에너지를 갖는다는 뜻이고, 그렇게 되면 분자가 에너지 장벽을 넘기 쉬워지기 때문이다. 이것이 반응속도 방정식에 반영되기 위해서는 반응속도상수 k가 온도의 함수여야 한다. k는 온도가 올라가면 거의 항상(예외는 있지만) 증가한다.

파동의 속도

빛의 속도는 얼마나 될까?

진공 중에서 빛의 속도는 약 $3 \times 10^8 \text{%}$이다. 이것은 매우 빠른 속도로 빛이 지구를 한 바퀴 도는 데에는 약 0.13초밖에 걸리지 않는다!

별들이 태양에서 얼마나 멀리 있는지 생각해 보는 것은 흥미 있는 일이다. 태양 다음으로 지구에서 가장 가까운 별은 약 4광년(1광년은 빛이 1년 동안 달려가는 거리이다) 거리에 있다. 이것은 이 별까지의 거리가 32,000,000,000,000 km가 넘는다는 뜻이다. 따라서 우리가 무엇을 보기 위해서는 빛이 우리 눈에 도달해야 하기 때문에 이 별이 폭발한다고 해도 4년이 지나기 전까지는 이 별에 무슨 일이 벌어졌는지 알 수 없다!

진공 중에서 빛보다 빠른 것이 있을까?

없다. 적어도 현재로서는 빛보다 빠른 존재는 없는 것으로 보고 있다. 최근에 이루어진 실험에서 중성미자라는 입자가 빛보다 빠른 속도로 달리는 것이 관측되었다는 흥미로운 보고가 있었다. 그러나 그 실험을 수행한 과학자들마저도 실험결과에 의문을 가지고 측정 과정 어디에서 오류가 있었는지 알아내기 위해 노력해 결국 실수에 의한 것임이 밝혀졌다. 느슨해진 전선이 측정 결과에 오류를 가져왔던 것이다.

빛의 속도는 항상 똑같을까?

빛의 속도는 빛이 통과하는 매질에 따라 다르다! 모든 물질은 굴절률이라는 성질을 갖는다. 굴절률을 알면 다음 식을 이용해 그 물질 안에서의 빛의 속도를 계산할 수 있다.

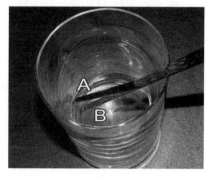

$$v = \frac{c}{n}$$

이 방정식에서 c는 진공 속에서의 빛의 속도(약 $2.998 \times 10^8 \, m/s$)이고, n은 물질의 굴절률

이 사진은 두 사진을 합성한 것이다. 유리잔 안의 물에 젓가락(A)이 일부 잠긴 사진과 물이 들어 있지 않은 유리잔에 넣어 놓은 같은 젓가락 사진인데, A젓가락은 휘어진 것처럼 보인다. 그것은 빛이 물을 떠나 눈까지 도달하는 동안에 굴절했기 때문이다.

이며, v는 그 물질에서의 빛의 속도이다.

빛의 파장과 진동수는 무엇인가?

우리가 보는 빛은 전자기파 복사선이라는 에너지의 한 형태이다. 매우 복잡하게 들리겠지만 아주 간단하다. 우리가 뭔가를 볼 수 있는 이유는 전자기파 복사선 때문이다. 전자기파 복사선은 서로 수직방향으로 진동하는 전기장과 자기장으로 이루어져 있다. 1초 동안 전기장과 자기장이 진동하는 횟수가 복사선의 진동수로, 헤르츠(Hz)라는 단위를 이용하여 나타낸다. 파장은 전기장과 자기장이 한 번 진동하는 동안에 이동하는 거리이다.

전자기파 스펙트럼이란 무엇인가?

전자기파가 가질 수 있는 진동수(또는 파장)의 전체 범위를 전자기파 스펙트럼이라고 한다.

이론적으로 스펙트럼의 진동수는 얼마든지 작아지거나 커질 수 있지만 실제로 다룰 수 있는 진동수에는 한계가 있다. 스펙트럼에서 진동수가 가장 높은 부분은 감마선으로, 감마선의 진동수는 약 10^{20} Hz 정도이다. 반면에 진동수가 가장 작은 부분은 몇 Hz에 불과하다.

전자기파 스펙트럼

종류	진동수(Hz)	파장(cm)
전파	$< 3 \times 10^{11}$	> 10
마이크로파	$3 \times 10^{11} - 10^{13}$	$10 - 0.01$
적외선	$10^{14} - 4 \times 10^{14}$	$0.01 - 7 \times 10^{-5}$
가시광선	$4 - 7.5 \times 10^{14}$	$7 \times 10^{-5} - 4 \times 10^{-5}$
자외선	$10^{15} - 10^{17}$	$4 \times 10^{-5} - 10^{-7}$
X-선	$10^{17} - 10^{20}$	$10^{-7} - 10^{-9}$
감마선	$10^{20} - 10^{24}$	$< 10^{-9}$

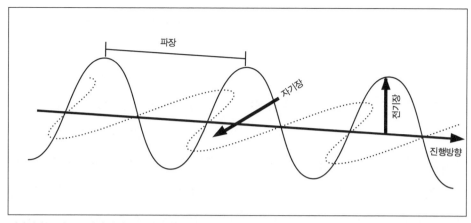

전자기파는 서로 수직한 방향으로 진동하는 전기장과 자기장으로 이루어졌다. 빛의 파장은 마루 사이의 거리이다.

전자기파의 에너지는 진동수와 어떤 관계가 있는가?

광자의 진동수와 에너지 E는 다음과 같은 방정식으로 나타낼 수 있다.

$$E = h\nu$$

이 식에서 h는 플랑크상수로 6.625×10^{-34} J·s이면 ν는 Hz 단위를 이용해 나타낸 전자기파의 진동수이다. 이 식에서 알 수 있듯이 진동수가 큰 전자기파 복사선이 더 큰 에너지를 가지고 있다.

레이저

분광학이란?

분광학은 빛을 이용해 에너지 준위 사이의 전이를 연구하는 과학의 한 분야다. 물리화학자들(물리학자들과)이 새로운 분광학 방법을 개발하고 빛과 물질의 상호작용 방법을 주로 연구하지만, 물리화학자들만이 분광학을 이용하는 것은 아니다. 분광학적 방법으로 수집된 자료는 원자나 분자계의 반응을 진동수나 파장 또는 시간의 함수로 나타낸다. 이 반응을 진동수나 파장의 함수로 그래프화한 것을 스펙트럼이라고 한다.

프라운호퍼선이란 무엇인가?

태양에서 지구까지 도달한 빛의 스펙트럼에 많은 검은 선이 포함되어 있었다. 이는 태양 빛에는 특정한 파장의 빛이 포함되어 있지 않다는 의미였다. 이 검은 선을 프라운호퍼선이라고 한다(발견자의 이름을 따서). 이 선들은 태양의 외부 대기를 구성하는 원소가 특정한 파장의 빛을 흡수해 지구에 도달하지 못하도록 하기 때문에 생긴다. 프라운호퍼선이 원자의 흡수로 생긴다는 것을 이해하게 된 것은 초기 분광학의 큰 성과였다.

전자의 바닥상태와 들뜬상태란 무엇인가?

원자나 분자의 바닥상태는 가장 낮은 전자의 에너지 상태를 말한다. 들뜬상태는 가장 낮은 에너지 상태보다 높은 에너지 상태를 말한다.

빛은 어떻게 에너지 준위 사이의 전이를 가능하게 하는가?

빛은 광자라는 입자라고 볼 수도 있는데 광자는 특정한 값의 에너지만 가질 수 있다. 광자의 에너지가 원자나 분자의 에너지 준위 사이의 간격과 같으면 이 에너지 준위 사이의 전이를 일으킬 수 있다. 그 결과 광자가 가지고 있던 에너지는 원자나 분자로 전달된다. 예를 들어 수소 원자의 바닥상태와 첫 번째 에너지 준위 사이

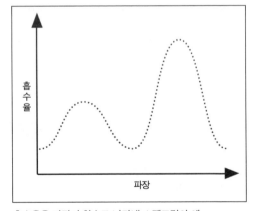

흡수율을 파장의 함수로 나타낸 스펙트럼의 예.

의 에너지 차이가 1.64×10^{-18}J이므로 이는 진동수가 2.47×10^{15}Hz인 광자의 에너지와 같다. 따라서 이 진동수를 가진 광자는 수소 원자의 바닥상태에 있던 전자를

첫 번째 들뜬상태로 전이시킬 수 있다.

레이저란?

레이저는 광자의 유도방출을 통해서 세기를 증폭시킨 빛이다. 레이저를 나타내는 영어 약자 LASER는 '복사선의 유도방출에 의해 증폭된 빛'이란 뜻의 영어 구문의 머리글자를 따서 만든 단어이다. 레이저는 여러 가지 모양과 크기를 가지고 있어서 주머니 속에 넣을 수도 있고, 큰 방 전체를 차지할 수도 있다. 어떤 레이저는 점멸하는 빛을 내기도 하고 어떤 레이저는 연속적으로 빛을 내기도 한다. 형태도 매우 다양하며, 발표 시에 사용하는 스크린의 지시봉에서부터 물리학이나 화학실험에서 복잡한 측정을 수행하는 데까지 용도 역시 아주 다양하다.

물리화학자들에게 레이저는 왜 중요한가?

화학자들은 분자가 빛과 어떻게 상호작용하는지를 연구한다. 일부 화학자들은 전자 상태를 들뜨게 하기 위해 빛을 사용했을 때의 분자 반응을 연구하기도 한다. 또 레이저를 이용해 분자 구조에 대한 정보를 알아내기도 한다.

레이저가 이런 용도로 사용하기에 좋은 이유 중 하나는 시간에 따라 분

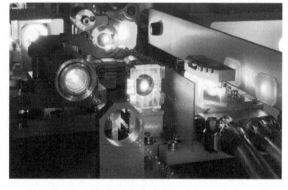

레이저는 광자의 방출을 유도하여 세기를 증폭시킨 빛이다. 또한 금속의 절단에서 섬세한 수술, 복잡한 측정에 이르기까지 다양한 용도로 사용할 수 있다.

자가 어떻게 변해 가는지에 대한 정보를 얻기 위해 점멸하는 빛을 이용할 수 있기 때문이다. 또 레이저로 발생시키는 빛의 파장을 조절하고 제어하는 방법들이 있어 다양한 광원으로 사용할 수 있기 때문이다.

세계에서 가장 큰 레이저는?

세계에서 가장 큰 레이저는 미국 캘리포니아 리버모어에 있는 로렌스 리버모어 국립연구소에 있다. 축구장 세 개를 채울 수 있을 정도로 큰 이 거대한 레이저를 연구에 이용하는 과학자들은 핵융합 반응('원자핵화학' 부분 참조)을 통제하여 에너지원으로 사용할 수 있는 방법을 연구하고 있다. 만약 그것이 가능해진다면 에너지 혁명을 이룰 수 있을 것이다.

기타 분광학

마이크로파 분광학이란?

마이크로파 분광학은 말 그대로 스펙트럼에서 마이크로파 영역($0.3 \sim 300\,GHz$)에 속하는 전자기파 복사선을 이용하는 분광학이다. 마이크로파의 에너지는 상대적으로 낮아 분자의 회전운동에 의한 에너지 준위 사이의 간격과 잘 맞는다. 분자의 회전운동에 의한 에너지 준위는 일반적으로 기체 상태에서 연구한다.

적외선 분광학이란?

적외선 분광학은 마이크로파 분광학보다 에너지가 큰 전자기파 복사선(300~400 ㎐)을 이용한다. 스펙트럼의 적외선 영역에 속하는 전자기파의 에너지는 일반적으로 분자의 진동운동에 의한 에너지 준위의 간격과 잘 일치하기 때문에 적외선 분광학은 분자의 진동에너지 준위를 연구하는 데 사용된다. 진동 분광학은 기체, 액체, 고체 상태의 분자 연구에 사용될 수 있으며 표면 분자를 연구하는 데에도 사용될 수 있다.

레이더는 어떻게 작동할까?

레이더는 전자기파 복사선을 방출해서 물체에 반사되어 돌아오는 것으로 물체의 위치를 알아내는 장치이다. 레이더에서는 전자기파가 반사되어 되돌아오는 데 걸리는 시간, 전자기파의 파장 변화, 전자기파의 세기의 변화 같은 것들을 측정한다. 레이더는 이러한 정보를 이용해 전자기파를 반사한 물체의 위치를 알아낼 수 있으며, 자동차의 속도를 측정하기 위해 경찰이 사용하는 스피드건 등처럼 물체의 속도를 측정하는 데에도 사용할 수 있다.

UV/ Vis 분광학이란?

스펙트럼의 적외선 영역과 가시광선 영역에 속하는 전자기파(40~1000THz)는 마이크로파나 적외선보다 진동수가(따라서 에너지도) 크다. 따라서 이 영역의 전자기파 에너지는 전자의 에너지 준위 사이의 간격과 잘 일치한다. 그래서 UV/Vis 분광학은 모든 상태의 분자를 연구하는 데에 사용할 수 있지만 액체 상태의 분자 연구에 가장 널리 사용된다.

비어의 법칙이란?

비어의 법칙은 시료에 의해 흡수되는 전자기파의 양이 전자기파를 흡수하는 물질의 농도와 어떤 관계가 있는지를 알려주는 법칙이다. 비어의 법칙에 의하면 흡수되는 전자기파의 흡수율은 시료의 길이(l)에 전자기파를 흡수하는 물질의 농도(c)를 곱하고, 여기에 물질의 몰당 흡수 효율(ε)을 곱한 값과 같다.

$$A = \varepsilon l c$$

이 식에서 A는 시료에 도달한 빛의 세기와 시료를 지나간 후의 빛의 세기의 비에 로그를 취한 값의 음수로 정의된 흡수율이다. 이 법칙은 기본적으로 얼마나 많은 빛이 시료를 통과하고, 얼마나 많은 빛이 시료에 흡수되는지를 알려준다.

형광이란 무엇인가?

형광은 빛을 흡수한 분자가 흡수한 에너지의 일부를 다시 방출하는 과정이다. 형광이 일어나기 위해서는 우선 분자가 광자를 흡수하여 전자가 높은 에너지 준위로 들떠야 한다. 동시에 일부 진동운동 역시 들뜨게 된다. 흡수된 에너지의 일부는 들뜬 진동에너지 준위로부터 정상상태로 돌아가면서 방출된다. 형광이 발생하기 위해서는 에너지를 흡수하여 들뜬상태에 있던 분자가 빛을 방출하고 정상상태로 돌아가야 한다. 일부 에너지는 진동에너지 준위가 정상상태로 돌아가면서 방출했기 때문에 이 과정에서 방출하는 광자의 에너지는 처음 흡수한 광자의 에너지보다 적다. 에너지가 적다는 것은 광자의 진동수가 작다는 것을 뜻한다. 따라서 방출되는 광자의 진동수는 흡수한 광자의 진동수보다 작다.

> **'검은' 빛이 흰색 물질이 빛나는 것처럼 보이게 할 수 있는 이유는?**
>
> 여기서 '검은' 빛이란 우리가 눈으로 볼 수 있는 가시광선보다 진동수가 큰 빛인 자외선을 말한다. 많은 물체가 자외선을 흡수한 후 우리가 눈으로 볼 수 있는 진동수가 작은 빛인 가시광선을 방출하는 형광작용을 한다. 이 때문에 '검은' 빛이 물질을 빛나는 것처럼 보이게 할 수 있다.

질량 분석이란 무엇인가?

질량 분석은 이온화된 분자나 분자 일부의 질량과 전하의 비를 측정하여 하전입자의 분자량을 결정하는 화학분석 방법을 말한다. 질량 분석법에는 여러 가지가 있지만 일반적인 분석방법은 시료를 증발시킨 후 전하를 띠게 하고, 질량과 전하의 비를 이용해 분리하는 방법을 사용한다. 이온화된 시료 안의 분자는 종종 작은 이온으로 분리된다. 이것 역시 질량과 전하의 비를 이용해 검출할 수 있다.

이 분석방법으로 분자량을 정확하게 결정할 수 있을 뿐만 아니라 분자가 분리되는 것과 관련된 정보를 이용해 분자 구조에 대한 정보도 얻을 수 있다. 또한 시료의 구성 원소도 알 수 있다.

현미경은 어떻게 작동할까?

현미경은 렌즈에 의해 작동된다. 관측하고자 하는 시료에 가까이 있는 렌즈는 대물렌즈로, 시료에서 오는 빛을 초점에 모은다. 일반적으로 시료를 보는 데 이용하는 빛은 시료의 아래나 뒤쪽에 있다. 현미경의 다른 쪽 끝에는 대안렌즈가 있다. 현미경의 배율은 대물렌즈의 배율과 대안렌즈의 배율을 곱한 값이다. 우리가 일반적으로 현미경이라고 하는 장치는 기본적으로 렌즈와 시료의 거치대, 그리고 영상을 증진시키기 위한 도구를 포함한 장치이다.

단순한 광학 현미경은 렌즈를 이용하여 상의 배율을 높인다.

전자현미경이란?

전자현미경은 전자 빔을 이용해(현미경이 가시광선을 이용하는 것과는 달리) 시료의 영상을 만드는 장치이다. 영상을 만드는 방법에는 여러 가지가 있지만 전자를 직접 시료에 통과시켜 만드는 투과전자현미경(TEM)이 최초로 사용된 전자현미경이다. 전자현미경은 전통적인 광학 현미경에 비해 분해능에서 큰 장점을 가지고 있다. 이것은 전자의 파장이 가시광선의 파장보다 훨씬 작기 때문이다. 전자현미경의 배율은 10,000,000배나 되기도 한다. 이는 광학현미경 배율의 2,000배이다.

전기저항이란 무엇인가?

전기저항은 물질이 전류의 흐름을 얼마나 방해하는지를 나타낸다. 전기저항과 전압 사이에는 다음과 같은 관계가 있다.

$$R = \frac{V}{I}$$

여기서 V는 전압, I는 전류이다. 일반적으로 저항은 상수이다. 따라서 전류는 전압이 높아지는 것에 비례하여 증가한다. 이런 관계를 옴의 법칙이라고 한다. 저항(R)이 큰 물체에는 같은 전압(V)에서 작은 전류(I)가 흐른다.

전압이란 무엇인가?

전압 또는 전위차는 두 점 사이의 전기 퍼텐셜에너지의 차이이다. 전압은 한 점에서 다른 점까지 전하를 띤 물체를 이동시킬 때 단위 전하에 해야 할 일의 양을 나타낸다. 전압은 정전기장에 의한 것일 수도 있고 자기장을 통과해 흐르는 전류에 의한 것일 수도 있으며 시간에 따라 변하는 자기장에 의한 것일 수도 있다.

이런 것을 상상할 수 있을까?

이론화학이란 무엇인가?

이론화학은 이름 그대로 화학적 관측을 설명하기 위한 이론을 개발해 적용하거나 실험을 통해 직접적으로 연구하기 어려운 것들을 예측하는 화학의 한 분야이다. 이론화학자들은 화학의 다른 모든 분야의 다양한 주제를 연구한다. 이론화학의 주요 분야는 전자구조이론과 분자역학이다.

전자구조이론이란 무엇인가?

전자구조이론은 분자 안의 전자의 배치와 관련된 에너지를 계산하는 데 초점을 맞추고 있는 이론화학의 한 분야이다. 여기에는 분자 구조의 예측, 가장 가능성이 큰 전자의 배열, 반응성, 분자의 다른 들뜬상태를 예측하는 것 등이 포함된다. 여기서 그 이유를 자세히 설명할 수는 없지만 이런 예측이 쉬운 일은 아니다.

분자의 전자구조는 성능이 좋은 컴퓨터를 이용해도 정확한 해를 구할 수 없다. 이 분야를 연구하고 있는 대부분의 이론화학자들은 실제 분자 전자구조의 근삿값을 구하고 이 근삿값을 수집 가능한 실험 결과와 비교하여 계산 방법을 향상시킨다. 분자의 전자적 성질은 안정성과 반응성을 결정하는 데 결정적인 역할을 하기 때문에 전자구조에 대한 연구가 어려운 과제이기는 하지만 도전해볼 가치가 충분히 있다.

이론화학자들이 계산하려는 분자의 성질은 무엇인가?

이론화학자들은 모든 분자의 성질을 계산하려고 한다! 이 책에서 다룬 모든 성질은 모두 이론화학자들이 원자와 분자의 성질을 이용해 계산했을 가능성이 있다.

전자구조이론의 계산에는 얼마나 큰 오차가 있을까?

이런 계산에는 상당한 정도의 오차가 있을 가능성이 있다. 따라서 주요 목표는 가능하면 오차를 일정하게 유지하고, 계산 결과의 차이를 이용하여 성질을 설명하는 것이다. 예를 들어 $Cr(CO)_6$의 금속−탄소 결합의 결합에너지는 $Cr(CO)_6$의 에너지와 $Cr(CO)_5$와 CO가 무한히 멀리 떨어져 있을 때의 에너지의 차이를 이용하여 계산한다.

분자역학적 시뮬레이션이란 무엇인가?

분자역학적 시뮬레이션은 특정한 조건(온도, 압력 등) 하에서 서로 상호작용하는 분자들의 계산을 위한 모델을 말한다. 전자구조이론이 일반적으로 하나 또는 몇 개의 분자를 다루는 데 비해 분자 역학적 시뮬레이션은 수백 또는 수천 개의 분자를 동시에 다룬다.

분자역학적 시뮬레이션의 목적은 다른 분자로 둘러싸인 분자의 상호작용과 반응을 연구하는 것이다. 개별 분자의 에너지는 전자구조이론에서 연구되지만 분자역학적 시뮬레이션은 이론화학자들이 분자가 주변의 영향을 어떻게 받는지에 대해서도 연구할 수 있도록 한다. 이러한 영향은 용매 분자가 반응성에 큰 영향을 주는 액체에서 특히 중요하다.

원자핵화학

원자 내부의 화학

원자핵화학은 다른 화학과 어떻게 다른가?

이름 그대로 원자핵화학은 원자핵이 관련된 화학적 현상을 다루지만 화학의 다른 대부분의 분야에서는 전자의 배열을 다룬다. 원자핵화학은 방사능과 원자핵의 성질에 초점을 맞추며, 에너지와 무기 그리고 의약품의 생산에 응용된다.

동위원소란 무엇인가?

동위원소는 같은 수의 양성자와 전자를 가지고 있지만 중성자의 수가 다른 원소이다. 양성자의 수가 원소의 종류를 결정한다는 사실은 기억하고 있을 것이다. 화학의 대부분의 영역에서는 양성자의 수가 원자의 반응성을 결정하는 데 충분하지만 원자핵화학에서는 중성자의 수 역시 동위원소가 관련된 원자핵 반응을 결정하는 데 중요한 역할을 한다(앞에서 다룬 '원자와 분자' 부분 참조).

전자, 양성자, 중성자는 모두 같은 질량을 가지고 있을까?

양성자, 중성자, 전자는 모두 다른 질량을 가지고 있다. 전자는 세 종류의 입자 중에 가장 가벼워서 양성자나 중성자 질량의 약 2000분의 1 정도이다. 양성자와 중성자는 비슷한 질량을 가지고 있지만 중성자의 질량이 양성자의 질량보다 조금 더 크다. 세 입자의 질량은 다음과 같다.

$$\textbf{전자 질량} \quad 9.1094 \times 10^{-31} kg$$
$$\textbf{양성자 질량} \quad 1.6726 \times 10^{-27} kg$$
$$\textbf{중성자 질량} \quad 1.6749 \times 10^{-27} kg$$

원자핵 붕괴 시에는 전자, 양성자, 중성자 또는 이 입자들로 구성된 입자가 방출된다.

모든 동위원소는 안정한가?

모든 동위원소가 안정한 것은 아니다. 예를 들면 주석은 22개의 동위원소를 가지고 있는데 이 중 10개는 안정하고 12개는 불안정하다(10개의 동위원소가 얼마나 안정한지에 대해서는 이론이 있다). 안정하다는 것은 상대적인 개념이다. 동위원소가 안정하다는 것은 현재 사용하고 있는 측정방법으로는 측정할 수 없을 만큼 긴 반감기를 가지고 있다는 뜻이다. 테크네튬, 라돈, 플루토늄 같은 일부 원소는 안정한 동위원소를 가지고 있지 않다. 또 원자번호가 83보다 큰 원소는(83개 이상의 양성자를 가지고 있는 원소는) 안정하다고 할 수 있는 동위원소를 가지고 있지 않다!

반입자란 무엇이며 반물질이란 무엇인가?

대부분의 입자는 질량은 같지만 전하는 반대 부호인 반입자를 가지고 있다. 이 반입자는 최근에 실험실에서 처음으로 발견되었는데, 분리하기가 어렵기 때문에 실험적으로 연구하기도 어렵다. 입자와 반입자가 충돌하면 광자를 생성시키면서 소멸하여 없어지기 때문이다. 반입자는 아직 잘 이해되지 않는 부분이 많아 원자핵화학 분야에서 활발하게 연구되고 있는 분야이다. 반물질은 보통의 입자가 물질을 만드는 것과 같은 방법으로 반입자로 만들어진 물질이다. 우주에는 물질과 반물질이 같은 양만큼 분포한다고 추정했었다. 그러나 오늘날까지의 관측 결과는 이런 사실을 뒷받침하지 못하고 있다. 과학자들이 언젠가는 이를 밝혀내기를 바라지만 아직은 미해결 상태의 문제이다. 이런 형태의 해결되지 못한 기본적인 문제들이 과학을 흥미 있게 만들고 있다!

양전자란 무엇인가?

양전자는 전자의 반입자이다. 양전자는 전자와 같은 질량과 스핀, 같은 크기의 전하를 가지고 있지만 (−) 전하가 아니라 (+) 전하를 띠고 있다. 전자와 양전자가 충돌하면 소멸하여 광자 형태로 에너지를 방출한다.

입자가속기는 무엇에 사용되는가?

입자가속기는 기본적인 상호작용을 연구하기 위해 매우 빠르게 움직이는 입자를 만들어내 물질이나 입자에 충돌시키는 장치이다. 원자가 이용되기도 하지만 입자가속기에서 다루는 입자는 대부분 아원자 입자이다. 이와 같은 실험은 물질과 공간의 구조와 관련된 물리학의 기본적인 의문을 해결하는 데 이용된다. 전형적인 현대 입자가속기는 길이가 수 *km*나 되며 선형 형태로 운영되는 것도 있지만 거대한 고리 형태인 것도 많다.

쿼크란?

쿼크는 양성자와 중성자를 비롯한 다른 입자를 구성하고 있는 소립자이다. 쿼크에는 다른 '향기'로 분류되는 여섯 종류가 있다. 업, 다운, 탑, 바텀, 참, 스트레인지로 불리며, 양성자와 중성자는 세 개의 쿼크로 이루어져 있다. 두 개의 업 쿼크와 하나의 다운 쿼크는 양성자를 만들고 하나의 업 쿼크와 두 개의 다운 쿼크는 중성자를 만든다.

원자핵은 어떻게 자발적으로 붕괴하는가?

원자핵은 다른 원자의 원자핵과 충돌하거나 상호작용하지 않고, 자발적으로 붕괴하는 다양한 형태의 자발적 붕괴과정을 가지고 있다. 가장 일반적인 형태는 알파선, 베타선, 감마선을 방출하는 붕괴이다. 이들은 원자핵이 붕괴하는 동안에 방출되는 다른 형태의 방사선이다.

알파선이란 무엇인가?

알파선은 원자핵이 두 개로 쪼개지는 과정에서 방출되는 것으로 두 개의 양성자와 두 개의 중성자로 이루어진 입자(알파입자 또는 헬륨 원자핵이라고도 하는)이다. 이 과정에서 방출되는 다른 입자는 나머지 양성자와 중성자, 그리고 원래의 입자가 가지고 있던 전자를 가지고 있다. 알파 붕괴는 원자핵의 양성자 수를 둘 적게 만들고 원자량은 4amu 감소시킨다.

베타 입자란 무엇인가?

베타 입자는 원자핵 붕괴과정에서 방출되는 또 다른 형태의 입자이다. 베타 입자는 전자이거나 전자의 반입자인 양전자이다. 만약 전자가 방출되면 전하가 보존되기 위해 원자핵 안의 하나의 중성자가 양성자로 바뀐다. 베타 붕괴는 양성자의 수를 하나 증가시키지만 원자량은 변하지 않는다.

감마선이란 무엇인가?

알파선과 베타선은 원자에서 일부 입자가 나오는 것이지만 감마선은 원자핵이 방출하는 전자기파 복사선(감마선이라고 하는)이다. 감마선은 진동수($>10^{19}$Hz)가 큰 전자기파로 에너지가 커서(>100keV) 알파선이나 베타선과 달리 우리 몸 안으로 깊숙이 침투하여 세포나 세포 안에 포함된 DNA를 손상시킬 수 있다. 하지만 반대로 감마선의 이러한 파괴력을 이용해 질병을 치료하기도 한다. 그중 암 치료에 사용되는 방사선 요법은 감마선을 이용해 악성 세포를 죽이는 치료이다.

원자핵화학은 원자를 변환시키려는 연금술사들의 목표와 어떤 관련이 있을까?

연금술사는 보통의 금속을 금으로 바꾸는 방법을 찾아내기 위해 노력했다. 그러나 그것이 일반적인 방법으로는 불가능하다는 사실을 우리는 알고 있다. 원자의 변환은 단순한 화학 반응으로는 불가능하기 때문이다. 금 원자를 만들기 위해서는 큰 원자핵이 금 원자핵과 다른 조각으로 쪼개지거나, 작은 원자핵이 융합하여 금 원자핵을 만드는 것과 같은 원자핵 반응이 일어나야 한다. 그러나 이런 일들은 쉽게 일어나지 않는다. 만약 고대의 연금술사들이 화학반응과 그들이 추구했던 원자핵 반응의 차이를 알았더라면 많은 시간과 노력을 낭비하지 않았을 것이다.

핵자들을 함께 묶어 놓는 것은 무엇인가?

원자핵은 전하를 띠고 있지 않은 중성자와 (+) 전하를 가진 양성자로 이루어져 있다. 전하를 가지고 있지 않은 중성자는 다른 입자들과 전기적 상호작용을 하지 않는 반면 (+) 전하를 가지고 있는 양성자들 사이에는 척력이 작용해야 한다. 같은 원자핵 안에 들어 있는 양성자 사이의 거리는 매우 작기 때문에 양성자 사이에 작용하는 척력은 강하다. 따라서 이들을 함께 묶어 놓는 힘은 매우 강해야 한다. 이 힘은 아주 강해 이름마저도 강력이다.

강력은 아주 짧은 거리인 10^{-15}m의 거리 내에서만 작용한다. 만약 양성자가 이 거리보다 멀리 떨어지면 강력은 전기적 반발력보다 작아져 서로 밀어낼 것이다. 안정한 원자핵 안에 들어 있는 양성자와 중성자 사이에는 일정한 비율이 존재하는 것으로 보여 중성자가 '접착제'로 작용하여 모든 양성자와 중성자를 한데 묶어놓는다고 생각하기도 한다.

모든 동위원소가 같은 속도로 붕괴할까?

그렇지 않다. 모든 동위원소는 다른 속도로 붕괴한다. 가장 활발한 동위원소는 가장 빨리 붕괴한다. 일부 원소(특히 무거운 원소들) 중에는 안정한 동위원소를 가지고 있지 않은 원소도 있다. 이런 원소들은 실험실에서 합성된 후 아주 짧은 시간 동안만 존재할 수 있다.

방사성 물질의 반감기는 무엇인가?

방사성 물질의 반감기는 물질의 반이 붕괴되는 데 걸리는 시간이다. 반감기가 지난 후에는 최초 물질의 $\frac{1}{2}$이 남고, 반감기가 두 번 지난 후에는 $\frac{1}{4}$이 남으며, 반감기가 세 번 지난 후에는 $\frac{1}{8}$이 남는다. 방사성 원자핵의 반감기는 다양하다. 반감기에 대한 감을 익힐 수 있도록 몇 가지 예를 소개한다.

방사성 원자핵	반감기
탄소-14	5,730년
납-210	22.3년
수은-203	46.6일
납-214	26.8분
질소-16	7.13초
폴로늄-213	0.000305초

전자 포획이란?

전자 포획이란 전자가 양성자와 결합하여 중성자를 만드는 과정을 말한다. 이렇게 되면 원소의 원자번호는 1 작아지고, 원자량은 변하지 않는다.

1초의 길이는 어떻게 정의되는가?

1초는 세슘-133 원자의 바닥상태에서 초미세에너지 준위 사이의 차이에 해당하는 전자기파 복사선(전자기파 복사선에 대해서는 '물리화학 및 이론화학' 부분 참조) 주기의 9,192,631,770배로 정의되었다.

이것은 무슨 의미일까? 처음부터 설명하면 세슘-133 원자에 가까이 있는 두 에너지 준위의 에너지 차이는 일정하다. 에너지와 광자의 진동수 사이의 관계를 이용하면 이 에너지는 빛의 진동수로 환산할 수 있다. 빛은 전자기파 복사선이다. 그리고 빛의 진동수의 역수는 빛을 이루는 전자기장의 진동주기를 나타낸다. 이 주기는 전기장과 자기장이 한 번 진동하는 데 시간이 얼마나 걸리는지를 나타낸다. 1초는 이 주기(매우 짧은)의 9,192,631,770로 정의되었다. 전자기장이 9,192,631,770번 진동하는 동안에 지구상의 모든 시계의 두 번째 바늘이 60분의 1바퀴를 도는 것이다.

마리 퀴리는 누구인가?

마리 퀴리$^{Marie\ Curie}$는 폴란드 출신 프랑스 과학자로 노벨 물리학상과 노벨 화학상을 수상한 최초의 인물이었다. 퀴리는 노벨상을 수상한 첫 번째 여성이었으며 다른 분야에서 두 번의 노벨상을 받은 유일한 여성으로 남아 있다. 퀴리는 19세기 말과 20세기 초의 원자핵화학 분야 연구의 선구자였다. 퀴리의 연구 대부분은 방사성 원소에 관한 것이었으며 라듐과 폴로늄을 발견했다. 불행하게도 퀴리를 죽음으로 몰고 간 것도 그녀의 연구였다. 퀴리가 살아 있는 동안에는 방사선의 위험성이 잘 알려져 있지 않았기 때문에 오늘날 우리가 취하는 안전 장치 없이 연구에 몰두했던 것이다. 마리 퀴리는 실험실에서 오랫동안 방사선에 노출되어서 발생한 재생불량성 빈혈로 사망했다.

방사선 노출은 어떻게 측정하나?

방사선 노출을 나타내는 기본 단위는 시버트(Sv)인데, 이 외에도 다양한 단위가 사용되고 있다. 미국에서 방사선 관련 분야의 종사자들에게 허용된 최대 노출량은

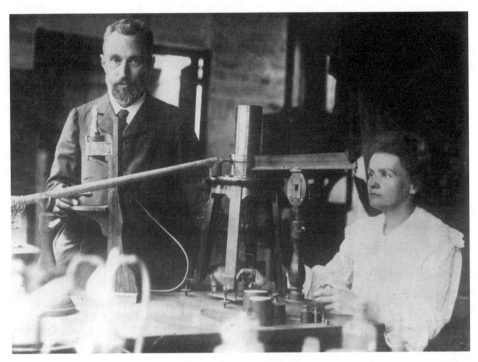

피에르와 마리 퀴리가 실험실에서 연구하고 있다. 마리 퀴리는 노벨상을 받은 첫 번째 여성이자 노벨상을 두 번 받은 여성이었다. 퀴리는 방사성 원소에 대해 연구했으며 라듐과 폴로늄을 발견했다.

50밀리시버트(mSv)이다. 자연에서 받는 평균 방사선 노출량은 약 3mSv이다.

실제로 응용되는 원자핵화학

원자핵 융합이란?

핵융합은 두 개의 원자핵이 융합해 하나의 무거운 원자핵을 만드는 과정이다. 또 별들이 밝게 빛나면서 빛과 열을 방출할 수 있도록 하는 에너지원이다. 두 개의 가벼운 원자핵이 융합하면 에너지를 방출하지만 무거운 원자핵이 융합하면 에너지를 흡수한다. 원자핵 융합은 빠르게 에너지를 방출하는 폭탄으로 사용될 수 있다.

저온핵융합이란?

저온핵융합은 간단한 장치를 이용한 조건 하에서 일어나는 핵융합이다. 이런 핵융합은 효과적으로 에너지를 생산할 수 있기 때문에 매우 바람직하다.

저온핵융합은 실제로 가능한가?

1980년대 후반 저온핵융합 반응에 성공했다는 뉴스에 과학계가 흥분했다. 그러나 그 뉴스는 오보로 밝혀졌고, 발표된 것과는 달리 비교적 간단한 실험으로 그 결과를 재현할 수 없었다. 이 실험이 알려진 후에도 저온핵융합과 관련된 믿을 만한 몇 건의 보고가 있었고, 원칙적으로 저온핵융합은 가능한 것으로 보인다. 하지만 몇 번의 성공적인 실험에서 방출된 에너지는 그 실험을 하기 위해 투입한 에너지보다 훨씬 적었다. 따라서 저온핵융합은 에너지원으로서는 바람직해 보이지 않는다. 그로 인해 초기의 폭발적인 관심에 비해 주류 과학자들은 이 주제에 흥미를 잃었다. 오늘날 대부분의 사람들은 저온핵융합이 경쟁력 있는 에너지원으로 사용하기에 충분한 에너지를 생산하지 못한다고 생각하고 있다. 하지만 일부 실험자들은 아직도 에너지원으로 개발하기 위한 저온핵융합 연구를 계속하고 있다. 이 실험이 성공을 거둔다면 과학계의 주목을 끌 수 있을 것이다.

핵분열이란 무엇인가?

핵분열은 핵융합의 반대 과정이다. 핵분열에서는 하나의 원자핵이 두 개의 작은 원자핵으로 분열된다. 이 과정에서 에너지가 방출된다. 예를 들어 우라늄-235의 방사성 붕괴 시에 방출되는 에너지는 핵발전소에서 전기를 생산하기 위해 터빈을 돌리는 데 이용되고 있다. 에너지 공급을 위해 핵분열을 이용하는 것은 훨씬 경쟁력 있는 선택이다(핵융합과는 반대로).

원자핵분열 과정에서 질량은 보존될까?

거의 보존된다. 그러나 모든 질량이 보존되는 것은 아니며, 적은 양의 질량이 에너지의 형태로 바뀐다. 에너지(E)와 질량은 $E=mc^2$으로 나타내는 유명한 식에 의해 서로 전환될 수 있다. 이 식에서 c는 빛의 속도이다.

방사능은 어떻게 측정할까?

방사능은 방사성 붕괴의 생성물을 검출하여 측정한다. 이 목적으로 가장 널리 사용되는 장비는 가이거 계수기이다. 가이거 계수기는 알파선, 베타선, 감마선을 포함한 방사성 붕괴 생성물에 민감하다. 방사능을 측정하는 단위는 단위시간 동안에 붕괴하는 횟수를 나타내는 퀴리나 베크렐이다.

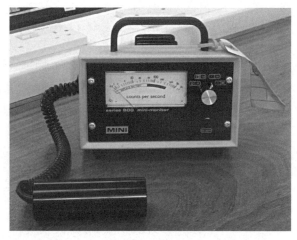

알파선과 베타선뿐만 아니라 감마선까지 감지할 수 있는 가이거 계수기는 모든 것의 방사능을 측정하는 데 사용할 수 있다.

많은 경우에는 붕괴하는 순간에 방출하는 방사선을 직접 검출하지 않고 시료에 포함된 동위원소의 비를 결정하기도 한다. 그러기 위해서는 분석화학에서 사용하는 질량 분석 같은 방법을 사용해야 한다. 존재하는 동위원소의 비에 대한 정보는 동위원소의 반감기에 대한 지식과 함께 분석하고자 하는 시료의 나이를 결정할 수 있도록 한다.

방사능 연대측정법은 어떤 원리로 작동하는가?

방사능 연대측정은 시료 속에 포함된 동위원소의 비를 이용해 시료의 연령을 결정하는 방법이다. 동위원소의 반감기와 시료가 만들어질 당시의 동위원소의 비에 대한 정보를 바탕으로 하여 시료의 나이를 결정할 수 있다. 시료의 정확한 연대를 알기 위해서는 측정하는 동위원소가 시료 밖으로 달아나거나 외부에서 들어가서는 안 된다. 그렇게 되면 현재 존재하는 동위원소의 비가 측정하는 동위원소의 반감기에만 의존한 것이 아니기 때문이다.

연쇄핵반응이란?

연쇄핵반응은 하나의 핵반응이 평
균적으로 적어도 하나 이상의 핵반응
이 일어나도록 할 때 발생하는 일련의
반응이다. 이런 연쇄반응은 원자핵 발
전과 핵무기에서 매우 중요하다. 우라
늄-235는 핵발전소와 일부 핵무기에
서 연쇄반응을 일으킨다. 보통은 우라
늄-238이 더 많이 존재하므로 우라
늄-235를 이용하기 위해서는 우선 농
축해야 한다. 중성자가 우라늄-235의
원자핵과 충돌하면 우라늄-236이 만
들어지고, 이것이 붕괴하면서 에너지
와 다른 우라늄-235에 충돌하여 연
쇄반응을 계속 일으키는 중성자를 방출한다.

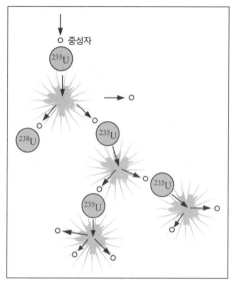

우라늄-235의 연쇄반응은 방사성 물질이 방출하는 중
성자가 다른 원자핵에 충돌하면서 일어난다. 핵폭탄에
서는 폭발이 일어날 수 있는 임계점에서 반응이 일어나
지만 핵발전소에서는 반응을 조절해 적당한 양의 에너
지를 방출한다.

원자폭탄은 어떻게 작동할까?

원자폭탄(A-폭탄)은 매우 빠르게 일어나서 아주 짧은 시간 동안 엄청난 에너지를
방출하는 원자핵 연쇄반응에 바탕을 두고 있다. 초기에는 두 조각의 우라늄이 폭탄
중심부에서 서로 반대 방향으로 발사되어 폭탄이 폭발하는데 필요한 연쇄 핵분열 반
응을 촉발시켰다.

폭발을 시작하면 폭탄의 중심부가 팽창한다. 핵분열이 일어나는 동안에는 팽창을
막을 수 있도록 외부에서 압력을 가해야 한다. 폭발은 아주 짧은 시간 동안에 일어나

며, 제2차 세계대전 때 나가사키와 히로시마에 투하된 핵폭탄이 실제로 사용된 유일한 원자폭탄이다.

수소폭탄(H-폭탄)**과 원자폭탄**(A-폭탄)**의 차이점은 무엇인가?**

수소폭탄(H-폭탄)은 원자폭탄(A-폭탄)보다 파괴력이 훨씬 크다. 원자폭탄이 연쇄 핵분열반응(무거운 원자핵을 쪼개는)에 의해 에너지를 방출하는 데 반해 수소폭탄은 가벼운 원자핵의 핵융합에 의해 에너지를 방출한다. 이 에너지는 가벼운 원자핵이 융합해 무거운 원자핵으로 변하면 핵자들을 묶어두는 강력의 작용으로 원자핵이 더 안정한 상태로 변하면서 방출하는 에너지이다. 이 두

원자폭탄은 폭탄 내부에서 핵분열 연쇄반응이 일어나 엄청난 에너지를 방출하면서 폭발한다.

가지 폭탄이 방출하는 에너지를 비교해 보자면, 히로시마에 투하된 원자폭탄은 10킬로톤(10,000톤의 TNT와 맞먹는 폭발력)이었지만 일반적인 수소폭탄의 폭발력은 10메가톤으로 히로시마에 투하된 원자폭탄보다 1,000배나 큰 폭발력을 가지고 있다.

의학에서는 방사능을 어떻게 이용할까?

우선 방사선 치료에 사용되는 방사선과 방사성 의약품(이 장의 다른 주제와 더 가까운) 그리고 전자기파 복사선(다른 파장의 빛)의 차이점부터 설명하는 것이 순서일 것이다.

핵의학은 이 장에서 다루는 원자핵화학의 개념들과 밀접한 관계가 있는 의학의 한 분야이다. 핵의학을 이용한 진단은 방사성 의약품을 몸에 주사하고 약물이 방출하는 방사선을 조사해 기관의 기능, 혈액의 순환, 종양의 위치, 부러진 뼈의 위치 등의 정보

를 수집한다. 일부 경우에는 핵의학을 이용하면 다른 영상 기술보다 조기 진단을 할 수 있다.

방사선을 의학에 이용하는 예로 가장 먼저 떠오르는 것은 다양한 암 치료에 사용되는 방사선 치료일 것이다. 방사선 치료는 방사선을 종양 부위에 집중시켜 다른 건강한 세포는 최대한 손상시키지 않으면서 종양 조직의 DNA를 파괴하는 치료이다. 방사선 치료의 목적은 암세포의 DNA를 손상시켜 복제가 불가능하게 함으로써 시간의 경과에 따라 종양을 죽이는 것이다. 이때는 방사선 빔이 건강한 세포에 미치는 영향이 적도록 각도를 조절 발사해 종양에 초점을 맞춘다.

X-선과 단층촬영(CT)은 사람의 몸속에서 무슨 일이 벌어지고 있는지 알기 위해 전자기파 복사선을 이용, 사진을 찍어 질병을 진단하는 의학적 방법이다. 하지만 X-선에 오래 노출되면 건강에 해로울 수 있으며 장기적으로는 암을 유발할 수도 있다.

동위원소는 어떻게 만들까?

원소의 특정한 동위원소는 두 가지 방법으로 얻을 수 있다. 자연적인 시료에서 원하는 동위원소를 분리해내거나 원하는 동위원소를 합성하는 방법이다.

동위원소들은 같은 화학적 성질을 가지고 있기 때문에 분리하기가 쉽지 않다. 동위원소를 분리하는 데 사용하는 방법은 화학적 성질의 차이가 아니라 질량 차이에 바탕을 둔 것이어야 한다. 일부 방법에서는 기체나 액체 상태에서 확산을 이용해 동위원소를 분리하기도 하고, 원심분리, 이온화, 질량 분석, 원자량의 차이에 의한 반응속도의 차이를 이용하는 화학적 방법을 사용하기도 한다.

동위원소는 인공적으로 합성하기도 한다. 동위원소를 합성하는 방법으로는 원자핵을 향해 고에너지 입자를 발사하는 것이 있다. 경우에 따라서 이것이 원자핵이 입자를 방출하도록 하기도 하고(가벼운 원소를 만들면서), 발사된 입자가 원자핵에 흡수되기도 한다(더 무거운 원소를 만들면서). 한 원소가 핵분열하면서 발생하는 입자가 다른 원자핵에 흡수되는 것과 같이 자연적으로 일어나는 핵반응을 이용해 일부 원소의 동위원소를 만드는 것도 가능하다.

원자로는 어떻게 작동할까?

원자로는 통제된 핵분열 반응에서 발생하는 열을 이용해 가동한다. 이 열이 발전기의 터빈을 돌리는 증기를 만들어낸다. 원자로의 연료는 주로 우라늄-235와 플루토늄-239이다.

토륨 원자로란?

토륨을 이용한 원자로도 가능하다. 토륨-232를 이용해 만들어낸 우라늄-233이 발전에 필요한 열을 발생시키는 핵분열 반응을 한다.

증식로란 무엇인가?

증식로란 사용하는 것보다 더 많은 양의 핵분열 가능 물질(연쇄반응을 유지할 수 있는 물질)을 생산하는 원자로를 말한다. 핵분열 시에 방출되는 중성자를 이용해 핵분열이 가능한 동위원소를 생산하기 때문에 가능한 일이다. 증식로에서는 주로 토륨을 이용해 분열 가능한 우라늄을 생산하거나 우라늄이 분열 가능한 플루토늄을 생산한다.

라돈이란 무엇인가?

라돈은 암을 유발하는 동위원소로 널리 알려져 있다. 기체 중에서 가장 무거운 기체로 밀도가 공기 밀도의 약 9배나 된다. 이 원소는 보통 흙이나 암석에서 발견되는데 간혹 물에서 발견되기도 한다. 다행히 라돈 검출기는 쉽게 구할 수 있기 때문에 가정에서의 라돈 수치를 확인할 수 있다.

사람이 인공적으로 만든 원소는?

실제로 원소 합성이 가능하다. 인공적으로 만든 모든 원소의 목록은 아래 표와 같다.

원소명	원소 기호	원소 번호	원소명	원소 기호	원소 번호
테크네튬*	Tc	43	더브늄	Db	105
프로메튬	Pm	61	시보귬	Sg	106
넵튜늄	Np	93	보륨	Bh	107
플루토늄	Pu	94	하슘	Hs	108
아메리슘	Am	95	마이트너륨	Mt	109
퀴륨	Cm	96	다름스타튬	Ds	110
버클륨	Bk	97	렌트게늄	Rg	111
칼리포늄	Cf	98	코페르니슘	Cn	112
아인슈타이늄	Es	99	니호늄	Nh	113
페르뮴	Fm	100	플레로븀	Fl	114
멘델레븀	Md	101	모스코븀	Mc	115
노벨륨	No	102	리버모륨	Lv	116
로렌슘	Lr	103	테네신	Ts	117
러더포듐	Rf	104	오가네손	Og	118

* 최초의 인공 원소

역사상 가장 큰 원전 사고는?

역사상 가장 큰 원자력 발전소 사고는 1979년 미국 트리마일 아일랜드에서 일어난 사고와 1986년 우크라이나의 체르노빌에서 일어난 사고이다. 그리고 2011년에는 일본 후쿠시마에서 지진으로 인한 원자력 발전소 사고가 있었다. 원자력 발전소 사고가 일어나면 매우 위험하다. 새로운 원자력 발전소의 건설을 반대하는 가장 중요한 이유는 바로 원전사고의 우려 때문이다.

원자로는 통제된 핵분열 반응을 통해 발전에 필요한 열을 발생시킨다. 증식로는 사용하는 연료보다 더 많은 핵분열 가능 물질을 생산하기 때문에 스스로 작동하는 것이 가능하다.

고분자화학

고분자도 분자이다!

고분자란?

고분자는 작은 단위가 반복적으로 연결된 커다란 분자이다. 고분자를 뜻하는 영어 단어 polymer는 그리스어의 '많은 부분'이라는 의미를 가진 말에서 유래했다. polymer라는 단어에서 먼저 플라스틱(반찬그릇이나 플라스틱 컵 같은)이 떠올랐을 것이다. 플라스틱은 가장 일반적인 고분자의 예다. 고분자는 모든 식물과 사람을 포함한 동물에서 중요한 역할을 한다.

단위체란?

고분자가 '많은 부분'을 뜻한다면 단위체는 전체의 '한 부분'을 뜻한다. 단위체는 여러 개가 연결되어 고분자를 형성하는 작은 분자들을 말한다. 보통 단위체를 연결하는 결합은 공유결합이지만 항상 그런 것은 아니다.

고분자와 작은 분자는 어떻게 다른가?

많은 면에서 다르다! 작은 분자들을 길게 연결하면 흥미로운 변화가 많이 일어나기 때문에 고분자화학과 고분자물리학은 큰 분야이다. 요리되지 않은 마카로니와 스파게티면을 떠올려보자. 요리되지 않은 마카로니는 쉽게 손으로 이동시킬 수 있다. 그러나 가지런한 스파게티면을 그 상태 그대로 옮기는 것은 어렵다. 면을 부러뜨리거나 조심스럽게 면들을 정리해야 한다.

두 경우 모두 에너지가 필요하다(첫 번째 경우에는 엔탈피, 두 번째 경우에는 엔트로피). 이제 이 면들을 요리한다. 포크로 국수를 찍은 다음 돌려보자. 마카로니는 요리 전이나 후나 아무 일도 일어나지 않는다. 그러나 스파게티는 포크에 감긴다.

작은 분자들, 즉 작은 면들의 집합인 마카로니와 스파게티는 같은 물과 밀가루로 만들었지만 크기에 따라 전혀 다른 성질을 가진다. 요리하지 않은 스파게티와 요리한 스파게티를 상상하는 것이 쉽지 않다면 다른 상태(고체와 액체, 유리 상태와 녹은 고분자 상태)의 고분자를 생각하는 것도 좋다.

모든 고분자 사슬은 같은 크기일까?

아니다. 이 문제를 이해하기 위해 다시 마카로니를 떠올려보자. 면을 끈으로 연결해 마카로니 목걸이를 만들 때 한 줄에 원하는 만큼 많은 수의 마카로니를 연결할 수 있다. 두 개의 줄을 가지고 있다면 두 줄에 같은 수의 국수를 끼울 수도 있고 한 줄을 다른 줄보다 길게 만들 수도 있다. 이때 마카로니 국수는 단위체이다. 단위체를 길게 연결하면 고분자가 만들어지므로 고분자의 길이는 얼마든지 달라질 수 있다.

고분자의 크기가 모두 같지 않다면 고분자의 무게는 어떨까?

좋은 질문이다. 고분자 사슬을 만드는 단위체의 수를 알면(기술적 용어: 고분자화 정도), 고분자의 분자량은 단위체의 분자량에 단위체의 수를 곱해서 구할 수 있다.

고분자의 분자량은 어떻게 측정할까?

가장 일반적인 방법은 크기에 바탕을 둔 것이다. 이 방법은 사이즈 배제 크로마토그래피 또는 겔 투과 크로마토그래피라고 한다.

시료를 다공성 고체 물질이 들어 있는 관에 통과시킨다. 크기가 작은 고분자는 구멍을 통해 고체로 안으로 들어갈 수 있지만 큰 고분자는 고체 물질과 상호작용하지 않는다. 가장 큰 분자는 고체 물질과 상호작용하지 않으므로 가장 먼저 관을 통과하여 나오고 그 다음에 더 작은 고분자가 나오며 그 뒤를 따라 더 작은 고분자가 나온다.

고분자가 관을 통과하는 데 걸리는 시간은 분자량과 관련이 있다(기술적으로는 유체 역학적 부피와 관련이 있지만 여기서는 이에 대해 자세히 다루지 않는다). 이런 측정 장치는 분자량을 알고 있는 표준 고분자의 통과속도를 이용해 분자량을 알 수 있도록 조정되어 있다.

분자량 분포란?

앞에서 우리는 고분자의 분자량이 다르다는 것을 알았다. 대부분의 고분자를 만드는 반응에서는 일정한 범위의 분자량을 갖는 고분자가 만들어진다. 고분자는 반복되는 같은 단위(단위체)로 이루어졌지만 여러 가지 이유로 사슬의 길이가 달라진다. 그리고 이러한 길이의 분포가 고분자의 성질을 결정하는데 중요하다는 것이 밝혀졌다.

이 분자량 분포를 계산하는 자세한 방법은 다루지 않는다. 단지 여기서는 분자량 분포가 크다는 것이 고분자 길이의 분포 범위가 넓다는 의미라는 것을 아는 것만으로 충분하다. 분포가 1.0이라는 것은 모든 고분자 사슬이 정확하게 같은 분자량을 가진다는 의미다.

> ### 고분자는 입체화학적으로 문제가 될까?
>
> 대체로 그렇다. 폴리프로필렌을 예로 들어보자. 동일배열 폴리프로필렌은 녹는점이 160℃인 결정물질이다. 이 물질의 결정성은 메틸기가 고분자 골격을 따라 완전한 배열을 이루고 있기 때문에 매우 단단하며 파이프에서 플라스틱 의자, 카펫에 이르기까지 다양하게 응용된다. 그러나 만약 고분자 사슬에 결함(메틸기가 잘못된 방향을 가리키면)이 있으면 녹는점이 내려가고 플라스틱은 강도를 잃는다.

고분자도 작은 분자와 마찬가지로 입체화학을 가질까?

그렇다! 가장 대표적인 예는 폴리프로필렌이다. 이 고분자는 고분자의 골격에 부착된 메틸기를 가지고 있다. 만약 모든 메틸기가 사슬의 같은 쪽에 있으면 입체화학적 구조는 동일배열(아래 위의 구조)이라고 한다. 만약 메틸기의 배열이 사슬의 양쪽에 번갈아 있다면 이 고분자는 규칙성 교대배열(아래 밑에 있는 구조)이라고 한다. 만약 메틸기 배열에 아무런 규칙이 없다면 이런 고분자는 혼성배열이라고 한다.

모든 고분자는 선형 사슬인가?

아니다. 이것은 화학자들이 이 거대한 분자를 분류하는 또 다른 방법이다. 고분자의 주된 형태(기술적 용어: 위상)에는 선형 고분자, 갈래고분자, 다리결합 고분자가 있다. 선형 고분자는 단위체가 국수나 로프와 같이 연결된 사슬이다. 고분자 사슬에 도로의 교차점과 같이 두 번째 사슬이 시작되는 점이 있다면 이런 배열은 갈래라고 한다.

교차결합 고분자란?

두 고분자 사슬 사이에서(사슬의 끝이 아닌 곳에서) 결합이 만들어진 고분자를 교차결합 고분자라고 한다. 사슬 사이의 교차결합은 보통 점성을 증가시키고(따라서 올리브 오일보다는 당밀과 같은) 고무줄이 가지고 있는 것 같은 탄성을 갖게 한다. 고도의 교차결합을 가지고 있는 고분자는 단단해져 유리처럼 된다.

우리 주변의 고분자

자연에서 발견되는 고분자는?

수없이 많다! 단백질, 효소, 셀룰로오스, 녹말, 비단은 모두 고분자이다.

DNA는 고분자인가?

그렇다. DNA는 두 개의 긴 당으로 된 고분자(뉴클레오타이드)를 포함하고 있다. 당 분자에는 인산기와 질산염기가 부착되어 있다. 이 염기 서열이 DNA의 정보를 구성한다(DNA에 대한 자세한 내용은 '생화학' 부분 참조).

셀룰로오스는 무엇인가?

셀룰로오스는(228쪽 그림 참조) 선형 다당류이다. 따라서 당 분자의 사슬이다. 셀룰로오스는 식물 세포벽의 주성분이기 때문에 식물에 가장 많이 들어 있는 유기화합물이다. 또 당 분자가 연결되는 방법과 한 가지 거울상체의 글루코오스로 이루어졌기 때문에 고도로 결정화되어 있다. 폴리프로필렌처럼 고도로 결정화되어 있는 고분자인 셀룰로오스는 매우 강하다. 나무가 똑바로 서 있을 수 있는 것은 이 때문이다.

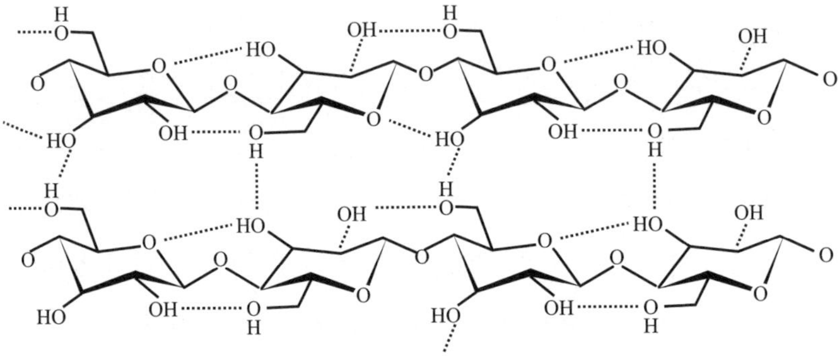

녹말은 셀룰로오스와 다른가?

녹말 역시 셀룰로오스와 마찬가지로 다당류이지만 훨씬 덜 결정화되어 있다. 녹말의 주요 구성 요소는 고도 갈래 고분자인 아밀로펙틴이다. 반면에 셀룰로오스는 완전히 선형적이다.

갈래들로 인해 아밀로펙틴은 셀룰로오스처럼 결정을 이루지 못한다. 이 때문에 녹말은 식물이나 동물의 주요한 에너지원(또는 저장된 당)이 된다. 녹말은 셀룰로오스보다 덜 결정화되어 있기 때문에 셀룰로오스보다 훨씬 잘 용해되며 갈래 구조는 더 많은 말단 기를 가지고 있어 효소가 고분자의 분해를 쉽게 시작할 수 있다.

레이온이란?

레이온 천의 모양과 감촉이 어떤지 알 것이다. 1980년대 옷들 대부분은 레이온으로 만들어졌다. 합성섬유도 아니지만 천연섬유라고 할 수도 없는 레이온은 화학적으로 변형된 셀룰로오스 고분자로, 1850년대에 최초로 사용되었다. 이 '인조견' 생산 방법은 여러 가지가 있는데 비스코스 방법이 가장 먼저 상업적 생산을 주도했다. 이 방법에서는 다음 그림과 같이 셀룰로오스를 수산화나트륨과 이황화탄소의 혼합용액으로 처리한다.

레이온은 어떻게 발견되었나?

최초의 인조견은 1855년 스위스의 화학자 조지 오뎀마스[Georges Audemars]가 만들었다. 그는 뽕나무(누에가 뽕나무 잎을 먹기 때문에 이 나무를 선택했을 것이다) 껍질의 펄프에 고무를 섞은 후 바늘을 이용하여 긴 섬유를 뽑아냈다. 이 방법은 많은 노동력을 필요로 하고, 생산 과정이 어렵기 때문에 경제성은 없었다. 오뎀마스는 니트로셀룰로오스(질산과 셀룰로오스를 섞은 생산품) 섬유를 뽑아낸 것이라는 주장도 있는데, 이 니트로셀룰로오스 섬유는 생산 과정이 까다로울 뿐만 아니라 불에 잘 탔다.

프랑스의 공학자 힐레어 드 샤르도네[Hilaire de Chardonnet] 역시 인조견의 역사에서 중요한 역할을 했다. 1870년대 루이 파스퇴르[Louis Pasteur]와 함께 일했던 그는 암실에서 작업을 하다가 니트로셀룰로오스 병을 쏟았다. 그는 쏟아진 용액이 증발하도록 그대로 두었다가 찌꺼기를 닦는 과정에서 길고 가는 섬유가 만들어진다는 사실을 알게 되었다. 샤르도네는 이 물질로 특허를 받았지만 불에 잘타는 성질 때문에 시장에서는 환영받지 못했다.

앞에서 언급했던 비스코스 방법은 1894년 영국의 화학자 찰스 프레드릭 크로스[Charles Frederick Cross], 에드워드 존 베반[Edward John Bevan], 클레이톤 비들[Clayton Beadle]이 개발해 상업적으로 성공을 거두었다. 레이온 천은 영국에서는 쿠어타울즈 파이버가 처음으로 생산했고, 미국에서는 아브텍스 파이버가 그 뒤를 이었다.

고무는 어디에서 만들어질까?

고무나무! 농담이 아니다. 단풍나무에서 단풍나무 시럽을 채취하듯이 천연고무는 고무나무에서 채취한다. 고무나무 시럽이 아니라 라텍스 수액이라는 것만 다르다. 라텍스는 탄소-탄소 이중결합이 사슬을 따라 시스-입체구조를 하고 있는 이소프렌 고분자이다. 인공적으로 만든 대체품이 있지만 오늘날까지도 매년 생산되는 고무의 약 반은 고무나무에서 얻고 있다.

폴리이소프렌

가황이란?

고무나무에서 얻는 천연고무는 자동차나 자전거 바퀴의 고무와 다르다. 천연고무는 끈적거리며 온도가 높아지면 형체를 유지하지 못하고, 차가운 곳에 두면 부서지기 쉽다. 따라서 타이어를 만들기에는 어울리지 않는다. 이 결점을 보완하기 위한 방법인 가황은 천연고무 사슬에 황을 첨가해 교차결합을 만들어 성질을 향상시키는 것이다.

첨가중합 반응이란?

첨가중합 반응을 쉽게 설명하자면 단위체가 원자를 잃지 않고 결합하는 것이다. 이 형태의 반응은 운동학에 의해 좀 더 복잡한 방법으로 세밀하게 분류되지만 기본적으로는 위와 같이 설명될 수 있다.

축합중합 반응은 어떻게 다른가?

첨가중합 반응 시에는 단위체의 원자를 잃지 않지만 축합반응에서는 원자를 잃는다. 잃는 분자는 대개 물 분자이다.

플라스틱 병의 식별 코드 무엇을 나타내는가?

기술적인 수지 식별 코드[RSI]로 1980년대에 재활용을 할 때 플라스틱을 분류하기 쉽도록 도입되었다. 숫자는 어떤 종류의 고분자로 만들었는지를 나타낸다. 이 숫자는 재활용의 난이도와는 아무 관계가 없음에도 불구하고 잘못 알고 있는 사람들이 있다.

식별코드(RSI)	플라스틱
1	폴리에틸렌 테레프탈레이트
2	고밀도 폴리에틸렌
3	폴리비닐클로라이드
4	저밀도 폴리에틸렌
5	폴리프로필렌
6	폴리스티렌
7	기타

열가소성 수지란?

열을 가했을 때 연해지는 (식히면 다시 단단해지는) 플라스틱을 열가소성 수지라고 한다. 연해지는 온도는 재료와 고분자 사슬의 크기에 따라 달라진다. 열가소성 수지는 열을 가하면 쉽게 모양을 바꿀 수 있기 때문에 재활용하기가 쉽다.

열경화성 수지란?

열가소성 수지와는 달리 열경화성 수지는 열에 노출시켜도 (적어도 어떤 한계까지는) 연해지지 않는다. 이런 수지는 고분자 사슬 사이에 교차결합이 많아 단단한 조직을 만든다. 따라서 재활용은 훨씬 어렵지만 고온에서 안정성이 요구되는 용도로 사용된다.

EPA에 의하면 2015년에 미국에서는 8%, 한국에서는의 5%만의 플라스틱만이 재활용되었다. 이런 상황은 개선될 수 있다. 우리가 사용하는 포장재의 75%는 재활용이 가능하다.

PET(폴리에틸렌 테레프탈레이트)는 무엇인가?

폴리에틸렌 테레프탈레이트는 열가소성 수지로, 직물에 사용될 때는 폴리에스터라고 하며 병에 사용될 때는 PET라고 한다. PET는 에틸렌과 테레프탈레이트 단위체가 교대로 결합되어 만들어진다. 이 물질은 기체의 통과를 막는 데 탁월하기 때문에 탄산음료를 보관할 때 적합하다.

$$\left[\overset{\displaystyle O}{\underset{\displaystyle C}{\parallel}} - \bigcirc - \overset{\displaystyle O}{\underset{\displaystyle C}{\parallel}} - O - CH_2 - CH_2 - O \right]_n$$

HDPE(고밀도 폴리에틸렌)은 무엇인가?

고밀도 폴리에틸렌은 밀도가 $0.93 \sim 0.97 g/cm^3$ 사이에 있는 모든 폴리에틸렌을 말한다. 폴리에틸렌에서 밀도는 대부분 고분자 사슬의 분지점의 수에 따라 달라진다. 고밀도 폴리에틸렌은 갈래가 거의 없기 때문에 사슬들이 매우 가깝게 쌓일 수 있다. 이러한 단단한 배열이 아주 강한 고분자를 만들어 병뚜껑, 우유 컵, 훌라후프 등을 만드는 데 사용된다.

LDPE(저밀도 폴리에틸렌)이란?

폴리에틸렌의 밀도가 $0.91 \sim 0.94 g/cm^3$일 때(범위가 약간 겹친다) 저밀도 폴리에틸렌이라고 한다. 이 밀도를 얻으려면 폴리프로필렌 사슬이 HDPE보다 더 많은 갈래를 가져야 하지만 전체 사슬을 이루는 원자의 몇 %만 갈래를 가진다. 이 갈래들이 사슬이 쌓이는 것을 방해해 연하고 휘어지기 쉽게 만든다. 이러한 성질 때문에 LDPE는 쓰레기봉투, 일반 비닐봉투, 샌드위치 포장지, '클링기' 음식 포장지(원래의 사란 랩[Saran®] [Wrap]은 LDPE가 아니었다 - 아래 참조) 등에 사용된다.

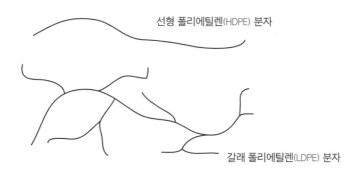

선형 폴리에틸렌(HDPE) 분자

갈래 폴리에틸렌(LDPE) 분자

PVC(폴리염화비닐)은 무엇인가?

프로필렌에서 모든 에틸렌 단위체의 수소 하나를 염소 원자로 치환하면(이것이 실제로 이 물질을 만드는 방법은 아님) PVC를 얻을 수 있다. PVC는 폴리에틸렌과 폴리프로필렌 다음으로 많이 생산되는 고분자이다. 이것은 매우 강한 고분자로 파이프, 바닥재 등으로 사용된다. PVC는 프탈레이트(두 개의 에스테르를 가지고 있는 벤젠고리)와 같은 작은 유기분자를 이용해 연화시킬(기술 용어: 가소화) 수 있다. 가소화된 PVC는 전선의 절연 피복제와 정원용 호스 등에 사용된다.

신용카드는 무엇으로 만들까?

역시 PVC가 사용된다. 하지만 신용카드에 사용하는 PVC에는 가소제를 첨가하지 않고 여러 겹의 얇은 PVC를 접착제로 붙여 만든다.

PP(폴리프로필렌)란?

모든 에틸렌 단위체에 염소를 치환하는 대신 메틸기를 치환하면 폴리프로필렌을 얻는다. 앞에서 이것은 고분자에 입체구조를 도입하게 했다고 했던 것을 기억할 것이다. 고분자 사슬을 따라 메틸기를 배열하는 것은 녹는점과 다른 여러 가지 성질에 큰 영향을 준다는 것도 언급했었다. 접시 세척기와 음식물 저장 용기에서부터 합성 카펫(특히 실외용 카펫)에 이르기까지 폴리프로필렌은 집안에서 얼마든지 발견할 수 있으며 범퍼나 배터리 케이스 같은 자동차 부품에도 이용하고 있다. 폴리프로필렌은 강하면서도 기후 변화에 잘 견디는 로프에도 사용 가능해 낚시나 농업용으로 자주 사용된다. 또한 살균에 필요한 높은 온도에도 잘 견디기 때문에 많은 의료기기에 사용된다.

PS(폴리스티렌)는 무엇인가?

폴리에틸렌의 단위체의 수소 원자 하나가 벤젠고리로 치환되면(이것 역시 이 물질을 만드는 방법은 아니다) 폴리스티렌이 얻어진다. 폴리스티렌은 네 번째로 많이 생산되는 고분자로, 매년 수백만 kg의 폴리스티렌이 생산된다. 폴리스티렌은 부품(CD 케이스, 가구, 주방기구)을 만들거나 고분자에 공기를 혼합하여 집이나 커피 컵의 단열재로 사용하는 폼을 만들 수 있다. 스타이로폼®은 다우 화학이 생산하는 폴리스티렌 폼의 상품명이다.

사란 랩이란?

사란 랩$^{Saran® Wrap}$은 폴리염화비닐리덴(다우 화학이 가지고 있는)의 상품명이다. 폴리프로필렌에서 하나씩 건너 있는 탄소 원자에 붙어 있는 두 개의 수소 원자를 염소 원자로 치환하면(이것 역시 이 물질을 만드는 방법이 아니다!) PVDC(폴리염화비닐리덴)을 얻을 수 있다. 1933년 랄프 윌리$^{Ralph Wiley}$는 모든 수소 원자가 염소 원자로 치환되는 퍼콜로에틸렌을 만드는 실험 과정에서 실험용 유리그릇의 바닥을 닦다가 이상한 물질을 발견했다. 과학자들은 제2차 세계대전 직전에 이 새로운 물질로 얇은 막을 만들 수 있었다. 이것은 곧 바다 속으로 수송하는 무기의 부식 방지를 위한 부품 포장이나 정글에서 군인들이 물에 젖지 않도록 하기 위해 감싸는 용도로 사용되었다. 제2차 세계대전 이후 다우는 이 물질의 새로운 용도로 음식물 포장에 사용하는 사란 랩$^{Saran® Wrap}$이라는 PVDC 제품을 선보였다. 하지만 염소 원자 때문에 환경과 건강에 나쁜 영향을 미친다는 사실이 밝혀져 현재는 저밀도 폴리에틸렌이 사용되고 있다. 그래서 오늘날 우리가 사용하는 클링기 음식물 포장지는 PVDC가 아니다.

그렇다면 왜 아직도 PVDC를 사란 랩이라고 부를까?

많은 산업용 상품명에는 발명과 관련된 흥미로운 이야기가 있다. 하지만 사란 랩 Saran® Wrap은 예외이다. 랄프 윌리가 발명했으니 그가 이 이름을 지었을 것이라고 생각하겠지만, 이 이름은 랄프 윌리의 상사였던 존 라일리가 그의 아내 사라와 딸 앤의 이름을 합쳐서 지어졌다.

나일론은 무엇인가?

나일론은 디카르복실산과 다이아민을 중합시켜 만든 합성 고분자이다. 이 반응은 아미드 결합을 형성하고 물분자를 방출한다. '나일론'이라는 단어는 이런 종류의 고분자를 가리키는 일반 명칭이다. 가장 일반적인 나일론은 '나일론66'으로 이 숫자는 아민 속 탄소의 숫자(6)와 산성 반응물 속의 탄소의 숫자(6)를 나타낸다.

$$\left(\begin{array}{cc} \underset{F}{\overset{F}{C}} & \underset{F}{\overset{F}{C}} \end{array} \right)_n$$

프라이팬에 음식물이 '달라붙지 않게' 하는 것은 무엇인가?

요리 기구에 하는 코팅은 보통 듀퐁®이 생산하여 테플론®이라는 이름으로 판매하는 폴리테트라플루오르에틸렌PTFE이다. 강한 C-F 결합으로 인해 다른 물질과의 상호작용을 방지해 테플론®을 열에 잘 견디도록 하고 미끄러운 물질로 만든다. 요리 기구 외에 기어나 베어링의 제조에도 사용되며 고어텍스(방수 옷을 만드는 재료인)의 핵심 요소이기도 하다.

나일론은 언제 발명되었나?

나일론66은 듀퐁사®에서 근무하던 과학자 월리스 캐로더$^{Wallace\ Carothers}$가 1935년 2월 28일 처음 발명했다. 캐로더 박사는 스쿠버다이빙에 사용되는 옷을 만드는 네오프렌의 발명에도 공헌했다.

나일론은 어디에 처음 사용되었나?

나일론이 처음 상업적으로 사용된 곳은 칫솔이었다. 듀퐁사®가 1938년에 웨스트 박사의 놀라운 칫솔을 내놓기 전까지 수세기 동안 칫솔은 동물(주로 수퇘지)의 거친 털로 만들었다.

실리콘 ^{Silicon}은 무엇인가? 그것은 실리콘^{silicone}과 같은 것인가?

실리콘^{silicon}은 원소의 이름이고, 실리콘^{silicone}은 실리콘과 산소 원자를 골격으로 하는 고분자이다. 이 고분자는 열에 강하고 고무와 같은 촉감을 가지고 있다. 최근에는 요리 기구를 실리콘^{silicone}으로 만든다.

접착제란?

최근에는 다양한 종류의 접착제가 사용되고 있지만 접착제라고 하면 어릴 때부터 사용해온 흰색의 접착제를 떠올릴 것이다. 이런 형태의 접착제는 용매가 증발하면서 굳어지기 때문에 '순간접착제'라고 알려져 있다. 흰색 접착제의 경우 용매는 물이며 뒤에 남는 끈적끈적한 물질은 폴리비닐아세테이트이다.

폴리비닐아세테이트

헤어스프레이는 고분자를 포함하고 있을까?

그렇다. 헤어스프레이에는 흰색 접착제나 아크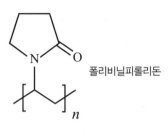
릴 페인트와 거의 비슷한 고분자가 들어 있다. 대
부분의 헤어스프레이에는 비닐아세테이트(또는 이
와 비슷한), 폴리비닐피롤리돈, 그 밖의 다양한 물질
이 들어 있다. 접착제와 마찬가지로 이 역시 고분

폴리비닐피롤리돈

자를 용해시킬 액체가 필요한데 헤어스프레이에는 보통 알코올과 물의 혼합물이 사
용된다.

페인트에는 무엇이 들어 있는가?

페인트에는 결합제, 용매, 염료의 세 가지 주요 성분이 들어 있다. 결합제는 벽에 잘
달라붙게 하는 접착성이 강한 물질이다. 접착제와 달리 페인트에는 고분자가 들어 있
지 않지만(적어도 완전히 형성된 고분자는) 용매가 증발하면 커다란 고분자 구조를 만드
는(교차결합을 통하여) 단위체나 짧은 고분자 사슬이 들어 있다. 페인트의 용매는 페인
트를 바닥에 흘리지 않고 벽에 바를 수 있도록 적당한 묽기를 만드는 역할을 한다. 또
한 증발한 후에 교차결합된 고분자 구조의 형성을 촉발시키는 역할도 한다. 염료는
모든 페인트가 흰색 페인트(흰색 페인트는 흰색 염료를 필요로 하지만)가 되지 않도록 하
기 위해 필요하다.

재활용된 플라스틱으로 어떻게 플리스를 만들까?

플리스는 폴리에틸렌 테레프탈레이트(PET) 병으로 만든다. 첫 단계에서는 세척한
다음 물리적으로 병을 분쇄하여 작은 칩 모양으로 만든다. 이 칩에 열을 가하고 금속
판(방적돌기라고 하는)의 작은 구멍 사이로 통과시켜 섬유를 만든 다음 상온에서 식혀
굳힌다. 이 섬유를 스풀에 감고 잡아당겨 강도를 향상시킨 뒤 적당한 길이로 자른 다
음 옷감이나 담요 등을 만드는 플리스 천을 짜는 데 사용한다.

샴푸와 컨디셔너에도 고분자가 들어 있을까?

들어 있다! 샴푸나 컨디셔너에 들어 있는 많은 성분이 비누의 성분(계면활성제 등)과 비슷하지만 이런 제품에서는 양이온성 중합체가 중요한 역할을 한다. 이 고분자의 한 종류는 화학용어라기보다는 상품명에 가까운 '폴리쿼터늄'이라고 불린다(아래 그림은 이 종류의 고분자 중의 하나인 '폴리쿼터늄 1'의 구조이다). 이런 고분자는 모두 머리카락과 이온결합을 할 수 있도록 하는 (+) 전하를 가지고 있다. 이 때문에 고분자는 물에 씻겨나가지 않는다. 일단 코팅이 되면 머리카락이 다른 머리카락과 들러붙지 않고 광택이 난다.

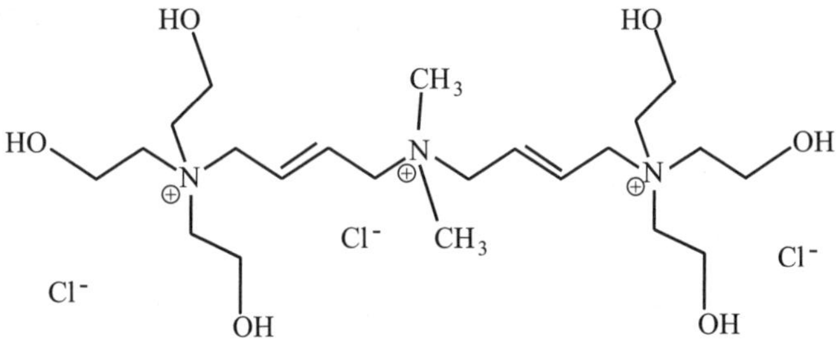

파이버글라스란 무엇인가?

파이버글라스는 유리 섬유를 이용해 강화한 플라스틱으로 만든다. 값이 비싸지 않을 뿐만 아니라 강도나 무게가 여러 가지 용도로 사용하기에 적당해 널리 사용되는 물질이다. 응용 범위가 넓은 파이버글라스는 그중에서도 글라이더, 보트, 자동차, 샤워시설이나 목욕통, 지붕, 파이프, 서프보드 등에 주로 사용된다.

기저귀에서 액체를 흡수하는 물질은?

기저귀에서 물을 흡수하는 물질의 일반적인 이름은 '고흡수성 수지'로 가짜 눈이나 화재 예방제 그리고 음료수를 차갑게 유지하는 물질로도 사용된다. 흡수물질은 폴리아크릴산의 나트륨염으로, 이 물질은 무게로는 거의 대부분의 질량의 물을 함유할 수 있고, 부피로는 30~60%까지 물을 함유할 수 있다.

음료수를 차갑게 하기 위해 흡수성 고분자를 이용하는 것은 어떤 원리인가?

흡수성 고분자로 컵의 받침대를 만든 다음 물에 담그면 고분자가 물을 흡수하여 부풀어 오른다. 이 물이 천천히 고분자 밖으로 증발해 나오면서 고분자 겔의 온도를 낮추고 따라서 컵 안의 음료수도 식는다.

스타이로폼®이란?

스타이로폼®은 팽창된 폴리스티렌 폼의 상품명(다우 화학이 생산하는)이다. 98%가 공기이기 때문에 스타이로폼®으로 만든 커피 컵은 매우 가볍다(그리고 물에 뜬다). 1회용 식품 용기 외에도 폴리스티렌 폼은 건물이나 파이프의 단열, 땅콩 포장, 조화를 묶는 초록색 끈 등에 사용된다.

스판덱스란 무엇인가?

스판덱스(북미에서는 이렇게 부르지만, 유럽에서는 '엘레스탄', 영국인들은 '라이크라'라고 하는데 라이크라®는 상품명이기 때문에 혼동하기 쉽다)는 산화프로필렌처럼 고무 성질을 가진 폴리우레탄과 폴리우레아의 다단 공중합체이다. 이 두 고분자는 잘 섞이지 않기 때문에 각 폴리머의 작은 도메인이 만들어진다. 스판덱스가 잘 늘어나면서도 강한 성질을 나타내는 이유는 이러한 분리(연한 부분과 단단한 부분의) 때문이다.

연한 고무 같은 영역   단단한 영역

에너지

에너지원

세계에서 사용하는 에너지원의 분포는 어떻게 되나?

대략 전 세계가 사용하는 에너지의 32.4%는 기름의 형태, 27%는 석탄, 21%는 천연가스에서 얻는다. 이 세 가지 에너지원이 세계 에너지 사용량의 80%를 넘는다. 나머지 20%는 기본적으로 가연성 쓰레기(10%), 핵에너지(6%), 수력(2%) 등으로 충당한다. 자주 이야기되고 있는 태양에너지나 풍차와 같은 그린에너지는 전 세계적으로 사용하는 에너지에 의미 있는 양을 공급하지 못하고 있다.

전 세계 에너지원*

에너지원	전체 소비량의 %
석유	32.4
석탄	27.3
천연가스	21.4
바이오연료 및 쓰레기	10
핵에너지	5.7
수력	2.3
기타	0.9

* 2010년 국제 에너지 에이전시에서 발간한 자료
(http://www.iea.org/publications/freepublications/publication/kwes.pdf)

석유는 무엇인가?

석유는 매장된 채 지하에서 발견되는 기름으로, 오래 전에 바다에 살던 생물이 자연적으로 분해되어 만들어졌다. 석유를 '화석연료'라고 하는 것은 이 때문이다. 석유를 가치 있는 에너지원으로 만드는 주요 성분은 탄화수소이다. '화학반응'에서 간단하게 언급했던 것처럼 탄화수소는 연소 반응을 통해 많은 양의 에너지를 방출한다.

석유는 어떻게 정유할까?

석유를 정유하는 방법에는 여러 가지가 있다. 가장 오래된 방법은 석유를 서서히 가열하면서 다른 종류의 탄화수소를 차례로 증류시켜 증기를 모으는 증류법이다. 또 한 종류의 탄화수소를 다른 종류로 바꾸는 화학반응을 이용한 화학적 정유방법이 사용되기도 한다.

이런 정유소에서는 증류법이나 화학적 방법으로 석유를 정제한다.

크래킹이란 무엇인가?

액체 촉매 크래킹은 녹는점이 높은 탄화수소를 휘발유와 같은 좀 더 유용한 가벼운 탄화수소로 바꾸는 과정을 가리킨다. 이 시설은 한 번 가동하면 몇 년 동안 계속 가동되며 전 세계적으로 수백 개나 있다.

긴 탄화수소를 분해하기 위해서는 고온뿐만 아니라 이 과정을 촉진시키기 위한 촉매도 사용된다. 이러한 촉매는 보통 제올라이트 형태의 강산으로, 흔히 실리카와 알루미나의 혼합물이 사용된다.

프래킹이란 무엇인가?

하이드로릭 프랙처링 또는 '프래킹'은 안에 갇혀 있는 천연가스를 배출할 수 있도록 지하 깊은 곳의 암석을 분쇄하는 방법이다. 암석에 주입하는 액체의 주성분은 물이다. 그러나 물에 녹아 있는 화학물질의 혼합물은 일반적으로 비밀로 취급된다. 암석을 분쇄하기 위해 액체를 사용하는 것은 100년도 더 된 방법이며, 현대적인 기술은 1940년대에 스탠더드 오일 앤 가스에서 근무하던 플로이드 파리스^{Floyd Farris}와 클라크^{J.B. Clark}의 실험에서 비롯되었다.

석탄은 어떻게 만들어졌나?

석탄은 수억 년 전에 죽은 나무나 식물로 만들어졌다. 죽은 식물 물질은 지하 깊은 곳에 묻혀 긴 시간 동안 높은 압력을 받아 단단해져 석탄이 된다. 따라서 석탄은 아주 오랜 시간이 지나야 다시 만들어질 수 있다. 그리고 현재 인류는 석탄이 만들어지는 것보다 훨씬 더 빠른 속도로 석탄을 소모하고 있다.

> ### 오래된 프래킹 방법이 아직도 사용되고 있는 이유는?
>
> 최근에 프래킹을 급속하게 발전시킨 두 번째 핵심적 혁신은 유정을 수평으로 팔 수 있는 능력이었다. 기술적으로 수직이 아닌 모든 유정은 방향굴 또는 경사굴이라고 한다. 수압을 이용한 프랙처링은 이런 방법으로 훨씬 넓은 범위에서 기체를 배출시킬 수 있다. 이에 따라 최근에는 더 널리 이 기술이 사용되고 있다.

원자로는 어떻게 에너지를 생산하는가?

원자핵 에너지는 '원자핵화학' 부분에서 언급했듯이 핵분열 과정에서 배출되는 에너지에서 얻는다. 상업용 에너지 생산에 이용되는 원자로는 우라늄-235의 통제된 연쇄반응을 이용한다. 중성자가 충돌하면 우라늄-235는 두 개의 가벼운 원자로 분리되면서 에너지를 방출한다. 핵분열에서 배출되는 에너지의 양은 화석연료의 연소반응을 통해 얻는 에너지보다 훨씬 많다. 따라서 상대적으로 적은 양의 우라늄으로도 많은 양의 에너지를 얻을 수 있다. 실제로 농축된 $1kg$의 우라늄은 800만 ℓ의 휘발유가 내는 에너지와 같은 양의 에너지를 낼 수 있다!

우라늄의 생산지는?

우라늄은 카자흐스탄, 오스트레일리아, 캐나다의 광산에서 주로 생산되며 미국, 남아프리카, 나미비아, 니제르, 브라질, 러시아에서도 상당한 양이 생산된다. 우라늄은 광산 깊은 곳에 있는 광석을 용해시킨 후 지표면으로 퍼올리는 침출법을 사용하여 캐낸다. 지표로 올라온 우라늄은 사용하기 전에 추출과 농축 과정을 거친다.

오염

원자핵 에너지의 위험성은 무엇인가?

원자핵 에너지와 관련된 가장 큰 위험은 방사선 피폭으로 인한 건강의 손상이다. 방사선은 빛이나 마이크로파(전자기파 복사선의 한 형태인) 같은 전자기파 복사선이 아니다. 원자핵 에너지와 관련된 방사선은 방사성 붕괴 시에 나오는 중성자와 같은 아원자 입자와 관련이 있다. 이런 형태의 방사선에 노출되면 무엇보다도 암이나 유전적 결함이 야기될 수 있다. 핵분열 과정이 잘 통제된 상태에서 에너지를 생산하면 핵에너지는 가장 깨끗한 에너지원이지만 원자로가 녹아내리거나 그 밖의 재난이 일어날 때는 아주 위험하다. 그런 일이 일어날 확률을 없애기 위해 현대 원자력 발전소는 일어날 수 있는 모든 사고에 대비해 여러 겹의 방호장치를 갖추고 있다.

원자핵발전소가 배출하는 오염물질에는 어떤 것이 있는가?

사고가 일어나지 않는 한 많지 않다. 핵발전소에서는 온실기체(이산화탄소와 같은)를 배출하지도 않으며 연간 발생하는 폐기물의 양은 발전소당 $1\,m^3$ 정도이다. 이것만 잘 관리한다면 핵발전소가 생산하는 에너지는 가장 깨끗한 에너지이다.

화력발전소에서는 어떤 오염물질을 배출하나?

석탄을 연소시키면 산화질소, 이산화황, 수은 등의 물질을 공기 중으로 배출한다. 지구 온난화의 주범인 이산화탄소 역시 화력발전소에서 다량으로 방출된다. 지구 온난화 외에도 사람의 건강을 해치는 스모그, 그을음, 산성비의 원인이 된다. 석탄을 연소시킬 때 발생하는 고체 폐기물 역시 환경에 해를 줄 수 있다. 석탄을 사용하는 화력발전소에서 나오는 재는 비소, 카드뮴, 크로뮴, 납, 수은처럼 위험한 물질을 5% 정도 함유하고 있다. 따라서 적절하게 폐기되지 않으면 물을 오염시킬 수도 있다. 실제로 화학발전소에서 나오는 재를 잘못 처리하여 물을 오염시킨 사례가 많다.

어떤 에너지원이 CO_2를 가장 많이 배출하는가?

석유, 가스, 석탄 등의 화석연료가 가장 많이 배출한다. 이산화탄소 배출량의 96.5%는 화석연료의 연소반응 시에 배출되는 것이다.

CO_2를 가장 많이 배출하는 나라는?

2014년 발표된 자료에 의하면 이산화탄소를 가장 많이 배출하는 20여 개국은 오른쪽 표와 같다.

탄소 제거란?

탄소 제거와 탄소 포획은 대기 중에서 이산화탄소(CO_2)를 제거하여 저장하는 과정을 말한다. 이것은 식물이 CO_2를 당이나 단백질 같은 다른 분자로 바꿀 때 하는 일이다. 이산화탄소가 물과 석회암($CaCO_3$)과 반응하여 탄산수소칼슘($Ca(HCO_3)_2$)을 만드는 것은 자연적인 탄소 제거의 예이다. 오늘날 탄소 제거는 인공적으로 CO_2를 대기에서 제거하거나 방출되기 전에 포획하는(발전소에서와 같이) 방법을 뜻하는데, 장기간에 걸친 이산화탄소 저장 방법이 다양하게 연구되고 시도되었다. 여기에는 이 기체를 지하로 보내 암석을 형성시키는 방법, 염기와 작용시켜 굴뚝에서 CO_2를 제거하는 방법, CO_2를 다른 유용한 고분자로 전환시키는 방법 등이 포함된다.

순위	나라
1	중국
2	미국
3	인도
4	러시아
5	일본
6	독일
7	대한민국
8	이란
9	캐나다
10	사우디아라비아
11	영국
12	남아프리카
13	브라질
14	멕시코
15	이탈리아
16	오스트레일리아
17	프랑스
18	인도네시아
19	스페인
20	타이완
21	폴란드
22	태국
23	우쿠라이나
24	터키
25	네덜란드

자동차에서는 얼마나 많은 CO_2가 나오는가?

환경보호국EPA에 의하면 미국에서 배출하는 전체 CO_2의 33%를 수송 산업계에서 배출한다고 한다. 개인 용도로 사용하는 자동차의 배출량은 이 중 60%를 차지하는데 이는 전체 미국에서 배출하는 CO_2 양의 20%이다. 나머지는 대형 디젤 자동차나 제트 연료를 소모하는 비행기 등 그 밖의 수송 수단에서 배출된다.

무엇이 스모그를 유발하는가?

스모그는 휘발성 유기화합물과 산화질소가 햇빛을 받아 반응하여 만들어진다. 이런 오염 물질들은 여러 곳에서 발생할 수 있지만 도시 지역에서는 대부분 자동차에서 발생한다. 이 때문에 교통난이 심하고 태양 빛이 강할 때 스모그가 더 심해진다.

산성비의 원인은 무엇인가?

스모그와 마찬가지로 산성비도 이산화황이나 산화질소 같은 오염물질이 공기 중에서 산소와 물과 반응하여 만들어진다. 이런 반응에서 생성되는 산성 오염물질이 산성비의 원인이다. 인간 활동에 의한 환경오염 외에 화산활동 역시 산성비를 유발시킬 수 있다. 산성비는 식물, 동물, 해양 생명체에게 해를 끼칠 수 있다. 건축에 사용된 물질에 따라서는 산성비 때문에 건물이 손상될 수도 있다.

사진 속의 나무나 다른 식물들은 산성비로 손상을 입었거나 죽었다. 산성비는 공기 중의 물이 이산화황 등의 화학물질과 결합하여 빗물을 산성화시켜 만들어진다.

대기질 지수란?

대기질 지수^{AQI}는 공기 중에서 발견되는 입자 상태의 물질의 양을 나타내는 것이다. 이 값은 짧은 시간 동안에도 변할 수 있기 때문에 도시에서는 적어도 하루에 한 번 AQI를 발표한다. AQI 값이 높을수록 건강에는 나쁘다. 공기의 질을 나타내는 몇 가지 다른 지수가 있으므로 정확하게 어떤 방법으로 값을 정하는지에 대해서는 설명하지 않겠다.

여행을 계획하거나 새로운 곳으로 이사를 할 때에는 AQI에 관심을 가지는 것이 좋다. 일부 대도시는 공기의 질과 관련된 많은 문제가 있다. 도시의 최근 AQI 이력을 살펴보면 그 도시의 공기의 질이 어떤지 예측할 수 있다.

다음 표는 미국에서 사용되는 AQI 값과 건강에 미치는 영향이 정리되어 있다.

대기질 지수	건강에 영향을 주는 정도	색깔 (AQI)
0~50	좋음	초록색
51~100	중간 정도	노란색
101~150	민감한 사람의 건강에 나쁨	오렌지
151~200	건강에 나쁨	빨간색
201~300	매우 건강에 나쁨	자주색
301~500	위험함	어두운 적갈색

오존층은 무엇이며 왜 중요할까?

오존의 화학식은 O_3이며 지구 대기에 자연적으로 존재하는 기체이다. 대기 중에 함유된 대부분의 오존은 지상에서 몇 km 높은 곳에서 층을 이루고 있다. 이것이 태양에서 오는 해로운 전자기파인 자외선으로부터 지구를 보호하는 오존층이다. 오존층의 감소는 지구 표면에 더 많은 자외선이 도달하는 것을 의미한다. 오존은 온실기체여서 지구의 기후를 조절하는 데에도 중요한 역할을 한다.

어떤 오염물질이 오존층에 위협이 되는가?

오존층의 감소에 영향을 미치는 오염물질은 휘발성 있는 할로겐화 유기화합물이다. 이 중에서 가장 잘 알려진 것은 거의 모든 에어컨, 냉장고, 냉각 시스템에 사용되는 염화불화탄소(CFCs)와 수소화염화불화탄소((HCFCs)이다. 농업용 훈증제로 사용되는 메틸브로마이드 역시 오존층을 파괴한다.

새로운 에너지원

태양전지는 어떻게 작동할까?

태양은 지구 표면 $1\,m^2$에 1000W의 에너지를 공급한다. 이 에너지는 전 세계에서 현재 사용하는 모든 전기에너지를 충당하고도 남을 양이다. 그러나 이 에너지를 이용하는 것은 쉬운 일이 아니어서 우리는 아직도 다른 에너지원에 의존하고 있다. 태양전지 또는 광전지는 빛에너지를 이용해 물질 내의 전자를 들뜨게 하는 방법으로 에너지를 저장한다. 도핑이라는 방법을 통해 태양

광전지 또는 태양전지는 태양에서 온 광자가 쉽게 전자를 여기시켜 전기를 발생시킬 수 있는 단결정이나 다결정 실리콘, 텔루르화 카드뮴 또는 세렌화구리인듐을 이용해 만든다.

전지 내에 전기장이 형성되면 들뜬전자만이 한 방향으로 흘러갈 수 있다. 따라서 태양 빛이 태양전지에 비추면 전류가 흐른다. 이것이 태양전지가 에너지를 저장하기 위해 작동하는 기본 원리이다. 저장된 에너지는 즉시 또는 후에 사용하기 위해 저장할 수 있다. 좀 더 효율적인 태양전지를 설계하기 위한 연구가 현재 활발히 진행되고 있으며 따라서 태양전지의 효율은 시간이 지남에 따라 점점 좋아질 것이다.

풍력 터빈은 어떻게 에너지를 생산할까?

커다란 날개와 여기에 연결된 많은 기어로 이루어진 풍력 터빈을 이용해 에너지로 바꿀 수 있다. 바람이 풍력 터빈의 날개를 돌리면 풍력 터빈은 역학적 에너지를 모은다. 바람을 이용한 이와 같은 역학적 과정을 통해 물을 퍼올리거나 곡식을 찧는 것이 가능하다. 전기를 저장하기 위해서는 터빈이 날개의 역학적 에너지를 전기에너지로 바꾸는 발전기에 연결되어야 한다. 그런데 풍력 터빈을 이용해 에너지를 생산하기 위해서는 바람의 속도가 $10 \sim 16km/hr$는 되어야 한다. 풍력 터빈의 방향은 에너지를 최대한 모을 수 있도록 컴퓨터로 조정된다.

탄소 오프셋이란?

탄소 오프셋은 다른 곳에서 이루어진 탄소 배출을 상쇄하기 위해 온실기체의 배출을 줄이는 것을 말한다. 이와 관련된 온실기체에는 이산화탄소(CO_2), 메테인(CH_4), 아산화질소(N_2O), 육불화황(SF_6), 과불화탄소, 수소불화탄소가 포함된다. 현재 변환상수를 이용해 이 기체들이 대기에 주는 영향을 일치시키고 있다. 탄소 오프셋은 온실기체 배출 규정에 따라 회사나 정부가 구매하거나 온실기체 배출에 대한 자신의 공헌을 차감받기 원하는 개인이 구매한다.

바이오디젤이란?

바이오디젤은 긴 알킬 에스테르(작용기에 대해서는 '유기 화학' 부분 참조)로 이루어진 식물 기름이나 동물의 지방으로 만든 연료이다. 바이오디젤 연료는 석유에서 추출한 디젤과 섞어서 판매되며 함유량은 'B인자'를 이용혜 나타낸다. 즉 B100은 순수한 바이오디젤이며, B20은 20%의 바이오디젤과 80%의 석유에서 추출한 디젤의 혼합물을 나타낸다.

바이오디젤은 어떻게 생산하나?

바이오디젤은 지질(식물 기름이나 지방에서 얻어진)과 알코올에서 알킬 에스테르를 만드는 에스테르결합 전이반응이라는 화학반응을 통해 생산된다. 이 반응에서 알코올은 주로 메틸 에스테르를 만드는 메탄올을 사용하지만 다른 알코올을 사용하기도 한다. 글리세롤은 에스테르결합 전이반응의 부산물로, 이 화합물은 실제로 상당한 양(무게로 10% 정도)이 만들어진다. 따라서 글리세롤이 관련된 화학반응을 일으키는 방법을 찾기 위한 연구가 진행되고 있다. 이런 연구가 성공하면 바이오디젤을 생산하는 전체 비용이 절감될 수 있을 것이다.

연료로 사용하는 에탄올은 어떻게 생산하는가?

에탄올은 옥수수, 콩, 설탕수수 같은 식물로부터 얻은 당을 발효시켜 만든다. 식물에 포함된 당은 우선 분해된 다음 이스트를 이용해 '발효'시켜 부산물로 에탄올을 생산한다.

에탄올은 어떻게 연료로 사용되는가?

에탄올은 휘발유와 마찬가지로 연소반응을 통해 에너지를 방출하는 연료로 사용된다. 자동차의 경우 에탄올은 보통 휘발유와 섞어 사용하는데, 대부분 에탄올을 10% 섞은 연료(E10)를 사용한다.

에탄올이 85% 섞인 연료(E85)는 특별히 설계된 자동차에서만 사용할 수 있다. 에탄올은 휘발유보다 훨씬 깨끗하게 연소되기 때문에 환경에 주는 영향이 적다. 뿐만 아니라 곡물의 재배를 통해 새롭게 보충할 수 있는 에너지이기 때문에 수입석유의 의존도를 줄일 가능성이 있는 연료이다.

연료로 사용되는 수소는 어떻게 생산될까?

미국에서 현재 사용되는 대부분의 수소는 수증기가 메테인과 반응하여 H_2를 생산하는 천연가스(메테인) 수증기 변성을 통해 생산한다. 수소가 경쟁력 있는 연료가 되기 위해서는 대규모 생산이 가능한 효율적인 방법의 개발이 필요하다.

현재 물(H_2O)에서 H_2와 O_2를 생산하는 물의 분해를 촉진하는 화학적 또는 생물학적 촉매 개발 연구가 진행되고 있

실험 중인 연료전지 자동차이다. 연료전지 기술은 최근에 상업적으로 개발되었다. 그러나 개인용 자동차보다는 버스 같은 공공 자동차에 주로 사용된다.

는데, 물의 분해는 수소를 경쟁력 있는 자동차 연료로 만들 수 있을 것이다.

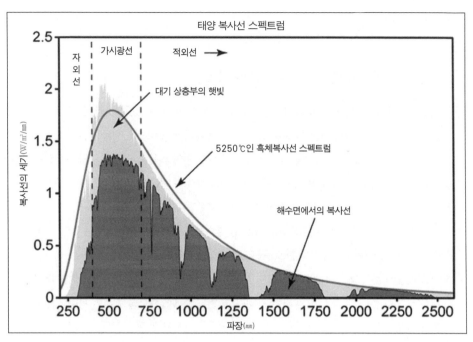

태양 복사선 스펙트럼

지구에 도달한 태양 빛은 지표면에 도달하기 전에 복사선의 많은 부분을 흡수하거나 반사하는 대기를 통과해야 한다.

수소 자동차는 어떻게 에너지를 얻는가?

수소 자동차는 고분자 교환막이라는 물질 내부에 수소를 저장한 연료전지를 이용해 운행된다. 연료전지는 음극과 양극의 두 전극을 가지고 있다. 음극에서 H_2가 양성자와 전자로 분리된 후 양성자는 고분자 교환막을 통해 이동하지만 전자는 이 막을 통과할 수 없기 때문에 다른 방향으로 흘러가야 한다. 이것이 자동차 운행에 필요한 전류를 만들어낸다.

어떤 파장의 빛이 태양에서 지표면에 도달할까?

지구 표면에 도달하는 태양 빛의 파장은 대략 $300 \sim 2500nm$ 범위에 있다. 그러나 대기 중의 수증기와 이산화탄소에 의해 흡수되어 몇 개의 간극이 있다. 대기 상층부에 도달하는 빛의 파장 범위는 약간 더 넓다. 이는 빛이 대기를 통과하는 동안 상당한 양이 흡수된다는 뜻이다.

태양 빛이 가시광선의
모든 영역에 걸쳐 있다면 왜 식물은 검은색이 아닐까?

이 문제를 좀 더 자세하게 살펴보자. 왼쪽의 그래프를 보면 알 수 있듯이 태양은 모든 파장의 빛을 공급하고 있다. 그런데 대부분의 식물은 초록색이다. 이것은 식물이 붉은색과 푸른색 빛을 흡수하고 초록색 빛을 반사한다는 뜻이다. 만약 식물이 태양이 공급하는 모든 에너지를 흡수한다면 반사하는 빛 없어 검은색으로 보여야 한다. 따라서 질문을 수정하면 '왜 식물은 모든 빛을 흡수하지 않고 일부 빛을 반사할까?'가 될 것이다.

가장 쉬운 답은 붉은색과 푸른색 빛을 가장 잘 흡수하도록 진화가 일어났다는 것이다. 따라서 식물의 진화는 햇빛을 최대한 이용하도록 일어난 것은 아니다.

이 외에도 식물이 왜 초록색인지에 대한 몇가지 이론이 더 있다. 엽록체는 일반적인 에너지를 받아들이는 것이 아니라 광화학계 I과 II의 반응 중심에 보내줄 특정한 파장의 빛만 필요로 한다. 두 번째 가능성 있는 추론은 너무 많은 에너지가 꼭 좋은 것은 아니라는 것이다. 에너지의 흡수는 고에너지 물질을 만든다. 만약 이것이 생산적인 방법으로 사용되지 않으면 에너지는 다른 일을 하게 될 것이다. 그중에는 세포 손상도 있다. 이에 따라 엽록체는 필요로 하고 사용할 수 있는 것만을 받아들인다.

미국에서는 사용되는 에너지 중 얼마를 수력에서 얻는가?

미국에서 사용하는 전기에너지의 약 10%가 수력 발전으로 공급된다. 그중 워싱턴 주는 주에서 사용하는 전기에너지의 87%를 수력으로 공급하여 미국의 수력발전을 주도하고 있다(한국은 2015년 기준 1.1%의 전기에너지가 수력 발전으로 공급되고 있다).

천연가스는 무엇이며 어디에서 오는가?

천연가스는 기본적으로 메테인(CH_4)으로 이루어졌으며 다른 탄화수소와 마찬가지로 연소반응을 통해 에너지를 방출한다. 천연가스는 주로 석유가 매장되어 있는 부근의 지하에서 발견되며 파이프라인으로 퍼올릴 수 있다. 천연가스는 사실 냄새가 나지 않지만 가정용 가스에는 누출되는 것을 쉽게 감지하도록 심한 냄새가 나는 화합물을 소량 혼합한다.

핵융합이란 무엇이며 이것을 에너지원으로 사용할 수 있을까?

'원자핵화학' 부분에서 핵융합에 대해 살펴보았다. 핵융합은 두 개의 원자핵이 융합하여 하나의 원자핵을 만드는 과정이다. 가벼운 원자핵은 핵융합을 통해 에너지를 방출한다. 하지만 안타깝게도 실용적인 조건하에서는 핵융합을 일으키는 것이 매우 어렵다. 핵융합이 일어나기 위해서는 높은 온도와 압력이 필요하다.

재생에너지원은 무엇인가?

계속적으로 재공급되거나 지구의 예상 가능한 미래에 항상 공급될 수 있는 에너지를 재생에너지원이라고 한다.

어떤 에너지가 재생에너지인가?

재생에너지에는 풍력, 수력, 태양, 바이오디젤(생명물질), 지열 등이 있다.

지구에서 사용하는 에너지의 얼마를 재생에너지가 공급하고 있는가?

현재 전체 에너지 사용량의 약 16%를 재생에너지에서 공급하고 있다. 가까운 미래에 이 숫자가 빠르게 증가하길 바란다.

에너지의 계량화

와트는 무엇의 단위인가?

와트watt는 1초에 1J의 에너지를 소비하는 것을 나타내는 일률의 SI 단위이다. 와트는 스코틀랜드의 공학자 제임스 와트 [James Watt]의 이름에서 명명되었다. 이 일률의 크기가 어느 정도 되는지에 대한 감을 얻기 위해 예를 들어보면, 가정용 전구는 대략 25W에서 100W 사이의 에너지를 사용한다(새로운 형태의 전구는 이보다 효율이 좋다). 하루 종일 일을 하는 경우 우리 몸은 평균적으로 75W의 일률로 일을 한다.

킬로와트시는 무엇을 나타내는 단위인가?

킬로와트시 [KWH]는 1000W의 일률로 한 시간 동안 일했을 때 일의 양을 나타내는 에너지의 단위이다. 와트는 단위 시간에 하는 일의 양을 나타내는 일률의 단위지만 킬로와트시는 에너지의 양을 나타내는 단위이다.

미국에는 얼마나 많은 원자력발전소가 있는가?

현재 미국에는 65개소의 원자력 발전소가 있으며 100기의 원자로가 가동 중이다. 36개소의 원자력발전소가 하나 이상의 원자로를 가지고 있기 때문이다(2017년 현재 한국은 4개소의 원자력 발전소에 24기가 가동 중이며 추가로 3개의 원전을 짓고 있다).

세계에는 얼마나 많은 원자력발전소가 있으며 얼마나 많은 원자력발전소가 건설 중에 있는가?

현재 전 세계에는 447기의 원자로가 있다. 국가별 분포는 오른쪽 표와 같다. 미국을 제외하고 많은 수의 원자로를 보유하고 있는 나라는 프랑스, 러시아, 중국, 일본, 대한민국이다. 이 나라들은 현재 적어도 20기 이상의 원자로를 가동 중이다.

전 세계 원자력발전소 수*

국가	원자력발전소 수	건설 중인 원자력발전소 수
미국	100	4
프랑스	58	1
일본	43	2
러시아	35	7
중국	35	22
대한민국	24	3
인도	22	5
캐나다	19	
영국	15	
우크라이나	15	
스웨덴	9	
독일	8	
벨기에	7	
스페인	7	
대만	6	
체코	6	
스위스	5	
슬로바키아	4	2
파키스탄	4	3
필란드	4	1
헝가리	4	4
아르헨티나	3	
남아프리카 공화국	2	
루마니아	2	
멕시코	2	
불가리아	2	
브라질	2	1
네덜란드	1	
슬로베니아	1	
아르메니아	1	
이란	1	
벨라루스		4
아랍에미레이트		4

* 2017년 7월 기준

석탄, 석유, 천연가스는 얼마나 많은 에너지를 생산하는가?

석탄 1t은 6,182 kWh의 에너지를 생산한다.

석유 1배럴은 1,699 kWh의 에너지를 생산한다.

천연가스 1㎥는 10.5 kWh의 에너지를 생산한다.

천연가스, 석탄, 석유에서 에너지를 생산하는 데 드는 비용은 얼마인가?

1t의 석탄을 소비하기 위해서는 $36의 비용을 지불해야 한다. 에너지 1kWh를 생산하는 데 필요한 비용으로 환산하면 $0.006이다. 1배럴의 석유는 $70이며 이를 1kWh의 에너지를 생산하는 데 필요한 비용으로 환산하면 $0.05이다. 천연가스 1㎥의 비용은 $2.44이고 이를 1kWh의 에너지를 생산하는 데 필요한 비용으로 환산하면 $0.03이다. 그리고 평균 크기의 가정에 에너지를 공급하는 20년 사용 가능한 4kW 용량의 태양전지 설비를 갖추는 데 드는 비용은 $25,000이다. 이 태양전지는 20년 동안 12만 kWh를 생산할 수 있어(날씨에 따라 다르지만) 1kWh 당 비용은 $0.21이다. 현재로서는 태양전지가 다른 에너지보다 비용이 더 드는 것을 알 수 있다.

현대 화학실험실

정제는 필수적이다

화합물을 정제하는 방법은?

가장 자주 사용하는 정제 방법은 크로마토그래피(다음 질문 참조), 재결정 추출 방법이다. 이 방법들은 화학물질이 가지고 있는 다른 성질(예를 들어 극성 같은)로 인해 주변 물질과 다르게 반응하는 성질을 이용하여 분리한다.

크로마토그래피는 무엇인가?

크로마토그래피는 일정한 거리를 이동하는 화학적 성질을 이용해 화학 물질을 분리하는 방법이다. 분리해야 할 시료는 액체나 기체 상태일 수 있다.

기체 크로마토그래피와 액체 크로마토그래피는 어떻게 다른가?

기체 크로마토그래피는 시료를 우선 증발시켜 기체를 만들지만 액체 크로마토그래피는 분리할 물질의 용액이나 현탁액을 만든다. 기체 상태에서 시료의 모든 분자는 같은 평균 운동에너지를 갖지만 분자량에 따라 달라지는 다른 평균 속도로 운동한다. 무거운 분자는 가벼운 분자보다 느리게 운동한다. 기체 크로마토그래피에서는 이것을 이용해 시료에서 다른 화학물질을 분리한다.

액체 시료에서는 혼합물이 고정상의 물질 위를 흐르는 용액에 녹아 있다. 고정상의 물질은 시료 속의 다른 물질들과 다르게 상호작용한다. 이러한 다른 상호작용으로 인해 어떤 화합물은 다른 화합물보다 크로마토그래피 관을 따라 더 빠르게 이동한다. 액체 크로마토그래피에서는 이런 성질을 바탕으로 물질을 분리한다.

크로마토그래피에서 '이동상' 무엇인가?

이동상은 기체 크로마토그래피에서는 증발된 시료이고 액체 크로마토그래피에서는 고정상 위를 지나가는 용질이다.

화학실험실에서는 액체-액체 추출을 어떻게 사용하는가?

액체－액체 추출은 우리가 원하는 화합물을 추출하기 위해 두 액체 상태의 용해도 차이를 이용하는 방법이다. 액체는 섞여지지 않는 것이어야 한다. 다시 말해 같은 용기에 담았을 때 두 개의 다른 층을 형성해야 한다. 목표는 우리가 관심을 가지는 화합물이 하나의 액체에만 용해되어야 하며 그 용액에 용해된 유일한 화학물질이어야 한다. 이런 조건을 만족하면 원하는 화합물을 포함하는 액체 층을 분리한 후 용매를 제거하면 순수한 물질이 얻어진다.

결정화를 이용해 화합물을 정제하는 방법은?

정제 방법으로서의 결정화는 여러 가지 화합물의 혼합물에서보다 하나의 화합물에서 결정이 더 잘 만들어지는 성질을 이용하는 방법이다. 재결정 방법에서는 순수하지 않은 혼합물을 뜨거운 용매(또는 용매 혼합물)에 용해시키고 용매가 식으면서 용액에서 결정이 만들어지도록 한다. 너무 작아 우리 눈으로 볼 수 없는 결정이 일단 만들어지기 시작하면 같은 화합물의 분자가 결정에 첨가되는 것은 쉽다. 다른 화합물질은 이 결정에 쉽게 달라붙지 못한다. 따라서 하나의 순수한 화합물로 이루어진 결정이 만들어진다.

동질이상이란 무엇인가?

동질이상은 한 화합물이 다른 결정 상태를 만들 수 있는 것을 말한다. 이것은 결정의 개별 단위가 다르게 쌓이거나 결정을 만드는 분자의 다른 입체구조 때문이다.

왜 동질이상이 문제가 될까?

동질이상인 결정은 다른 화학적 성질 및 물리적 성질을 갖는다. 예를 들면 의학에서 약품의 어떤 동질이상은 우리 몸이 잘 흡수해 다 효과가 나타나도록 한다. 동질이상은 물질의 기본적인 물리적 성질을 변화시켜 전기전도도나 열적 안정성을 변화시킨다.

증류로 화합물을 분리하는 방법은?

증류는 화합물의 다른 끓는점을 이용하는 방법이다. 화학물질이 혼합된 용액을 가열하면 끓는점이 가장 낮은 화합물이 먼저 증발한다. 용액에서 빠져나온 증기는 차가운 표면을 이용해 모으는 방법으로 순수한 액체 성분을 혼합 용액에서 분리할 수 있다.

화합물은 모두 끓는점이 다를까?

다르다. 이것이 증류법을 이용할 수 있는 이유이면서 한계이기도 하다. 만약 두 화합물의 끓는점이 매우 비슷하다면 증류법을 이용해 분리하는 것은 불가능하다.

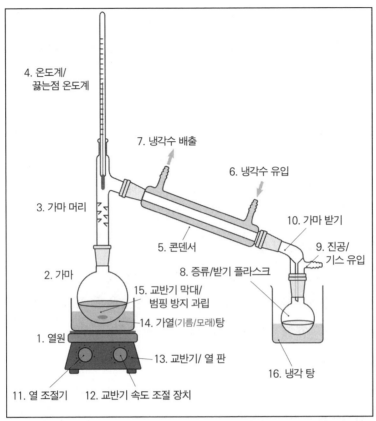

4. 온도계/
   끓는점 온도계

7. 냉각수 배출

6. 냉각수 유입

3. 가마 머리

10. 가마 받기

5. 콘덴서

9. 진공/
   기스 유입

2. 가마

8. 증류/받기 플라스크

15. 교반기 막대/
    범핑 방지 과립

14. 가열(기름/모래)탕

1. 열원

13. 교반기/ 열 판

16. 냉각 탕

11. 열 조절기   12. 교반기 속도 조절 장치

간단한 증류 장치(또는 '가마')는 성분 물질들의 끓는점이 달라 용액에 열을 가하면 분리할 수 있다는 점을 이용한다.

화학자들은 왜 화학 시료의 녹는점을 측정할까?

화합물의 녹는점은 순수한 물질인지 또는 올바른 화합물이 만들어졌는지에 대한 정보를 줄 수 있다. 물론 이것은 원하는 화합물의 녹는점을 미리 알고 있을 때 가능하다. 화합물이 처음으로 만들어졌다면 녹는점에 대한 정보는 다음 화학자가 그 물질을 합성하고자 할 때 유용하게 사용된다.

무엇이 화합물의 녹는점과 끓는점에 영향을 주는가?

분자 사이에 작용하는 힘이 화합물의 녹는점을 결정한다. 여기에는 반데르발스 상호작용, 쌍극자-쌍극자 상호작용, 수소결합, 그리고 이온 화합물이나 이온을 포함하는 용액의 경우에는 이온결합 또는 쿨롱의 힘에 의한 상호작용이 포함된다. 고체 안에서 분자 사이에 작용하는 힘이 강할수록 잘 녹지 않는다. 따라서 분자 사이에 강한 힘이 작용하면 녹는점이 높아진다.

끓는점의 경우에도 같은 설명이 적용된다. 분자 사이에 작용하는 힘이 강할수록 분자를 분리하기 힘들기 때문에 끓는점이 올라간다. 고체의 경우에는 분자의 모양이 분자가 규칙적인 격자를 만드는 데 영향을 준다. 규칙적인 격자를 만들 수 있는 모양을 가지고 있으면 화합물의 고체 상태를 안정화하여 녹는점이 올라가도록 한다.

분자의 모양은 화합물의 끓는점에도 영향을 미친다. 수소결합을 형성할 수 있는 액체에서는 수소결합의 공여자와 수용자의 위치가 분자의 공여자나 수용자로서의 역할에 영향을 줄 수 있다. 반데르발스 상호작용이 중요한 유기 용액에서는 넓은 표면적을 가진 분자가 반데르발스 상호작용을 강하게 하여 끓는점이 올라간다.

분광학과 분광분석법

적외선(IR) 분광은 무엇을 측정하며 화합물에 대해 무엇을 알 수 있는가?

적외선 분광은 스펙트럼의 적외선 영역의 전자기파가 분자들에 의해 흡수되는 정도를 측정하며 이를 통해 분자 내에 존재하는 작용기의 종류에 대한 정보를 알 수 있다. 예를 들면 적외선 스펙트럼을 조사하면 특정한 쌍의 원자가 하나나 둘 또는 세 개의 전자에 의해 결합되어 있는지 알 수 있다. 또 적외선 스펙트럼의 스펙트럼선들에서는 조사하는 분자 사이 또는 주변 매질과의 상호작용에 대한 정보를 알 수 있다.

질량 분석(MS)은 어떻게 하는가?

질량 분석의 목적은 시료를 이온화시켜 여러 조각으로 분리한 다음 각 이온 조각의 질량을 결정하여 시료에 대한 화학적 정보를 알아내는 것이다. 우선 시료 분자를 이온화해야 하는데, 이온화는 주로 시료에서 전자를 제거하여 (+) 전하로 대전된 분자를 만든다. 일단 이온화되면 시료의 분자들은 특정한 방법으로 조각난다. 만들어진 이온은 그것이 조각난 것이든 이온화된 원래의 분자이든 가속된 후에 자기장에서 휘어진다. 다른 질량을 가지는 이온은 휘는 정도가 다르기 때문에 분리가 가능하다.

질량 분석기가 작동하기 위해서는 왜 진공이 필요한가?

빠른 속도로 달리는 이온은 검출기에 도달하기 전에 다른 원자나 분자와 충돌해서는 안 된다. 만약 충돌이 일어나면 운동방향과 운동에너지가 달라질 것이다. 그렇게 되면 검출이 불가능하거나 믿을 수 없는 정보를 얻게 된다.

핵자기 공명(NMR)은 무엇인가?

핵자기 공명은 자기장 안에서 원자핵이 복사선을 흡수하거나 재방출하는 것을 이용하는 분광법이다.

NMR를 이용해 화합물의 구조를 결정할 수 있는 방법은?

NMR 스펙트럼의 선들은 분자 구조의 특정한 성질과 연결시킬 수 있다. 선의 수는 주어진 원소의 원자들이 화학적으로 얼마나 다른 상태에 있는지를 말해준다. 하나의 NMR 스펙트럼은 한 원소에 대한 정보만을 가지고 있다(유기분자의 경우 수소나 탄소의 NMR 스펙트럼이 가장 일반적이다). 따라서 같은 화합물에 대해 여러 가지 NMR 스펙트럼을 기록할 수 있다. x축 위에서의 스펙트럼선의 위치를 화학적 편이라고 한다. 이 값은 원자핵 주위의 전자 밀도와 관련이 있으며 각 선의 세기(y축의 높이)는 주어진 원소의 원자핵 수와 관련이 있다. NMR 스펙트럼을 해석하기 위해서는 오랫동안 많은 것을 배워야 하지만 이것이 화학자들이 NMR 스펙트럼을 화학적 구조와 연관시키는 기본적인 원리이다.

왜 NMR 기기는 커다란 자석을 사용하는가?

분석기 안에 강력하고 균일한 자기장을 만들기 위해서이다. 원자핵의 스핀이 자기장과 같은 방향으로 배열하거나 반대 방향으로 배열함에 따라 스핀에 의한 에너지가 달라진다. NMR 스펙트럼을 통해 측정하는 것이 바로 이 에너지의 차이이다. 이것은 원자핵 주위의 전자 밀도 분자와 같은 성질을 나타낸다.

양성자 NMR을 이용하여 처음 분석한 화합물은 무엇인가?

한 분자 안에서 다른 원자핵의 편이를 화학적 편이를 이용해 분리한 기록으로 남은 최초의 예는 에탄올(CH_3CH_2OH)이다.

특정한 원자핵을 NMR 분광법으로 분석할 수 있는지를 결정하는 것은 무엇인가?

전자와 마찬가지로 원자핵도 알짜 '스핀' 또는 스핀 각운동량을 가질 수 있다. NMR 분광법은 0이 아닌 스핀 각운동량을 가지고 있는 모든 원자핵의 분석에 사용할 수 있다. 화학자들이 NMR을 이용하여 분석하는 원자핵은 주로 ^1H, ^2H(중수소), ^{13}C, ^{11}B, ^{15}N, ^{19}F, 그리고 ^{31}P 등이다.

일부 주요 원소들만 NMR로 검출할 수 있는가?

앞의 질문에서 제시한 원자핵의 목록은 일반적으로 NMR 실험에서 분석하는 원소들이다. 다른 원소들도 측정 가능하지만 때로는 유용한 신호를 얻기 위해 특별한 설비가 필요한 경우도 있다. NMR로 측정할 수 있는 일부 다른 원소들에는 ^{17}O, ^{29}Si, ^{33}S, ^{77}Se, ^{89}Y, ^{103}Rh, ^{117}Sn, ^{119}Sn, ^{125}Te, ^{195}Pt, ^{111}Cd, ^{113}Cd, ^{129}Xe, ^{199}Hg, ^{203}Tl, ^{205}Tl, ^{207}Pb 등이 있다.

NMR과 MRI는 같은 것인가?

MRI 또는 자기공명 영상장치는 핵자기공명과 같은 원리를 바탕으로 하고 있다. NMR은 물리나 화학과 관련된 문제를 연구하는 데 사용되지만, MRI의 목표는 살아 있는 생명체 원자핵의 영상을 얻는 것이다. MRI는 NMR과 비슷한 방법으로 영상을 만들어내지만 적용되는 자기장에 기울기가 있다는 것이 다르다. 다시 말해 자기장의 세기가 영상을 만드는 시료(보통 사람이나 동물의 조직)의 부분마다 다르다. 따라서 조직의 개개 조각을 구성하는 원자핵을 마이크로파 복사선을 이용

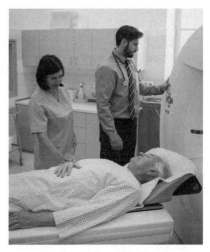

MRI(자기공명 영상장치)는 자기장을 이용해 환자의 내부를 조사하는 장치로, 암이나 찢어진 인대와 같은 질병의 진단에 유용하다.

하여 들뜬상태로 만들 수 있다. 자기장의 기울기가 조직의 다른 조각의 MRI 영상을 수집할 수 있도록 변화하면 이 영상을 분석해 내부에서 무슨 일이 일어나고 있는지 알아낸다.

누가 첫 번째 MRI 장치를 발명했나?

의사 수련을 받은 레이몬드 다마디안 Dr. Raymond Damadian 이 첫 번째 MRI의 제작을 주도했다. 사람의 영상을 찍은 첫 번째 MRI은 1977년에 완성되었다.

MRI를 찍을 때 실제로 측정하는 기계는 무엇인가?

MRI는 기본적으로 우리 몸에 포함된 수소 원자의 NMR을 측정한다. NMR 기기와 마찬가지로 MRI 장비도 우리 몸에 포함된 수소 원자핵의 회전하는 알짜 자기장을 만들어내기 위해 거대한 자석과 전파 펄스를 사용한다. 이 자기장이 MRI 장비의 수신 장치에 전류가 흐르도록 해 우리 몸 안에서 무슨 일이 벌어지고 있는지 나타내는 영상을 만든다.

다른 측정들

공항의 새로운 검색대의 작동 원리는?

두 종류의 검색대가 있다. 하나는 옷 밑에 숨겨진 물체의 3차원 영상을 만들어내기 위해 전파를 이용하는 것이고 다른 하나는 2차원 영상을 만들기 위해 저밀도 X-선을 이용하는 것이다. 두 가지 모두 물체가 산란시키는 복사선을 측정하여 영상을 만든다.

이러한 검색대의 목적은 무기, 폭발물, 숨긴 물건 등 범죄에 이용될 수 있는 물건을 찾아내는 것이다.

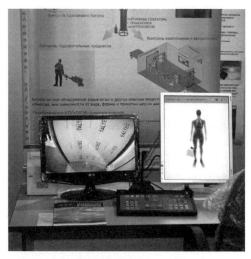

공항 검색대는 복사선을 이용하여 옷 밑을 살펴본다. X-선을 이용하거나 전파를 이용할 때의 복사선의 세기는 안전에 문제가 없을 정도로 낮다.

화학자들은 X-선 회절을 어떻게 이용하나?

화학자들은 화합물의 정확한 구조를 결정하기 위해 X-선 결정학을 이용한다. 이를 위해 순수한 화합물의 고체 결정을 구해 X-선을 회절시켜 복잡한 회절 무늬를 만들어낸다. 컴퓨터를 이용하면 이 회절 무늬로부터 결정을 구성하는 분자의 구조를 알 수 있다. 이것은 매우 강력한 기술이지만 결정을 만들 수 있는 화합물에만 사용할 수 있다. 고체 상태에서의 분자 구조와 용액 상태의 분자 구조가 항상 일치하는 것은 아니다. 따라서 용액 상태에서의 화학반응성과 결정 구조를 연관시킬 때는 신중해야 한다.

용액의 전기전도도는 어떻게 측정하는가?

전기전도도는 용액이 전류를 흐르게 할 수 있는 정도를 나타낸다. 용액의 전기전도도를 측정하는 방법은 여러 가지가 있지만 가장 쉽게 이해할 수 있는 방법은 전류측정법일 것이다. 두 전극 사이에 전압을 걸어주고 전류를 측정하는 것으로, 설명은 간단하지만 실제 활용에서는 여러 가지 어려움이 있고 가장 정확한 방법은 아니다.

또 다른 방법은 두 쌍의 고리를 사용하는 전압측정법이다. 교류가 걸리는 두 개의 바깥쪽 고리가 용액 안에 전류 루프를 만든다. 또 다른 한 쌍의 고리는 안에서 고리 사이의 전압의 변화를 측정한다. 이 전압의 변화는 바깥쪽 고리에 의해 유도된 전류 루프의 세기와 연관된다. 그리고 전류 루프의 세기는 용액의 전기전도도에 따라 달라진다. 전기전도도를 측정하는 또 다른 방법도 있지만, 이 두 가지가 설명과 이해가 가장 쉬운 방법다.

화학자들은 왜 전기전도도를 측정하고 싶어 할까?

용액 전기전도도 측정의 가장 실용적인 응용은 물의 질을 결정하는 것이다. 전도도 측정은 물에 녹아 있는 고체의 전체 양을 추정할 수 있도록 한다. 이 정보는 여러 가지로 이용될 수 있지만 일반적으로 물의 순도를 나타내는 데 사용된다.

때로 화학자들은 액체 크로마토그래피(LC)의 일종인 이온크로마토그래피라는 방법을 사용한다. 이온크로마토그래피는 종종 다른 종류의 분석물이 지나가는 것을 검출하기 위해 전기전도도를 측정한다.

용액의 pH는 어떻게 측정하나?

과학을 공부하는 학생들이 처음으로 용액의 pH를 측정하게 되면 pH 시험지를 이용한다. 이 방법은 매우 간단해서 시험지 위에 용액을 떨군 다음 색깔을 살펴보기만 하면 된다. pH 변화에 따른 색깔의 변화는 pH가 변함에 따라 흡수 스펙트럼에 변화가 생기기 때문이다.

용액의 pH를 측정하는 간단한 방법은 pH 시험지를 이용하는 것이다. 시험지의 색깔을 산과 알칼리 용액 시료의 색깔과 비교한다.

pH에 민감한 전극을 이용하는 방법도 있다. 이 경우 좀 더 정확한 pH 값을 결정할 수 있다. 또한 측정 결과를 색깔의 변화를 감지하는 시력에 의존하는 것이 아니라 측정한 pH 값을 디지털을 이용해 숫자로 나타낼 수 있다.

원심분리기란?

원심 분리기는 내용물을 아주 빠르게 회전시켜 혼합물을 분리하는 장비이다. 빠른 회전은 힘을 가하여 밀도가 높은 물질이 원심분리기 관의 밑바닥에 모이게 하고 밀도가 낮은 성분은 위쪽으로 가게 한다.

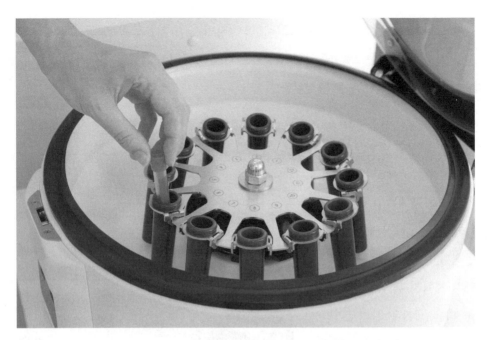

원심분리기는 빠르게 회전시켜 밀도가 높은 물질이 아래쪽에 모이도록 하여 용액의 성분을 분리한다.

화학실험실에서는 원심분리기를 어떤 용도로 사용하는가?

화학실험실에서 원심분리기는 주로 현탁액을 분리하는 데 사용된다. 현탁액은 작은 고체 입자들이 액체 안에 떠 있는 불균일 혼합물이다. 생화학이나 생물학 실험실에서의 응용 방법의 수가 순수한 화학합성에서 사용되는 방법의 수보다 훨씬 많을 것이다. 또 종종 균일한 세포 물질에서 단백질이나 세포 소기관들을 분리하는 데에도 사용된다.

원심분리기는 단순하게 반응물을 분리하여 반응속도를 조절하는 데에도 응용되며, 용액 안의 효소와 기질을 분리하여 반응을 정지시키거나 이미 진행되고 있는 반응의 속도를 현저하게 느리게 하는 데에도 사용된다. 뿐만 아니라 반응물들을 원심분리기 바닥에 함께 밀어 넣어 반응속도를 증가시키는 데에도 사용된다.

핵발전소에서는 원심분리기를 어떻게 이용할까?

원심분리기는 핵발전소에서 우라늄 농축에 사용된다. 우라늄의 동위원소 중에서 가장 흔한 두 가지 동위원소는 U-235와 U-238이다. 그중 U-235는 핵분열 에너지를 이용해 전기에너지를 생산하는 발전소에서 연료로 사용하는 동위원소이다. 그런데 안타깝게도 자연에서 발견되는 우라늄은 99%가 U-238이므로, U-235를 농축하기 위해서는 많은 노력이 필요하다. 이때 원심분리기가 종종 사용된다. 앞의 질문에서 설명했던 것처럼 원심분리기의 관을 회전시키면 무거운 U-238은 아래쪽에 모이고 가벼운 U-235(기체 상태의)는 위쪽으로 모인다. 이 과정에서 원심분리기 튜브의 아래쪽을 가열하면 U-235가 더 빨리 위로 올라갈 수 있기 때문에 분리에 도움이 된다. 이 과정을 여러 번 반복하면 농축된 U-235를 얻을 수 있다. 고도로 농축된 우라늄은 U-235가 85%나 함유되어 있으며, 이는 동위원소 농축 기술이 상당히 발달했다는 의미이다.

안전 우선!

화학실험실에서 작업할 때 일반적으로 어떤 안전조치를 취하는가?

실험실에서 화학물질을 다루는 화학자들은 눈을 보호하기 위해 고글을 착용하고 피부와 옷을 보호하기 위해 실험복을 입으며 손을 보호하기 위해 장갑을 낀다. 물론 이 외에도 특수 방호장치가 필요한 경우도 있다.

실험실에서 일할 때 강산과 염기가 위험한 것은 무엇 때문인가?

질산 등의 강산은 강한 산화제여서 피부에 심각한 화상을 입힐 수 있다. 수산나트륨 같은 강염기 역시 신경 손상뿐만 아니라 화상을 입힐 수 있다. 강산과 강염기는 세포막, 단백질, 세포를 구성하는 다른 요소들에 작용하여 세포를 파괴한다. 또한 눈에 손상을 입힐 수 있으며 영구적인 시력 상실을 야기할 수도 있다.

> ## 산을 물에 타야지 물을 산에 부으면 안 되는 이유는?
>
> 안전 문제 때문이다. 산을 물에 섞으면 매우 빠르게 반응한다. 이 반응은 많은 양의 열을 발생시켜 용액에 거품이 일거나 튈 수도 있다. 따라서 산을 물에 붓는 것은 안전을 위해 매우 중요하다. 강산은 대개 순수한 물보다 밀도가 높아서 산을 물에 부으면 산과 물이 반응하면서 아래로 가라앉는다. 그러나 밀도가 높은 산에 물을 부으면 물이 용액의 표면에서 반응을 하게 되어 더 많은 거품이 나거나 튀어오른다.

글러브 박스는 무엇이며 어디에 사용되는가?

글러브 박스는 불활성 기체 환경에서 화학반응이 일어나도록 하는 실험장치이다. 글러브 박스는 기본적으로 공기를 제거하고 불활성 기체(순수한 질소나 아르곤)를 채운 커다란 상자이다. 상자의 한쪽은 보통 단단하고 투명한 플라스틱으로 만든다. 여기에는 팔을 집어넣을 수 있는 커다란 고무장갑을 씌운 입구가 있다. 연구자는 공기가 들어가지 않도록 조심하면서 비활성 기체 환경 하에서 안에 있는 것들을 조작할 수 있다. 상자 안으로 물건을 들여놓거나 밖으로 빼내기 위해 한쪽에는 배기할 수 있는 부속 상자가 부착되어 있다. 글러브 박스 안의 물건을 다루는 것은 상자 밖에서 물건을 다루는 것만큼 쉽지는 않지만 글러브 박스는 공기가 없는 환경에서 화학실험을 할 수 있는 가장 손쉬운 방법 중 하나이다.

우리 주변 세상

이 장에서는 미국 내 수많은 대학의 학부생들이 보내온 질문을 다루었다. 책의 서두에 감사의 말과 그들의 명단을 올려 놓았다. 흥미로운 질문을 보내준 학생들에게 다시 감사드린다. 만약 화학에 관해서 궁금한 사항이 있다면 메일로 문의해주기 바란다!

의학과 의약품

비아그라®는 어떤 작용을 하는가?

비아그라®(실데나필)는 발기 조직에 있는 cGMP(고리형 구아노신1인산)라는 분자를 분해하는 효소의 작용을 방해한다. 비아그라®는 이 효소의 작용을 느리게 하여 cGMP가 쌓이게 한다. cGMP는 부드러운 근육 세포의 혈관을 확장시켜 더 많은 혈액이 흐르게 하고 이는 강한 발기를 의미한다.

비아그라®(실데나필)

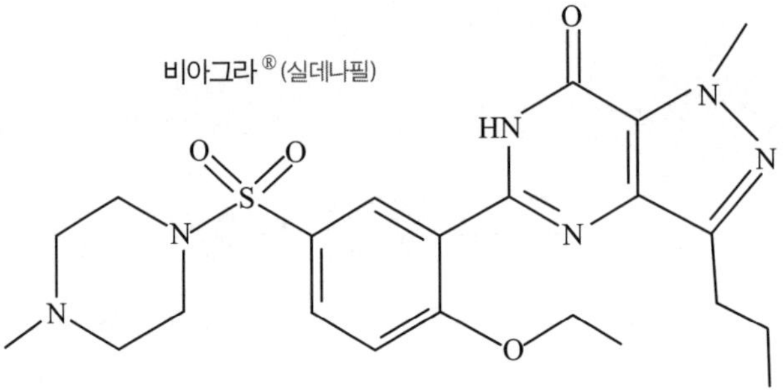

ADHD의 치료는 어떻게 할까?

리타린®(메틸페니데이트)은 아마도 ADHD(주의력결핍 과다행동장애) 치료에 사용되는 가장 일반적인 약물일 것이다. 리타린®는 각성제로 뇌의 도파민 수치를 증가시킨다. 우리 뇌는 즐거운 감정을 전달하고 집중력을 증가시키는 것으로 알려진 뉴런의 활동을 높이기 위해 도파민을 분비한다.

리타린®(메틸페니데이트)

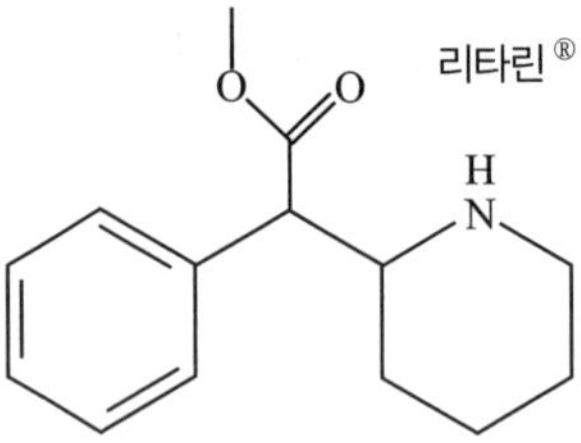

진통제는 몸의 어느 부분이 아픈지 어떻게 알까?

다른 말로 표현하면 진통제를 먹었을 때 왜 몸 전체가 둔해지지 않는가? 이 질문을 이부프로펜과 같은 비스테로이드성 약물에만 국한시켜 보자. 이부프로펜이나 이와 비슷한 약물은 우리 몸이 뇌로 고통을 전달하는 일련의 신호를 방해하는 작용을 한다. COX(고리형 산소화 효소) 계열의 효소는 신호의 전달 과정에서 중간 전달자의 역할을 한다. COX 효소는 한 종류의 신호를 몸이 고통으로 인식할 수 있는 다른 신호로 바꾼다. 이부프로펜은 중간 전달자에 작용함으로써 고통이 발생한 곳에서만(첫 번째 신호가 이미 있는 곳에서만) 효력을 발생한다. 따라서 이부프로펜을 먹어도 몸 전체의 감각이 둔해지지는 않는다.

이부프로핀

아세트아미노펜과 이부프로펜의 차이점은 무엇인가?

아세트아미노펜과 이부프로펜의 구조는 무척 다르지만 작용 기전은 매우 비슷하다. 두 진통제 모두 앞에서 설명한 COX 계열의 효소 작용을 방해한다. 이부프로펜은 이 계열의 전반적인 효소와 반응하기 때문에 좋은 진통제와 소염제로 사용된다. 아세트아미노펜은 기본적으로 이 계열 중 하나의 효소(COX–2)하고만 결합한다. 따라서 진통제 역할만 한다.

아세트아미노펜
(파라세타몰)

일부 처방 약이 정교한 색깔 또는 캡슐로 포장되는 이유는?

화학적 이유는 전혀 없다. 약품이 sx다양한 색깔로 포장되는 이유는 상품성 때문이다. 펠토-비스몰®은 핑크색, 비아그라®는 푸른색, 킴발타®는 초록색이다. 우리는 이 약품의 색깔을 기억하고 있다. 이것은 사람들이 약품을 쉽게 구별하도록 하는 역할도 한다.

감기약은 어떻게 작용하는가?

불행하게도 의사나 과학자들은 아직도 보통 감기의 치료법을 찾지 못했다! 감기약은 우리 몸이 감기를 일으키는 바이러스와 싸우고 있는 동안 증세를 경감시키는 역할만 한다. 약국에서 살 수 있는 일부 약품에는 증상을 경감시키는 역할을 하는 항히스타민제, 진통제, 출혈제거제 등이 포함되어 있다. 이런 약물이 작용하는 증세에는 콧물, 후두염, 재채기, 눈의 가려움증 등 감기의 일반적인 증상이 모두 포함된다. 다른 종류의 감기약은 감기와 싸우는 우리 몸의 면역체계를 강화하거나 지원한다. 그러나 이런 약물은 일반 감기약처럼 증상을 즉각적으로 개선하지는 않는다. 이런 약물에는 비타민(주로 비타민 C), 아연 보충제, 에키나세아 등이 있다.

에키나세아는 무엇인가?

에키나세아는 루드베키아라고도 하는 데이지와 관련 있는 식물의 꽃이다. 이 종에 속하는 꽃은 면역체계를 강화하는 의약품으로 사용된다. 그런데 에키나세아가 감기 예방과 치료기간 단축에 분명한 효과가 있다는 연구 발표도 있었지만 다른 연구에서는 효과가 없다는 결론이 나오기도 했다.

의사는 혈액을 채취하여 무엇을 분석하는가?

증세 또는 의사가 알고자 하는 것에 따라 시행하는 혈액검사의 종류가 달라진다. 혈액검사에는 혈액화학검사, 혈액에 존재하는 효소의 종류와 수 검사, 혈액이 얼마나 잘 응결하는지를 알아보는 검사, 심장병 가능성에 대한 시험, 완전한 혈구 계수 등이 포함된다. 완전한 혈구 계수는 적혈구, 백혈구, 혈소판(혈액의 응고를 촉진하는 혈액 세포의 일부), 헤모글로빈(산소를 운반하는 단백질), 헤마토크리트(전체 혈액에 대한 적혈구의 비율), 평균 적혈구 용적(적혈구의 평균 크기) 등을 측정하여 여러 가지 질병의 유무와 면역 체계의 이상을 알아보는 검사이다.

혈액화학검사는 근육, 뼈, 기관의 건강 상태에 대한 정보를 제공한다. 이 검사에서는 혈당, 칼슘, 전해질의 수준 등을 조사하며, 신장의 기능을 조사하기도 한다. 정확한 검사 결과를 얻기 위해서는 검사 결과에 영향을 주지 않도록 혈액화학검사를 하기 전 일정 시간 동안 금식해야 하는 경우도 있다.

심장병을 알아보기 위한 혈액검사는 콜레스테롤의 수준을 측정하는 데 초점을 맞추고 있다. 이 검사에서는 저밀도 리포프로테인^{LDL}(종종 '나쁜' 콜레스테롤이라고 부르는), 고밀도 리포프로테인^{HDL}(종종 '좋은' 콜레스테롤이라고 부르는), 중성지방(지방의 일종)의 수준을 측정한다. 이 검사를 하려면 12시간 동안 금식해야 한다. 콜레스테롤 수치는 최근에 먹은 음식물에 따라 크게 달라지기 때문이다.

혈액검사는 질병 자체를 진단할 수는 없지만 가능성 있는 질병에 대한 신호를 제공한다. 이 신호를 통해 의사는 질병을 확진하기 위해 필요한 다른 검사를 할 수 있다.

소변검사에서는 주로 무엇을 분석하는가?

혈액검사와 마찬가지로 소변검사에서도 pH, 밀도, 단백질, 당, 케톤, 백혈구, 혈액, 인간융모성고나드로핀(이것의 존재는 임신을 의미한다) 등 여러 가지를 분석한다.

소변 검사 결과는 건강에 대한 정보도 알려준다. 예를 들어 수화가 잘 이루어지고 있다면 소변의 밀도가 낮다. 소변에 단백질이 포함되어 있는 것은 흔히 있는 일이 아니어서 신장이 제대로 기능하지 못하고 있다는 신호이다. 당과 케톤 역시 소변에 포함되어 있으면 안 된다. 그런 것들이 소변에 포함되어 있다면 당뇨병 증상일 수 있다.

추운 날씨는 실제로 감기의 원인이 되는가?

이것은 사실이 아니다. 감기는 감기 증상을 일으키는 바이러스가 들어와서 걸리는 질병이다. 감기 바이러스는 추운 날씨와는 아무 관계(직접적인)가 없다. 추운 날씨에 감기에 더 많이 걸리는 단 하나의 이유는 사람들이 실내에서 보내는 시간이 길어져 서로 더 가까이 지내게 되고 따라서 사람들 사이에 쉽게 바이러스가 전염되기 때문이다.

알코올을 마시면 왜 취할까?

알코올, 특히 에탄올(CH_3CH_2OH)은 중추신경계에 작용하는 약한 억제제이다. 알코올의 생물학적 효과는 매우 복잡하다. 어떤 기관은 알코올에 의해 기능이 강화되고 어떤 기관은 억제된다. 이러한 효과의 조합으로 인해 근육은 이완되는 반면 정신은 더 활동적이 된다. 알코올은 억제 작용을 저하시키는 것으로 알려져 있지만 어떤 실험에서는 그것을 화학적인 효과가 아니라 정신적인 효과라고 결론지었다.

> ### 관절을 소리 나도록 꺾으면 관절염에 걸릴까?
>
> 아니다. 관절에는 관절이 부드럽게 움직일 수 있도록 도와주는 윤활액이 있다. 관절을 꺾으면 윤활액이 더 많은 공간을 채워야 하는데, 이것이 관절이 꺾이는 소리가 나도록 한다. 관절염은 면역체계가 관절을 손상시켰을 때 생긴다. 관절을 너무 자주 꺾으면 관절염이 아니라 다른 문제가 발생할 수 있다.

간은 알코올을 어떻게 처리하는가?

간에는 알코올 대사에 관여하는 알코올 탈수소 효소라는 효소가 있다. 알코올 탈수소 효소는 에탄올 분자를 아세트알데하이드로 전환시킨 후 몸에서 배출한다. 건강한 간은 한 시간에 약 28g의 순수한 알코올을 분해할 수 있다. 이것은 한 시간에 약 맥주 한 캔 또는 포도주 한 잔, 28g의 양주를 처리하는 양이다.

숙취는 어떤 화학작용 때문인가?

숙취는 아세트알데하이드가 쌓이기 때문이라고 분석하고 있다. 알데하이드는 알코올이 산화되어 만들어지는데, 아세트알데하이드는 어제 저녁에 우리가 마신 술이 몸 안에서 분해되는 과정에서 생성되는 중간물질이다. 아세트알데하이드 탈수소 효소가 아세트알데하이드를 산화하여 아세트산을 만든다.

물론 과음한 다음날 몸이 힘든 데에는 다양한 이유들이 있다. 간은 모든 독성물질을 처리하느라 피곤하다. 증류된 알코올(알코올성 음료에서 무거운 분자를 제거한)은 숙취를 약하게 한다고 생각하는 사람들이 있는 것은 이 때문이다.

커피를 마시면 정말로 술이 빨리 깰까?

안타깝게도 그렇지 않다. 술에 취하는 것은 섭취한 알코올의 양과 관계가 있다. 몸 안의 알코올의 양은 간의 분해작용을 통해서만 줄어들 수 있다. 따라서 카페인을 마시는 것은 간의 기능을 증진시키는 데 별 도움이 되지 못한다. 즉 커피는 술을 깨게 하는데 도움이 되지 않는다. 각성 상태를 만들 수는 있겠지만 술에 취해 있는 것은 마찬가지인 것이다.

해파리에 쏘였을 때 소변을 바르면 도움이 될까?

해파리에 쏘였을 때 오줌을 바르면 낫는다는 말은 단순히 예전부터 전해 내려오는 이야기에 불과하다. 그보다는 해파리에 쏘인 부위를 소금물로 씻어내어 피부에 남아 있을지도 모를 해파리의 세포가 활성화되지 못하게 하는 것이 좋다. 민물은 해파리 침의 세포를 활성화시켜 더 많은 고통을 느끼게 할 것이다.

초콜릿이나 튀긴 음식을 먹으면 여드름이 생길까?

아니다. 여드름은 피부의 기름샘에서 피지를 너무 많이 분비하여 발생하는 것이다. 우리 몸은 피부를 윤활 상태로 유지하기 위해 피지를 분비한다. 그러나 과다분비되면 죽은 피부 세포와 함께 구멍을 막아 피부가 간지럽게 되고 여드름이 생긴다. 피지가 과다분비되는 원인은 정

초콜릿 등의 특정한 음식물이 여드름을 유발한다는 소문이 있다. 여드름은 피지가 쌓여서 만들어지는 것인데, 그 원인은 아직 충분히 밝혀지지 않았다.

확히 밝혀지지 않았지만 초콜릿이나 튀긴 음식이 여드름의 원인이라고 생각할 이유는 없다.

비듬의 원인은 무엇인가?

비듬의 원인에 대해 어떤 이야기를 들었는지 모르지만 비듬은 건조한 피부 때문이 아니라 특정한 종류의 곰팡이나 효모 때문에 생긴다. 비듬은 두피의 상층부가 떨어져 나오는 것으로, 효모와 기름샘의 상호작용으로 생긴다. 안타깝게도 비듬을 치료하는 약품은 없고, 징크피리치온이나 황화셀레늄, 콜타르, 케토코나졸이 함유된 샴푸를 이용해 증상을 완화시킬 수 있을 뿐이다. 이런 제품의 효과를 보려면 씻어내기 전에 몇 분 동안 피부에 남아 있어야 한다.

실제로 비듬이 생기는 곳은 두피뿐만이 아니다! 비듬은 눈썹, 수염, 귀나 코를 비롯한 털이 있는 곳곳에서 나타난다.

구리 팔찌를 착용하면 관절염 증상을 완화시킬 수 있을까?

관절염은 관절의 연골에 손상이 생겨 치료보다 더 빠른 속도로 손상이 진행되면 생긴다. 구리 결핍이 관절 통증을 야기한다는 생각에 구리 팔찌가 팔리고 있다. 구리 팔찌를 착용하면 구리가 피부를 통해 흡수되어 구리 결핍이 해소될 것이라는 믿음 때문이다. 그런데 대부분의 사람들은 매일 먹는 음식물에서 충분한 구리를 섭취하고 있어 구리를 보충해야 하는 경우는 아주 드물다. 또 구리가 피부를 통해 흡수될 수 있다는 것은 증명된 적이 없을 뿐만 아니라 팔찌가 관절염이나 관절의 통증을 완화시킨다는 증거도 없다. 더구나 구리의 지나친 섭취는 독이 될 수 있다. 따라서 팔찌에서 피부를 통해 구리가 흡수될 수 있다고 해도 그 양을 정확하게 알아야 한다. 그리고 구리 팔찌의 착용으로 인한 독성이 문제가 된 경우도 없다는 것도 알아두자.

당근을 먹으면 시력에 도움이 될까?

도움이 될 수 있다! 당근 등의 음식물은 많은 양의 비타민 A를 포함하고 있고, 비타민 A는 망막이 건강한 상태를 유지하는 것을 돕는다. 그것은 비타민 A가 망막에 있는 색깔을 인식하는 세포인 로돕신의 형성을 돕기 때문이다. 비타민 A의 결핍은 야맹증을 일으킨다!

초콜릿이 여드름을 유발한다는 소문과 달리 당근은 실제로 시력에 도움이 된다. 당근은 망막의 건강에 중요한 비타민 A를 다량 함유하고 있기 때문이다.

시금치는 철분을 많이 포함하고 있는가?

다른 녹색 채소와 거의 비슷한 성분을 함유하고 있는 시금치지만 안타깝게도 우리 몸이 철분을 흡수하는 것을 방해하는 옥살산이 다른 채소보다 좀 더 많이 들어 있다! 따라서 다른 음식물보다 철분 흡수에는 도움이 되지 못한다. 시금치에 함유된 철분의 양이 실제보다 10배나 많게 알려진 것은 소수점을 잘못 찍었기 때문인데 이런 오류로 인해 시금치가 철분의 대명사가 되었다. 시금치는 많은 항산화제와 비타민을 함유하고 있으며 좋은 영양공급원이 되어주는 만큼 옥살산 때문에 기피해야 할 이유는 없다. 다만 철분 공급을 위해서는 다른 채소를 먹는 것이 더 좋다.

포이즌 아이비에 중독된 사람과 접촉하면 전염될까?

포이즌 아이비 중독은 포이즌 아이비의 잎에서 나오는 우루시올이라는 기름에 의해 발생한다. 따라서 포이즌 아이비에 중독되는 유일한 방법은 이 기름과 접촉하는 것이다. 만약 포이즌 아이비에 중독된 사람의 피부에 이 식물의 기름이 아직도 묻어 있다면 다른 사람을 중독시킬 수 있다. 하지만 대부분의 경우에 피부가 부어오르는 것은 기름을 이미 닦아낸 다음이다. 따라서 중독된 사람의 피부에 생긴 물집이 다른 사람에게 포이즌 아이비의 독을 전염시키지는 않는다.

식품 화학

다이어트 콜라®와 멘토즈® 피즈는 무엇인가?

다이어트 콜라® 역시 다른 탄산음료처럼 많은 양의 CO_2 분자를 함유하고 있다. 음료수에서 CO_2가 서서히 방출되면 탄산음료의 거품이 된다. 다이어트 콜라®에 기체를 방출하는 촉매를 넣으면 어떻게 될까? 그것이 바로 멘토즈®가 하는 일이다. 녹아있던 기체가 거품을 만들려면 표면이 필요하다(이것이 사실이라고 가정하자). 멘토즈® 캔디는 많은 구멍을 가지고 있는 물질이어서 충분한 표면을 제공한다. 따라서 멘토즈®를 첨가하면 매우 많은 거품이 동시에 만들어져 설탕 분출을 일으킨다.

일을 한 다음에 초콜릿 우유를 먹으면 좋을까?

좋다! 우유에는 양질의 단백질이 많이 들어 있다(우유 한 컵당 약 7g). 일을 한 후에는 15~25g의 단백질을 섭취하는 것이 좋다. 두세 잔의 우유를 마시면 이 양을 섭취할 수 있다. 또 보통 우유에 비해 초콜릿 우유는 피곤하거나 뻐근한 근육을 완화시키는 데 좋은 탄수화물이 두 배나 많이 들어 있다. 물론 우유는 일을 하면서 손실된 수분을 보충해주기도 하고, 비타민 D와 칼슘 같은 영양소를 제공하기도 한다.

물과 기름은 왜 섞이지 않는 것일까?

이 질문의 가장 간단한 대답은 고등학교에서 배웠다. '같은 종류는 같은 종류를 녹인다.' 물은 극성 분자이므로 다른 극성 분자와 상호작용하기를 좋아한다. 탄화수소의 일종인 기름은 극성기를 가지고 있지 않아 다른 비극성 분자와 약한 반데르발스 결합을 한다.

부분적으로는 맞는 말이지만 실제 상황은 생각보다 복잡하다. 여기에 작용하는 중요한 힘은 수소결합에 의한 물의 안정성이다. 탄화수소 분자가 물에 녹기 위해서는 일정한 수의 수소결합이 분리돼야 한다. 이러한 결합의 분리가 일어나기 위해서는 에너지가 필요하다. 물과 기름이 섞이지 않을 때는 수소결합의 에너지가 섞여서 얻는 엔트로피가 더 크다. 따라서 물 분자들은 기름과 분리된 채 서로 달라붙어 있게 된다.

껌을 삼키면 어떻게 될까?

어렸을 때 부모님이나 선생님이 껌은 소화하는 데 몇 년이나 걸리기 때문에 삼키면 안 된다고 했던 말을 들어보았을 것이다. 우리 몸은 껌에 포함되어 있는 향기를 내는 성분, 설탕과 감미료, 부드럽게 만드는 성분을 소화하는 데는 아무 문제가 없다. 소화할 수 없는 것은 껌의 바탕이 되는 재료이다. 그러나 소화할 수 없다고 해서 그것이 우리 몸에 몇 년이고 남아 있는 것은 아니다. 껌의 재료는 며칠이면 우리 소화기관을 통과한다. 그러나 많은 껌을 한꺼번에 삼키지는 말자. 내부에 달라붙어 여러 가지 문제를 일으킬 수 있으니 말이다.

신선한 달걀은 물에 가라앉고, 상한 달걀은 물에 뜬다는 것은 사실일까?

맞다. 달걀이 상하면 단백질과 다른 성분이 분해되어 이산화탄소(CO_2)와 같은 다양한 분자를 방출한다. 달걀 껍데기에는 구멍이 있어 이런 기체들이 빠져나가 달걀의 질량이 작아진다. 달걀의 크기는 변하지 않으므로(껍질이 깨지지 않았다고 가정하고) 달걀의 밀도가 낮아져 결국 물의 밀도보다 작아진다. 상한지 얼마가 지나야 물에 뜨게 되는지에 대해서는 정확하게 알 수 없다. 그러나 우리의 코는 상한 달걀에서 나는 역한 냄새를 잘 맡으니 상한 달걀을 먹을 염려는 없다!

엄마들은 왜 빨리 끓게 하기 위해 소금을 넣을까?

엄마도 엄마의 엄마에게 그렇게 배웠기 때문일 것이다. 물에 소금을 넣으면 두 가지 영향이 나타난다. 첫 번째는 끓는점이 올라간다('거시적인 성질: 우리가 보는 세상'의 끓는점 오름 참조). 두 번째는 온도를 올리는 데 얼마나 많은 열이 필요한지를 나타내는 비열이 내려간다. 소금을 넣으면 이런 이유 때문에 끓는 데 걸리는 시간이 달라지리라 생각하겠지만 그런 변화를 느낄 수 있을 정도라면 소금을 상당히 많이 넣어야 한다. 그렇다면 소금을 넣는 진짜 이유는 무엇일까? 맛 때문이다. 소금은 좋은 맛을 낸다.

아스파라거스를 먹으면 왜 오줌 냄새가 이상할까?

아스파라거스를 먹은 후 오줌에서 나는 냄새의 성분은 티오에테르(지난 100년 동안 이 문제에 대해서는 일부 이견이 있기는 하지만)일 가능성이 크다. 그것은 두 개의 탄소가 황 원자로 치환된 것이다. 아스파라거스는 어떤 이유에서인지 황을 함유한 아미노산 함유 수준이 높다. 우리 몸은 이것을 썩은 달걀처럼 나쁜 냄새가 나는 화학물질로 분해한다.

아스파라거스는 황을 함유하고 있는 아미노산이 많이 들어 있어서 이것을 먹고 소변을 보면 황 냄새가 날 수 있다.

초콜릿을 먹지 않고 두면 왜 하얀색으로 변할까?

초콜릿 애호가들은 이것을 초콜릿의 블룸 현상이라고 한다. 이것은 오래된 하와이 캔디에 나타나는 흰색 물질을 설명하는, 불분명하지만 놀랍도록 설득력 있는 표현이다. 여기에는 설탕 블룸이나 지방 블룸의 두 가지 과정이 일어날 수 있다. 설탕 블룸이란 설탕의 결정이 만들어지는 것을 과자 세계에서 일컫는 말이다. 사탕이 수분에 노출되면 설탕 분자가 초콜릿의 지방에서 녹아나온 후 수분이 증발하면 분리된 설탕이 결정으로 변한다. 사탕을 건조한 상태에 보관한 경우에 온도의 변화가 빠르게 일어나거나 보관한 곳의 온도가 높았다면 초콜릿에서 분리된 것은 코코아 버터에 들어 있던 지방일 것이다. 어느 경우든 먹는 데 아무런 문제가 없다.

보존처리는 어떻게 하는 것인가?

보존처리는 이끼나 세균의 증식 억제(항균 방부제), 산화 방지(항산화제), 채소와 과일을 수확한 후에도 계속되는 숙성과정에 관여하는 효소의 활동 억제 등을 통해 음식물을 신선한 상태로 유지하는 것을 말한다.

천연 조미료와 인공 조미료의 차이는 무엇인가?

천연 분자와 인공 분자의 구별은 화학이나 생물학적인 것이 아니라 법적인 것이다. 바닐린을 특정한 씨에서 추출하여 분리했다면 이것은 '천연 바닐린(천원 바닐라)'이라고 한다. 그러나 같은 분자를 나무에서 자연적으로 발견되는 고분자인 리그닌을 이용해 만들었다면 이것은 '인공 바닐린'이라고 한다. 두 바닐린의 차이점은 단지 리그닌이 바닐린으로 변하는 동안 법적으로 '자연적'이라고 할 수 없는 화학적 과정을 거쳤다는 것이다. 이 경우 '천연'이나 '인공' 분자는 정확하게 똑같은 물질이지만(같은 원자, 같은 결합, 같은 입체 구조 등) 천연 분자와 인공 분자가 다른 경우도 있을 것이다.

그렇다면 천연 바닐라에 더 많은 돈을 지불할 필요가 있을까?

그것은 다른 질문이다. 멕시코 난초의 꼬투리인 바닐라를 수확할 때 여러 단계의 정교한 숙성 과정을 거친다. 이 과정에서 바닐라 외의 여러 가지 조미 분자가 만들어진다. 바닐린은 천연 바닐라의 주요 조미 성분이지만 여기에는 수백 가지 조미 성분이 포함되어 있다. 따라서 천연 바닐라를 살 때는 정확히 인공 바닐라와 똑같은 바닐라를 사는 것이 아니다. 하지만 어떤 것의 맛이 더 좋은지는 사람에 따라 다르다.

우유는 왜 신맛으로 변할까?

살균처리를 한 우유에도 젖산균(락토바실러스)이라고 하는 세균이 들어 있다. 락토라는 말은 이 특정한 세균이 분해하는 당인 락토스(젖당)를 가리킨다. 이 세균이 젖당을 분해할 때 젖산을 분비한다.

우유가 신맛을 내거나 덩어리가 만들어지는 이유는 이 산 때문이다. 우유에 덩어리를 만드는 것은 젖산만이 아니다. 모든 산이 덩어리를 만든다. 컵에 우유를 조금 따르고, 여기에 레몬 주스나 식초를 넣어보자. 우유에 곧 덩어리가 생길 것이다.

젖산균은 해로운가?

젖산균은 치즈, 요구르트, 사워도우 빵, 저린 채소, 포도주와 맥주 같은 많은 식품을 생산하는 데 이용된다. 우리 소화기관 중에도 젖산균이 살고 있는 부위가 있다. 따라서 적당한 양의 젖산균은 해롭다고 할 수 없다.

유당분해효소결핍증을 가진 사람은 왜 유제품을 먹을 수 없을까?

대부분의 유제품은 당의 일종인 젖당을 포함하고 있다. 젖당은 갈락토오스와 글루코오스 분자로 이루어진 이당류이다. 유당분해효소는 갈락토오스당과 글루코오스당을 연결하여 '이당류'를 만드는 결합을 분리하는 효소이다. 유당분해효소결핍증을 가진 사람들은 이 효소가 없기 때문에 젖당을 분해할 수 없다.

모든 포유동물은 태어난 순간부터 젖당을 소화할 수 있지만 다 큰 다음에도 유제품에 포함된 당을 흡수할 수 있는 경우는 매우 드물다. 최근 연구에 의하면 사람은 이런 능력을 가축을 사육할 시기부터 갖게 되었다고 한다. 아마도 이것은 최근에 있었던 인간의 진화의 예일 것이다.

칠면조를 먹으면 잠이 오는가?

칠면조에 잠이 오게 하는 트립토판이 많이 함유되어 있다는 이야기를 들었을 것이다. 칠면조에 트립토판이 있는 것은 사실이지만 대부분의 육류에 함유된 양보다 많지는 않다. 트립토판이 사람을 졸리게 만드는 신경전달 물질인 세로토닌을 만드는 데 사용되는 것도 사실이다. 그러나 이런 주장('나는 추수감사절이 지나면 졸린다.' 그리고 '트립토판은 사람을 졸리게 만드는 세로토닌을 만든다')의 문제점은 칠면조에는 다른 아미노산도 많이 포함되어 있다는 것이다. 아미노산이 뇌에 도달하기 위해서는 장애물을 넘겨줄 운반체가 있어야 한다. 따라서 트립토판은 운반체에 올라타기 위해 다른 많은 아미노산과 경쟁을 벌여야 한다.

그렇다면 추수감사절 저녁을 보낸 다음 졸린 이유는 무엇일까? 그것은 지나치게 섭취한 탄수화물 때문이다. 탄수화물 또는 당은 인슐린을 분비하도록 한다. 인슐린은 우리 몸이 많은 양의 당과 아미노산을 처리하는 것을 도와준다. 그러나 트립토판에는 영향을 주지 않는다. 따라서 다른 아미노산이 혈액에서 제거되고 트립토판만 남아 자유롭게 운반체를 이용하여 뇌에 도달할 수 있어 졸리게 된다.

훈련된 요리사가 제대로 준비하지 않으면 복어가 가지고 있는 테트로도톡신이라는 화학물질이 체내에 배출될 수 있다.

복어는 왜 독을 가지고 있을까?

복어에는 테트로도톡신이라는 독성 분자가 있다. 이 분자는 신경세포의 나트륨

이온통로와 결합하여 신경계의 모든 통신을 중단시킨다. 이 독극물은 요리해도 없어지지 않는다. 따라서 이 위험한 생선을 다루는 요리사는 테트로도톡신을 포함한 부위(간, 난소, 피부에 이 독극물이 다량 함유되어 있다)를 제거할 수 있도록 고도의 훈련을 받아야 한다.

팝 락 사탕은 어떻게 작동하는가?

팝 락$^{Pop Rocks®}$은 탄산음료에 이산화탄소가 들어 있는 것처럼 이산화탄소를 함유하고 있다. 입 안에서 들리는 소리는 사탕에서 나오는 이산화탄소(CO_2)의 거품이 내는 소리이다. 이런 사탕을 만들기 위해서는 성분 물질을 가열한 후 고압의 이산화탄소에 노출시키고 식혀 사탕 안에 CO_2가 함유되도록 해야 한다.

MSG란 무엇이며 이것을 섭취하는 것은 몸에 좋지 않은 것일까?

MSG는 글루탐산나트륨을 뜻하는 약어로 자연적으로 존재하지만 필수 아미노산은 아니다. 식품 생산업자들은 주로 조미료로 사용하는데 이는 자체로 '거시적인 성질: 우리가 보는 세상'에서 이야기한 제5의 맛인 '유아미(감칠맛)'를 가지고 있기 때문이다. MSG의 안전성에 대한 수많은 연구의 대부분의 결과는 많은 양을 섭취해도 안전하다는 것이었다. 이 연구 결과가 틀렸다는 것을 증명하려고 노력할 필요는 없다. 그냥 엄마 말을 들으면 된다.

어떻게 팝콘이 튀겨지나?

팝콘의 껍질은 단단하고 수분에 잘 견딜 수 있어서 녹말과 수분이 들어 있는 내부를 보호할 수 있다. 옥수수 알이 가열되면 내부에 있는 녹말이 우선 연해지고 물이 수증기로 변해 내부의 압력을 증가시킨다. 일정한 온도에 이르면 옥수수 내부의 압력은 단단한 껍질을 파괴하기에 충분할 만큼 높아져 팝콘이 튀겨진다. 그리고는 뜨거운 녹말이 빠르게 식으면서 작은 공기 방울을 내부에 가둬 (맛있는) 고체 폼을 만든다.

포화지방과 불포화지방의 차이는 무엇인가?

포화와 불포화는 불포화에 관한 화학의 정의를 그대로 따른다. 불포화지방은 탄소와 탄소의 이중결합(불포화의 단위)을 가지고 있으며 포화지방은 완전하게 포화된 탄소 사슬만 포함하고 있다. 포화지방(버터나 돼지기름)은 잘 쌓여서 고체 상태를 만들어 상온에서 고체이다. 불포화지방(올리브유나 채소기름과 같은)의 이중결합은 고체 상태의 격자 구조를 어지럽히기 때문에 상온에서 액체이다.

시스(cis)와 트랜스(trans) 지방은 무엇인가?

지방산의 탄화수소 사슬에서 탄소와 탄소의 이중결합은 시스이거나 트랜스 이성질체이다. 자연적으로 만들어지는 불포화지방에는 시스 지방이 더 많지만 사람이 만든 지방(마가린 같은)에는 트랜스 지방이 많이 포함되어 있다. 트랜스 불포화지방은 콜레스테롤 수치를 높여 심장병을 유발할 수 있기 때문에 특히 사람에게 해롭다.

자연 세계의 화학물질

개미는 자신들의 집단을 효율적으로 조직하는 방법을 어떻게 알까?

개미는 집단 내의 다른 개체와 통신하기 위해 페로몬을 사용한다. 먹이의 자취를 나타내는 화학적 표식도 있고, 살해당할 때는 경고의 페로몬이 방출된다. 그리고 재생산 과정에서는 수를 사용하기도 한다. 어떤 개미 집단은 적 개미 집단을 속이거나 자신들을 위해 일을 시키는 데 페로몬을 이용하기도 한다.

식물의 색깔을 초록색으로 보이게 하는 것이 엽록체라면 우리의 피부 색깔을 결정하는 것은 어떤 세포일까?

사람의 피부 색깔을 결정하는 것은 멜라닌 분자이다. 멜라닌은 눈과 머리카락의 색깔도 결정한다. 멜라닌은 한 가지 구조만 이야기하는 것이 아니라 티로신 아미노산에서 만들어진 고도의 색소 분자 그룹 전체를 가리킨다.

왜 북극곰의 피부는 검은색이고 털은 무색일까?

이 문제에는 약간의 논란이 있지만 검은색 피부와 무색 털의 결합이 사냥할 때 한자리에 꼼짝 않고 있는 동안 체온을 유지하는 데 가장 좋기 때문일 것이다. 피부의 검은색은 태양의 에너지를 흡수하는 데 좋고(검은색 물체는 모든 파장의 빛을 반사하지 않는다), 무색 털은 빛이 피부에 도달하게 하면서도 흰색으로 보이게 하여 주위의 얼음이나 눈과 섞일 수 있도록 한다.

몇 년 전에 전설 같은 이야기가 떠돈 적이 있다. 그것은 북극곰의 털이 파이버글라스처럼 태양 빛을 피부로 전달하여 피부에 초점을 맞춘다는 것이었다. 이 이야기는 매우 그럴듯하게 들렸지만 안타깝도 거짓이라는 것이 밝혀졌다.

북극곰은 흰색으로 보인다. 그러나 실제로는 검은 피부와 무색의 털을 가지고 있다.

북극곰은 검은 피부와 무색 털을 가지고 있는데 왜 흰색으로 보일까?

눈이 하얗게 보이는 것과 마찬가지로 반사 때문이다. 빛을 반사하는 면적이 넓으면 (북극곰의 털이나 눈덩이) 이 물체에 도달하는 빛은 우리 눈에 들어오기 전에 여러 번 반사할 것이다. 모든 파장의 빛이 같은 정도로 산란되면 물체의 색깔은 흰색으로 보인다(다시 말해 흡수되는 파장이 없어서 색깔을 나타내지 못한다).

눈송이는 왜 모두 모양이 다를까?

좋은 질문! 모든 눈송이는 물이 얼어서 만들어진다. 그렇다면 왜 모두 똑같지 않을까? 그들의 고유한 모양은 각 눈송이가 만들어지는 고유한 조건에 의해 결정된다. 작은 얼음 결정이 약간 온도가 낮거나 높은 바람을 타고 구름 안팎으로 떠다니거나 오르내리는 동안 자라나는 눈송이의 모양이 변하게 된다. 때문에 눈송이의 모양은 어떤 과정을 거쳐 만들어졌는지를 말해준다.

불꽃은 실제로 무엇일까?

화학적 측면에서 불꽃은 발연산화반응에서 만들어진 가시광선이다. 이 반응은
C−H 결합과 공기 중의 산소(O_2)를 소모하는 반응으로, 일단 반응이 시작되면 주변에
연료와 산소가 있는 한 연쇄반응이 계속된다. 그리고 C−H 결합 이외의 결합도 연소
될 수 있다. 그중에는 (양초나 나무와 같은) 우리에게 가장 익숙한 물체가 연소될 때 일
어나는 것이 있다.

양초를 태우면 양초는 어디로 가는가?

양초를 태우면 양초를 이루고 있는 긴 탄화수소 사슬이 이산화탄소와 물로 변한다.
양초는 불꽃을 만드는 연료이다. 심지는 모세관 현상을 통해 양초를 불꽃까지 올라오
도록 한다.

다이아몬드가 단단한 이유는?

순수한 다이아몬드는 탄소 원자로만 이루어진 결정 형태이다. 결정격자는 3차원적

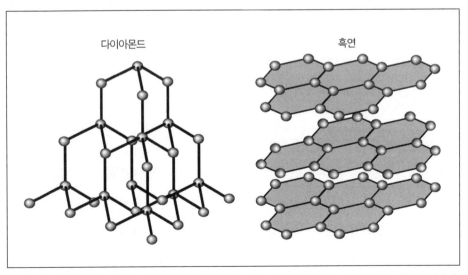

다이아몬드 결정에서 탄소 원자는 단단한 구조로 배열되어 있다. 그러나 흑연에서는 탄소가 층을 이루고 있어 층
들이 쉽게 미끄러진다.

이고 모든 탄소 원자에는 네 개의 다른 탄소 원자가 연결되어 완전한 정사면체 구조를 하고 있다. 격자는 3차원의 모든 방향으로 반복되기 때문에 이 구조를 변형시키기가 쉽지 않아 매우 단단한 물질이 된다.

이와는 대조적으로 흑연은 탄소 원자가 층층이 쌓여 있는 구조이다. 이 2차원 층들은 서로 '밀릴' 수 있다. 따라서 흑연은 다이아몬드에 비해 연한 물질이 된다.

보석상에 있는 가짜 다이아몬드는 무엇인가?

다이아몬드는 실험실에서 만들 수 없다. 그러나 비슷한 성질과 모양의 결정은 만들수 있다. 가장 흔한 '가짜 다이아몬드'는 큐빅 지르콘 결정으로, 화학식이 ZrO_2인 분자로 이루어져 있다. 큐빅 지르콘은 다이아몬드보다 밀도가 높다. 다시 말해 큐빅 지르콘은 같은 크기의 다이아몬드보다 무겁다. 또 상당히 단단한 물질이지만 다이아몬드만큼 단단하지는 않아 다이아몬드로 흠집을 낼 수 있다. 보통 큐빅 지르콘은 색깔이 없지만 다이아몬드는 그렇지 않다. 대부분의 다이아몬드는 일정한 양의 불순물을 포함하고 있는데 이것이 색깔을 나타낸다. 아주 순수한 다이아몬드만이 색깔이 없다.

뱀의 독은 무엇인가?

대부분의 독은 십여 가지 화합물의 혼합물로, 독성을 나타내는 성분은 다양한 방법으로 상대를 파괴하는 단백질이다. 종류에 따라 정확한 효소는 다르고 같은 종 내에서도 지역에 따라 다르지만 대체로 뱀의 독은 신경계를 통해 전달되는 신호를 차단하는 신경독소를 포함하고 있어 마비를 일으킨다.

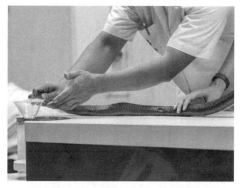

전문가가 뱀에게서 독을 추출하고 있다. 이 독은 뱀에 물린 사람들을 위한 해독제를 만드는 데 사용될 것이다. 뱀은 신경독소와 사이토톡신이라는 다른 종류의 독을 가지고 있다. 신경독소는 신경의 기능을 막고, 사이토톡신은 세포를 직접 파괴한다.

우리 세상의 화학물질

고무줄이 늘어나는 이유는 무엇 때문인가?

고무줄은 길고 뒤틀린 사슬 모양의 고분자로 이루어져 있다. 이 긴 사슬은 얽혀 있어야 엔트로피가 최대가 되기 때문에, 다시 말해 배열 방법의 수를 최대로 하기 때문에 얽혀 있는 것을 선호한다(엔트로피에 대해서는 '물리화학 및 이론화학' 부분 참조, 고분자에 대해서는 '고분자화학' 부분 참조). 고무줄을 잡아당기면 긴 사슬 모양의 분자는 엔트로피가 작은 상태로 늘어난다. 기본적으로 얽혀 있는 상태의 수가 늘어나 있는 구조의 수보다 더 많기 때문이다. 고무줄을 놓으면 좀 더 무질서한 상태로 수축한다. 수축된 상태가 더 많은 가능한 입체구조를 포함하고 있기 때문이다.

공기 청정제는 어떻게 작용하는가?

공기 청정제의 종류는 수없이 많지만 대부분은 단순한 방향제이다. 방향제는 좋은 냄새를 강하게 풍기는 물질로 나쁜 냄새를 감출 수 있다.

머리카락은 무엇으로 만들어졌는가?

케라틴이 머리카락(그리고 손톱)의 주요 성분이다. 케라틴은 우리 피부의 바깥층, 머리카락, 손톱, 발톱을 만드는 단백질이다. 케라틴은 포유동물의 발굽, 발톱, 뿔, 파충류의 비늘, 거북이의 등껍질, 조류의 깃털, 부리, 발톱 등에서도 볼 수 있다. 이 단백질 분자들은 단단한 구조를 만들기 위해 커다란 나선 구조를 만든다. 케라틴 단백질은 시스틴 아미노산 잔기의 형태로 많은 황 원자를 포함하고 있다. 이 황 원자들이 이미 만들어진 거대한 나선을 연결시켜 머리카락이 꼬이도록 만든다. 따라서 이황화결합을 더 많이 가지고 있으면 머리카락은 더 곱슬머리가 된다는 것을 짐작할 수 있다. 머리카락을 펴는 약품은 이황화결합을 분리하여 머리카락이 곧은 입체구조를 갖게 만든다.

소금은 어떻게 얼음을 녹이는가?

얼음에 소금을 넣으면 물의 녹는점이 내려간다('거시적인 성질'의 어는점 내림 참조). 따라서 도로에 소금을 부으면 소금 혼합물의 녹는점이 내려가 외부 온도보다도 낮아지기 때문에 얼음이 녹는다.

도로에 쌓인 눈을 녹이기 위해 소금을 뿌린다. 소금이 물의 녹는점을 내리기 때문이다.

방귀는 왜 냄새가 날까?

방귀의 주요 성분은 질소(N_2)이다. 그러나 질소는 냄새가 나지 않는다. 방귀에서 냄새가 나는 분자는 대부분 썩은 달걀에서 나오는 것과 같은 황을 포함하고 있는 화합물이다. 냄새를 풍기는 다른 화합물에는 스카톨과 인돌이 있다. 화학자들은 이런 것을 어떻게 알아냈을까? 그들은 기체 크로마토그래피를 이용하여 방귀를 분석했다.

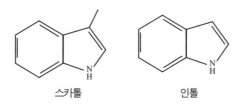

스카톨   인돌

여드름 속에는 무엇이 들어 있을까?

정말 알고 싶은가? 여드름의 주성분은 케라틴과 피지의 혼합물이다. 케라틴에 대해서는 앞에서 이미 설명했다. 피지는 우리 피부가 자연적으로 분비하는 기름 성분의 혼합물이다. 귀지도 대부분 피지로 이루어졌다.

검은 머리와 흰 머리는 어떻게 다른가?

거의 같다. 피지가 피부 아래 축적되어 있는 동안에는 흰색이다. 피지가 모공에 모이거나 다른 방법으로 공기 중에 노출되면 산화 반응을 한다. 피지가 산화되면 검은 색을 띠게 된다.

화학 물질이 포함되지 않은 제품을 사용하는 것이 더 좋을까?

그런 제품은 없다! 먹거나 사용하는 물건을 고를 때는 조심해야 하지만, 모든 것은 화학 물질로 이루어져 있다.

무드 반지는 어떻게 작동하는 걸까?

체온에 따라 색깔이 변하는 반지를 무드 반 지라고 한다. 색깔을 변화시키는 것은 1회용으 로 사용하는 의료용 온도계와 수족관에서 사용 하는 온도계와 같은 기술을 이용한 액정 온도 계이다.

방수 마스카라는 어떻게 작동하는가?

'거시적 성질'과 '생화학' 부분에서 이야기했 던 것처럼 소수성 물질은 물에 잘 녹지 않는다. 따라서 방수 마스카라는 소수성 물질로 만든

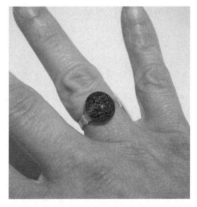

무드 반지는 1970년대에 유행했다. 그들은 결정 온도계와 같은 방법으로 작동한다. 속이 빈 수정 껍질 안의 액정이 온도의 변화에 반 응하여 다른 파장의 빛을 반사하도록 한다.

다. 방수 마스카라는 물에 씻겨 나가지 않도록 하는 왁스의 혼합물을 포함하고 있다.

거울이 빛을 잘 반사하는 이유는?

대부분의 현대 거울은 은이나 알루미늄, 그 밖의 화학물질이나 코팅으로 이루어진 매끈한 면을 가지고 있다. 은의 화학적 성질은 빛을 반사하는 데 중요한 역할을 하며 더 중요한 것은 면이 아주 매끄럽다는 것이다. 만약 은을 바른 면이 매끄럽지 않다면 빛은 여러 각도로 반사될 것이고, 그렇게 되면 거울에 의한 상은 뒤틀릴 것이다. 표면

이 완전히 평평하면 빛을 똑바로 반사하여 물체의 정확한 상을 볼 수 있다. 매끄러운 표면을 가지고 있는 잔잔한 물이나 빛이 나는 가죽에서 깨끗한 상을 볼 수 있는 것도 이 때문이다.

염료란?

염료는 특정한(일정한 범위의) 파장을 가진 빛만을 선택적으로 흡수하는 분자이다. 염료가 흡수하지 않고 반사하는 빛이 염료의 색깔로 인식된다. 즉 염료는 스펙트럼에서 일부 파장을 제거할 수 있을 뿐 스스로 자신의 빛을 만들어내지는 못한다. 예를 들면 푸른색 염료는 보색인 오렌지색의 빛만을 흡수한다.

왜 주기율표에 있는 수많은 원소 중 금이 화폐로 선정되었을까?

좋은 질문이다! 금이 화폐로 선택된 이유는 화폐의 속성 때문이다. 화폐로 사용될 원소는 평생 경험하게 될 모든 온도 범위에서 고체여야 한다. 누구도 더운 날 자신의 돈이 녹아서 사라지는 것을 원하지 않을 것이다. 또한 이 원소는 매우 안정해야 한다. 동전에 녹이 쓸거나 불에 타거나, 천천히 방사선을 내는 것은 바람직하지 않다. 마지막으로 희귀해야 하지만 그렇다고 너무 희귀해서는 안 된다. 이런 조건을 만족하지 않는 원소를 제거하면 남는 것은 로듐, 팔라듐, 은, 백금, 금뿐이다. 로듐과 팔라듐은 19세기까지는 발견되지 않았으므로 고대 문명에서는 선택의 여지가 없었다. 고대에 사용한 용광로는 백금을 녹이는 데 필요한 온도(1800℃)까지 온도를 높일 수 없었으므로 백금으로 동전을 만들 수 없었다. 이제 남은 것은 금과 은이다. 금은 은보다 녹는점이 낮고 은처럼 공기 중에서 변색되지 않는다. 따라서 금이 지구의 화폐물질로 선정되었다.

폭죽은 어떻게 빛을 내는가?

폭죽은 염료, 디페닐 옥살산염, 고산화수소의 세 가지 주요 성분을 포함하고 있다.

과산화수소는 폭죽을 터뜨릴 때 방출되는 화학물질이다. 디페닐 옥살산염은 과산화수소와 반응하여 디옥세타네디온이라는 분자를 만든다. 이 분자가 분해되면서 이산화탄소 두 분자와 에너지를 방출해 염료를 높은 에너지 상태로 들뜨게 한다. 안정한 상태로 되돌아가기 위해 염료는 광자를 방출해 빛을 낸다. 염료 분자의 특정한 구조가 이 빛의 파장, 즉 색깔을 결정한다. 폭죽이 서로 다른 색깔의 빛을 내는 것은 이 때문이다.

달라붙지 않는 프라이팬은 어떻게 만들까?

달라붙지 않는 팬이나 주방기구는 다른 표면과 강하게 상호작용하지 않는(따라서 달라붙지 않는) 고분자로 코팅되었다. 1940년대에 듀퐁사에서 개발한 테플론®은 이런 용도로 가장 많이 이용된다. 테플론®은 소수성이 강한 테트라플루오르에틸렌 고분자이다. 따라서 물이나 다른 물질(음식물)이 들러붙지 않는다. 최근에는 이런 용도로 사용되는 다른 고분자가 개발되었다. 서몰론®은 테플론®과 비슷한 성질을 가지고 있는 산화규소 고분자이며 에콜론®은 강도를 보강하기 위해 세라믹을 첨가한 나일론을 바탕으로 하는 제품이다.

전자오븐의 작동 원리는?

전자오븐은 유전체 가열이라는 방법을 이용해 작동한다. 전자오븐에서는 끊임없이 방향을 바꾸는 전자기파 복사선이 음식물 주변을 감싼다. 물 등 음식의 극성분자는 외부 자기장의 방향으로 배열된다. 자기장의 방향이 계속적으로 변하면 극성분자 역시 계속 반대 방향으로 방향을 바꾸어야 한다. 이러한 분자의 운동이 음식물의 온도를 올린다.

가을에 나뭇잎의 색깔이 변하는 이유는?

식물의 잎은 엽록소가 붉은색과 푸른색 빛을 흡수하기 때문에 초록색으로 보인다. 이 분자는 광합성 작용에서 결정적인 역할을 한다. 때문에 낮의 길이가 짧아지는 겨울이 다가오면 식물은 엽록소를 만드는 시간이 줄어든다. 잎의 엽록소 함유량이 낮아지면 다른 색깔의 분자를 볼 수 있게 된다. 특히 노란색이나 오렌지색으로 보이는 카로티노이드가 보이기 시작한다. 이 분자는 항상 잎에 포함되어 있지만 일 년 중 대부분의 기간 동안에는 엽록체가 더 많다.

손 세척제는 어떤 작용을 할까?

손 세척제의 주요 성분은 이소프로판올 같은 알코올이다. 이 화학물질은 세균, 곰팡이, 바이러스를 죽일 수 있기 때문에 방부제로도 사용된다.

비누는 어떻게 작용하나?

비누 분자는 극성 단말기와 긴 소수성 꼬리를 가지고 있다. 물이 있으면 이 분자들은 미

비누 분자는 그림(단면을 보여주고 있는)처럼 미셀 모양으로 배열한다. 미셀은 기름기를 구조의 한 가운데로 이동시킬 수 있다.

셀이라는 공 모양으로 배열한다. 이 구조는 기름기가 있는 입자를 안쪽으로 보내 손이나 옷에서 물로 씻어낼 수 없는 것들을 제거할 수 있다.

표백제는 왜 모든 것을 죽이는가?

표백제의 주성분인 차아염소산염나트륨($NaOCl$)은 여러 가지 방법으로 미생물을 죽인다. 먼저 미생물의 특정 단백질이 펼쳐지지 못하도록 정상적인 기능을 방해해 세균을 죽이는 방법이 있다. 또 표백제가 세균의 바깥쪽 껍질을 이루는 막을 교란시키는 방법이 있다. 대부분의 세균 막에 유효하므로 표백제는 다양한 세균에 효과적이다. 사람의 몸도 세균 감염에 대처하기 위해 차아염소산을 만들어낸다.

상처에 요오드를 바르는 이유는?

약국에서 살 수 있는 요오드는 요오드(I_2)가 녹아 있는 에탄올 용액이다. 요오드는 일반적인 소독제로는 매우 죽이기 어려운 것으로 알려진 포자를 포함하여 모든 종류의 병원체를 죽일 수 있다.

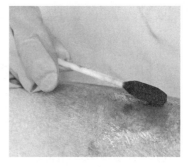

요오드는 다양한 병원체를 죽일 수 있는 유용한 소독제이다.

불꽃놀이는 어떻게 만드는가?

하늘에서 터지는 불꽃놀이는 불과 몇 개의 기본 성분을 가지고 있을 뿐이다. 불꽃놀이용 폭죽이 공중에 올라가면 알루미늄 금속 또는 알루미늄과 마그네슘 금속의 혼합물이 불꽃을 점화시킨다. 하지만 이 자체만으로는 이 원소들이 공기 중에서 빠르게 연소되지도 않고 지루한 흰색 불꽃만 낸다. 그래서 알루미늄(산화알루미늄)을 빠르게 연소시키는 다른 화학물질을 첨가한다. 불꽃놀이에 첨가하는 산화 화합물들은 반응하는 동안에 자주색 (KNO_3), 푸른색($CsNO_3$), 초록색($BaCl_2$), 노란색($NaNO_3$), 붉은색($SrCO_3$) 등 여러 가지 색깔의 불꽃을 낸다. 최신 불꽃놀이에는 그 밖에도 다양한 성분(이 화학물질을 넓게 퍼트려 큰 모양을 만들기 위한 폭약 같은)이 함유되어 있다. 이런 성분들과 관련된 모든 화학은 이렇게 간단한 반응에 기반을 두고 있다.

왜 태양의 자외선이 위험할까?

사람은 대부분 햇볕을 좋아한다. 그러나 피부암 같은 심각한 문제에서 주름살이나 피부 건조 등의 사소한 손상에 이르기까지 다양한 문제를 야기할 수 있기 때문에 햇볕에 타지 않도록 조심하라는 말을 한다. 햇볕 속에 포함된 자외선은 높은 에너지를 가진 광자여서 피부의 엘라스틴 섬유를 손상시키기도 하므로 피부에 해로울 수 있다. 한 번 늘어난 엘라스틴 섬유는 원래의 위치로 돌아가지 못하고 상처를 빠르게 치유하는 능력을 잃게 된다.

'생화학' 부분에서 언급했듯이 일반적으로 암은 세포의 유전물질(DNA)이 손상되어 정상적으로 복제하는 능력이 상실되는 것(또는 복제의 정지)과 관련이 있다. 햇볕에 지나치게 노출했을 때 발생하는 암과 관련해서 DNA가 손상되는 방법에는 두 가지가 있다. 좀 더 명확하게 밝혀진 첫 번째 가능성은 자외선이 DNA에 직접 흡수되어 화학적 구조에 변화를 가져오는 것이다. 두 번째는 자외선이 다른 분자에 먼저 흡수되어 반응성이 큰 손상된 라디칼(하이드록실라디칼 또는 일중항 산소)을 만든다. 이 라디칼들은 세포를 통해 확산되면서 DNA를 손상시킨다.

자외선 차단제는 어떤 작용을 할까?

자외선 차단제는 태양에서 오는 자외선을 반사하거나 흡수한다. 자외선 차단제는 빛을 반사하기 위해서 흰색(따라서 모든 파장의 빛을 반사한다) 분말인 티타늄이나 산화아연을 함유하고 있어야 한다. 또는 빛 흡수를 위해 해로운 파장의 자외선과 상호작용하는 유기화합물을 함유하고 있어야 한다. 대부분의 자외선 차단제가 티타늄 또는 산화아연을 사용하고 있지만 사용되는 유기화합물의 종류는 제품이나 나라에 따라 큰 차이가 있다.

CD는 무엇으로 만드나?

모든 종류의 광학 디스크(CD, DVD, Blu-Ray®Discs, 등)는 기본적으로 동일한 구성

요소를 가지고 있다. 투명 폴리카보네이트 플라스틱으로 된 바깥층은 데이터를 가지고 있는 안쪽 층을 보호한다. 보통 알루미늄으로 된, 빛을 잘 반사하는 금속 층은 데이터를 읽는 데 사용하는 레이저를 반사한다. 데이터는 작은 피트를 포함하고 있는 또 다른 폴리카보네이트 층에 저장된다. 이 피트는 비닐 레코드처럼 (본적이 있는지 모르지만) 나선형 트랙에 배열되어 있으며 깊이는 $100nm$이고 너비는 $500nm$ 정도이다. 레이저는 반사하는 빛의 세기가 변하는 것을 관측하여 높이의 변화를 감지한다.

비소는 왜 독성이 강한가?

비소는 우리 몸의 가장 기본적이고 공통적인 생화학 통로를 방해한다. 비소, 특히 삼산화이비소와 오산화이비소는 구연산 사이클과 호흡(특히 NAD와 ATP 합성을 감소시킨다―'생화학' 부분 참조)을 방해한다. 또 목숨을 빼앗기에 충분한 양이 아니라고 해도 체내의 과산화수소 양을 증가시켜 다른 문제들을 야기한다. 이 독극물은 물에 잘 녹기 때문에 자연에서 발견되는 우물물과 광산 개발로 인한 오염물에도 포함되어 있다.

우리 뇌는 시간을 어떻게 알까?

최근까지도 과학자들은 우리 뇌에 일종의 스톱워치 같은 것이 내재되어 있다고 가정했다(얼마나 많은 실험이 이것을 지지했는지는 명확하지 않다). 과학자들이 생각한 스톱워치는 일정한 간격으로 신호를 내는 생물학적 체계였다. 이것이 사실이라면 우리는 긴 시간이나 짧은 시간을 똑같이 잘 예측해야 하지만 실제로는 그렇지 않다. 사람은 시간이 얼마나 흘렀는지 추측하는 데 형편없는 능력을 가졌다.

대신 2007년에 UCLA의 딘 부오노마노[Dean Buonomano]는 우리 뇌가 다른 방법으로 시간을 알아낸다고 발표했다. 그의 비유를 인용하기 위해 호수에 돌을 던져 수면을 퍼져나가는 파동을 만든다고 가정해보자. 두 번째 돌을 호수에 던지면 두 돌이 만든 파동은 서로 간섭을 한다. 이 간섭이 만들어내는 무늬는 두 돌을 호수에 던진 시간 간격에 따라 달라진다. 뉴런에 가한 자극(호수에 던진 돌)은 고유한 모양의 신호를 만들어낸다. 뉴런은 상호작용하는 신호의 다른 형태를 이용해 사건 사이의 시간을 알아낸다. 이 이론의 놀라운 점은 왜 우리가 짧은 시간 간격은 잘 유추하면서 긴 시간 간격의 유추에는 서툰지를 설명한다. 시간이 길어지면 물 위의 파동은 점점 약해지는 것처럼 말이다.

화석은 어떤 과정을 거쳐 만들어지는가?

다양한 형태의 화석이 있지만 어떤 형태로든 대부분은 무기물화 과정을 거쳐 만들어진다. 무기물화 과정은 무엇인가? 다량의 무기물이 녹아 있는 물에서 생물이 죽은 후에 물에 녹아 있던 무기물이 생물 안에, 심지어는 세포벽에까지 축적된다. 화석이 잘 보존되려면 생물이 죽은 후 빠르게 퇴적물(호수의 바닥처럼)로 덮여 서서히 진행되는 무기물화 과정이 일어나기 전까지 부패되지 않아야 한다.

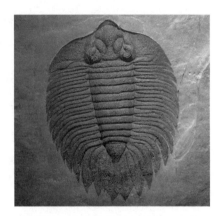

지금은 멸종된 삼엽충 화석은 수십억 년 전에 삼엽충이 바다나 호수의 퇴적물에 덮혀 만들어졌다. 시간의 경과에 따라 무기물이 분해된 살을 대체해 원래의 형태대로 고체화되었다.

로레트황산나트륨은 독성이 있는가?

이 질문을 하는 이유는 샴푸나 치약의 성분에서 이 물질의 이름과 함유량을 보았기 때문일 것이다. 질문의 답은 독성이 없다는 것이다. 이 분자는 대부분의 비누와 마찬가지로 계면활성제로, 비누처럼 눈에 들어가면 눈을 손상시킬 수는 있다. 이 화학물질은 자극성이 있지만 소문처럼 암을 유발하지는 않는다.

이를 깨끗하게 닦기 위해 사용하는 치약에는 무엇이 들어 있는가?

치과나 약국에서 구입한 치아 미백제에 들어 있는 주요 성분은 보통 과산화수소이다. 과산화수소는 이를 누렇게 보이게 하는 분자와 반응하여 제거하거나 적어도 색깔을 없애준다. 이것은 서서히 일어나는 반응이므로 치과에서는 H_2O_2의 분해를 촉진하기 위해 밝은 빛을 사용하기도 한다.

미백 치약에는 무슨 특별한 화학물질이 아니라 이에 달라붙어 있는 분자를 닦아내는 미세한 분말이 포함되어 있다.

치약에 포함된 불화물은 어떤 작용을 하는가?

대부분의 치약에 불화나트륨(NaF) 형태로 들어 있는 불화물은 치아의 에나멜을 강화시킨다. 어떻게 그런 작용을 할까? 우선 이에 대해 조금 알아보자.

에나멜은 치아의 바깥층으로 하이드록시아파타이트라는 무기물로 이루어졌다. 이것은 하나의 수산기를 가진 인산칼슘($Ca_5(PO_4)_3(OH)$) 구조이다. 이 무기물은 산에 용해된다. 입 안에서 세균이 당을 분해할 때 산이 만들어진다. 탄산음료를 마시면 충치가 생기는 것은 이 때문이다.

불소 이온은 아파타이트 무기물의 수산기를 제자리로 돌려놓아 에나멜을 재건한다. 새로운 무기물(($Ca_5(PO_4)_3F$), 즉 플루오르아파타이트는 산에 더 강해서 치아가 충치에 더 강해진다.

우리 몸에서 가장 단단한 물질은 무엇인가?

우리 몸에서 가장 단단한 물질은 치아의 에나멜이다. 에나멜은 뼈보다 단단하다!

책장에 오래 꽂혀 있던 책에서 냄새가 나는 이유는?

오래된 책에서 냄새가 나는 이유는 책을 만든 종이와 다른 물질이 천천히 분해되면서 만들어지는 수백 가지 유기화합물 때문이다. 아세트산(초산)과 푸르푸랄(아몬드 냄새가 나는)이 오래된 책에서 냄새가 나게 하는 두 가지 주요 물질이다. 과학자

푸르푸랄

들은 역사적인 자료를 파괴하지 않고 사용된 물질의 다양한 성분을 분석할 수 있다.

헬륨을 흡입하면 왜 목소리가 높아질까?

헬륨을 흡입하면 목소리가 높아지는 것 같지만 목소리의 진동수는 정확하게 똑같다. 목구멍에 가벼운 기체가 있다고 해도 우리 몸은 이에 적응하지 않기 때문에 성대는 같은 진동수로 진동한다. 변하는 것은 공기보다 헬륨 속에서 빠른 소리의 속도이다. 헬륨의 분자량이 공기의 분자량보다 작기 때문에 헬륨 속에서 소리의 속도가 더 빨라 다르게 들리는 것이다. 헬륨을 흡입하면 목소리가 높아지는 것은 헬륨의 밀도가 작기 때문이라는 설명은 기술적으로 옳은 설명은 아니지만 여기서는 더 자세히 설명하지 않겠다.

그렇다면 소리의 속도가 빠른 것이 어떻게 목소리를 이상한 소리로 만드는 것일까? 음의 높이는 똑같다. 달라지는 것은 음색이다. 특히 목소리 중에서 낮은 진동수의 소리의 에너지가 작아진다. 그래서 오리가 내는 소리처럼 이상한 목소리로 들리게 된다.

잉크는 무엇으로 만드는가?

잉크는 매우 복잡한 혼합물이지만 그중 염료와 염료 입자를 녹이는(적어도 현탁액을 만드는 데) 용매가 가장 중요한 성분이다. 현대 잉크는 다양한 형태의 펜에 담겨 생각할 수 있는 모든 색깔을 나타내지만 역사적으로 사용된 잉크는 두 종류 중 하나였다.

첫 번째 형태는 탄소를 기반으로 하는 잉크이다. 나무나 기름을 연소하고 남은 잔재(그을음)가 이런 잉크의 색소로 사용되었다. 그을음은 아카시아 나무(오늘날에는 아라비아 고무나무라고 알려진)의 수액에 섞어 사용했다.

다른 형태의 잉크는 아연갈이라고 불렀다. 철은 보통 황화철($FE^{2+}SO_4^{2-}$)의 형태로 첨가되었고, '갈'은 참나무의 혹에서 추출한 갈로타닉산을 나타낸다. 아연갈은 철이 이온화되면서 서서히 검은색으로 변하는 것을 이용했다. 그런데 잉크의 산성도는 종이에 손상을 입힐 수 있다. 따라서 아연갈로 쓴 역사적인 문서는 보존하기 어렵다.

왜 흑연은 연필로 사용하기에 좋은가?

흑연은 몇 가지 이유로 필기구로 사용하기에 좋은 화학물질이다. 다른 잉크와는 달리 물에 녹지 않고 습기에 영향을 받지 않으며 지우기 쉽다.

재미있는 사실: 우리는 연필심을 '연필 납'이라고 한다. 그러나 연필에는 납(Pb)이 들어 있지 않다. 로마인들은 납을 필기구로 사용했지만 그 후에는 사용하지 않았다. 대신 연필

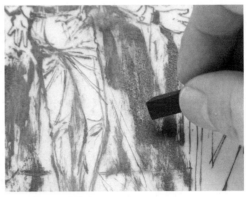

연필의 '납'은 실제로 흑연으로 만든다. 흑연은 쓰기도 쉽고 지우기도 쉽다.

바깥쪽에 칠하는 페인트에는 1900년대까지도 납이 포함되어 있었다.

온도계는 어떻게 작동하는가?

여러 가지 종류의 온도계가 있지만 가정에서 가장 많이 사용하는 두 가지 형태의 온도계에 대해 이야기해보자.

첫 번째 형태는 유리관에 알코올이나 수은을 넣은 온도계이다. 온도가 올라가면 액체의 부피가 증가하기 때문에 유리관을 따라 올라간다. 따라서 유리관의 액체 높이를 측정하여 온도를 쉽게 알 수 있다.

두 번째 형태는 바이메탈 온도계이다. 이름은 들어본 적이 없더라도 이런 종류의 온도계를 이용해보았을 것이다. 이것은 가장 일반적인 온도조절기(디지털 기기가 사용되기 전에는)로 미트서모미터, 오븐 온도계, 커피숍에서 바리스타가 라테용 우유를 가열할 때 사용하는 작은 온도계 등으로 쓰인다. 바이메탈이라는 이름에서 두 가지 금속(주로 강철과 구리)이 사용되었다는 것을 짐작할 수 있을 것이다. 온도를 측정하기 위해서는 가열할 때 두 금속이 다른 정도로 팽창해야 한다. 두 금속으로 띠를 만들어 이 띠를 코일 형태로 감아 놓으면 두 금속의 팽창률이 다르기 때문에 온도 변화에 따라

코일이 감기거나 풀린다(팽창률이 큰 금속을 어느 쪽에 붙였느냐에 따라). 이 코일이 바늘을 돌려 온도가 내려가고 올라가는 것을 읽을 수 있다.

우리는 왜 잠을 자야 할까?

간단한 질문 같지만 실제로는 과학자들도 아직 답을 정확히 알지 못하고 있다! 잠을 자는 이유를 설명하는 데에는 다양한 이론이 있다. 잠이 회복 기능을 향상시킨다는 이론, 잠이 뇌의 발전과 구조적 변화를 향상시킨다는 이론, 잠이 에너지를 보존하는 데 도움이 된다는 이론, 밤에 활동하지 않는 것이 더 안전하기 때문에 그렇게 진화했다는 이론 등이다. 이 이론들은 나름대로 이론을 지지하는 증거가 있기 때문에 질문에 결정적인 대답을 하기는 매우 어렵다.

벌은 꿀을 어떻게 만드는가?

첫 번째 단계는 꽃을 찾아 화밀을 따오는 것인데, 화밀이란 당과 물의 혼합물을 가리킨다. 이 화밀 속의 당은 이당류인 수크로오스이다('생화학' 참조). 꿀벌은 몸에서 효소를 생산해 수크로오스를 단당류인 과당과 글루코오스, 글루콘산으로 분해한다. 이 당들이 꿀의 기본 성분이다. 물은 대부분 증발하기 때문에 꿀은 점성이 높고 끈적끈적하다.

테스토스테론은 무엇인가?

테스토스테론은 사람과 그 밖의 수많은 동물에게서 발견되는 스테로이드 호르몬 분자이다. 인간에게 테스토스테론은 남성 호르몬으로 남성의 생식기관 발달에 결정적인 역할을 한다. 이 호르몬은 남성의 경우 정소에서 분비되고 여성의 경우에는 난소에서 분비된다. 남성이 여성보다 테스토스테론을 훨씬 더 많이 사용하기 때문에 남성은 여성보다 이 호르몬을 20배나 더 많이 생산한다. 하지만 이상하게도 남성은 여성보다 테스토스테론에 덜 민감하다.

테스토스테론

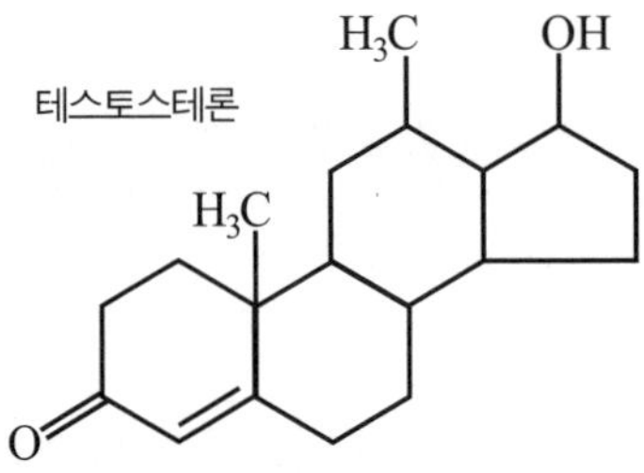

프로게스테론은 무엇인가?

프로게스테론은 사람과 그 밖의 동물에게서 여성의 월경 주기와 임신 주기를 조절하는 데 핵심 역할을 하는 스테로이드 호르몬이다. 이 호르몬은 난소와 부신에서 분비되어 지방 조직에 저장된다.

프로게스테론

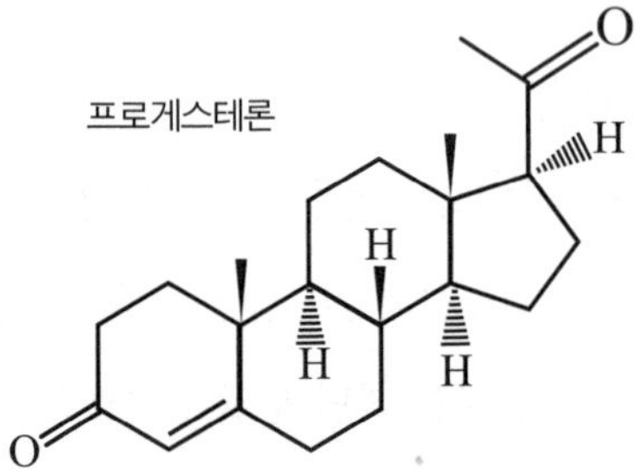

바다에 조석현상을 일으키는 것은 무엇인가?

바다의 조석현상은 지구, 달, 태양의 중력 작용과 지구의 자전에 의한 원심력 때문에 일어난다. 지구가 회전하고 세 개의 천체가 상대적인 위치를 바꾸면 중력의 균형이 서서히 변하면서 바닷물은 한 해변에서 다른 해변으로 이동하게 된다.

비료는 어떤 작용을 하는가?

비료는 자연환경이 식물이 필요로 하는 충분한 양을 공급하지 못할 때 필요한 원소를 공급하기 위해 사용한다. 비료로 공급하는 대표적인 원소는 질소(N), 인(P), 칼륨(K), 칼슘(Ca), 마그네슘(Mg), 황(S)이다. 비료의 명칭에는 함유되어 있는 원소의 이름이 사용되고 있다. 비료 포대에 'NPK' 또는 'NPKS'라고 쓰여 있는 것을 볼 수 있을 것이다. 이런 코드 뒤에 쓰여 있는 숫자는 함유된 이 원소들의 중량 %를 나타낸다.

식물은 땅에서 어떤 영양소를 흡수하는가?

식물이 토양에서 흡수하는 무기 영양소는 13가지가 있다. 이 영양소들은 다량영양소와 소량영양소로 나눌 수 있다. 기본적인 다량영양소에는 질소, 인, 칼륨이 포함된다. 식물은 상대적으로 이 기본 다량영양소를 많이 필요로 하며, 때문에 다른 영양소보다 토양에서 빨리 결핍된다. 2차 다량영양소에는 칼슘, 마그네슘, 황이 포함된다. 다량영양소보다 소량 필요한 소량영양소에는 보론, 구리, 철, 염소, 몰리브데넘, 망가니즈, 아연이 포함된다.

물질이 땅속에서 생분해될 때는 무슨 일이 일어나는가?

생분해는 미생물이 물질을 분해하여 자연에서 발견되는 화합물로 바꾸는 과정을 말한다. 이 과정은 호기성 과정(과정에 산소가 개입하는)일 수도 있고 혐기성 과정(산소를 필요로 하지 않는)일 수도 있다. 생분해와 관련된 용어에 '퇴비화 가능한'이라는 말이 있다. 이것은 물질을 퇴비더미에 넣으면 생분해할 수 있다는 뜻이다.

연기는 무엇인가?

연기는 연소하는 물질이 내놓는 입자들로 이루어진 구름이다. 연기의 화학 성분은 어떤 물질이 타는지에 따라 크게 달라진다. 연기에는 탄화수소, 할로알케인, 플루오르화수소, 연화수소, 다양한 황이 함유된 화합물이 포함되어 있다. 이 화합물들은 독성이 크게 다르기 때문에 건강에 해로운 정도도 태우는 물질에 따라 달라진다.

사람의 몸에는 얼마나 많은 소금(NaCl)이 들어 있을까?

일반 성인의 몸에는 약 250g의 소금이 함유되어 있다.

아마존 우림지역에서 생산되는 산소는 얼마나 될까?

지구상에 있는 산소(O_2)의 20%는 아마존 우림에서 생산된 것으로 추정된다.

매운 고추는 무엇 때문에 매울까?

고추를 맵게 하는 분자는 캡사이신이라는 분자이다(아래 화학 구조 참조). 이 분자는 사람과 그 밖의 포유동물에게 자극성이 있다. 매운 맛을 즐기는 사람들에게는 맛있는 성분이다!

캡사이신

스포츠에서 혈액도핑을 하는 이유는?

운동 능력을 향상시키기 위해 인위적으로 혈액의 적혈구 숫자를 증가시키는 것을 혈액도핑이라고 한다. 적혈구는 산소를 근육으로 전달하는 역할을 하기 때문에 적혈구의 숫자가 많으면 근육은 피로를 더 잘 견뎌낸다. 혈액도핑은 원래 다른 사람의 혈액이나 후에 사용하기 위해 모아두었던 자신의 혈액을 수혈하는 방법을 사용했다.

지난 수십 년 동안 새로운 형태의 혈액도핑 방법이 개발되었는데, 더 많은 적혈구를 생성하도록 자극하는 에리트로포이에틴이라는 호르몬을 사용하는 방법이다. 에리트로포이에틴은 인공적으로 대량 생산되며 주로 빈혈 치료에 사용되지만 때때로 스포츠 선수들이 혈액도핑 목적으로 이용하기도 한다.

일산화탄소가 위험한 이유는 무엇인가?

일산화탄소를 흡입하면 폐에서 혈액으로 들어가 헤모글로빈('생화학' 참조)의 철 중심과 결합한다. 헤모글로빈은 산소보다 일산화탄소와 훨씬 강하게 결합하기 때문이다. 일산화탄소는 혈액이 산소를 운반하는 능력을 감소시킨다. 이런 일이 일어나면 우리의 근육과 뇌는 산소 부족을 겪게 되어 물에 빠진 듯한 상태가 된다.

일산화탄소는 색깔이나 냄새가 없기 때문에 일산화탄소 감지기가 없으면 감지하기 어렵다. 그런데 일산화탄소의 농도가 100ppm 이상이면 사람에게 위험하거나 치명적일 수 있다.

일산화탄소에 중독되면 뇌나 내분비계통, 신경계, 심장 등 다른 기관이 손상되기도 한다. 일산화탄소 중독은 전 세계적으로 가장 흔히 일어나는, 생명을 위협하거나 상해를 입는 중독 사고이다. 일산화탄소에 중독된 사람은 목숨을 건진 후에도 후유증이 오래 남는다.

일산화탄소 중독의 초기 증세는 두통과 구역질이다. 일산화탄소 중독 치료는 일반적으로 100%(공기에는 약 20%의 산소만 포함되어 있다) 산소(O_2) 하에서 호흡하도록 하여 일산화탄소 대신에 산소를 헤모글로빈과 결합시키는 것이다.

모기 기피제에는 어떤 물질이 사용되는가?

N, N–디에틸–메타–톨루아미드(일반적으로는 DEET라고 알려진)가 가장 일반적으로 사용되는 모기 기피제이다. 이 화학물질은 모기나 다른 벌레의 접근을 막기 위해 피부에 직접 바를 수도 있다. 모기는 DEET의 냄새를 싫어하기 때문에 이 약을 바르면 모기를 퇴치할 수 있다. 하지만 사람에 따라 DEET의 자극성이 영향을 미치거나 드물게는 발작 등 심각한 건강 상의 문제를 야기할 수도 있다.

바닷물은 왜 짤까?

바닷물에 함유된 소금은 육지에 있던 무기물이 빗물에 녹아 강을 통해 바다로 흘러든 것이다. 바다에서 소금은 물과 함께 증발하지 않기 때문에 시간이 흐를수록 바다에 포함된 소금의 농도가 진해진다. 바닷물에 포함된 소금의 또 다른 근원은 열수분출공이다. 바닷물이 열수분출공으로 흘러들어가 따뜻해진 다음 여러 가지 무기물을 용해한 후 다시 배출된다. 해저 화산 분출 역시 바닷물에 존재하는 무기물의 근원이 된다.

바닷물에 포함된 대부분의 소금 이온은 나트륨과 염소이다. 이 두 가지 이온이 바닷물에 녹아 있는 전체 이온의 90%나 된다. 나머지는 주로 마그네슘, 황, 칼슘 이온이다. 바닷물의 소금 농도는 상당히 높은 편이어서 무게로 평균 3.5%나 된다.

영구동토란 무엇인가?

영구동토는 연속된 2년 이상 물이 어는 온도 이하인 토양을 말한다. 대부분의 영구동토는 북극이나 남극 부근 등 높은 위도에 위치해 있다.

지속 가능한 '녹색'화학

녹색화학이란?

생산 과정에서 발생하는 위험한 폐기물 양의 최소화를 목표로 화학제품을 설계하는 것을 녹색화학이라고 한다. 이는 화학 생산품의 합성뿐만 아니라 시약을 얻는 방법, 제품의 생산 및 사용 기간 등을 고려해야 하기 때문에 매우 복잡한 문제이다. 이 문제에 관한 해법으로 폴 아나스타스[Paul Anastas]와 존 바르너[John Warner]는 1998년 '녹색화학의 12가지 원리'를 소개했다. 그들은 녹색화학을 '설계, 생산, 화학제품의 응용에서 위험한 물질의 생산이나 사용을 줄이거나 없앤다는 일련의 원칙을 이용하는 것'이라고 정의했다.

녹색화학의 12가지 원리는 무엇인가?

폴 아나스타스와 존 바르너가 제시한 녹색화학의 12가지 원리는 다음과 같다.

금지 − 화학 폐기물이 환경에 미치는 영향을 최소화하는 가장 좋은 방법은 우선 폐기물이 만들어지지 못하도록 하는 것이다. 따라서 처리하거나 닦아내고 저장해야 할 폐기물의 양을 최소화하는 것이 환경을 위해 가장 좋은 방법이다.

원자 경제 – 이 원리의 배경이 되는 이념은 합성 방법을 개발하는 화학자는 최종 제품에 가능하면 많은 시약을 포함하려고 노력한다는 것이다. 이 원리는 화학 폐기물의 생성 방지와 최종 목적을 달성하기 위해 생산해야 할 시약의 양을 줄이는 데에도 도움이 될 것이다.

덜 위험한 화학물질의 합성 – 화학자들이 고도로 독성이 강한 화학물질을 최소화하거나 피할 수 있는 합성 과정을 찾아내도록 격려해야 한다. 따라서 폐기물 총량을 줄이기 위한 노력뿐만 아니라 폐기물의 독성을 최소화하는 것에도 관심을 가져야 한다.

더 안전한 화학물질의 설계 – 화학자들은 화학합성 과정에서 나오는 폐기물의 독성을 줄이는 것뿐만 아니라 독성이 적거나 환경에 나쁜 영향을 최소화하는 합성 목표를 선택하기 위해 노력해야 한다.

더 안전한 용매와 보조제 – 가능하다면 화학자들은 많은 양의 용매와 분리 시약, 그리고 다른 화학 보조제의 사용을 피할 수 있는 과정을 찾아내야 한다. 만약 이런 것의 사용을 피할 수 없다면 사용량을 최소로 해야 하며 환경에 가장 안전한 선택을 해야 한다.

에너지 효율성을 높일 수 있는 설계 – 합성 방법의 에너지 비용을 고려하고 가능하면 최소화해야 한다. 여기에는 반응이나 작업 과정이 주변 온도와 압력 하에서 이루어지도록 하는 것도 포함된다.

재생 가능한 원료의 사용− 시제나 용매는 가능하면 재생 가능한 것이어야 한다.

파생 단계의 감소− 보호구 착용 단계나 보호구 탈구 단계, 차단 단계 같은 파생 단계와 관련된 합성 단계의 수는 가능한 최소화해야 한다. 이 원리의 목표는 폐기물을 줄이고 원자 경제를 향상시키는 것이다.

촉매− 촉매 역할용 시약은 선택이 가능하다면 화학량적으로 반응하는 시약 중에서 선택해야 한다.

분해를 위한 설계− 사용기간이 끝난 화학제품은 분해되어 환경에 최소한의 위협이 되는 무독성 물질을 만들도록 설계해야 한다.

오염 방지를 위한 실시간 분석− 분석기술이 실시간 모니터링을 지원하여 위험한 물질의 생성을 방지할 수 있어야 한다.

사고 방지를 위해 본질적으로 안전한 화학− 화학물질의 사용은 환경이나 사람의 건강에 해가 될 만한 사고의 발생을 최소화하는 방법으로 이루어져야 한다. 여기에는 사용할 화학물질과 화학 과정을 수행하기 위한 방법의 선택이 포함된다.

12가지 원리가 실용적인 합성과 화학제품의 사용에 초점을 맞추고 있다는 것을 알 수 있을 것이다. 이 원리들은 상황(즉 기초적인 화학 연구, 대규모 산업 생산, 화학의 비합성적 응용 등)에 따라 적절하게 적용되어야 할 것이다

녹색화학의 목표는 무엇인가?
녹색화학의 12가지 원리를 읽었다면, 녹색화학은 화학제품의 개발, 생산, 사용이

환경에 미치는 충격을 최소화하는 데 초점을 맞춘 것을 알 수 있을 것이다. 화학물질이 환경에 주는 충격을 최소화하는 모든 가능한 방법을 열거하지는 못했지만 이 12가지 원리는 녹색화학이 추구하는 결과를 달성하는 데 필요한 기초를 제공하고 있다.

DDT는 무엇인가?

DDT 또는 디클로로디페닐트리클로로에탄은 사람이나 야생 동물의 건강에 해롭다는 것이 밝혀지기 전까지 널리 사용되었던 살충제이다. DDT는 접촉하는 사람이나 야생동물에게 독이 된다. 녹색화학의 측면에서 보면 DDT는 화학물질의 분별없는 사용이 환경에 해가 된다는 것을 사람들에게 일깨웠다는 데 특별한 의미가 있다. DDT가 해롭다는 것은 1962년 라첼 카슨^{Rachel Carson}이 쓴 《조용한 봄^{Silent Spring}》을 통해 세상에 알려졌다. 이 책에서는 DDT 살포가 환경에 미치는 여러 가지 부정적인 영향에 대해 설명했다. 이것은 충분히 시험되지 않은 화학물질을 대규모로 환경에 투입하는 것이 사람이나 야생동물에게 해가 될 수 있다는 것을 일깨우는 데 도움이 되었다. DDT는 1972년에 미국에서 공식적으로 금지되었다.

디클로로디페닐트리클로로에탄(DDT)

탈리도마이드는 무엇인가?

탈리도마이드는 임신 중에 나타나는 모닝시크니스(아침 구역질)와 수면 장해를 치료하기 위해 사용되던 의약품으로, 널리 사용된 지 몇 년이 지난 후에야 신생아에게 선천성 이상을 일으킨다는 것이 알려졌다. 이 선천성 이상에는 해표상지증(팔다리, 얼굴 모양, 신경, 신체의 다른 부위가 비정상적으로 형성되는 증상), 눈과 귀의 이상으로 시력과 청력 이상, 위장 결함, 얼굴 기형, 발달하지 못한 허파, 그리고 소화기관, 심장, 신장의 이상 증상 등이 포함된다. 그 후 탈리도마이드의 사용은 중지되었지만 이 약물을 암 치료에 사용하기 위한 연구는 아직도 계속되고 있다.

DDT의 경우와 마찬가지로 탈리도마이드 사용으로 야기된 문제는 정부가 약물과 살충제를 사용하기 전에 더 엄격한 시험을 거치도록 규제하는 데 큰 영향을 미쳤다.

탈리도마이드

화학반응이 얼마나 '녹색' 인지를 어떻게 측정하나? 제품주기분석이란 무엇인가?

물론 '화학반응이 얼마나 녹색인가?'라는 질문은 정량적으로 답하기 어려운 문제이다! 대체 가능한 간단한 과정들마저도 사람과 환경에 서로 다른 영향을 미치고 장단점이 있기 때문에 더 나은 것을 선택하기가 어렵다. 제품주기분석 LCA은 제품이 환경에 주는 영향을 비교하고 평가하는 데 사용되는 방법이다. 이름이 의미하듯 제품주기분석에는 제품이 생산되면서부터 폐기될 때까지 일어나는 모든 것이 포함된다. 물론 이것은 쉬운 일이 아니다! 여기에는 제품 생산에 들어가는 모든 물질과 공기, 물, 토양으로 배출되는 것을 포함하여 제품을 사용하는 동안에 발생하는 모든 고체 폐기물까지 포함된다. 그런 후에는 모든 물질과 폐기물이 환경에 미치는 충격을 평가하는 과정이 필요하다. 가능하면 이런 분석은 그 결과를 다른 제품이나 서비스의 영향과 비교할 수 있는 방법으로 진행되어야 한다. 이렇게 환경에 끼치는 충격을 모두 합한 것이 제품의 주기 충격이다. 제품에 들어가는 것과 제품에서 나오는 것들이 환경에 대한 영향이나 충격으로 전환된다. 환경에 미치는 이러한 충격의 합은 제품이나 서비스가 한 주기 동안 환경에 미치는 전반적인 효과를 나타낸다. 대체 제품의 LCA를 시행하면 환경에 미치는 전반적인 영향을 비교할 수 있다.

바이오리메디엔이션(생물학적복원)이란?

바이오리메디에이션이란 미생물을 이용하여 오염물질을 무독성 물질로 변환시켜 환경에서 오염물질을 제거하는 것을 말한다. 때로는 이런 용도로 사용되는 미생물을 유전공학적으로 만들기도 한다. 예를 들어 데이노코쿠스 라디오두란스라는 세균은 핵 폐기장에서 수은 이온을 포함한 성분과 톨루엔을 분해하기 위해 유전공학적으로 만들었다.

기름으로 오염된 아마존 우림의 토양을 정화하는 데 바이오리메디에이션이 사용된다.

바이오리메디에이션은 오염된 곳에 미생물을 도입하여 문제를 해결하므로 물리적으로 정화하거나 폐기물을 다른 장소로 수송할 필요가 없다.

식물환경복원이란?

중금속 같은 일부 오염물질은 바이오리메디에이션으로 처리하기 힘든 경우가 많다. 그런 경우에는 식물환경복원이 유용하다. 식물환경복원은 오염물질을 흡수할 수 있는 특정 식물을 재배해 식물의 윗부분에 축적시킨 후 그 부분을 제거한다. 오염물질을 포함한 식물은 소각로에서 연소시켜 오염물질을 더욱 농축시키거나 어떤 경우에는 다른 용도로 재활용하기도 한다.

재활용 플라스틱은 어떻게 분류할까?

플라스틱 재활용의 첫 번째 단계는 수지의 종류 또는 수지 인식 부호에 따라 플라스틱을 분류하는 것이다. 수지 인식 부호는 구성 고분자의 종류에 따라 플라스틱 제품(또는 용기의)에 부여한 숫자이다. 한때는 이 부호가 고분자의 종류를 직접 나타내기 위해 사용되었지만 현재는 근적외선 분광법이나 밀도 분류법과 같은 다른 방법이 사용되고 있다. 이런 방법은 다량의 플라스틱을 재활용하기 위해 분리하는 데 사용된다 (수지 식별 부호에 대한 자세한 정보는 '고분자화학' 부분 참조).

미국에서 사용되는 플라스틱은 몇 %가 재활용될까?

2008년에 플라스틱 폐기물의 약 6.5%가 재활용되었다. 약 7.5%는 에너지를 생산하기 위해 연소되었고, 나머지 대부분의 폐기물은 토양에 매립되었다. 플라스틱 생산은 계속 증가하는 데 반해 재활용되는 플라스틱의 비율은 줄어들고 있다. 이것은 생산되는 플라스틱의 양이 증가하는 것도 원인이지만 플라스틱의 재활용으로 수익을 올리기가 어렵기 때문이기도 하다.

대체 용매란 무엇인가?

대체 용매는 전통적으로 사용되어 왔지만 환경 안전이나 독성을 무시하고 사용되어온 위험한 용매를 대체할 수 있는, 상대적으로 환경에 좋은 영향을 미치는 용매를 말한다.

그중 하나가 2-메틸 테트라하이드로푸란이다. 이 물질은 용매로서의 다이클로로메테인이나 테트라하이드로푸란과 유사한 특성을 가지고 있지만 옥수수나 버개스 등 재생 가능한 원료로부터 생산할 수 있고, 쉽게 분리하여 세정할 수 있어서 환경보호에 많은 장점을 가지고 있다.

아래 그림은 2-메틸 테트라하이드로푸란(좌)의 화학 구조를 다이클로로메테인(가운데)과 테트라하이드로푸란(우)의 구조와 비교할 수 있도록 소개한 것이다.

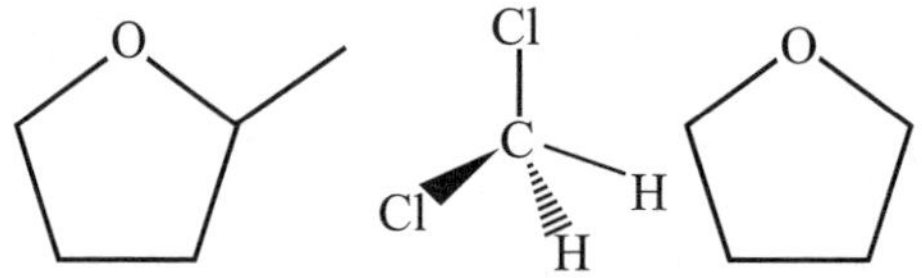

용매가 없는 환경에서 반응은 어떻게 진행되는가?

용매 없이 화학반응이 일어나도록 하는 몇 가지 공통적인 방법이 있다. 가장 간단한 경우는 반응물 중 하나가 용매로 작용하는 경우이다. 이런 경우 일반적으로 '깔끔하게' 반응이 진행되었다고 한다. 넓은 온도 범위에서 액체가 아닌 시약 역시 용융 상태에서 용매로 쓰일 수 있다. 일부 반응은 고체 상태의 촉매를 사용하기 때문에 용매를 필요로 하지 않는다. 용매를 사용하지 않으면 비용과 생성되는 폐기물의 양을 줄일 수 있다.

초임계 유체는 무엇이며 왜 녹색 용매로 유용한가?

초임계 유체는 상평형도('거시적인 성질' 부분 참조)에서 임계점을 넘을 수 있을 정도로 충분히 높은 온도와 압력에 도달한 물질을 말한다. 온도와 압력의 '임계' 값은 물질마다 다르며 이 조건을 넘으면 고체와 기체 상태의 구별이 뚜렷하지 않다. 다시 말해 이 조건을 넘어서면 물질의 밀도와 다른 성질이 계의 온도와 압력이 변할수록 연속적으로 변한다.

초임계 액체의 밀도와 용해도 관련 성질, 확산성 등을 반응이나 추출 조건에 맞도록 정밀하게 조정할 수 있기 때문에 초임계 액체는 녹색 용매로 사용될 수 있다. 그 중 특히 관심을 끄는 초임계 액체인 이산화탄소(CO_2)에 대해 알아보자.

초임계 액체로서 CO_2의 장점은 산화되지 않고, 비프로톤성이며, 자유 라디칼과 관련된 반응에 참여하지 않는다는 것이다. 이 때문에 이산화탄소는 반응이 일어나도록 한다. 또 오염물질(당분간 온실효과는 무시하고)로서도 상대적으로 양호하다. CO_2는 넓은 범위의 온도와 압력 하에서 기체이기 때문에 용매로 사용하기 위해서는 높은 온도와 압력 하에서 사용해야 한다. 다양한 온도와 압력에서 초임계 CO_2는 넓은 범위의 화합물을 용해시킬 수 있고 원하는 비율로 기체와 섞이게 할 수 있다. 또 용매로 재활용할 수 있어 다량의 폐기물을 만들어내지 않는다. 뿐만 아니라 액체 상태에서도 용매로 작용할 수 있지만 그 경우에는 앞에서 이야기한 여러 가지 성질을 조절할 수 있다는 장점을 잃게 된다.

대체 녹색 시약의 예로는 어떤 점이 있는가?

대체 용매와 비슷한 맥락에서 대체 시약은, 독성이 강한 시약을 대체할 수 있는 상대적으로 환경에 좋은 영향을 주는 시약이다. 대체 녹색 시약의 예로는 메틸화와 카르보닐화 반응에 사용할 수 있는 디메틸탄산염이 있다. 전통적으로 포스겐이나 요오드화메틸이 이 반응에 사용되었지만 독성이 훨씬 강해 적절하게 폐기하는 데 더 많은 비용이 들었다. 이에 반해 디메틸탄산염은 무독성 화합물이며 메탄올과 산소의 산화 반응으로 생산할 수 있어서 환경에 해로운 합성 과정을 피할 수 있다.

디메틸탄산염(좌)과 포스겐(가운데), 요오드화메틸(우)의 구조는 다음과 같다.

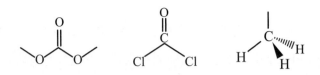

보조물질은 무엇인가?

화학적 보조물은 시약이 아니면서 화학합성 과정에 사용되지만 화학제품에 포함되지 않는 용매, 분리용 제재, 희석용 제재 등의 물질이다.

녹색화학의 다섯 번째 원리에서 보조물질의 사용을 피하라고 한 이유는?

화학합성에서 보조물질의 사용을 최소화하면 폐기물의 양이 줄어들 것으로 기대되며, 이를 통해 환경에 미치는 위험을 최소화할 수 있을 것이다.

왜 화학합성에는 종종 열이 사용될까?

반응속도를 증가시키기 위해 화학합성에는 종종 열이 사용된다. 어떤 경우에는 상변화에 영향을 주기 위해 사용되기도 한다. 화학합성의 환경에 대한 충격을 최소화하기 위해서는 주변 온도에서 진행되는 반응을 찾아내 열 형태로 에너지를 투입할 필요가 없도록 하는 것이 가장 좋다.

'E-인자'란?

'E-인자'는 화학반응이 얼마나 친환경적인지 또는 해로운지를 계량화한 것이다. 좀 더 정확하게 말하면 'E-인자'는 합성된 제품 1kg 당 발생하는 폐기물의 양을 나타낸다. 즉 E-인자가 낮을수록 친환경적이다. 물론 이것은 하나의 수치일 뿐이므로 폐기물의 독성 등 다른 요소도 감안해야 한다. 제약회사에서 약품을 생산하는 과정의 E-인자는 대략 25~100 범위 안에 있다.

화학 과정을 '녹색' 화하는 방법의 예로 어떤 것이 있나?

거대 제약회사인 파이저 사에서 처음 비아그라®('우리 주변의 세상' 참조)를 합성했을 때 E-인자는 105였다. 그러나 비아그라®를 시판하기 전 전체 합성 과정을 한 단계씩 다시 조사하고, 상대적으로 독성이 강한 염화 용매를 독성이 약한 대체 용매로 바꾸었다. 또 합성 과정에서 가능한 모든 용매를 재활용하도록 수정했다. 건강에 위협이 될 수 있는 과산화수소의 사용이 제조 과정에서 제외되었고, 또 다른 시약인 염화옥살릴^{oxalyl chloride}의 사용도 중지했다. 이 시약의 사용이 일산화탄소를 발생시켰기 때문이다. 그 결과 비아그라® 합성의 E-인자는 8로 줄어들었다. 무려 13분의 1로 줄어든 것이다! 또한 비슷한 변화가 파이저의 생산 과정 전체에 일어나 경련예방제인 리리카® 합성의 E-인자 역시 86에서 9로 줄어들었다. 이런 개선은 수백만 톤의 화학 폐기물을 줄였고, 생산 비용도 낮췄으며, 더 안전한 작업환경을 만들었고, 소비자들에게 더 안전한 제품을 제공할 수 있었다.

마이크로파는 어떻게 녹색화학을 향상시킬까?

마이크로파는 진동수가 $0.3 \sim 300\,GHz$ 사이에 있는 전자기파 복사선이다. 마이크로파가 많은 물질에 흡수되면 온도가 올라가 시료가 가열된다. 이것은 부엌에서 전자오븐으로 음식물을 가열하거나 요리하는 것과 동일한 방법이다. 전통적인 가열 방법이 불가능한 상태에서 반응을 촉진시키기 위해 화학자들은 마이크로파를 사용하기도 한다. 이것은 용매가 없는 상태에서 일어나는 반응과 관련된 시약을 가열하고 싶을 때처럼 녹색 조건 하에서 반응을 촉진시키는 데 유용하게 사용될 수 있다.

녹색화학에서 광화학반응의 역할은 무엇인가?

광화학반응은 종종 녹색 합성의 탁월한 선택이 될 수 있다. 화학적 촉매나 시약과는 달리 광자는 폐기물이나 여분의 원자를 남기지 않기 때문이다. 반응성이 강한 분자를 만들기 위해 광학적으로 들뜬상태를 만들기 때문에 광화학적으로 일어나는 반응은 종종 주변 온도에서 빠르게 진행된다. 어떤 경우에는 광화학적 합성이 가열된 상태에서 일어나는 반응에 비해 더 적은 단계를 거친다.

녹색화학 제품이란?

녹색화학 제품은 녹색화학 원리를 염두에 두고 설계해 사람이나 환경의 다른 측면에 해를 끼치지 않는 제품이다. 녹색화학이 출현한 이후 안전한 가정용 페인트에서 청소용품과 새로운 형태의 플라스틱 제품에 이르기까지 수많은 녹색제품이 개발되었다. '설계에 의한 관용 benign by design'이라는 말을 자주 들을 수 있는데 이 말은 이런 제품을 설명하는 데 흔히 사용된다.

환경에 가장 해로운 유기 오염물질은?

EPA는 특별한 주의를 기울여야 하는 12가지 유기 오염물질 리스트를 발표했다. 이 리스트에는 알드린, 클로로데인, 디클로로페닐 트리클로로에탄^{DDT}, 디엘드린, 엔드린, 헵타클로로, 헥사클로로벤젠, 마이렉스, 톡사펜, 폴리염화바이페닐, 폴리염화디벤조다이옥신, 폴리염화디벤조푸란이 포함되어 있다. EPA는 이 화합물에 '더러운 12'라는 이름을 붙였다.

고엽제란 무엇인가?

고엽제$^{Agent\ Orange}$는 2, 4-디클로로페녹시아세트산과 2, 4, 5-트리클로로페녹시아세트산의 혼합물로 베트남전에서 미군이 사용한 제초제였다. 사용 목적은 시골 지역의 나뭇잎을 떨어뜨려 전술적인 엄폐물을 제거하고 식량원을 차단하기 위해서였다. 그 뒤 2, 4, 5-트리클로로페녹시아세트산이 맹독물질인 2, 3, 7, 8-테트라클로로디벤조디옥신으로 오염되어 있는 것이 발견되었다. 많은 양의 고엽제(USDA가 국내 사용용으로 추천한 양의 13배)가 남부 베트남의 시골 지역 숲의 약 20%에 살포되었다. 이때 사용한 고엽제는 이 지역 사람들의 건강을 크게 해쳤고, 베트남 전쟁은 1975년 끝났지만 고엽제로 인한 후유증은 현재까지도 영향을 줘 100만 명의 사람들이 지금도 심각한 건강상의 문제로 고통받고 있다.

2, 4-디클로로페녹시아세트산(좌), 2, 4, 5-트리클로로페녹시아세트산(가운데), 그리고 2, 3, 7, 8-테트라클로로디벤조디옥신(우)의 화학 구조는 다음과 같다.

녹색화학의 출현이 화학 산업에 끼친 영향과 공공 영역에서 녹색화학의 역할은 무엇인가?

지난 수십 년 동안 녹색화학은 화학 회사의 제품이 환경에 미치는 충격을 인식하도록 하는 데 결정적인 역할을 했다. 이 안에는 정부의 규제, 시민의 의식 변화, 환경을 보호하고 보존하려는 의지 등이 포함되어 있다. 화학 산업의 경영자, 정부, 시민들은 화학물질이 환경에 미치는 효과에 대해 지속적으로 관심을 가지고 있다. 이러한 관심이 DDT의 경우처럼 화학물질과 관련된 비극이 또 다시 되풀이되지 않도록 방지할 수 있을 것이다.

녹색화학을 향상시키는 데 EPA의 역할은 무엇인가?

미국의 환경보호국^{EPA}은 녹색화학을 증진시키기 위해 많은 노력을 했다. EPA는 녹색화학에 대한 관심과 화학 산업에서 녹색 원리의 적용을 증대시키기 위해 많은 상벌 제도와 녹색화학 및 화학제품이 건강과 환경에 미치는 영향에 대한 시민 교육을 해왔다. 또 지속 가능한 기술과 소기업 혁신, 미국화학학회 화학연구소의 연구에 대한 재정적 지원을 통해 화학산업과의 동반자 관계를 증진시켰다.

워싱턴 D.C.에 위치한 환경보호국 도서관. EPA의 역할 중 하나는 녹색화학에 대한 시민 교육이다.

녹색 시약으로서 과산화수소 수용액의 역할은 무엇인가?

과산화수소(H_2O_2)는 원자들과 효율적으로 반응하고 반응 부산물로 물만 생산하기 때문에 이상적인 녹색 산화제이다. 깨끗한 산화제가 되기 위해서는 과산화수소가 수용액 상태의 용매로 사용되어 화학자들이 유기 용매의 사용을 피할 수 있게 해야 한다. 다행히 수용액 상태에서 과산화수소가 효과적인 산화제로 사용되어 순수한 제품을 생산할 수 있도록 하는 촉매가 존재한다. 가격이 비싸지 않으며 대량생산이 가능하다는 등의 이상적인 시약이 될 수 있는 조건을 갖추고 있어 과산화수소는 매년 240만 톤이나 생산되고 있다. 하지만 고농도의 과산화수소는 위험할 수 있기 때문에 60% 이하의 H_2O_2에서 반응이 이루어져야 한다는 문제점을 갖고 있다.

바르너 밥콕 녹색화학연구소는?

바르너 밥콕 녹색화학연구소는 환경적으로 안전하고 지속 가능한 기술의 개발을 증진시키기 위해 존 바르너John Warner와 짐 밥콕Jim Babcock이 설립했다. 이 연구소는 과학자들과 일반인들에게 녹색화학의 원리에 대한 훈련을 제공하고 있다.

녹색화학 분야에 노벨상이 수여된 적이 있는가?

그렇다! 비교적 새로운 분야인 녹색화학이지만 2005년 이 분야의 연구에 노벨상이 수여되었다. 올레핀의 복분해 반응을 개발한 세 과학자(캘리포니아 공과대학의 로버트 그루브스$^{Robert Grubbs}$, 매사추세츠 공과대학의 리처드 슈록$^{Richard Schrock}$, 프랑스 페트롤 연구소의 예브 쇼뱅$^{Yves Chauvin}$)가 바로 그 주인공들이다. 올레핀의 복분해는 두 개의 탄소−탄소 이중결합이 반응하여 탄소에 붙어 있는 치환체들이 효과적으로 교환된 새로운 두 개의 탄소−탄소 이중결합을 만들어내는 반응이다. 이 반응은 일반적인 반응 조건하에서 촉매를 이용해 일어나기 때문에 해로운 폐기물을 거의 발생시키지 않으며 새로운 약물의 합성을 포함한 넓은 범위의 응용에 효과적이라는 것이 밝혀졌다.

녹색화학 구현과 관련된 법률이 제정된 적이 있는가?

그렇다! 유럽의 화학물질의 등록, 평가, 허가, 금지에 관한 프로그램^{REACH}과 캘리포니아의 녹색화학 발안이 있다.

REACH의 목적은 회사가 자료를 제공하고, 제품의 안정성을 증명하게 하는 것이다. 여기에는 제품을 사용하는 동안 일어날 수 있는 화학적 위험성도 포함되어 있으며 특정 화학물질의 사용 금지 방법도 제시하고 있다. 미국에는 이와 비슷한 내용을 담고 있는 독성 물질 통제 법안이 있지만 효과적이지 못하다는 비판을 받아왔다.

캘리포니아 녹색화학 발안은 2008년에 승인되었으며 캘리포니아 독성물질 통제 부서에서 특정한 '관심 화학물질'의 우선순위를 정하도록 하고 있다. 이 발안은 화학물질 시험 책임을 개별 회사에서 정부 기관으로 변경시켰다. 하지만 이 법률은 산업체의 녹색화학에 대한 연구와 교육에 반대급부를 제공하지 못한다는 비판을 받았다. 초기에 제안된 규제에 대한 심한 반대로 인해 제안을 다시 써야 했기 때문에 발안의 실현이 연기되기도 했다.

물을 용매로 사용할 때 장점과 문제점은 무엇인가?

물이 용매일 때의 장점은 여러 가지가 있다. 물은 풍부하며 환경적으로 문제가 되지 않고, 넓은 범위의 온도에서 액체 상태로 존재하며 폐기물을 줄일 수 있다. 따라서 물을 용매로 사용할 수 있으면 모든 반응에 물을 사용할 것이다. 그러나 많은 화합물이 물에 녹지 않거나 안정하지 않다는 큰 문제점을 갖고 있다. 유기 용매에서 개발된 많은 반응이 여러 가지 이유로 수용액 상태에서는 유사하게 진행되지 않는다는 것 역시 해결해야 할 문제이다. 따라서 현재 가지고 있는 유기 합성(대부분은 비수용액 조건 하에서 개발된)과 관련된 대부분의 지식을 수용액 조건 하에서의 반응성에 직접 응용할 수 없다. 또 물은 높은 끓는점 때문에 유기용매에 비해 반응에서 제거하기 어렵다. 하지만 그럼에도 불구하고 녹색화학이 출현한 이후 수용액 합성에 대한 연구가 폭발적으로 증가했으며 물을 합성에 이용하는 것 역시 크게 늘어나고 있다.

녹색화학 도전 대통령상이란?

이 상은 미국에서 녹색화학의 혁신을 인식하고 향상시키기 위한 노력의 일환으로 1995년에 제정되었다. 매년 아카데미, 소기업, 녹색 합성 경로, 녹색 반응 조건, 녹색화학물질 설계의 5개 부분에서 녹색화학 발전에 기여한 개인과 회사에 수여되고 있다. .

생물학적 원료의 예에는 어떤 것들이 있는가?

화학합성과 에너지 생산의 원료로 생물이나 식물에 기반을 둔 재료를 사용하는 것이 바람직하다. 광합성을 하는 식물을 통해 태양 빛의 에너지를 흡수하여 저장하고, 생명물질을 녹색화학에 응용할 수 있는 방법을 찾는 것은 이 분야의 목적을 달성하는 데 매우 효과적이다. 생명물질의 근원은 셀룰로오스, 지질, 리그닌, 테르펜, 단백질 등 여러 범주로 분류할 수 있다. 셀룰로오스는 식물의 구조를 이루고 있는 부분에서 발견된다. 리그닌 역시 식물에서 셀룰로오스와 함께 발견된다. 지질과 지질 오일은 씨

앗이나 콩에서 추출한다. 테르펜은 소나무, 고무나무, 그 밖의 몇몇 나무에서 발견된다. 단백질은 여러 종류의 식물에서 소량 발견되며 동물에 다량 포함되어 있다. 유전자를 이식하여 많은 양의 단백질을 생산하는 식물을 만들기 위한 노력도 진행되고 있다. 화학물질과 에너지를 생산하는 데 생물학적 원료를 사용하기 위해 해결해야 할 기본 과제는 필요한 물질을 분리하고 정제하는 것과 관련있다.

보팔 사고는 어떤 사고였나?

보팔 사고(보팔 가스 비극이라고도 불리는)는 1984년 12월에 인도 보팔에서 일어난 가스 누출 사건이다. 보팔에 있는 유니온 카바이드 공장에서 이소시안산메틸 가스가 생산과정에서 사고로 누출되었다. 이 가스 누출로 대부분 잠을 자고 있던 인근 도시의 시민 수천 명이 중독되었다. 이 가스 누출의 영향은 여러 해 동안 계속되어 사고 후 거의 30년 동안 50만

인도 보팔의 시위대가 이소시안산메틸 가스의 누출로 수천 명이 중독된 유니온 카바이드 공장 사고에 항의하고 있다.

명이 넘는 부상자가 보고되었으며, 회사와 회사 임원을 상대로 형사 민사 소송도 제기되었다.

이부프로펜을 제조하는 과정이 녹색합성의 좋은 예인 이유는?

현재 산업적으로 사용되고 있는 이부프로펜 합성 과정은 원자를 효율적으로 사용하고 있다. 이전의 합성 방법을 친환경적이고 비용 절감에 효과적인 방법으로 수정한 것이다. 원래의 방법은 여섯 단계의 합성과정을 거쳤으며, 시약을 중량비로 반응시켜 (촉매의 사용과는 반대로) 원자 효율성이 낮았고, 원하지 않는 폐기물이 배출되었다. 반

면에 현재 사용하는 방법은 세 단계만을 거치며, 각 단계는 성격상 촉매 반응이다. 첫 번째 단계는 재활용 가능한 촉매(플루오르화수소, HF)를 사용하여 거의 폐기물을 배출하지 않는다. 두 번째 단계와 세 번째 단계는 100% 원자 효율성을 달성했다. 따라서 이 과정은 산업 규모에서 녹색합성의 이상적인 기준을 제공하고 있다.

생물 촉매란?

생물 촉매는 이름에서 짐작할 수 있듯이 화학반응물을 일으키는 데 효소나 다른 자연적인 촉매를 이용하는 것이다. 생물학적 반응에서는 주로 물속에서 적절한 온도와 pH값 하에서 촉매작용이 일어나기 때문에 생물 촉매는 녹색화학의 측면에서 볼 때 바람직하다. 더구나 효소 자체도 환경에 유익하고 자연 자원으로부터 얻을 수 있다. 이러한 장점 외에도 생물 촉매 반응은 고도의 선택성과 특정성을 가지고 있고 합성 단계가 간단하기 때문에 원하지 않는 부산물이 만들어지는 것을 최소화할 수 있다. 생물 촉매 합성의 예로는 페니실린 합성, 세팔로스포린류(또 다른 종류의 항생제)의 합성, 프레가발린(손상된 신경으로 인한 고통을 줄여주는 약물)의 합성 등이 있다.

필요한 기술이 발전하고 더 많은 사람들이 이 방법의 장점을 인식하면서 현재 생물 촉매의 사용에 대한 관심은 높아지고 있다.

5개 환경 권역은 무엇인가?

과거에는 환경과학이 우리 세상의 네 권역, 즉 네 분야의 건강에만 초점을 맞추었다. 수권(물과 관련된), 대기권(공기와 관련된), 지권(지구와 관련된), 생물권(생명체와 관련된)이 그것이다. 하지만 최근 환경과학자들은 일상생활 속에서 전반적인 환경을 변화시키는 방법을 다루는 인간권에 대해서도 관심을 가지고 있다.

온실효과는 무엇이며 이는 지구 온도에 어떤 영향을 미치나?

온실효과는 지구 표면의 열복사와 온실기체라고 하는 기체에 의한 재방출과 관련되어 있다. 대부분 스펙트럼의 적외선 영역에 해당되는 재방출된 복사선은 모든 방향으로 방출된다. 이는 일부 에너지가 대기의 하층부와 지구표면으로 향한다는 것을 의미한다. 따라서 온실기체의 존재는 지구 표면 온도가 전반적으로 오르는 결과를 가져온다. 일정한 양의 온실기체는 자연적으로 존재하지만 사람들의 활동으로 인한 온실기체가 대기 중에 방출되면 온실효과가 증가할 수 있다.

여담이지만 이 효과의 이름은 온실의 유리가 태양 빛을 통과시켜 안에 가두어 놓는다는 데에서 유래했다. 하지만 실제로 온실은 다른 원리로 작동한다. 온실의 유리벽은 대류에 의해 열이 빠져나가는 것을 막는다.

대기 중의 오염물질은 비에 어떤 영향을 받는가?

공기 오염은 비가 내리는 횟수와 강수량을 포함해 전 세계의 날씨에 영향을 끼친다. 낮은 농도에서는 대기 중에 떠다니는 입자가 구름이나 천둥번개가 만들어지는 것을 돕는다. 그러나 농도가 커지면 이 입자들은 비를 내리게 하고 천둥과 번개를 만드는 구름의 형성을 방해할 수 있다. 구름은 지구로 들어오는 태양 빛을 반사하기 때문에 일반적으로 냉각효과가 있는 것으로 보고 있다. 따라서 오염물질은 기후 변화와도 관련이 있다.

화산활동으로 대기권에 유입되는 오염물질은?

화산은 대기 중에 포함된 이산화황(SO_2)의 주요 근원이다. 독성을 가진 이산화황은 목, 눈, 코 안에 있는 점막을 자극하며 산소, 태양 빛, 먼지, 물과 반응하여 SO_4^{2-}방울과 황산(H_2SO_4)를 만든다. 이 물질은 화산 스모그 또는 '보그'라는 스모그를 민든다. 보그는 천식 발작과 상기도 손상의 원인이 될 수 있다. 또 이때 만들어진 황산은 산성비의 원인이 된다.

재료과학

재료과학이란?

재료과학은 기초과학과 공학의 중간 성격을 띠는 분야로 물질의 미시 구조(원자나 분자적)와 거시적 성질 사이의 관계를 다룬다. 화학에서 사용하는 많은 방법이 재료의 특성을 나타내는 데 사용되고 있으며 재료의 미시 구조는 고체 상태 화학과 관련해서 다루어진다. 따라서 재료과학의 많은 부분은 화학의 응용이라고 할 수 있다. 여기서는 화학과 좀 더 밀접한 관계를 가지는 주제에 초점을 맞추어 간단히 소개하려 한다.

재료는 어떻게 분류할 수 있나?

생명재료 – 다양한 형태의 생물 분자와 관련이 있는 재료.

탄소 – 흑연, 그래핀, 다이아몬드, 탄소나노튜브 등 탄소 원자로 구성된 재료.

세라믹 – 무기(비금속) 고체 재료로 일반적으로 가열과 냉각과정을 거쳐 만들어진다.

복합 물질 – 물리적 성질이 다른 두 가지 이상의 성분으로 만든 재료.

기능적 등급 재료 – 물체 안에서 구조나 성질이 점차적으로 변해가는 물질.

유리– 비결정형 고체. 일반적으로 거시적으로는 고체의 성질을 가지고 있다.

금속– 금속 원소로 이루어진 물질로 전기와 열의 전도도가 높고 전성이 크다.

나노재료– 나노 크기에서 구조적인 특징을 관찰할 수 있는 물질(일반적으로 길이의
크기가 10분의 1마이크로미터 이하인 경우).

고분자– 구성단위가 반복적으로 연결되어 만들어진 재료(화합물).

내화재료– 아주 높은 온도에서도 강도를 잃지 않는 재료.

반도체– 금속과 비금속 사이의 전기전도도를 가지고 있는 물질.

박막– 매우 얇은 층을 사용하는 물질로 일반적으로 두께가 한 분자 층에서부터
수 마이크로미터에 이르는 막을 말한다.

왜 재료과학을 공부할까?

재료과학을 연구하는 이유는 비용과 성능이 적절한 재료를 선택하기 위해서이다.
우리는 다양한 재료의 성능과 한계뿐만 아니라 가능하다면 반복적으로 사용한 후의
성질의 변화도 이해하기를 원한다. 따라서 재료과학 연구를 통해 원하는 성질을 가진
새로운 재료를 설계할 수 있다.

재료의 어떤 거시적 성질이 주로 연구되는가?

주로 연구되는 주제에는 다음과 같은 것들이 있다.

- 열전도율(열을 얼마나 잘 전달하는가).
- 전기전도도(전자를 얼마나 잘 전달하는가).
- 비열(가열했을 때 온도변화가 어떻게 일어나는가).
- 광학적 흡수, 투과, 산란과 관련된 성질들.
- 기계적 마모와 화학적 부식에 대한 안정성.

현대 재료 설계에서 최적화를 목표로 하는 성질은 무엇인가?

현대 재료과학의 목표가 아래 제시되어 있다. 이 목록은 모든 연구 목표를 나타내는 것이 아니라 재료과학 연구 분야에서 어떤 연구가 진행되고 있는지에 대한 이해를 돕기 위한 것이다.

- 고온에서의 엔진 성능을 향상시키기 위해 고온 안정성을 가진 구조 재료의 개발.
- 건축용 자재로 사용하기 위한 강하고, 화학적으로 안정하며 내식성이 강한 재료의 개발.
- 고속 비행을 위한 가벼우면서도 기계적으로 강한 재료의 개발.
- 일반 수요가 증가하고 있는 값이 싸면서도 강하고 깨지지 않는 창문용 유리 개발.
- 핵폐기물 처리 시설용 자재의 개발.
- 광통신 케이블용으로 사용할 빛의 흡수가 아주 적은 광섬유의 개발.

원자충전율이란?

원자충전율은 결정의 부피 중에서 원자가 차지하고 있는 부피의 비율을 말한다. 다시 말해 원자충전율이 클수록 재료 안에 빈 공간이 적다.

세라믹은 어떻게 만들까?

세라믹은 금속과 비금속 원소의 혼합물로 만들어진 비금속 재료이다. 세라믹은 무기 물질을 높은 온도에서 가열하여 구성요소들(원자/분자)이 쉽게 재배열될 수 있도록 한 다음 상온으로 식히는 과정을 거쳐 만들어진다. 이런 과정을 거쳐 만들어진 세라믹은 보통 강하고 단단하며 부서지기 쉽고 열과 전기의 전도율이 낮다.

마찰학이란?

마찰학은 재료의 마모에 대한 연구를 하는 재료과학의 한 분야이다. 여기에는 마찰이 재료에 주는 영향과 사용기간을 연장시킬 수 있도록 하기 위한 표면처리 방법 및 윤활 방법에 대한 연구가 포함된다.

풀러렌이란?

풀러렌은 공, 타원체(뒤틀린 공 모양), 튜브 모양으로 탄소가 결합한 분자를 말한다. 풀러렌이라는 명칭은 측지선 돔을 설계한 건축가 리처드 버크민스터 풀러^{Richard Buckminster Fuller}의 이름에서 따온 것이다. 최근 미국 체신부는 풀러와 그의 측지선 돔을 기념하기 위한 우표를 발행했다.

버키볼은 무엇인가?

버키볼 또는 버크민스터풀러렌은 구형의 풀러렌이다. 가장 일반적인 것은 축구공처럼 여섯 개의 탄소 원자로 이루어진 고리와 다섯 개의 탄소 원자로 이루어진 고리가 교대로 배열되어 만들어진 분자로, 분자식은 C_{60}이다. 이 분자는 그을음에서 쉽게 찾아볼 수 있다. 하지만 풀러렌에 대한 최첨단 연구용으로 모닥불의 재를 이용할 생각은 하지 않기 바란다. C_{60}을 정제하는 것은 아주 어려운 일이기 때문이다.

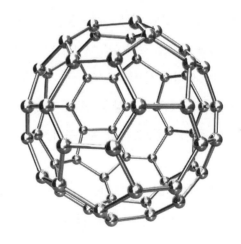

버크민스터풀러렌은 탄소 원자로만 이루어진 구형의 분자이다.

탄소나노튜브란?

원통 모양의 풀러렌이 탄소나노튜브이다. C_{60}이 다섯 개와 여섯 개의 원자로 이루어진 고리가 혼합되어 있는 데 반해 나노튜브는 여섯 개의 탄소로 구성된 고리로만 이루어졌다. 탄소나노튜브의 폭은 수 *nm* 정도지만 길이는 수 *mm*나 된다. 이런 형태의 물질은 아주 독특한 성질을 가지고 있기 때문에 많은 화학자들의 관심을 끌고 있다. 탄소나노튜브는 열과 전기가 매우 잘 통하고 아주 강하다(특히 인장강도가 강하다).

주사전자현미경은 무엇인가?

주사전자현미경^{SEM}은 시료에 전자빔의 초점을 맞춘 후, 시료의 표면에 주사하고, 산란되어 나오는 전자를 감지하여 표면상태를 관측하는 전자현미경이다. 산란된 전자를 분석하면 시료 표면의 영상을 만들 수 있다. 전자의 파장이 가시광선의 파장보다 짧기 때문에 일반적으로 전자를 이용하는 영상기술의 해상도가 가시광선을 이용하는 영상기술의 해상도보다 좋다. SEM을 이용하면 1*nm* 크기의 물체의 영상을 얻을 수 있을 정도로 고해상도 영상을 얻는 것도 가능하다. 하지만 전자를 기반으로 하는 방법의 단점은 시료(특히 살아 있는 시료)를 손상시킬 수 있다는 것이다. 반면 시료에 빛을 쪼이는 것은 큰 손상을 유발하지 않는다. SEM은 재료는 물론 다른 여러 종류의 시료의 특성을 연구하는 데 유용하다.

투과전자현미경은 무엇인가?

투과전자현미경^{TEM}은 전자를 사용한다는 면에서 SEM과 비슷하다. 그러나 TEM에서는 전자가 시료를 통과한 후 감지기에 도달한다. TEM은 광학현미경보다 해상도가 높은 영상을 얻을 수 있다. 광학현미경보다 해상도가 좋은 최초의 투과전자현미경은 1933년에 제작되었고, 1939년에는 상업용 TEM이 제작되었다. TEM은 최신 기술인 것처럼 보이지만 사실 매우 오래된 기술이다.

그래핀은 무엇인가?

어떤 면에서 그래핀은 탄소나노튜브나 버키볼을 펼쳐놓은 것이라고할 수 있다. 그래핀은 탄소 원자들이육각형 '벌집' 모양으로 배열된 물질이다. 이것은 흑연의 구조와 매우비슷하지만 흑연이 여러 층으로 이루어져 있는 데 비해 그래핀은 하나의 층으로 되어 있다. 1의 넓이를 가진 그래핀의 무게는 $1mg$ 이하이다.

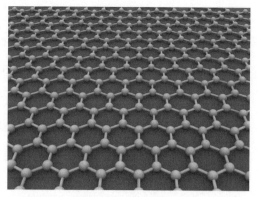

그래핀은 탄소 원자들이 버키볼을 펼쳐 배열한 형태로 만들어진 물질이다. 그래핀은 전기를 비롯한 다양한 분야에서 응용 가능성이 크다.

그래핀은 발견된 이래 전기적, 열적, 역학적 성질과 그 밖의 여러 가지 성질로 인해 많은 관심을 받고 있다. 현재 그래핀의 성질을 밝혀내고 응용 가능성을 찾기 위한 수많은 연구가 진행되고 있으며, 이러한 연구에 노벨상(2010년 노벨 물리학상)이 수여되기도 했다.

광전지는 어떻게 빛을 에너지로 변환시키는가?

광전지는 태양에서 오는 광자가 가진 에너지를 저장하고 사용할 수 있는 에너지로 변환시키는 물질이다. 전지 1개의 크기는 $6 \sim 1000cm^2$ 에 이르기까지 다양하며 수천 개의 전지를 동시에 사용하면 많은 에너지를 모을 수 있다. 광자가 광전지 물질과 충돌하면 들뜬전자들이 한쪽으로 모이도록 만들어진 실리콘의 전자를 들뜨게 한다. 이것이 광전지 내부에 전위차를 만들어 (+) 극과 (−) 극(전지와 비슷한)을 만든다. 이 시점에 광전지는 광자의 에너지(일부)를 전기적 위치에너지로 전환한다. 전기에너지는 즉시 여러 가지 형태의 에너지로 전환하여 사용할 수도 있고, 저장할 수도 있다.

연료로 사용하는 수소 저장 방법은?

수소를 액체 상태로 저장할 수 있다면 좋겠지만 끓는점($-252.9°C$)이 너무 낮아 효율적이지 못하다. 상온에서는 증발해버리기 때문에 액체로 유지하기 위해서는 상당한 비용을 들여야 하기 때문이다. 수소 기체를 저장하는 방법 중에는 다른 기체의 경우처럼 금속 용기 안에 압축시키는 방법이 있다. 연료로 사용될 수소 저장 방법은 지금도 계속해서 시도되고 있는데, 여기에는 화학적인 방법과 물리적인 방법이 포함된다. 연구되고 있는 일부 화학물질 저장 방법에는 수소화 금속($NaAlH_4$, $LiAlH_4$, or $TiFeH_2$)을 이용하는 방법, 탄화수소 수용액(효소의 작용을 통해 H_2를 방출하는)을 이용하는 방법, 탄화수소의 합성을 이용하는 방법, 그 밖에 암모니아, 포름산, 이온성 액체, 탄산염 화합물을 이용하는 방법 등이 있다. 이 방법들은 일반적으로 에너지원으로 사용할 H_2를 만드는 데 화학반응을 이용한다.

물리적 저장 방법에는 냉각압축(낮은 온도와 높은 압력을 조합한) 방법, 금속－유기물의 구조, 탄소나노튜브, 클라스레이트 수산화물, 모세관 다발과 같은 다양한 물질을 사용하는 방법 등이 포함된다. 하지만 불행하게도 물리적 저장 방법의 일부는 아직까지 실용 가능한 수소연료 저장방법임이 증명되지 못했다.

경사기능 재료란 무엇인가?

경사기능 재료는 길이 또는 두께 방향으로 하나 이상의 성질이 변하는 물질을 말한다. 비교적 최근에 개발되었으며 다양한 분야에서의 응용 가능성을 가지고 있는 물질이다. 예를 들면 뼈를 비롯한 우리 몸에 살아 있는 조직은 (자연적인) 경기능 재료이다. 따라서 생체 조직을 대체할 물질을 개발하려면 경사기능 재료를 개발해야 한다.

커다란 열역학적(온도) 변화에 견뎌내야 하는 항공 분야에서도 이런 재료가 유용하게 사용될 수 있을 것이다. 경사기능 재료는 에너지 변환기나 가스 터빈 엔진에 주로 사용되고 있으며, 균열이 전파되는 것을 방지할 수 있기 때문에 사람이나 장갑차용 방탄 재료로 사용될 가능성이 높다.

과학자들은 왜 반도체에 관심을 갖는 것일까?

반도체는 전기전도도를 이용해 정의된, 전기를 아주 잘 흐르게 하는 도체(금속과 같은)와 전기를 흐르지 못하게 하는 부도체(절연체) 사이의 전기전도도를 가지고 있는 물질이다. 이런 성질이 반도체를 유용한 물질로 만든다. 과학자들은 반도체를 이용해 회로에 흐르는 전류를 제어하는데 이것은 오늘날 우리에게 익숙한 복잡한 전자기기 개발에 중요한 역할을 한다. 또 여분의 전자를 가지고 있는 물질을 '도핑'하거나 전자가 부족한 물질을 도핑하여 반도체에 흐르는 전류의 방향을 제어할 수 있다.

반도체는 태양 에너지를 이용하는 설비에서도 중요한 역할을 한다. 전류가 흐르게 할 수 있는 전자를 '방출'하기 위해 반도체가 흡수해야 할 에너지의 양을 정밀하게 조정할 수 있기 때문에 과학자들은 태양 에너지(광자 에너지)를 전기에너지로 저장할 수 있는 물질 개발이 가능하다.

박막은 어떤 곳에 이용되나?

박막은 두께가 나노미터(10^{-9}m)에서 마이크로미터(10^{-6}m) 사이에 있는 물질을 말한다. 박막은 주로 광학적 표면의 코팅이나 반도체의 코팅에 사용되고 있다. 또 거울의 제조에도 사용된다. 거울에 사용되는 박막은 특정한 반사 특성을 갖는 표면을 만들기 위해 세밀하게 조정(성분과 두께)한다. 특정한 파장의 빛만을 반사하는 거울이나 이중거울(한 쪽에서는 투명하고 반대쪽에서는 반사하는)은 박막의 특성을 이용한 것이다. 이 외에도 다양한 용도로 사용하기 위해 전도성을 조절하는 반도체 코팅에도 사용되고 있다.

겨울철 집을 따뜻하게 유지하는 데 재료과학은 어떤 도움을 줄까?

가장 효과적인 단열 설계를 통해서 겨울에 집을 따뜻하게 유지할 수 있다. 미국에서 사용하는 에너지의 48%는 추운 계절의 난방과 더운 계절의 냉방용이다. 단열 재료는 건물의 안과 밖의 온도 차이를 유지할 수 있도록 돕고, 폴리에틸렌과 창문틀을 비롯한 에너지 누출 가능성이 있는 곳을 밀폐하는 등 냉방과 난방에 사용하는 에너지를 크게 감소시킨다.

재료과학은 어떻게 자동차의 연비를 향상시킬 수 있는가?

더 좋은 타이어를 통해서 연비를 향상시키는 방법이 있다. 이를 위해 도로를 달리는 동안 마찰력이 작게 작용하는 고무 타이어가 개발 중에 있으며 성공하면 자동차의 연비를 10% 정도 향상시킬 수 있을 것으로 예상된다. 또 넓은 온도 영역에서 작동하는 특별한 윤활유를 개발하면 엔진이 뜨거운 상태에서나 차가운 상태에서 연비가 향상될 것이다.

이처럼 윤활유의 개선만으로 약 6%의 연비 향상효과가 있을 것으로 예상하고 있다. 그리고 자동차의 모든 부품을 경량화할 수 있는 재료의 개발에도 주력하고 있다. 이 모든 것이 이루어진다면 자동차의 연비는 상당히 개선될 것이다.

재료과학 분야의 과학자들이 도전하고 있는 중요한 과제에는 어떤 것들이 있는가?

많은 연구자들이 관심을 가지고 있는 주제 중 하나는 전기로 운행하는 자동차와 가벼운 자동차 제작에 사용될 재료의 개발이다. 재료과학 분야에서 많은 연구가 이루어지고 있는 또 다른 주제는 LED 관련 재료이다.

현재 적은 비용으로 우리에게 필요한 빛을 만들어낼 수 있는 LED 재료의 개발이 시급하다. 또 폐기물을 적게 배출하는 재료의 개발에도 많은 관심이 쏠리고 있다. 폐기물을 줄이는 데에는 여러 가지 방법이 있지만 재료과학의 관점에서는 오랫동안 사용 가능하도록 내구성이 있으면서도 제품의 사용기간이 끝난 후에는 재사용이나 재활용할 수 있는 재료를 사용하는 것이 중요하다.

전기저항이란?

전기저항은 물질이 전류의 흐름을 방해하는 정도를 나타낸다. 전기저항이 큰 물질은 전류가 잘 흐르지 못하고 전기저항이 작은 물질은 전류가 잘 흐른다. 물질의 전기저항은 옴(Ω)이라는 단위를 이용하여 나타낸다('물리화학 및 이론화학' 부분 참조).

투자율이란?

투자율은 자기장을 만들(물질 내부에서) 수 있는 능력을 나타낸다. 외부 자기장이 작용했을 때 물질 내부에서 일어나는 자화의 정도를 나타낸다. 투자율이 높은 물질은 내부에 강한 자기장을 만들 수 있다.

재료를 '열처리' 한다는 것은 무슨 뜻인가?

물질에 따라 다른 목적으로 시행되지만, 일반적으로 물질의 성질을 변화시키기 위해 아주 높은 온도로 가열했다가 식히는 과정을 열처리라고 한다. 열처리는 종종 재료를 강하거나 연하게 만들 목적으로 시행된다. 재료를 가열하거나 식히는 것은 재료의 내부(미시적인) 구조를 변화시키고 이런 변화는 상온으로 돌아온 후에도 유지된다.

'방수' 섬유는 어떻게 만들까?

일반적인 방수 섬유는 아주 촘촘하게 짜여서 물이 스며들거나 통과하지 못하는 섬유이다. 또 방수 재질은 물이 스며들지 못하도록 고무(또는 다른 물질을)를 코팅한 것이 있다. 어떤 코팅은 일시적인 방수 효과만 있어 시간이 경과할수록 코팅 효과가 사라지기 때문에 재처리해야 한다.

지금까지 발견된 물질 중에 가장 단단한 물질은 무엇인가?

세상에서 가장 단단한 물질은 다이아몬드라는 말을 흔히 한다. 그런데 아니다! 다이아몬드는 매우 단단하지만 그보다 더 단단한 물질이 존재한다! 몇 년 전 합성에 성공한 나노 재료 중에 다이아몬드보다 더 단단한 물질이 있다. 최근에는 자연에서 발견되는 두 가지 물질이 다이아몬드보다 더 단단한 것으로 밝혀졌다. 이 물질은 울츠광형 질화붕소와 론스달라이트이다. 울츠광형 질화붕소는 다이아몬드의 원자 구조와 매우 비슷한 구조이지만, 모든 원자가 탄소로 이루어진 다이아몬드와 달리 붕소와 질소로 이루어져 있다. 론스달라이트는 다이아몬드와 마찬가지로 탄소로 이루어졌지만 탄소 원자의 배열 방법이 다르다. 론스달라이트는 때로 육각형 다이아몬드라고도 불리는 물질로 흑연을 포함하고 있는 운석이 고속으로 지구에 충돌할 때 만들어진다. 울츠광형 질화붕소는 화산이 분출하는 동안 고온 고압 상태

론스달라이트는 다이아몬드와 마찬가지로 탄소로 이루어졌다. 그러나 육각형 구조로 인해 반짝이는 보석보다도 더 단단하다.

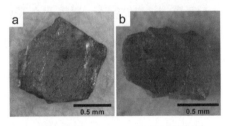

a.다이아몬드　　　　　b.론스달라이트

에서 생성된다. 현재까지 이런 물질들은 극히 소량만 발견되거나 합성되었다.

가마에 마르지 않은 질그릇을 넣고 불을 때면 어떻게 될까?

질그릇을 가마에 넣기 전에는 보통 공기 중에서 며칠 동안 말리는 과정을 거친다. 이 첫 단계에서 대부분의 수분이 제거되지만 흙 속에는 여전히 많은 수분이 포함되어 있다가 가마 안에서 가열하면 수증기로 변해 질그릇을 떠난다. 그런데 너무 빨리 가열하면 질그릇 안에 잡혀 있던 수분이 내부에서 수증기로 변해 폭발을 일으키기도 한다. 하지만 보통의 경우에는 질그릇을 계속 가열하면 흙 속에 포함되었던 일부 유기 물질이 연소되어 단단한 질그릇이 만들어진다.

다음 단계는 매우 흥미롭다. 이 과정을 이해하기 위해서는 흙의 성분을 살펴보아야한다. 진흙은 한 단위의 알루미나(Al_2O_3)와 두 단위의 실리카(SiO_2)가 두 개의 물 분자와 섞여서 만들어졌다. 따라서 '남은' 모든 수분이 증발한 후에도 진흙과 화학적으로 결합해 있는 상당한 양의 수분이 남아 있다(이 단계에서 수분은 전체 질량의 14% 정도이다). 온도를 계속 올리면 나머지 물 분자들도 방출되어 수증기로 변한다. 이 과정에서는 온도를 서서히 올려야 한다. 그렇지 않으면 물이 진흙 안에 수증기 주머니를 만들고 결국은 폭발하게 된다.

실리카의 결정 구조가 바뀌는 등 다른 변화도 일어난다. 이런 변화는 가열하는 동안 여러 차례에 걸쳐 일어난다. 진흙 안에서 유리를 형성하고 있던 산화물이 녹아 진흙이 세라믹으로 바뀌며 비교적 잘 녹는 물질이 나머지 빈 공간을 채워 최종 제품의 강도를 더욱 높인다. 실리카 결정 구조의 변화는 냉각시키는 과정에서도 일어난다. 따라서 서서히 냉각시켜 이러한 변화가 균열을 발생시키지 않도록 해야 한다.

스마트폰 스크린에는 어떤 종류의 유리가 사용되나?

대부분의 스마트폰 스크린, 특히 아이폰 스크린에는 주로 고릴라®유리라는 상품명의 유리가 사용된다. 이것은 많은 다른 기기에도 사용되는 알칼리 알루미노규산염 유리로 다른 유리보다 가볍고 얇으며 흠집이 잘 나지 않는 등의 장점을 가지고 있다.

파이렉스 조리기구(Pyrex® baking dish)는 무엇으로 만드나?

파이렉스는 실험실 유리 제품과 가정용 유리 제품으로 사용하기 위해 1915년 처음 도입된 유리이다. 이 유리는 51%의 산소, 14%의 붕소, 1%의 알루미늄, 1%의 칼륨, 0.3%의 나트륨을 포함하고 있는 붕규산유리이다. 1900년

파이렉스® 주방용 그릇의 재료는 균열이 잘 생기지 않는 소다석회 유리이다.

대에 이 유리가 도입된 이후 파이렉스® 유리도구는 다른 회사가 만들고 있으며 현재
는 원래의 조성과 다른 소다석회 유리로 만들고 있다. 이 새로운 조성은 원래의 조성
보다 생산 원가가 적게 들고, 떨어뜨렸을 때 덜 깨진다. 그러나 이전 것보다 열에는 약
하다.

OLED 스크린은 어떻게 작동하며 무엇으로 만들었는가?

OLED(유기발광 다이오드)는 전류가 흐를 때 빛을 내는 유기물로 만들어진 발광다이
오드(LED)로, 텔레비전 스크린, 컴퓨터 모니터, 휴대폰 스크린 등을 만드는데 사용된
다. OLED는 작은 유기분자나 고분자를 이용한다. OLED 스크린의 장점은 백라이트
가 필요 없기 때문에 얇고 가볍게 만들 수 있으며 짙은 검은색 영상을 만들 수 있다.

봉투를 밀봉할 때 침으로 바르는 끈끈한 물질은 무엇인가?

봉투를 밀봉할 때 침으로 바르는 접착제는 주로 다당류와 당단백질로 만들어진 아
라비아고무이다. 이 고무는 아카시아 나무 수액에 포함되어 있다.

겔이란 무엇인가?

겔은 유연성을 가지고 있지만 액체처럼 흐르지는 않는 고체 물질이다. 원자들이 교
차결합된 네트워크로 만들어지며 대부분이 액체 형태의 분자로 이루어졌지만 고체처
럼 행동한다. 겔 안의 교차결합된 네트워크가 고체와 같은 성질을 갖게 하며 액체 성
분으로 인해 끈적끈적한 성질이 나타난다.

메타 재료는 무엇인가?

메타 재료metamaterials는 재료를 차례로 배열하여 인공적으로 만든 재료이다. 메타 재
료는 특정한 거시적인 물리적 성질이 물질의 성분에 의해서가 아니라 물질이 배열되
는 형태나 구조에 의해 결정된다는 특징을 가지고 있다. 다시 말해 메타 재료에서는

재료를 구성하는 원소의 종류보다 물질의 내부 구조가 훨씬 더 중요하다. 내부 구조가 물질의 성질에 영향을 주기 때문에 메타 재료는 다른 종류의 재료가 가질 수 없는 성질을 가지도록 할 수 있다. 그 예로 음의 굴절률('물리화학 및 이론화학' 부분 참조)을 가질 수 있는데 이는 특정한 범위의 파장 대에서 '비가시적 클로킹'에 사용될 수 있으며 이와 관련된 기술은 시간이 감에 따라 계속 발전할 것으로 기대된다.

에어로젤이란 무엇인가?

에어로젤은 액체가 기체로 바뀐 것을 제외하면 보통의 젤과 매우 유사한 물질이다. 액체는 무게로 볼 때 젤에서 차지하는 비율이 큰 성분이어서 액체가 빠진 에어로젤은 아주 가볍다. 이런 형태의 물질은 반투명하고 '고체 연기' 또는 '고체 공기'라는 이름으로도 불린다. 화학결합의 고체 네트워크가 무너지지 않게 하면서 액체를 증발시키는 초임계 건조라는 과정을 통해 젤에서 액체 성분을 분리하여 만든다. 에어로젤은 알루미나, 산화크롬, 산화주석을 포함하여 다양한 물질로 만든다.

초합금이란?

초합금은 고온에서 특히 잘 견디고 내식성이 좋으며 고도의 안정성을 나타내는 합금을 말한다. 대부분의 경우에 초합금은 니켈, 코발트, 니켈-철을 바탕으로 한다. 초합금은 주로 터빈이나 항공 산업에서 사용된다.

비대촉진 재료란?

비대촉진 재료auxetic materials는 물체를 잡아당겨 늘릴 때 힘을 가하는 방향과 수직 방향으로 오히려 굵어지는 성질을 가지는 물질을 말한다. 물체를 잡아당겨 늘릴 때 보통 물질의 행동과 비교해보면 이는 매우 특이한 성질임을 알 수 있다. 힘을 가해 잡아당기면 물질 내에서 일정 축을 중심으로 회전할 수 있는 배열을 하고 있기 때문이다.

천체화학

천체화학이란 무엇인가?

천체화학은 우주의 화학이다! 천체화학자들은 온도가 매우 낮고 밀도가 극도로 희박한 외계에서 일어나는 일을 다룬다는 것을 제외하고는 다른 화학자들과 마찬가지로 분자와 분자 사이의 반응에 대해 연구한다. 이 두 가지 성격 때문에 외계에는 아주 이상한 분자들이 상대적으로 오랫동안 존재할 수 있다.

화학자들은 멀리 있는 분자를 어떻게 연구할까?

특별한 형태의 망원경을 이용하면 별들이나 다른 천체에서 오는 빛(가시광선뿐만 아니라 모든 형태의 전자기파 복사선)을 분광학적인 방법으로 분석할 수 있다. 이 복사선의 특징을 이용하여 화학자들은 별이나 혜성 같은 물체를 구성하는 원소의 양과 표면 온도 등을 알아낸다.

우주에서 최초로 발견된 분자는 무엇인가?

수소가 우주에서 발견된 첫 번째 분자일 것이다. 그러나 이보다 큰 분자를 기대한다면 이원자분자(H_2, N_2, O_2 등)를 제외하고 포름알데하이드(H_2CO)가 우주에서 가장 먼저 발견된 분자이다.

전파망원경은 어떤 종류의 분자를 탐지할 수 있는가?

전파망원경은 쌍극자 모멘트를 가지고 있는 분자만을 탐지할 수 있다. 쌍극자 모멘트가 강하면 강할수록 탐지가 쉬워지기 때문에 쌍극자 모멘트가 강하고 상대적으로 많은 양이 존재하는 일산화탄소(CO)가 가장 탐지하기 쉽다.

그렇다면 화학자들은 우주의 H_2를 어떻게 탐지하나?

전자기파 스펙트럼의 다른 부분을 이용하면 H_2(UV 복사선으로 탐지)나 CH_4(IR로 탐지)처럼 알짜 쌍극자 모멘트를 가지고 있지 않은 분자도 탐지할 수 있다.

원자방출분광법는 무엇인가?

원자방출분광법[AES]은 시료가 연소될 때 내는(또는 흡수하는) 빛의 파장을 측정한다. 원자가 내는 광자에너지는 원자의 전자 구조에 따라 달라지기 때문에 원자가 내는 선 스펙트럼은 원자마다 다르다.

화학자들은 성간공간에서 어떤 분자를 발견했나?

지금까지 성간에서 발견된 분자의 수는 약 150가지에 달한다. 여기에는 지구에서는 흔한 작은 분자들(예, CO, N_2, O_2)과 지구에서는 아주 짧은 시간 동안만 존재하는 고에너지 이분자 라디칼(예, $HO\cdot$, $HC\cdot$), 그리고 아세톤, 에틸렌글리콜, 벤젠과 같은 유기화합물 등이 포함된다.

외계에서도 핵반응이 일어날까?

별 내부에서 핵반응이 일어나고 있다! 별 내부에서는 수소 원자핵이 융합하여 헬륨으로 변하는 핵융합 반응과 그보다 더 큰 원자핵으로 변하는 핵융합 반응이 일어나고 있다. 두 개의 중성자성이 합칠 때는 다른 고에너지 핵반응도 일어난다.

운석이란 무엇인가?

운석은 커다란 유성이 공기를 통과해 지구 표면에까지 도달한 물질 덩어리(커다란 암석과 같은)를 말한다. 유성이 대기를 통과할 때는 아주 빠른 속도($15 \sim 70km/s$)로 통과하기 때문에 대부분 타버린다. 유성이 공기를 통과할 때는 밝은 빛을 내기 때문에 육안으로도 볼 수 있다. 사람들은 이것을 '별똥별'이라고 한다.

아프리카 나미비아에서 발견된 호바 운석은 무게가 60t이나 되는, 자연에서 형성된 가장 큰 철 덩어리이다. 이 운석은 너무 무거워 발견된 장소에서 이동하지 못했다.

혜성은 무엇으로 만들어졌나?

혜성은 먼지가 섞인 우주의 눈사람이다. 일반적으로 암석, 얼어붙은 불과 기체로 이루어져 있으며 때로는 메탄올, 에탄올, 탄화수소 등 다른 화학물질도 소량 포함하고 있다. 2009년에 수행된 NASA의 스타더스트 탐사프로젝트는 와일드2라는 혜성에 글리신(아미노산)이 포함되어 있는 것을 확인했다.

지구와 비슷한 행성이 외계에도 존재할까?

적어도 지구와 비슷한 행성이 하나 이상 발견되었고 훨씬 더 많은 수의 행성이 존재할 가능성이 있다. 2011년에 NASA가 발사한 케플러 우주망원경은 지구에서 600광년(1광년은 빛이 일 년 동안 가는 거리이므로 이것은 매우 먼 거리이다) 떨어진 곳에 있는 별을 돌고 있는 행성(현재 케플러 22b라고 명명됨)을 발견했다. 이 행성은 지구의 약 2.4배 크기이고 우리가 아는 생명체가 존재할 수 있는 '서식 가능 지역'에 존재한다. 현재로서는 이 행성의 성분과 대기의 상태에 대해서 알아낸 것이 거의 없지만 존재 자체만으로도 매우 흥미 있는 일이다. 우주에는 지구와 같은 행성이 얼마나 더 있을까? 대답하기 어려운 문제이기는 하지만 우주에 존재하는 엄청난 별들의 수를 감안하면 많이 존재할 것이라고 말할 수 있다.

외계 공간의 물질 밀도와 지구 대기의 밀도는 비교할 수 있나?

외계 공간이 얼마나 물질이 희박한 상태인지를 수치로 나타내기 위해 지구 대기의 밀도와 비교해보면, 지구 대기 1㎤의 부피 속에는 공기 분자가 2.5×10^{19}개 들어 있는 데 반해 외계 공간의 같은 부피 속에는 평균적으로 하나의 입자만 들어 있다. 외계 공간은 사람이 지구에서 만들어낸 가장 좋은 진공보다도 진공도가 더 높은 진공상태인 것이다!

우주 탐사장치(큐리오시티 로버와 같은)**는 달이나 화성에서 어떻게 분자를 찾아낼까?**

큐리오시티 로버는 모든 화학 장비를 갖추고 있다. 레이저 유도 파쇄 분광학^{LIBS} 기기는 그중에서도 가장 큰 역할을 하는 장치일 것이다. 이 장치는 목표물을 향해 레이저를 발사해 암석과 흙덩이를 분쇄한다. 그런 다음에 원자방출분광법을 통해 암석을 구성하고 있는 원소를 알아낸다. 큐리오시티에는 시료 구성 원소 측정에 사용되는 알파입자(He^{+2} 이온) X선 분광기^{APXS}도 장착되어 있다. 만약 NASA의 과학자가 시료를 구성하고 있는 원소 이상의 정보를 알고 싶다면 기체이온이나 유기화합물의 질량을 측정할 수 있는 사중극 질량 분석기를 사용할 수 있다.

혜성이 지구에 생명의 '씨앗'을 뿌린 것일까?

흥미롭게도 일부 과학자들은 그렇게 생각하고 있다. 비교적 최근에 아미노산('생화학' 부분 침조)이 혜성에서 관측되어 지구 생명체에서 핵심적인 역할을 하는 이 분자가 외계에 기원을 두고 있을 것이라는 생각에 힘을 실어주었다. 이 아미노산이 어떻게 혜성에 포함되게 되었는지에 대한 후속 연구에서 성간 공간의 얼음이 디펩타이드(아미노산 두 개로 이루어진 사슬)가 생겨날 수 있는 장소가 되었으리라는 것을 밝혀냈다. 이 결과는 먼 우주에서 온 혜성이 오늘날 지구 위에 살고 있는 생명체의 구성 요소를 싣고 왔을지도 모른다는 주장을 지지하도록 한다. 이것은 지구 초기의 바다에서 생명체가 발생했다는 오래된 가설과 반대되는 생각이다.

태양은 무엇으로 이루어졌는가?

태양은 주로 수소와 헬륨으로 이루어진 매우 뜨거운 기체이다. 태양에는 적은 양의 산소, 질소, 탄소, 네온, 철, 규소, 마그네슘도 함유되어 있다. 태양은 질량이 아주 크기 때문에 중력 역시 매우 강해 태양의 핵 부근에서는 온도와 압력이 아주 높다(대략 1500만도℃). 이러한 극한 조건으로 인해 네 개의 수소 원자핵이 융합하여 헬륨 원자핵이 되는 핵융합 반응('원자핵화학' 부분 참조)이 일어난다, 태양의 바깥쪽 두 층은 복사층(중간층)과 대류층(가장 바깥쪽 층)이다. 태양에는 모두 67가지 원소가 포함되어 있는 것으로 밝혀졌다.

아래 표에는 태양에 존재하는 원소들 중 가장 많은 들어 있는 원소 10가지의 상태 존재비가 실려 있다.

태양에 가장 많이 함유된 원소들

원소	원자의 수(%)	질량 (%)
수소	91.2	71
헬륨	8.7	27.1
산소	0.078	0.97
탄소	0.043	0.4
질소	0.0088	0.096
규소	0.0045	0.099
마그네슘	0.0038	0.076
네온	0.0035	0.058
철	0.03	0.014
황	0.015	0.04

태양이 아닌 다른 별들은 무슨 원소로 이루어졌을까?

태양은 수많은 별 중 하나이다. 별들의 크기와 온도는 상당히 다르지만 모든 별은 기본적으로 태양과 동일한 원소로 이루어졌다. 물론 존재하는 원소의 상대적인 존재량은 약간씩 다르지만 태양과 마찬가지로 모든 별에 존재하는 가장 중요한 두 원소는 수소와 헬륨이다.

무엇이 태양을 빛나게 할까?

태양의 핵에서 일어나고 있는 핵융합 반응이 광자 형태의 에너지를 방출한다('물리화학 및 이론화학' 부분 참조). 태양의 핵에서 방출된 광자는 다른 원자와 부딪힌다. 원자는 광자를 흡수하고 다시 다른 광자를 방출한다. 광자가 태양 표면을 떠나 우주 공간으로 방출되기 전까지 이런 과정은 수백만 번이나 계속된다.

모든 물체는 전자기파를 흡수하고 다시 방출하는 방식으로 전자기파 복사선을 방출한다. 그러나 지구 위에 있는 물체는 태양만큼 온도가 높지 않아서 파장이 긴 전자기파 복사선만 낸다. 심지어는 우리 몸도 전자기파를 방출하지만 우리 몸에서 나오는 광자는 스펙트럼에서 적외선 영역에 속하기 때문에 우리 눈으로는 우리 몸이 내는 전자기파를 볼 수 없다. 그러나 적외선 카메라는 사람의 몸에서 나오는 적외선 광자를 이용하여 사람(동물)의 위치를 알아낼 수 있다.

별들이 나이를 먹으면 화학적으로 무슨 일이 일어날까?

나이를 먹어가면서 별들은 계속적으로 수소의 핵융합을 통해 헬륨을 만들어낸다. 따라서 시간이 흘러가면 별에 함유된 헬륨의 양이 증가하고 수소의 양은 감소한다. 핵융합 반응이 계속되려면 별은 나이를 먹을수록 더 가열되고 더 밝아져야 한다. 별들은 질량의 아주 작은 부분을 공간으로 방출하는데 이것이 태양풍(별 바람)을 만든다. 태양에게는 극히 미미한 양이므로 태양이 사라지지 않을까 하고 걱정할 필요는 없다. 마지막으로 별은 나이를 먹으면 헬륨보다 무거운 원소를 만든다. 별에 함유된 수소와 철의 비를 이용하여 이 과정을 정량적으로 나타낸다. 철은 별에 함유된 무거운 원소 중에서 가장 풍부하게 함유되어 있는 원소가 아니라 무거운 원소 중에서 가장 검출하기 쉬운 원소이다.

우리 태양은 유일한가?

우리가 태양 주위를 돌고 있다는 것을 제외하면 태양은 그다지 특별한 별이 아니다. 태양은 평균 크기(반지름 6.960×10^8m, 1.980×10^{30}kg)와 평균 표면온도(5500-6000K)를 가진 황색왜성이다.

다른 행성에도 물이 있을까?

물이 있다. 하지만 대부분의 경우 액체 상태로 존재하지는 않는다(지구의 경우와 같이). 어떤 행성에서는 대기 중의 수증기로 존재하거나 행성의 표면 아래에 얼음이나 행성의 핵 부근에서 과열되어 이온화된 물로 존재하고 있으며 액체 상태로 존재하는 많은 양의 물은 발견하지도 못했다.

은하란?

은하는 별, 행성, 기체, 먼지, 그 밖의 수많은 성간물질로 구성된 거대한 체계이다. 우리가 살고 있는 은하는 은하수 은하라고 한다. 은하에는 많은 별들이 포함되어 있다. 가장 작은 은하도 천만 개 이상의 별들을 포함하고 있으며, 가장 큰 은하는 수조 개의 별들이 포함되어 있다! 은하의 모든 물질은 은하의 질량중심을 돌고 있다.

우리은하에는 얼마나 많은 별이 있는가?

천문학자들은 우리은하인 은하수 은하에는 2천억~4천억 개 사이의 별이 존재하고 있는 것으로 보고 있다.

태양계에서 가장 뜨거운 행성은 무엇이며 왜 뜨거울까?

표면의 평균 온도가 481℃인 금성이 가장 뜨거운 행성이다. 금성은 수성 다음으로 태양 가까이에서 태양을 돌고 있다. 금성의 표면 온도가 높은 것은 대기 중에 포함된 이산화탄소의 온실효과 때문이다.

빅뱅 우주론은 무엇인가?

빅뱅이론은 우주가 어떻게 형성되었는지 설명하는 이론이다. 우리가 알고 있는 우주가 약 137억 년 전에 뜨겁고 밀도가 높았던 상태에서 팽창하면서 시작되었다고 설명하는 이 이론은 현재도 우주가 팽창하고 있다는 관측 결과 그리고 우주에 가벼운 원소가 많이 분포해 있다는 등의 관측 사실에 근거를 두고 있다. 이 이론으로 아직 설명할 수 없는 것은 팽창을 시작한 상태가 어떻게 우주에 있게 되었느냐 하는 것이다.

최초의 물질은 어디에서 왔으며 이 물질은 왜 한 점에 모여 있게 되었을까? 불행하게도 빅뱅이론도 이 질문에 대한 답을 제시하지는 못한다. 빅뱅이론은 초기 상태로부터 현재의 우주가 될 때까지의 우주 진화에 초점을 맞추고 있으며 미래에 어떻게 될 것인지에 관심을 가지고 있다.

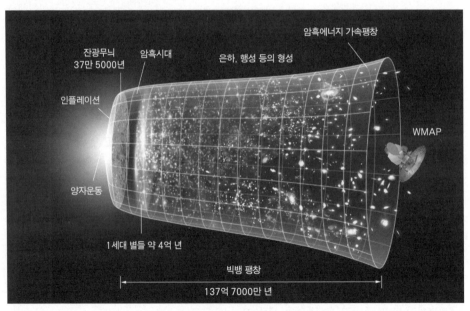

빅뱅이론은 우주가 약 140억 년 전에 특이점에서 갑자기 팽창하면서 시작되어 별, 은하, 행성과 우리가 보는 모든 것이 만들어졌다고 설명하고 있다.

빅뱅이론을 대체할 다른 이론이 있는가?

물론 있다. 빅뱅이론이 현재 우주의 기원을 설명하는 이론 중에서 가장 널리 받아들여지는 이론이기는 하지만 다른 이론도 존재한다. 이 중 일부는 다른 이론보다 과학적으로 훨씬 더 그럴듯하다. 인터넷을 조사해보면 그 밖에도 수많은 이론을 찾아낼 수 있을 것이다. 그중 사람들의 관심을 가장 많이 끄는 것은 우주가 팽창과 재탄생을 주기적으로 반복한다는 이론이다. 빅뱅이론에서 설명하고 있는 것과 같은 팽창주기 다음에는 밀도가 높은 상태로 수축하는 주기가 있고, 그 다음 다시 팽창한다는 것이다.

블랙홀이란?

블랙홀은 중력이 매우 강해 빛을 포함한 모든 것이 탈출할 수 없는 공간이다. 블랙홀의 크기는 '사건의 지평선'이라고 하는 가상 표면으로 나타내기도 한다. 사건의 지평선 안쪽에서는 그 무엇도 중력을 이기고 탈출할 수 없다.

우주선은 어떤 종류의 연료를 사용할까?

2012년 9월에 마지막 비행을 한 우주 왕복선 엔데버호는 수소, 산소, 하이드라진(N_2H_4), 모노메틸하이드라진(CN_2H_6), 사산화이질소(N_2O_4)를 주로 사용했다. 발사할 때 우주선은 이런 연료를 $3800\,m^3$이나 싣고 있었으며 총 중량은 72만kg이나 되었다.

토성의 고리는 무엇인가?

토성의 고리 사진을 보았거나 이에 대해 들어본 적이 있을 것이다. 이 고리의 두께는 평균 20m 정도이고 93%의 얼음과 7%의 탄소로 이루어져 있다. 고리를 이루고 있는 물체의 크기는 매우 다양해서 먼지 크기에서부터 길이가 10m나 되는 것도 있다. 고리의 기원에 대해서는 완전히 밝혀지지 않았지만 위성이 파괴된 후 흩어진 잔해이거나 토성을 형성하고 남은 물질일 것으로 추정하고 있다.

금속은 외계에서도 녹이 슬까?

그렇다고 할 수 있다. 외계에는 존재하는 물의 양이 다르기 때문에 지구에서와 같은 방법으로 녹이 슬지는 않는다. 지상에서는 철이 물 분자와 만나 일부 금속 원자가 산화물로 바뀌면서 녹이 슨다. 이것은 녹이 슬기 위해서는 산소 원자의 공급원이 있어야 한다는 뜻이다. 외계 공간에는 산소나 물이 아주 조금밖에 존재하지 않기 때문에 지구에서와 같은 메커니즘으로 빠르게 진행되지는 않는다. 실제로 외계에서는 극소량으로 존재하는 산소(O_2)와 물(H_2O)이 금속과 광화학반응을 통해 녹(Fe_2O_3) 등의 산화금속을 만들어낸다. 과학자들은 지구에 도달하는 철이 포함된 운석을 조사하여 외계에서 얼마나 빨리 녹이 스는지에 대해 알아내고 있다.

외계의 온도는 얼마나 될까?

우주 전체의 온도가 똑같은 것은 아니다. 별이나 행성과 가까운 곳은 온도가 높다(적어도 상대적인 의미에서는). 그러나 우주의 평균 온도는 3K 정도이다. 이는 $-270°C$에 해당한다. 우주 공간은 아주 추워서 멀리 떨어져 있는 우주 공간에 오래 머물 수 없다(숨을 쉴 수 있다고 해도).

별까지의 거리는 어떻게 측정할까?

이 질문의 대답은 삼각함수의 응용과 관련이 있다. 천문학자들은 한 지점에서 별을 측정하고 몇 달 후 지구가 태양을 중심으로 하는 궤도를 따라 상당한 거리를 움직이면 다시 그 별을 측정한다. 다른 두 지점에서 측정한 별의 위치는 조금 달라 보인다. 이 두 지점에서 측정한 별의 위치 차이를 이용하면 별까지의 거리를 알 수 있다.

그러나 별까지의 거리가 매우 먼 경우 이 방법으로는 정확한 거리를 측정할 수 없다. 하지만 다행스럽게도 다른 방법이 있다. 천문학자들은 별들 중에 밝기가 변하는 변광성을 이용해 별까지의 거리를 알아낸다. 변광성의 밝기가 변하는 주기는 변광성의 실제 밝기와 관계가 있다. 따라서 주기를 측정하면 별의 실제 밝기를 알 수 있고,

이것을 실제로 관측한 밝기와 비교하면 별까지의 거리를 알 수 있다.

우리가 보는 별빛은 얼마나 오래 전에 방출된 것일까?

별빛이 얼마나 오래 전에 방출되었는지 알기 위해서는 별이 얼마나 멀리 떨어져 있는지 알아야 하고 빛의 속도(약 3×10^{10}㎝/s)를 이용해 계산해야 한다. 태양은 지구로부터 약 1억 5000만 km 떨어져 있다. 이 거리와 빛의 속도를 이용하면 태양에서 오는 빛은 약 8분 20초 전에 태양을 떠났음을 알 수 있다. 태양 다음으로 가까운 곳에 있는 별은 태양보다 훨씬 멀어 약 $4.10 \times 10^{11} km$ 떨어진 곳에 있다. 따라서 이 별에서 방출된 빛이 지구의 망원경까지 도달하는 데 걸리는 시간은 4년이 넘는다. 이 별은 태양 다음으로 가까운 곳에 있는 별이므로 다른 별들은 이보다 훨씬 멀리 있다. 따라서 어떤 별의 폭발을 관측하더라도 실제로 그 폭발이 일어난 것은 몇 년 전이라는 뜻이다.

별의 수는 모두 얼마나 될까?

이것은 답하기 어려운 질문이다. 우리는 단지 근삿값만을 말할 수 있다. 우리은하에만도 약 $10^{11} \sim 10^{12}$개의 별들이 있다. 우주에는 대략 $10^{11} \sim 10^{12}$개 사이의 은하가 있다. 만약 다른 은하들에도 우리은하와 비슷한 수의 별들이 있다고 가정한다면 우주에 존재하는 모든 별들의 수는 $10^{22} \sim 10^{24}$개 사이가 될 것이다. 일일이 세기에는 너무 많은 수이다!

흑점은 무엇인가?

흑점은 상대적으로 어둡게 보이는 태양 표면에 일시적으로 나타나는 점들이다. 이 점들은 태양 표면의 열이 골고루 분포하도록 하는 대류작용을 방해하는 자기 '폭풍'에 의해 만들어진다. 흑점의 지름은 8만km나 되어 망원경 없이도 지구에서 관찰할 수 있다(그러나 절대로 태양을 직접 관측해서는 안 된다).

왜 명왕성은 더 이상 행성이 아닐까?

1930년에 명왕성이 발견된 이래 이 천체의 특성에 대한 불확실성과, 태양계에서 행성이라고 정의된 다른 천체와 어떻게 비교할 것인가가 문제로 남아 있었다. 명왕성을 행성에서 탈락시킨 가장 큰 이유는 명왕성의 작은 크기이다. 또 국제천문협회IAU에 의하면 행성은 다음과 같이 정의된다. 행성은

(a) 태양 주위를 공전해야 한다.

(b) 중력이 커서 고체의 힘을 극복할 수 있어 정역학적 평상상태 즉 구 모양이어야 한다.

(c) 궤도 주위의 물체들을 정리할 수 있는 (밀어내거나 끌어들이는) 천체여야 한다.

명왕성은 (a)와 (b)의 조건은 만족시키지만 다른 큰 행성과 주기적으로 만난다. 이것이 명왕성이 행성에서 제외하게 된 기술적인 이유이다. 이와 같은 결정은 지구도 공전궤도 상에서 거의 정기적으로 소행성과 만나기 때문에 비판받기도 한다. 그리고 다시 행성의 지위를 회복시켜야 한다는 주장이 등장하고 있다.

지구는 얼마나 빠른 속도로 달리고 있는가?

우리은하의 운동과 태양계가 은하의 중심을 도는 운동, 태양계 내에서 지구가 태양을 도는 운동을 모두 감안하면 지구가 달리는 속도는 $500km/s$나 된다. 물론 우리 주위의 모든 물체가 같은 속도로 움직이고 있기 때문에 우리는 이 속도를 느끼지 못한다.

왜 달의 표면에서는 발자국이 오랫동안 남아 있을까?

달에는 바람이 없기 때문에 지구처럼 먼지가 날려 발자국을 채우지 않는다. 따라서 달을 방문했던 지구인들이 남긴 발자국이 아직까지도 남아 있다.

천체생물학이란?

천체생물학은 기본적으로 지구 외의 장소에서 생명의 흔적을 찾아내는 일과 관련된 과학의 한 분야이다. 이것은 우리 행성 가까이에 있는 외계인을 찾으려는 것이 아니라 우주에서 가장 작은 형태의 생명체(미생물)의 존재나 과거에 생명체가 살았던 증거를 찾는 데 초점을 맞추고 있다.

바이오시그니처란 무엇인가?

바이오시그니처biosignature는 살아 있는 생명체의 존재를 나타내는 먼 곳에서 관측할 수 있는 화학적 흔적을 말한다. 여기에는 생명체와 관련된 복잡한 화학적 구조나 폐기물이나 생명물질이 다량으로 쌓여 있는 것 등이 포함된다.

슈퍼 버블은 무엇인가?

슈퍼 버블은 서로 가까이 있는 여러 개의 별들이 비슷한 시기에 생을 마칠 때 만들어질 수 있는 과열된 기체 구름이다. 이런 경우 수백 광년 거리에 이르는 폭발이 일어나기도 한다. 1광년은 빛이 진공 중에서 1년 동안 진행하는 거리라는 것을 생각하면 이 폭발이 얼마나 거대한지 짐작할 수 있을 것이다! 이 폭발에서 나오는 빛은 대개 스펙트럼의 가시광선 영역이 아니기 때문에 눈으로는 관측할 수 없다(거리가 멀다는 것은 감안하지 않더라도).

전파천문학은 무엇인가?

전파천문학은 전파(스펙트럼의 가시광선을 이용하는 망원경과는 달리)를 이용하여 외계에서 어떤 일이 일어나고 있는지를 연구한다. 이런 접근 방법은 몇 가지 장점이 있다. 그중에서도 광학망원경은 밤에만 관측할 수 있는 것과 달리 전파천문학은 하루 중 어느 때든 관측할 수 있다는 것은 큰 장점이다. 전파천문학자는 외계에서 오는 약한 전파 신호를 측정하고 이 신호를 분석하여 천체나 먼 곳에서 일어난 사건의 위치에 대해 알아낸다.

부엌의 화학

화학자들은 정말로 식품화학도 연구할까?

그렇다. 이뿐만 아니라 〈식품의 화학과 생화학, 식료품과 관련된 새로운 발견과 연구 결과를 발표하는 식품 화학(엘스비어)〉이라는 제목의 과학 학술 잡지도 있다.

메일라드 반응이란?

메일라드 반응은 기술적으로는 '비효소적인 갈변' 현상을 말하는데, 요리할 때 나타나는 모든 종류의 갈변 현상을 포함하지만 사과를 깎아 놓았을 때 갈색으로 변하는 현상은 포함되지 않는다. 화학적으로 보면 갈변 현상은 가열했을 때 아미노산과 당 사이의 반응이다. 이 반응을 통해서 매우 다양한 종류의 물질이 만들어지므로 메일라드 반응은 한 가지 화학반응이 아니라 여러 가지 반응이 결합된 복합적인 화학반응이다. 이 반응들은 육류의 갈변, 맥주를 만들기 위한 맥아의 제조, 커피의 로스팅, 빵 껍질의 브라우닝의 원인이 되는 반응이다.

캐러멜화 반응은 메일라드 반응과 같은 것인가?

캐러멜화 반응이 열로 당 분자를 분해하는 반면, 메일라드 반응은 아미노산(단백질)을 필요로 한다. 메일라드 반응과 마찬가지로 캐러멜화 반응도 동시에 일어나는 수백 가지 다양한 화학반응을 나타내는 말이다.

베이킹소다가 과자를 더 맛있게 하는 이유는?

베이킹소다는 탄산수소나트륨($NaHCO_3$)으로, 요리에서 팽창제로 사용된다. 베이킹소다는 버터밀크, 식초, 레몬 주스, 타르타르 크림(주석산 크림) 등의 산과 반응해 이산화탄소(CO_2)를 방출하여 부풀어 오르게 한다. 높은 온도에서는 이 과정이 훨씬 빠르게 진행되며 과자를 오븐에 넣으면 이산화탄소가 분리되어 작은 거품을 만든다. 이 작은 거품은 과자 안에 잡혀 과자를 가볍고 바삭하게 만든다.

베이킹소다와 베이킹파우더의 차이점은?

베이킹파우더는 베이킹소다, 산, 충전물질(보통 옥수수 전분)의 혼합물이다. 산은 레시피의 버터밀크나 레몬 주스를 대신해(앞 질문 참조) $NaHCO_3$에서 CO_2를 방출시킨다. 전분은 두 성분이 과자에 들어가기 전에 반응하는 것을 막고, 건조한 상태로 유지시키기 위해 섞는다.

베이킹소다와 베이킹파우더가 다르다면 어떻게 하나로 다른 것을 대체할 수 있을까?

베이킹파우더는 산으로 희석시킨 베이킹소다이므로 레시피에는 베이킹파우더인데 베이킹소다만 있을 경우 소다를 적게 사용하되 산을 섞어 사용하면 된다. 일반적으로 베이킹파우더 3스푼이 필요한 경우 베이킹소다 1스푼과 타르타르 크림(또는 다른 산) 2스푼을 섞어서 사용하면 된다.

식품 보존에는 어떤 화학물질이 사용될까?

식품 보존제에는 두 종류가 있다. 하나는 산화 방지, 다른 하나는 세균이나 곰팡이의 생육을 방지하는 것이다. 첫 번째 종류는 산소와 쉽게 반응하여 식품을 보존하는 항산화제이다. 불포화지방은 산소의 주요 목표물로 산소와 결합하여 산패된다. 항산화제는 산소와 더 잘 결합하는 물질을 제공하여 산소가 다른 문제를 만들지 못하도록 한다. 천연 항산화제에는 아스코르빈산(비타민 C)과 같은 분자가 포함되며 시중에는 인공 항산화제도 많다.

두 번째 종류의 보존제인 방부제는 세균이나 곰팡이의 생육을 방지하는 것으로, 대부분 세균의 세포에 흡수될 수 있는 산성 분자로 이루어져 있다. 충분한 양의 산이 세포에 흡수되면 기본적인 생화학적 기능(특히 글루코오스의 발효)이 느려져 세포가 죽게 되고 식품은 신선하게 보존된다.

타르타르 크림(주석산 크림)이란?

타르타르 크림은 타르타르산의 칼륨산염이다. 이것은 타르타르산의 수소 하나가 칼륨 이온으로 치환되었다는 것을 의미한다. 구조는 아래와 같다. 포도주 병 안에(또는 신선한 포도 주스 안에) 생긴 결정을 본 적이 있다면 그것이 바로 이 화학물질이다.

젤로를 맛있게 만드는 것은 무엇인가?

육류와 가죽 공업의 부산물(주로 뼈와 돼지가죽)을 끓일 때 생성되는 단백질과 짧은 펩타이드의 혼합물인 젤라틴이 젤로Jell-o®를 맛있게 만든다. 펩타이드 사슬 사이의 수소결합이 물의 존재 하에서 젤라틴이 네트워크를 만들어 우리에게 익숙한 젤의 구조를 가지게 한다. 열을 가하면 이 수소결합이 분리될 수 있기 때문에 틀에 붓기 전에 젤로를 끓인다. 이것을 식히면 액체가 들어 있는 용기 모양대로 다시 네트워크를 형성한다.

펙틴 젤로 어떻게 젤리를 만드는가?

펙틴은 식물 세포가 성장하는 것을 돕고 다른 세포와 붙어 있도록 하는 식물 세포벽에 있는 다당류이다. 상업적으로 펙틴은 대부분 감귤류의 껍질에서 추출하지만 다른 식물에서 추출하기도 한다. 펙틴은 잼과 젤리를 겔 상태로 만들어 토스트에 뿌렸을 때 형태를 유지하도록 한다. 또 식물 세

젤로의 주성분인 젤라틴은 육류와 가죽의 부산물을 끓여서 추출한 단백질과 펩타이드로 만든다.

포가 서로 결합하는 메커니즘을 이용해 잼과 젤리를 겔 상태로 만든다. 당 분자의 사슬(다당류)은 가닥 사이에 결합을 형성하여 겔 또는 젤리라고 알려진 탄성이 있는 네트워크를 형성할 수 있다.

왜 어떤 과일이나 채소는 잘라 놓으면 갈색으로 변할까?

사과, 감자 또는 다른 과일을 잘라 놓으면 일부 세포가 내용물을 밖으로 흘려보내 모든 종류의 세포 소기관이 공기 중에 노출된다. 과일이 갈변하는 데 가장 중요한 역할을 하는 것은 일반적으로 티로신과 페놀의 산화에 관여하는 효소인 티로시나제이다. 티로시나제는 동물과 식물에서 발견되는 모든 염료에 포함된 멜라닌 생산에 핵심 역할을 한다. 따라서 세포에서 티로시나제가 흘러나오면 산소와 페놀을 이용하여 갈색 염료를 만들기 시작한다.

레몬 주스는 어떻게 과일의 갈변을 방지할까?

'갈변'을 방지하기 위해 자른 과일에 레몬 주스를 뿌리면 효소의 작용을 늦추어 식품을 보존할 수 있다. 비타민C가 pH를 낮추어(산이기 때문에) 과일 갈변의 원인인 효소(폴리페놀 옥시다아제와 티로시나아제)의 작용이 천천히 일어나게 해 갈변을 방지한다.

우리를 울게 만드는 양파의 성분은?

양파를 썰 때 나오는 설피닐프로판이 눈물을 흘리게 만드는 주요 성분(전문용어로는 라크리메이터)이다. 재미있는 사실은 양파를 썰기 전에는 양파 안에 이 물질이 들어 있지 않다는 것이다. 눈물을 흘리게 하는 이 화학물질은 실수로 만든 것이 아니라 동물이 먹는 것을 방지하기 위한 양파의 방어 체계의 일부이다. 양파를 썰거나 동물이 양파를 씹으면 식물 세포 안에 안전하게 저장되어 있던 알리나제라는 효소가 배출되어 문제를 만들기 시작한다. 알리나제는 설폭시화물을 설피닐기로 바꾸어 우리를 어린 이처럼 울게 만든다.

그렇다면 양파가 우리를 울리지 못하게 하는 방법이 있을까?

모든 엄마들은 양파로부터 눈을 보호할 나름의 방법을 가지고 있겠지만 화학적으로 효과적인 방법이 하나 있다(방독면을 착용하는 것을 제외하고). 양파를 썰기 전에 냉장고에 넣어두는 것이다. 거의 모든 화학반응은 낮은 온도에서 느려진다. 양파 안의 라크리메이터는 양파를 썰 때 만들어지므로(양파 안에 자연적으로 존재하는 것이 아니라) 양파를 차갑게 유지하면 눈물 흘리는 시간을 더 늦출 수 있다.

정제당과 조당은 어떻게 다른가?

정제당은 여러 가지 정제 과정을 거쳐 조당을 흰 설탕 결정으로 만든 것이다. 정제당이 조당보다 건강에 좋지 않다는 논쟁이 계속되고 있지만 화학적으로는 정제당은 조당보다 좀 더 순도가 높은 당일뿐이다.

사탕무 설탕과 사탕수수 설탕은 무엇이며 어떻게 다른가?

사탕무 설탕은 사탕무에서 추출하고 사탕수수 설탕은 사탕수수에서 추출한다. 이 두 가지 설탕을 정제하면 화학적으로 아무런 차이가 없다.

그렇다면 당밀은 무엇인가?

당밀은 사탕수수를 정제하는 과정에서 나오는 부산물이다. 결정을 만드는 과정에서 남게 되는 갈색의 액체를 농축하여 시럽으로 만든 것이 당밀이다. 요리나 빵을 만들 때 사용하는 당밀은 사탕수수로 만든다. 사탕무 당밀은 여러 가지 화학물질을 포함하고 있어 맛이 좋지 않아 동물 사료에 첨가한다.

스플렌다란?

스플렌다^Splenda®는 누트라스위트® 또는 이퀄®과 같은 인공 감미료이다. 스플렌다 ^Splenda®의 핵심 감미 성분인 수크랄로스는 천연 당 분자와는 달리 대사 작용을 하지 않으므로 열량이 0kcal이다. 수크랄로스는 설탕의 OH기를 선택적으로 염소 원자로 치환하여 만든다.

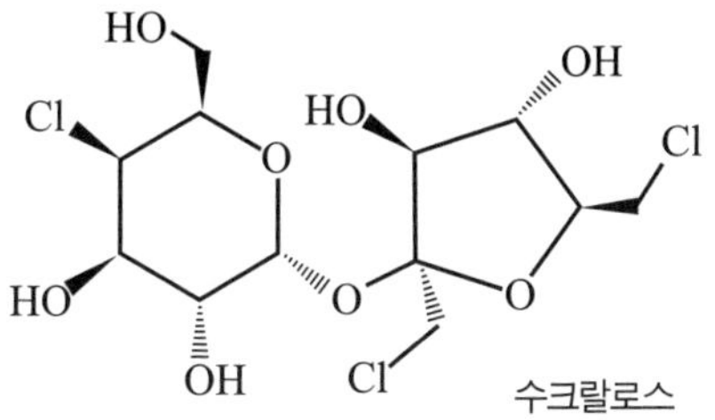

수크랄로스

스테비아는 무엇인가?

스테비아는 인공 감미료의 상품명인 동시에 추출 식물의 이름이다. 스테비올이 이런 종류의 감미료의 기본 구조인데 당 분자가 스테비올에 부착되면(스테비올 글리코사이드를 형성하면) 보통의 설탕보다 수백 배나 단맛이 강해진다. 이 감미료는 남아메리카와 중앙아메리카에서 수 세기 동안 사용되어 왔으며 일본에서는 1970년대부터 사용되었다. 미국에서는 몇 년 전부터 정제된 화합물(트루비아®라는 상품명으로 판매되는)로만 유통되고 있으며 스테비아 식물에서 추출한 추출물은 사용이 허가되지 않았다.

스테비올

옥수수 시럽이란?

옥수수 시럽은 옥수수 전분을 산성 수용액 상태에서 가열하거나 긴 녹말 분자를 단순한 당 분자로 분리하는 효소를 첨가하여 만든다. 화학적으로 옥수수 시럽의 주성분은 이당류(두 개의 글루코스 분자가 결합된)인 맥아당이며, 당 분자가 좀 더 길게 결합된 과당류(올리고당)가 소량 포함되어 있다. 옥수수 시럽에 글루코스를 과당으로 변환시키는 두 번째 효소 처리를 하면 과당을 많이 포함하는 다양한 시럽을 만들 수 있다.

염장은 육류를 어떻게 변화시키는가?

육류를 소금 수용액에 담가두면(염장의 정의) 표면의 단백질을 녹여 근육을 구성하는 긴 섬유를 분리시킨다. 염도가 충분히 높으면 섬유가 끊어져 고기가 연해진다. 여분의 소금은 단백질이 더 많은 물을 포함할 수 있도록 하여 스테이크가 건조해지는 것을 방지한다.

클래리파이드 버터를 만들려면 버터에서 무엇을 제거해야 하나?

물과 단백질을 제거해야 한다. 클래리파이드 버터는 보통의 버터를 저온에서 녹여서 만든다. 버터를 녹이면 세 개의 층이 만들어진다. 맨 위의 거품 층에는 우유의 단백질(치즈를 만들 때 사용하는 카제인)이 포함되어 있으며, 중간층에는 락토스 같은 우유 당이 녹아 있는 물로 이루어져 있고, 맨 아래 층은 클래리파이드 버터라고도 알려진 순수한 버터 지방 또는 유지방이다. 낮은 온도에서 버터를 오래 가열하여 물을 증발시킨 후 버터 지방을 분리할 수도 있다. 클래리파이드 버터는 단백질을 거의 포함하고 있지 않아 오랫동안 실온에서 보관이 가능하며 락토스를 포함하고 있지 않아 우유를 못 먹는 사람도 먹을 수 있다.

음식이 달라붙지 않도록 프라이팬에 뿌리는 것은?

별로 대단한 것이 아니다. 프라이팬에 두르는 것은 일반적인 채소 기름이다. 스프레이로 만들기 위해서는 채소 기름에 현탁액을 만드는 제재와 추진제(알코올, CO_2 또는 프로판)를 섞는다.

요리에 사용하는 스프레이가 기름임에도 칼로리가 0이고 지방을 포함하지 않을 수 있는 이유는?

요리용 스프레이는 액체 상태의 채소 기름을 따라서 사용하는 것이 아니라 기름의 얇은 층을 입히는 것이다. FDA는 열량이 5kcal 이하이고, 지방의 양이 0.5g 이하인 경우 칼로리가 없고, 지방을 포함하고 있지 않다는 상표를 부착할 수 있도록 허용하고 있다. 따라서 요리용 스프레이 생산자는 한 번 사용하는 양이 이 한계 내에 있도록 제품을 만들며 스프레이 한 캔은 수백 번 사용이 가능하다.

즉석 면이 빨리 요리되는 이유는?

이미 요리되어 있기 때문이다! 즉석 면은 일본에서 닛산 식품에 근무하던 모모후쿠 안도가 1958년에 발명했다. 이 면은 빠르게 튀긴 다음 건조시켜 오랫동안 실온에서 보관할 수 있고 몇 분 안에 요리할 수 있다.

즉석 면은 미리 요리한 뒤에 건조시킨 것이다. 그래서 오랫동안 저장이 가능하고 뜨거운 물로 빠르게 요리할 수 있다.

균질우유란?

균질우유는 분리되지 않는 우유이다. 보통의 경우 우유의 가장 위에 있는 층은 크림으로 분리된다. 우유가 이렇게 분리되는 것은 바람직하지 않으므로 분리 방지를 위해 우유에 압력을 가해 작은 지방 덩어리를 아주 작은 조각으로 분리한다. 이 작은 지방 알갱이들은 빠른 속도로 다시 결합하지 않으므로, 우유는 오랫동안 하나의 층을 유지하게 된다.

생선에서 비린내가 나는 이유는 무엇일까?

신선한 생선은 비린내가 나지 않는다. 비린내가 나는 것은 생선에 포함되어 있던 단백질과 아미노산이 분해되면서 질소나 황화합물이 방출되기 때문이다. 닭고기, 소고기, 돼지고기보다 생선에서 더 심한 냄새가 나는 데에는 몇 가지 이유가 있다. 물고기는 종종 다른 물고기를 먹기 때문에 소화기관에 물고기의 단백질을 분해하는 효소가 포함되어 있다. 따라서 이 효소가 흘러나오면 자신의 살에 작용하기 시작한다. 또한 물고기는 포화지방보다 덜 안정해 쉽게 산화되는 불포화지방의 함유량이 높다.

레몬 주스와 같은 산은 효소의 작용을 늦출 수 있고, 아민을 냄새가 덜 나는 암모늄염으로 변환시킬 수 있다. 이것이 생선 위에 레몬즙을 뿌리는 이유이다.

물을 끓이는 시간이 고도에 따라 달라지는 이유는?

덴버에서 물을 끓이면 마이애미에서 물을 끓일 때보다 물이 끓는 온도가 5℃ 낮다. 덴버의 고도는 약 1600m나 되어 해수면에서보다 공기가 누르는 압력이 낮기 때문이다. 고도가 높을수록 물의 끓는 온도가 내려간다는 것은 요리하는 데 걸리는 시간이 길어진다는 것을 의미한다.

압력 요리 기구를 사용하면 왜 요리를 빨리 할 수 있을까?

대기압이 낮으면 물의 끓는점이 낮아져 요리 시간이 길어진다. 그렇다면 물의 끓는점은 어떻게 높일 수 있을까? 그것이 바로 압력 요리 기구가 하는 일이다. 압력 요리 기구는 밀폐되어 있기 때문에 물을 가열하면 요리 기구 안의 압력이 증가한다. 이 압력의 증가는 물의 끓는점을 높인다. 물 분자가 기체인 수증기 분자가 되기 위해서 더 큰 힘을 이겨내야 하기 때문이다. 요리 기구 안의 압력이 높아지면 물의 끓는점은 120℃까지 높아진다. 끓는점이 높아지면 요리시간이 빨라진다.

뜨거운 물은 차가운 물보다 빨리 얼까?

때로는 그렇다. 이 현상은 1963년에 아리스토텔레스, 프랜시스 베이컨, 르네 데카르트의 아이디어를 부활시킨 탄자니아 학생의 이름을 따서 '멤바 효과'라고 알려져 있다. 이 효과를 관측할 수 있느냐 하는 것은 여러 가지 변수(용기의 크기와 모양, 두 액체의 처음 온도, 냉각 방법 등)와 언다는 것의 정의에 따라(얼음 결정이 처음 형성될 때, 표면에 얼음 층이 만들어질 때. 또는 전체가 고체 상태인 얼음으로 바뀔 때를 어는 것으로 보느냐에 따라) 달라진다. 이 효과가 실제로 존재하는지는 아직도 확실하지 않다.

포도주로 요리할 때 알코올이 모두 날아갈까?

그렇지 않다. 사람들은 포도주를 파스타 소스에 넣으면 알코올이 빠르게 증발한다고 믿는다. 이는 알코올의 끓는점이 물보다 낮아 빠르게 증발할 것이라는 데 근거를 두고 있다. 그러나 연구결과에 의하면 한 시간 후에도 25%의 알코올이 남아 있었다. 따라서 무알코올 마라나라를 만들기 원한다면 적어도 2시간 반은 끓여야 한다.

냉동상이란 무엇인가?

냉동상은 냉동식품이 부적절한 포장으로 인해 건조되어 일어난다. 냉동실 안은 습도가 매우 낮기 때문에 음식물이 제대로 포장되어 있지 않으면 승화에 의해 수분이 빠져 나간다. 또 공기 중에 노출되면 냉동실의 낮은 온도에서는 반응이 느리게 진행되기는 하지만 산화가 진행될 수 있다. 하지만 다행히도 냉동상은 단지 색깔이 변해 보기에만 좋지 않을 뿐 음식물의 안전성에는 별 문제가 되지 않는다.

제대로 밀봉하지 않은 음식물을 냉동실에 보관하면 음식물의 수분이 빠져나가며 산화반응이 일어날 수 있다. 냉동실에서 변색된 음식물은 입맛을 자극하지 않더라도 안전에는 문제가 없다.

날달걀을 냉동실에 넣으면 왜 안 될까?

날달걀을 냉동실에 넣으면 얼면서 부피가 팽창하기 때문에 껍질이 깨진다. 하지만 껍질을 깬 달걀은 냉동실에 넣어도 된다.

녹차, 우롱차, 홍차는 각각 다른 식물일까?

아니다. 모든 다 똑같은 차나무 잎으로 만든다. 하지만 허브 차는 여기에 포함되지 않는다. 차는 각각 다른 숙성 방법과 건조 과정을 거쳐 만든다. 녹차는 찻잎을 딴 후 하루에서 이틀 정도의 건조 과정을 거쳐 만들기 때문에 신선한 잎에 자연적으로 포함되었던 물질을 그대로 포함하고 있다. 홍차는 고온 다습한 환경에서 산화과정을 거친 후 건조하여 만든다. 우롱차는 녹차와 홍차의 중간으로 찻잎을 며칠 말린 후 짧은 산화 과정을 거친다.

전자오븐에 안전한 그릇은 무엇으로 만드는가?

불행하게도 전자오븐에 안전한 그릇의 정의는 경험적인 것밖에 없다. 전자오븐 속에서 뜨거워지지 않는 그릇이 전자 오븐에 안전한 그릇이다. 전자오븐은 쌍극자 모멘트를 가진 분자를 진동시켜 음식물을 가열한다('우리 주위의 세상' 부분 참조). 만약 그릇이 그런 분자를 가지고 있으면 전자오븐 안에서 뜨거워질 것이다. 만약 물이 세라믹 잔에 닿아 있다면 그것 역시 전자오븐 안에서 가열될 것이다. 그릇 자체가 전자오븐에 의해 가열되는 것과는 관계없이 뜨거운 음식물이 그릇에 열을 전달하면 그릇이 뜨거워질 수 있으므로 전자오븐에서 뜨거운 음식물을 꺼낼 때는 조심해야 한다.

스트링 치즈가 길게 늘어나는 이유는?

미국에서 스트링 치즈는 보통 모차렐라(때로는 체더를 섞은) 치즈를 말한다. 생산과정에는 치즈를 녹이고 길게 잡아당겨 길게 늘린 후 접는 과정이 포함된다. 잡아당기면 치즈의 단백질이 한 방향으로 배열되어 긴 끈이 만들어진다.

흰 달걀과 갈색 달걀의 차이는 무엇인가?

색깔 외에는 없다. 단 하나의 다른 점은 달걀을 낳은 닭의 색깔이다. 흰 깃털을 가진 닭은 흰색 달걀을 낳고, 갈색 깃털을 가진 닭은 갈색 달걀을 낳는다. 닭이 먹는 모이가 같다면 달걀의 내부는 모든 면에서 똑같다.

왜 삶은 달걀은 잘 돌고 날달걀은 돌지 않을까?

삶은 달걀은 속까지 모두 고체이다. 따라서 삶은 달걀을 돌리면 모든 에너지가 전체 물체를 회전시키는 데 사용된다. 날달걀에는 달걀 속을 마음대로 돌아다닐 수 있는 노른자가 있고 이것이 에너지의 일부를 소모한다. 달걀이 도는 것을 멈출 때도 두 달걀의 차이점을 발견할 수 있다. 삶은 달걀에서는 노른자가 고체 안에 갇혀 있으므로 도는 것을 멈추게 하면 전체가 동시에 멈춘다. 그러나 도는 것을 멈추게 해도 날달걀 안에 있는 노른자는 계속 돈다. 따라서 날달걀을 누르고 있던 손가락을 떼면 달걀은 다시 돌기 시작한다.

왜 삶은 달걀의 노른자는 초록색으로 변할까?

달걀을 요리하면 흰자에 포함된 시스틴이나 메티오닌처럼 황을 포함하고 있는 아미노산에서 적은 양의 황화수소(H_2S)가 발생한다. H_2S가 노른자로 이동하면 철 원자와 결합하여 황화철(FeS)를 만든다. 황화철은 어두운 색깔의 물질로 난황의 밝은 노란색과 섞여 초록색으로 보인다. 이 과정에서 Fe_2S_3도 만들어진다는 주장도 있다. 이 물질의 색깔이 연두색이기 때문이다. 그러나 색깔이 일치한다는 것 외에는 그것을 증명할 자료가 부족하다.

밀가루 반죽을 부풀리는 것은 무엇인가?

베이킹파우더와 소금을 밀가루 반죽에 섞으면 마술처럼 '스스로 부풀어나게' 된다. 하지만 이것은 마술과는 아무 관계가 없다.

토르티야에 라임이 들어 있는가?

우선 질문을 명확하게 해보자. 여기서 말하는 토르티야는 전통적인 옥수수 토르티야이며, 라임은 초록색 과일이 아니라 수산화칼슘 용액을 말한다. 옥수수 토르티야는 역사적으로 옥수수를 수산화칼슘 같은 염기성 용액에 절인 닉스타말라이즈 옥수수로 만들었다. 이런 요리법은 3000년 전의 아즈텍과 마야 문명까지 거슬러 올라간다. 이 요리법이 고대에 뿌리를 두고 있기 때문에 어떻게 해서 이런 요리법이 개발되었는지는 명확하지 않지만 왜 이런 요리법이 현재까지 전해지는지는 확실하게 알 수 있다. 옥수수에는 니아신이라고 하는, 사람에게 꼭 필요한 필수 비타민 중 하나인 B_3

가 부족하다. 니아신을 충분히 섭취하지 못한 사람은 펠라그라라는 피부염을(비타민C 가 부족하면 괴혈병을 앓는 것과 마찬가지로) 앓게 된다. 옥수수를 주식으로 하는 문명에서 는 이것이 큰 문제였을 것이다. 그런데 아즈텍과 마야 사람들은 옥수수를 강한 염기 와 함께 요리하면 펠라그라에 걸리는 것을 예방할 수 있다는 것을 알게 되었다. 현재 우리는 옥수수에는 니아신이 부족하지만 강염기로 처리하면 만들어진다는 것을 알고 있다.

니아신(비타민 B₃)

왜 참치에 일산화탄소를 첨가할까?

몸통을 잘라 근육세포가 산소에 노출되면 신선한 참치의 밝은 붉은색은 점차 어두 운 갈색으로 변하게 된다. 이것은 철을 포함하고 있는 효소(미오글로빈과 헤모글로빈)가 $Fe(II)$에서 $Fe(III)$로 산화되기 때문이다. 회를 좋아하는 사람들은 신선한 참치는 밝 은 붉은색이어야 한다고 생각하고 갈색으로 변한 생선은 꺼려한다. 따라서 생선 회사 에서는 포장할 때 일산화탄소를 첨가하면 산화를 늦출 수 있을 뿐만 아니라 판매 기 간을 연장할 수 있으며 붉은색을 더 밝게 할 수 있다는 것을 알게 되었다. 일산화탄소 가 $Fe(III)$보다 $Fe(II)$와 강하게 결합할 수 있기 때문이다. 이런 경우 소비자가 겪게 될 위험은 일산화탄소에 노출되는 것이 아니라 색깔로 판단한, 신선도보다 덜 신선한 생선을 먹게 될 가능성이 있다는 것이다.

액체 연기는 무엇인가?

이상하게 들리겠지만 액체 연기는 말 그대로 액화된 연기이다. 나무를 땔 때 나오 는 연기를 연기 속에 포함된 여러 가지 휘발성 물질을 모으는 응축기 안으로 들어가도록 한다. 응축기에서 모은 물질을 물로 희석시킨 것이 액체 연기이다. 액체 연기는 베이컨이나 여러 가지 식품의 향을 내는 데 사용된다.

세비체(ceviche)는 정말 자두주스로 요리할까?

열을 이용하여 요리하는 것과 산을 이용하여 요리한 결과는 비슷하지만 정확하게는 같지 않다. 열과 산은 음식물에 들어 있는 단백질을 변화시킨다. 다시 말해 단백질 분자의 모양을 변화시킨다. 이전에는 가질 수 없었던 여러 가지 모양을 가지게 됨으로써 분자들이 같은 단백질 분자 또는 다른 단백질 분자와 새로운 방법으로 반응하게 된다. 분리된 단백질은 빠르게 고체 네트워크를 형성한다. 자두 주스를 생선에 뿌리면 생선이 단단해지고 하얀색으로 변하는 것은 이 때문이다. 달걀을 요리하면 흰자가 불투명해지고 단단해지는 것도 같은 이유이다.

새우를 요리하면 색깔이 변하는 이유는?

다 그런 것은 아니지만 일부 새우는 요리하기 전에는 회색이다가 요리하면 핑크색으로 변한다. 열을 가하면 붉은색깔을 가진 화합물이 만들어지기 때문이라는 추측은 제법 그럴 듯하다. 그러나 새우 껍질에 있던 강한 다른 염료는 열에 의해 분해되지만 붉은색 염료는 안정해서 분해되지 않기 때문이다. 아스타크산틴이라고 하는 붉은색 분자는 새우 껍질

생새우는 회색이지만 요리하면 밝은 핑크색으로 변한다. 가열하면 새우에 들어 있는 덜 안정한 염료가 분해된 후에도 아스타크산틴이라고 하는 붉은색 분자가 남아 있기 때문이다.

뿐만 아니라 연어에서도 발견된다. 연어 살이 붉은 것도 이 분자 때문이다.

집에서 직접 할 수 있는 화학실험

집에서 직접 해볼 수 있는 화학실험이 많다는 것은 재미있는 일이다. 여기서 집에서 해볼 수 있는 모든 실험을 다룰 수는 없고, 주방에 있는 것만으로 할 수 있는 실험의 기본 원리(대부분 기초 화학실험과 관련이 있는)에 대하여 설명하고자 한다.

크로마토그래피 실험

실험과 관련된 화학 원리

- 추출
- 여과
- 크로마토그래피

준비물

- 알코올(250mL)
- 뚜껑이 있는 작은 용기(이유식 용기면 충분하다)
- 나무나 풀잎(5장)
- 커피 필터
- 뜨거운 물이 담긴 프라이팬
- 주방기구

1 잎을 여러 조각으로 나누어 각 용기에 넣는다.

2 잎 조각이 잠길 수 있을 만큼 용기에 알코올을 붓는다.

3 뚜껑을 닫고 뜨거운 물 속에 30분 동안 놔둔다. 물이 식으면 뜨거운 물로 갈아준다. 용기 속의 알코올을 5～10분마다 저어준다.

4 30분이 지나면 잎의 염료가 녹으면서 알코올이 색깔을 띠게 된다. 알코올이 잎의 염료를 추출하는 용매로 작용한 것이다.

5 커피 필터를 긴 띠로 잘라 한쪽 끝을 용기에 넣고 다른 끝은 용기 밖에 둔다.

6 염료 분자의 크기에 따라 다른 양이 종이를 따라 올라온다. 종이 위에 다른 색깔로 나타난 부분들이 분리된 염료들이다. 이 과정은 '현대 화학실험실' 부분에서 설명한 극성이나 다른 화학적 성질을 이용해 분리했던 것과는 조금 다른 방법이다. 실리카겔을 이용한 크로마토그래피와 달리 종이는 극성이 강하지 않아 극성을 가진 염료 분자와 강하게 상호작용하지 않는다.

7 종이를 분리해 말린다. 각 화합물이 이동한 거리를 비교하면 다른 잎들이 같은 종류의 염료를 가지고 있는지 알 수 있다. 잉크, 음식물 또는 음료수의 염료를 포함하는 알코올 용액을 만들어 같은 실험을 해볼 수도 있다.

8 이와 같은 방법으로 시험해볼 수 있는 가설을 만들어보자. 예를 들면 다른 식물의 잎들이 모두 같은 염료를 함유하고 있다거나 서로 다른 펜들이 같은 잉크를 사용하고 있다는 가설은 이 실험을 통해 사실 여부를 가려낼 수 있다.

슬라임 만들기

실험과 관련된 화학 원리

- 수소결합
- 합성
- 고분자화학
- 교차연결

슬라임을 만드는 핵심 성분은 접착제와 붕사 가루이다. 접착제에 들어 있는 고분자의 산소 원자가 붕사의 수소 원자와 교차결합된다(사진 Jim Fordyce).

준비물

- 물
- 접착제(약120mL)
- 붕사 가루(4~5티스푼)
- 그릇
- 계량컵
- 작은 용기(뚜껑은 필요 없다)
- 숟가락이나 젓는 물건
- 식용색소(가능하면)

실험 방법

1 약 120mL의 흰색 접착제를 그릇에 따른다. 접착제에는 고분자, 폴리비닐아세테이트, 폴리비닐알코올('고분자화학' 참조)을 포함한 여러 성분이 들어 있다. 폴리비닐아세테이트는 수소결합의 수용자로 작용할 산소 원자를 포함하고 있으며 폴리비닐알코올은 수소결합의 수용자나 공여자로 작용할 수 있는 수산기를 가지고 있다.

접착제와 물의 혼합물에 넣는 붕사의 양을 조절해 성질이 다른 슬라임을 만들 수 있다. 식용색소를 넣으면 예쁜 색깔을 가진 슬라임이 된다(사진 Jim Fordyce).

2 반 컵의 물(120mL)을 붓고 접착제와 섞일 때까지 젓는다. 접착제에는 이미 물이 함유되어 있지만 여분의 물을 넣은 것이다.

3 (선택적) 식용색소를 넣어 색깔을 낸다.

4 다른 그릇에 물 한 컵(240mL)과 4∼5티스푼의 붕사 가루를 섞고 잘 젓는다. 붕사 가루 수용액을 따로 만드는 것은 접착제와 물의 혼합물이 골고루 섞이게 하기 위해서이다.

5 접착제와 물의 혼합물을 천천히 붕사 수용액에 따른다.

6 섞으면서 슬라임이 형성되는 것을 볼 수 있을 것이다. 잘 섞이면 손으로 물기가 제거될 때까지 반죽한다. 그릇에는 아직 물이 남아 있겠지만 염려하지 않아도 된다. 붕사는 접착제 안의 고분자가 가지고 있던 산소와 수소결합을 형성하여 고분자를 교차결합시킨다. 이 반응은 다른 산소와 수소 원자 사이에 수소결합을 형성하여 재배열한다. 접착제가 잘 늘어나고 쉽게 변형되는 것은 이 때문이다. 이 과정이 끝났으면 슬라임을 비닐봉지에 담아 냉장고에 보관한다.

물체의 경도 측정

실험과 관련된 화학 원리

- 경도
- 재료과학

준비물

아래 예와 같이 경도를 알고 있는 물질을 여러 개 모은다(괄호 안의 숫자는 모스 경도를 나타냄).

- **손톱**(2.5)
- **동전**(미국의 1페니짜리 동전, 3)
- **유리**(보통 5.5 ~ 6.5)
- **수정**(7)
- **강철**(보통 6.5 ~ 7.5)
- **사파이어** (9)

이 실험 끝에 제시된 표나 인터넷에서 찾은 경도 표를 이용해 모스 경도를 알 수 있는 더 많은 물체를 모은다. 물론 경도를 알 수 없어 이 실험으로 경도를 결정할 물체도 모은다.

실험 방법

1 경도를 확인하고 싶은 물체를 놓는다. 서로 긁어야 하니 비싼 물건이나 흠집이 나면 곤란한 물건은 사용하지 않는다.

2 경도를 아는 물체 중 하나를 선택해 시료의 표면을 긁는다. 예를 들어 나무 조각의 경도를 알고 싶다면 수정으로 나무 표면을 긁어 본다.

3 시료의 표면에 흠집이 났는지 살펴본다. 손가락으로 시료의 표면을 쓸어보면 흠집을 느낄 수 있다. 물체의 경도가 시료의 경도보다 높으면 흠집이 생겼을 것이다. 실험을 반복하여 결과를 확인한다.

4 경도를 알고 있는 물체를 이용해 실험을 반복하면 시료의 경도가 경도를 알고 있는 특정한 두 물체 사이라는 것을 알 수 있다. 예를 들면 손톱(2.5)과 동전(3) 사이의 경도를 가진다는 것을 알 수 있다. 손톱은 흠집을 만들지 못하는 물체 중에서 가장 경도가 높은 물체이고, 동전은 흠집을 만드는 물체 중에서 가장 낮은 물체이다.

5 일단 시료의 아래와 위의 경도를 가지는 두 물체를 결정하면 시료의 경도는 두 물체 사이의 값을 가진다. 예를 들어 손톱으로는 흠집을 낼 수 없고, 동전으로

는 흠집을 낼 수 있다면 이 물체의 경도는 2.5와 3 사이의 값이다.

여러 물체의 모스 경도 값

- 활석(1)
- 석고(2)
- 방해석(3)
- 형석(4)
- 백금이나 철(4.5)
- 안회석(5)
- 정장석(6)
- 수정(7)
- 석류석(7.5)
- 강철, 황옥, 에메랄드(8)
- 강옥(9)
- 다이아몬드(10)

녹슨 동전이 반짝반짝 빛이 나는 마술

실험과 관련된 화학 원리

- 표면 화학
- 산화반응

준비물

- 녹슨 동전(10개 정도)
- 소금(염화나트륨, 1티스푼)
- 식초(아세트산 수용액, $\frac{1}{4}$ 컵)
- 금속이 아닌 다른 재질의 작은 그릇
- 물
- 종이수건이나 냅킨

실험 방법

1 식초 $\frac{1}{4}$ 컵과 소금 1티스푼을 그릇에 붓는다.

2 소금이 완전히 녹을 때까지 젓는다.

3 약 15초 동안 동전을 담갔다가 꺼낸다. 용액에 잠겼던 부분에 변화가 있는가?

4 나머지 동전을 용액에 넣는다. 용액에 동전을 넣으면 반응이 일어나는 것을 눈

으로 확인할 수 있다. 동전의 색깔이 퇴색되는 것은 동전 표면의 구리가 공기 속에서 반응해 산화구리 층을 만들기 때문이다. 이 실험에서는 식초와 소금이 산화구리와 반응해 제거하므로 원래의 빛나는 동전 표면이 드러나게 된다.

5 동전을 몇 분 동안 용액에 담군 뒤 뒤집어 다른 쪽도 용액과 접촉할 수 있도록 한다. 몇 분 후에 다시 동전을 뒤집는다.

6 용액을 따라내고 동전을 깨끗한 물로 씻는다. 이제 동전은 반짝반짝할 것이다!

구리 동전은 시간이 지날수록 산화되어 퇴색된다. 식초와 소금의 혼합물은 산화구리와 반응하여 동전을 깨끗하게 만들어 다시 빛나게 한다(사진 Jim Fordyce).

소품으로 검은 뱀 폭죽 만들기

(주의 : 이 실험은 불과 가연성 물질을 다루므로 어른과 함께 해야 한다.)

실험과 관련된 화학 원리

- 화학반응
- 연소반응

준비물

- **모래**(약 2컵)
- **라이터 연료**(작은 병, 약 100mL)
- **베이킹소다**(1스푼)
- **설탕**(4스푼)
- **컵이나 그릇**
- **안전하게 폭죽을 터트릴 수 있는 야외 장소**

1 컵이나 그릇에 설탕 4스푼과 베이킹소다 1스푼을 섞는다.

2 안전한 장소에 모래를 쌓고 한 가운데를 움푹 들어가게 판다. 움푹 들어간 곳이 폭죽을 터트릴 장소이다.

3 약간의 라이터 연료를 모래 위에 붓는다. 아주 적은 양의 라이터 연료로 우선 시험을 해본다. 필요하다면 연료의 양을 증가시키면서 실험을 반복한다. 너무 많은 양보다는 적은 양으로 시작하는 것이 좋다.

4 설탕과 베이킹소다의 혼합물을 연료를 뿌린 모래 위에 붓는다. 용액을 모두 한 꺼번에 사용할 필요는 없다. 소량씩 여러 번 시험해도 된다.

5 조심스럽게 연료에 불을 붙이고 뒤로 물러선다. 혼합물이 내는 연기가 긴 뱀처럼 보일 것이다. 설탕과 베이킹소다가 연소되면서 탄산나트륨, 수증기, 이산화탄소 기체가 만들어진다. 검은 연기의 성분은 탄산염과 연소된 탄소이다.

비밀 잉크 만들기

실험과 관련된 화학 원리

- 증발
- 연소반응
- 산/염기 반응

준비물

- 면봉과 붓
- 가열 도구(전구면 된다)
- 계량컵
- 종이
- 베이킹소다
- 물
- 포도 주스(가능하면)

실험 방법

1 같은 부피의 물과 베이킹소다를 섞고 잘 저어 잉크를 만든다.

2 면봉이나 붓 또는 이쑤시개로 1의 잉크로 메시지를 쓴다.

3 잉크가 마를 때까지 기다린다. 물은 종이에 스며들었다가 증발하지만 베이킹

베이킹소다를 물에 녹인 1다음 잉크로 사용해 종이에 메시지를 쓴다. 잉크가 마르면 메시지가 눈에 보이지 않는다(사진 Jim Fordyce).

불로 종이를 가열하면 메시지가 다시 나타난다. 베이킹소다가 종이보다 먼저 갈색으로 변하기 때문이다. 종이 위에 포도 주스로 그림을 그려도 같은 효과를 관찰할 수 있다(사진 Jim Fordyce).

소다는 증발하지 않기 때문에 종이에 남게 된다.

4 비밀 메시지를 읽는 방법은 여러 가지가 있다. 그중 가장 손쉬운 방법은 비밀 메시지가 담긴 종이를 전구나 불꽃 등 뜨거운 물체 가까이 가져가는 것이다 (종이를 태우지 말 것!). 그렇게 하면 종이의 베이킹소다가 갈색으로 변하면서 메

시지가 나타난다! 베이킹소다는 종이보다 먼저 연소하기 때문에 종이보다 먼저 갈색으로 변한다.

5 자주색 포도 주스를 종이 위에 뿌려도 볼 수 있다(붓을 이용하여 칠해도 된다). 이때는 메시지가 종이와 다른 색으로 나타나는데 이것은 포도 주스에 함유된 산이 메시지를 쓰는 데 사용한 중탄산나트륨과 반응하기 때문이다.

섞이지 않는 액체 층 관찰하기

실험과 관련된 화학 원리

- 밀도
- 섞임 가능성
- 극성

준비물(주의: 이 실험을 위해서 여기에 제시된 모든 물질을 다 준비할 필요는 없다)

- 꿀
- 팬케이크 시럽
- 액체 비누
- 물
- 채소 기름이나 요리용 기름
- 알코올
- 램프용 기름
- 긴 유리 용기
- (가능하면 잘 보이도록)식용색소

실험 방법

1 밀도가 가장 높은 액체를 유리 용기에 붓는다. 이때 액체가 유리 용기의 가장자리로 흘러내리지 않도록 주의한다. 위에 제시된 준비물은 밀도가 높은 것에서 낮은 순서대로이다.

2 두 번째 액체를 첫 번째 액체 위에 조심스럽게 붓는다. 숟가락이나 젓가락을 이용해 흘러내리게 하면 천천히 따를 수 있다. 액체의 층이 안정될 때까지 몇 초를 기다린 다음 액체를 따라야 하며 이렇게 하면 섞이는 대신 다른 층을 만들게 된다. 이는 서로 섞이는 것보다 다른 층으로 분리되어 경계면을 만드는 것이 열역학적으로 더 안정한 상태이기 때문이다. 섞이냐 섞이지 않느냐를 결

정하는 것은 두 액체가 섞여 있는 상태와 분리된 상태의 엔트로피와 엔탈피에 의해서이다. 예를 들어 물은 극성을 가진 물질인 반면 채소 기름은 긴 비극성 고분자 사슬로 이루어져 있다. 이들은 서로 상호작용을 잘 하지 않기 때문에 분리된 층을 형성하게 된다.

3 밀도가 작아지는 순서대로 세 번째, 네 번째 액체를 다른 액체 위에 붓는다(목록의 순서대로 따르면 된다). 각 액체 사이에는 분리층이 만들어진다. 밀도가 큰 액체에는 작은 액체보다 더 큰 중력이 작용하기 때문에 아래쪽으로 가려고 해 서로 섞이지 않아, 하나의 용액이 만들어지지 않는다. 물론 오랜 시간이 지나면 액체의 일부가 섞이지만 그렇게 되기까지는 상당한 시간이 걸린다.

4 모든 것이 완료되었다! 이제 용기 안에 만들어진 여러 액체들의 분리된 층을 볼 수 있을 것이다.

식초와 베이킹소다로 화산 만들기

실험과 관련된 화학 원리

- 화학반응
- 기체

준비물

- 식초
- 베이킹소다(2티스푼)
- 큰 그릇
- 프라이팬
- 밀가루(6컵)
- 식용유(4스푼)
- 소금(2컵)
- 페트병
- 주방세제
- 붉은색 또는 오렌지색 식용색소(다른 색깔도 됨)
- 물

실험 방법

1 오래 전부터 해온 실험이므로 학교에서 이미 해보았을지도 모른다. 우선 큰 그

이 실험에 사용되는 물질들을 큰 그릇에서 섞어 화산을 만든다. 찰흙으로 화산을 만들어도 된다(사진 Jim Fordyce).

베이킹소다, 세제, 식용색소를 병 안에 부은 후 천천히 식초를 넣고 뒤로 물러나서 쇼를 감상한다(사진 Jim Fordyce).

릇에 밀가루 6컵과 소금 2컵, 식용유 4티스푼, 물 2컵을 섞고 단단해질 때까지 반죽한다. 이 성분들은 화산 분출을 일으키는 화학반응이 아니라 화산이 분출되는 '바위'를 만드는 데 사용된다.

2 페트병을 팬 위에 수직으로 세워놓는다. 1번 과정에서 만든 혼합물을 이용하여 병 주변에 원뿔 모양의 산을 만든다. 병의 입구가 막히지 않도록 조심한다.

3 베이킹소다와 식초가 들어갈 자리를 남기고 병을 물로 채운다.

4 병에 주방세제를 몇 방울 떨어뜨린다. 주방세제는 병 속에서 일어나는 화학반응에 참여하지 않지만, 세제가 만드는 거품이 식초와 베이킹소다가 반응할 때 나오는 기체를 포집한다.

5 베이킹소다 2티스푼을 병에 넣는다.

6 마지막으로 천천히(심하게 분출하는 화산을 원하면 빠르게) 식초를 병에 부으면 화산이 분출하는 것을 볼 수 있다. 이때 혼합물이 눈에 들어가지 않도록 주

의해야 하며 화산에서 분출된 물질이 부엌을 엉망으로 만들 수도 있으니 미리 각오해야 한다. 베이킹소다(중탄산나트륨, $NaHCO_3$)와 식초(희석된 아세트산, CH_3COOH)가 반응하여 이산화탄소를 방출하는 반응이 화산을 분출시킨다. 이 반응과 관련된 반응식은 다음과 같다.

$$NaHCO_3 + CH_3COOH \rightarrow CH_3COONa + CO_2 + H_2O$$

소품으로 정전기력의 힘 관찰하기

실험과 관련된 화학 원리

- 전하
- 정전기력

준비물

- 나일론 빗 (또는 라텍스 풍선)
- 수도꼭지

실험 방법

1 나일론 빗으로 머리를 빗는다. 나일론 빗이 없다면 부풀린 라텍스 풍선으로 머리를 문질러도 된다. 빗이나 풍선을 머리에 문지르면 머리와 물체 사이에 전자가 이동해 물체는 전하를 띠게 된다.

2 수도꼭지를 틀어서 작은 물줄기로 흐르게 한다. 가능하면 물줄기가 가늘면서도 부드럽게 연속적으로 흐르도록 한다.

3 빗이나 풍선을 흐르는 물 가까이 가져간다. 이때 빗이나 풍선이 직접 닿지 않도록 조심한다. 물체를 물줄기에 가까이 가져가면 물줄기가 빗이나 풍선 쪽으로 휜다. 이것은 물체(빗이나 풍선)의 전하가 가까이 있는 물에 반대 부호의 전하를 유도하기 때문이다. 따라서 물체와 물 사이에 전기적 인력이 작용한다.

4 수도꼭지에서 나오는 물줄기의 크기에 따라 휘는 정도가 어떻게 다른지 알아볼 수 있다. 이 외에도 다양한 물체들로 같은 실험을 반복해볼 수 있으며 머리를 문지르는 시간을 길게 하면 어떻게 달라지는지 확인해볼 수도 있다.

'변색'된 과일로 알아보는 산과 염기의 효과

실험과 관련된 화학 원리

- 산과 염기
- 생화학적 효소 반응

준비물

- 사과(바나나, 배, 복숭아 외에 다른 과일도 괜찮다)
- 깨끗한 플라스틱 컵 5개
- 식초
- 레몬 주스
- 베이킹소다
- 물
- 마그네시아유
- 계량컵

실험 방법

1 마그네시아유와 베이킹소다의 수용액을 준비한다. 이때 사용하는 물의 양은 중요하지 않다(여러 가지 농도로 시도해보자). 중요한 것은 베이킹소다가 완전히 녹는 것과 마그네시아유 용액이 덜 시거나 끈끈해지는 것이다.

2 사과(또는 다른 과일을)를 다섯 조각으로 자른다. 베이킹소다와 마그네시아유의 다양한 농도를 이용해 시험하려면 과일을 그에 맞추어 여러 조각으로 자른다.

3 컵에 다음과 같은 라벨을 붙인다. 식초, 레몬 주스, 베이킹소다 수용액, 마그네시아유 수용액, 순수한 물.

4 각 컵에 과일 조각을 하나씩 넣는다.

5 각각의 컵에 라벨과 일치하는 용액을 붓는다. 과일은 용액에 푹 잠기지 않아야 하지만 과일 조각 전체에는 용액이 묻어야 한다. 식초와 레몬 주스는 산성 용액(아세트산과 시트르산)이다. 베이킹소다와 마그네시아유는 염기성 용액(중탄산나트륨과 수산화마그네슘)이며 물은 중성이다.

6 각 과일의 상태를 기록해 놓는다. 카메라가 있다면 결과와 비교하기 위해 과일 조각의 사진을 찍어 놓는다.

7 과일을 하루 동안 그대로 둔다. 하루 후에 과일의 상태를 기록한다. 첫날 사진을 찍었다면 사진의 과일과 현재의 과일 상태를 비교한다. 사과나 다른 과일은

티로시나아제('부엌 안의 화학' 참조)라는 효소가 산소와 페놀을 포함하는 화합물을 반응시키면 갈색으로 변한다. 산과 염기성 용액이 과일의 갈변에 어떤 영향을 미칠까? 과일의 갈변 현상은 티로시나아제가 관여하는 반응이기 때문에 이 실험의 결과를 통해 산과 염기가 티로시나아제가 관여하는 반응의 반응 속도에 어떤 영향을 미치는지 알 수 있다. 산과 염기는 모두 갈변 현상을 비슷하게 늦출 수 있을까? 관찰 결과는 pH의 변화 때문일까? 아니면 특정 화학물질 때문일까? 다른 어떤 실험을 더 해볼 수 있는지에 대해서도 생각해 보자.

후추를 이용한 마술

실험과 관련된 화학 원리

- 극성
- 표면장력

준비물

- **후추**(1병)
- **주방세제**(몇 방울)
- **그릇**
- **물**(그릇에 가득)

실험 방법

1 그릇에 물을 채운다.

2 물에 후추를 뿌려 전체적으로 얇은 후추 층을 만든다.

3 시험삼아 물에 손가락을 넣어 본다. 아무 일도 일어나지 않는다.

4 이번에는 소량의 세제를 손가락에 묻히고 다시 물에 넣으면 후추가 손가락에서 밀려나 가장자리로 모이는 것을 볼 수 있다. 극성을 가지고 있지 않은 세제 분자는 물 표면 아래로 녹아들지 않기 때문에 빠르게 표면에 퍼진다. 그렇게 되면 표면장력이 낮아진다. 물은 표면장력이 크기 때문에 표면이 약간 볼록한데, 표면장력이 작아지면 물이 퍼진다. 때문에 세제가 퍼지면 물이 따라서 밀려나고 후추도 손가락에서 멀리 밀려난다.

5 이 실험의 원리를 이해했다면 친구에게 마술쇼를 보여줄 수 있을 것이다. 친

왼쪽 사진과 같이 비누를 묻히지 않은 손가락을 담그면 아무 일도 일어나지 않는다. 그러나 손가락에 세제를 묻히고(우측) 물에 넣으면 비누가 퍼지면서 물의 표면장력을 낮춰 후추를 밀어낸다(사진 Jim Fordyce).

구들에게 손가락을 물에 넣어 후추를 밀려나게 해보라고 한다. 친구들이 하지 못하면 미리 세제를 묻힌 손가락을 물에 넣어 후추를 밀어내보자!

'뜨거운 얼음(아세트산나트륨)' 만들기

실험과 관련된 화학 원리

- 화학반응
- 용해도
- 결정과 재결정
- 총괄성

준비물

- 뚜껑이 있는 프라이팬
- 전자오븐 또는 난로
- 식초(1리터)
- 베이킹소다(4스푼)
- 접시

실험 방법

1 식초를 프라이팬에 붓고 아주 천천히(한 번에 조금씩) 베이킹소다를 첨가한다.

이미 알고 있겠지만 많은 거품(이산화탄소)이 나오기 때문에 베이킹소다를 천천히 넣어야 한다. 이 반응에서는 아세트산나트륨이 만들어진다. 아세트산나트륨이 만들어지는 반응은 다음과 같다.

$$Na^+[HCO_3]^- + CH_3 - COOH \rightarrow CH_3 - COO^-Na^+ + H_2O + CO_2$$

2 용액을 끓인다. 용액의 표면에 막 형성이 시작될 때까지 계속 끓인다. 이것은 식초에서 많은 양의 물이 증발할 때까지 충분한 시간 동안(한 시간 정도) 가열해야 한다는 의미이다. 이렇게 해서 농도가 매우 높고 뜨거운 아세트산나트륨 용액을 만든다. 총괄성에 대한 논의를 통해 알 수 있었듯이 용질의 용해도는 높은 온도에서 더 크다. 물의 부피가 줄어들어도 아세트산나트륨은 증발하지 않기 때문에 농도가 높은 고온의 수용액을 얻을 수 있다.

3 표면에 막이 생기기 시작하면 불을 끄고 더 이상 증발하지 못하도록 뚜껑을 덮는다. 프라이팬을 냉장고에 넣어 식힌다. 결정이 생기기 시작하면 약간의 식초를 더 넣고(식초가 남아 있지 않으면 물을 넣는다) 결정이 녹도록 젓는다.

4 이제 재결정 핵이 만들어지기만 하면 쉽게 결정이 생길 수 있는 과냉각된 아세트산나트륨 용액이 만들어졌다.

5 식힌 용액 몇 방울을 천천히 접시에 떨어뜨린다. 그러면 빠르게 결정이 만들어질 것이다. 결정이 만들어지지 않으면 포크나 칼을 작은 홈집을 내거나 용액을 따르기 시작할 때 아세트산나트륨이 결정을 만들 수 있도록 잠시 동안 증발시킨다. 계속해서 액체를 따르면 접시 위에 이미 만들어진 결정과 액체가 접촉하면서 결정이 성장한다. 이것은 재결정이 생기는 동안에 정제가 일어나는 것과 비슷하다('현대 화학실험실' 부분 참조). 결정이 만들어지는 변화는 발열 과정(열을 방출하는)이기 때문에 결정을 만지면 따뜻할 것이다. 이 때문에 이것을 '따뜻한 얼음'이라고 한다. 하지만 이것은 진짜 얼음이 아니라 아세트산나트륨이다.

pH 지시약 만들기

실험과 관련된 화학 원리

- 추출
- 산/염기 화학
- 화학 지시약
- 온도와 용해도

준비물

- 붉은 양배춧잎(여러 장)
- 믹서
- 커피 필터(한 개)
- 큰 용기 하나
- 유리컵이나 투명한 컵
- 물
- 전기오븐이나 난로
- 주전자나 프라이팬

다음 물질 중 일부(전부가 아니라).
- 베이킹소다(1~2티스푼)
- 레몬 주스(1~2티스푼)
- 식초(1~2티스푼)
- 암모니아(세척용)
- 제산제(1알, 알카-제처®면 된다)

실험 방법

1 양배추 두 컵을 잘라 믹서에 넣는다.

2 주전자에 물을 끓인 후 믹서 안의 양배추에 붓는다. 믹서를 작동시켜 10분 동안 섞는다. 뜨거운 물이 붉은 양배추에서 안토시아닌이라는 염료(다른 여러 가지 성분들과 함께)를 추출해낸다. 높은 온도에서는 용해도가 증가한다는 것을 기억할 것이다. 안토시아닌은 용액의 pH에 따라 색깔이 변하는 분자이다. 이것이 지시약으로 사용될 것이다.

3 커피 필터를 통해 큰 용기에 용액을 따라 찌꺼기를 걸러낸다. 용액의 색깔은 붉은색/푸른색/자주색으로 보일 것이다. 정확한 용액의 색깔은 물의 pH값에 따라 달라진다. pH값은 물에 함유되어 있는 이온의 농도, 용액에 남아 있는 식

물의 성분 등에 따라 달라진다.

4 투명한 컵에 용액을 여러 개 따른다. 이것은 여러 가지 물질의 pH를 시험할 시험용 '비커'이다.

5 용액에 다른 물질을 넣고 용액의 색깔이 변하는 것을 관찰한다. 컵에 들어 있는 용액의 양은 색깔을 변화시키기 위해 넣어야 할 물질(예, 레몬 주스)의 양에 영향을 미친다. 아래 표에는 여러 가지 pH값에서 안토시아닌 지시약의 색깔이 제시되어 있다.

pH의 대략 값	색깔
2	붉은색
4	자주색
6	보라색
8	푸른색
10	푸른색-초록색
12	연두색

집에서 만드는 라바 램프

이 실험은 실제로 램프를 만드는 실험이 아니다. 이 실험은 라바 램프처럼 거품이 올라가고 떨어지는 장치를 만드는 것이다. 불을 밝히고 싶다면 플래시나 다른 광원이 있어야 한다.

실험과 관련된 화학 원리

- 화학반응
- 밀도
- 섞임성
- 기체

준비물

- **식용유**(600g)
- **탄산음료 페트병**(600g 또는 1리터)
- **물**(1 스푼)
- **알카-제처** ®
- **식용색소**

1 페트병에 식용유를 거의 가득 채운다.

2 물 1스푼에 식용색소 몇 방울을 떨어 뜨린 후 페트병에 넣는다. 물과 기름이 섞이지 않으며 기름에 거품이 생기고 밀도가 더 큰 물은 기름 아래로 가라앉 는 것을 볼 수 있을 것이다.

3 알카-제처® 알약을 갈아서 병에 넣은 후 마개를 닫아 밀봉한다. 병 속의 화 학물질이 다 녹아 반응이 일어나면 이 산화탄소의 거품이 생긴다(아래 화학반 응식 참조). 거품이 생기면 물거품의 전 체적 밀도를 낮게 만들어 표면으로 올

알카-제처®를 넣으면 색깔을 띤 물방울이 기름 안에서 올라가고 내려간다.

라오게 한다. 맨 위로 올라오면 이산화탄소는 거품을 떠나 병 위쪽에 조금 남 아 있는 공기 속으로 들어간다. 그렇게 되면 물거품의 밀도가 다시 올라가 다 시 가라앉는다. 모든 알카-제처®가 반응할 때까지 이런 과정이 반복된다.

4 라바 램프와 같이 색깔을 띤 거품이 병 속에서 이동하는 것을 볼 수 있을 것이 다. 반응이 끝난 후에는 다른 알카-제처®를 넣어도 된다.

작동 원리

알카-제처®와 시트르산이 반응해 이산화탄소를 방출해 화학반응의 반응식은 다음과 같다.

$$C_6H_8O_7(aq) + 3NaHCO_3(aq) \rightarrow 3H_2O(l) + 3CO_2(g) + Na_3C_6H_5O_7(aq)$$

병 안으로 달걀 빨아들이기

실험과 관련된 화학 원리

- 연소
- 압력
- 이상기체 법칙

준비물

- 삶은 달걀(완숙)
- 달걀의 지름보다 약간 작은 입구를 가진 병이나 플라스크
- 종이(A4 또는 신문)
- 성냥

실험 방법

주의 : 이 실험은 불과 가연성 물질을 다루므로 어른의 지도하에 해야 한다!

1 잘 삶은 달걀 껍데기를 벗긴다.

2 종이를 병에 들어갈 크기로 자른 후 불을 붙여 병에 떨어뜨린다.

3 빠르게 달걀을 병의 입구 위에 올려놓아 병의 입구를 막는다.

4 종이가 타면서 병 안의 공기가 더워지면 공기가 팽창한다. 그러면 공기 중의 일부가 달걀을 밀어내고 밖으로 나간다. 앞에서 언급했던 이상기체의 법칙에 의해 기체의 온도가 올라가면 병 내부의 압력이 증가한다. 압력의 증가로 공기가 달걀을 밀어내고 밖으로 나가는 것이다. 공기가 나갈 때 달걀이 조금씩 흔들리는 것도 볼 수 있다. 흔들리던 달걀이 정지하면서 입구를 막는다.

5 종이가 다 탔거나 병 속의 산소가 다 타버려(어느 것이 먼저 일어나든지) 불이 꺼지면 병 속의 공기가 식기 시작한다. 식을수록 공기가 차지하는 부피가 줄어들고 병 속의 압력은 병의 외부에 비해 낮아진다. 바깥쪽의 더 높은 압력이 병 입구를 통해 달걀을 안으로 밀어 넣는다.

6 병을 거꾸로 들고 공기를 불어 넣은 뒤 입을 떼기 전에 달걀이 입구를 안에서 막으면 달걀을 다시 밖으로 빼낼 수 있다. 달걀을 밖으로 빼내는 원리 역시 높은 압력과 낮은 압력 사이의 평형과 관련된다.

오트밀이나 시리얼에서 철분 추출하기

실험과 관련된 화학 원리

- 자화
- 식품 화학/영양소
- 추출

준비물

오트밀 실험
- **철분이 강화된 오트밀**(상표에서 포함된 철분의 양을 확인한다)
- **자석**(흰색이나 밝은색으로 칠해진 자석을 이용하면 철분을 쉽게 확인할 수 있다)
- **비닐봉지나 그릇**

시리얼 실험
- **자석 − 액체를 저을 수 있는 자석이 필요**(흰색이나 밝은색으로 칠해진 자석을 이용하면 철분을 쉽게 확인할 수 있다)
- **비닐봉지**
- **물**
- **큰 유리 용기나 컵**

실험 방법

오트밀 실험

1 오트밀 포장을 열고 비닐봉지나 그릇에 담는다.

2 자석으로 오트밀을 젓는다. 자석의 바깥쪽에 달라붙은 회색이나 갈색의 물질을 볼 수 있을 것이다. 이것이 철분이다! 일반적으로 시리얼이나 다른 음식물에 첨가하는 무기물의 하나이다. 우리가 먹는 음식에 들어 있는 철분(아주 작은 양이고 미세한 입자 형태로)이 우리 주위의 철과 동일한 원소임을 알 수 있을 것이다. 철은 강자성체이기 때문에 자석에 달라붙는다('원자와 분자' 부분 참조).

시리얼 실험

1 1~2컵의 시리얼을 비닐봉지에 넣는다.

2 손으로 봉지 안의 시리얼을 부순다.

3 1L 정도의 물을 용기나 비커에 따른 후 $\frac{1}{2}$를 붓는다. 물이 부서진 시리얼에서 철분이 추출되는 것을 도와줄 것이다. 마른 오트밀 안에서는 철분이 느슨하게

결합되어 있지만 시리얼에는 단단히 달라붙어 있다. 따라서 시리얼을 부수고 물을 이용해 추출해야 한다. 자석의 작용만으로는 시리얼에 포함된 철분을 끌어낼 수 없다. 화학실험실에서는 시료에서 철분을 추출하는 데 주로 산이 이용되지만 여기서는 물로도 충분하다.

4 자석을 이용해 부서진 시리얼을 약 15분 동안 젓는다. 자석을 물에서 꺼내면 자석에 달라붙은 철가루를 볼 수 있을 것이다.

돌사탕의 결정 성장 마술

실험과 관련된 화학 원리

- 결정과 재결정
- 용해도

준비물

- **설탕**(3컵)
- **물**
- **유리 용기**
- **연필**
- **면실**(15㎝ 정도)
- **프라이팬**(물을 끓이기 위한)
- **전자오븐이나 난로**
- (필요하면) **식용색소**
- (필요하면) **향신료**

실험 방법

1 프라이팬에 설탕 3컵과 물 1컵을 넣고 젓는다.

2 불을 켜고 저으면서 천천히 끓인다. 혼합물이 간신히 끓는점에 도달할 정도로 가열한 후 불을 끈다(물이 너무 증발하지 않도록 한다).

3 식용색소나 향신료를 첨가하고 싶다면 이때 하는 것이 좋다. 그런 것을 넣지 않아도 사탕은 설탕으로 만들어지므로 맛이 좋다.

4 용액의 온도가 실내 온도보다 조금 낮아질 때까지 냉장고에서 식힌다. 그동안에 연필에 실을 매달아 용기 위에 놓고 용기의 바닥에 닿지 않도록 자른다.

돌사탕을 만드는 첫 번째 단계는 설탕을 물에 녹이고 천천히 끓이는 것이다. 그리고 식을 때까지 기다린다. 혼합물을 냉장고에 넣어두면 더 빨리 식는다(사진 Jim Fordyce).

연필에 맨 실이 용액에 담기도록 한다. 천천히 결정이 성장하여 사탕을 만든다(사진 Jim Fordyce).

5 실 끝에 작은 추를 달아 실이 팽팽하게 만들 수도 있다.

6 살짝 물에 적신 실을 적시고 결정 상태의 설탕에 넣는다(물에 섞어 끓인 설탕이 아니라). 이 설탕 결정이 설탕물에서 돌사탕 결정이 생장하는 핵 역할을 하게 된다.

7 식은 설탕물을 용기에 붓고 연필과 실을 설탕물에 매달게 한다.

8 용기를 알루미늄 포일, 종이 수건 또는 떨어지지 않을 것으로 덮는다.

9 결정이 성장하려면 여러 날이 걸리며 일주일이 걸릴 수도 있다. 설탕물 안의 설탕이 실 위에서 성장하고 있는 결정에 계속 달라붙어 점점 커질 것이다. 가끔씩 결정의 상태를 확인해도 되지만 용기를 건드리거나 기울이거나, 흔들거나 움직이면 안 된다. 건드리지 않고 놔두기만 하면 결정은 크게 성장한다. 결정이 성장한 후 실을 제거하면 돌사탕이 완성된다!

검은 빛 아래서 빛나는 젤로(Jell-O®) 만들기

실험과 관련된 화학 원리

- 형광
- 젤
- 교차결합

준비물

- 젤로Jell-O® 또는 젤라틴 가루
- 토닉 워터(1컵)
- 물(1컵)
- 전자오븐이나 난로
- 큰 그릇
- 주전자(난로 위에서 가열하기 위해)
- 검은 빛(검은 빛이 어떻게 작동하는지에 대해서는 '물리화학 및 이론화학' 부분 참조)

실험 방법

1 물 1컵을 끓인다.

2 젤로Jell-O®와 뜨거운 물을 그릇에 부어 섞고 가루가 녹을 때까지 젓는다. 뜨거운 물에 젤라틴이 용해되어 골고루 섞이는 것을 돕는다. 젤라틴은 콜라겐의 한 형태이다('부엌의 과학' 부분 참조). 식으면 젤로Jell-O®가 안에 물을 포함하여 겔을 만드는 콜라겐 사슬 사이의 교차결합을 재생시킨다. 겔은 상당한 양의 액체가 고체 안에 잡혀 있는 긴 사슬 모양의 분자들이 결합하여 이루어진 고체 물질이다.

3 토닉 워터 1컵을 넣고 잘 저은 후 약 한 시간 동안 냉장고에 넣어둔다. 토닉 워터는 검은 빛으로 제공되는 적절한 파장의 빛을 쪼이면 밝은 푸른색의 형광을

내는 키니네라는 분자를 포함하고 있
다. 형광은 분자가 한 파장의 빛을 흡
수하고 에너지의 일부를 방출한 다음
흡수한 빛보다 파장이 긴 빛(적은 에너
지를 가진)을 방출하는 것이다. 검은 빛
은 가시광선보다 파장이 조금 짧은(에
너지가 큰) 빛이다. 따라서 이런 빛은
스펙트럼에서 가시광선에 해당하는
형광을 내도록 분자를 들뜨게 한다.

실 주변에서 결정이 서서히 형성된다. 인내심을
가져야 한다. 이 과정은 여러 날이 걸린다(사진
Jim Fordyce).

4 젤로$^{Jell-O®}$가 다 굳으면 검은
빛 아래에서 확인해본다. 푸른
색으로 빛나는 젤로를 볼 수 있
을 것이다! 이것은 토닉 워터에 함유되어 있던 키니네가 발하는 형광 때
문이다. 이 푸른색 빛은 키니네가 내는 형광이므로 실험에 사용하는
젤로$^{Jell-O®}$의 색깔이나 맛에 영향을 받지 않는다.

우유로 접착제 만들기

실험과 관련된 화학 원리

- 용해도
- 석출
- 거름

준비물

- 뜨거운 물
- 실온의 물
- 식초(1스푼)
- 베이킹소다($\frac{1}{4}$ 컵)
- 커피 필터
- 컵
- 스푼
- 작은 그릇
- 분유

1 분유 2티스푼을 반 컵의 뜨거운 물에 녹인다.

2 식초 1스푼을 섞고 잘 젓는다. 가정용 식초는 희석된 아세트산의 수용액이다. 이 시점에서 우유가 녹지 않는 물질^{curd}로 이루어진 작은 덩어리를 만든다. 단백질의 일종인 카제인이라는 물질인데 일반적으로 단백질은 물에 녹지만, 식초에 들어 있는 아세트산은 카제인이 이 용액에 녹지 못하도록 한다.

3 커피 필터를 컵 위에 놓고 용액을 부어 커드를 모은다. 필터를 짜서 남아 있는 액체를 제거한다.

4 컵에 든 액체를 버리고 컵의 안쪽을 닦은 후 필터의 커드를 마른 컵에 넣는다.

5 다음에 넣을 물질과 잘 섞이도록 숟가락으로 커드를 잘게 부순다.

6 부서진 커드가 들어 있는 컵에 뜨거운 물 1티스푼과 베이킹소다 $\frac{1}{4}$컵을 넣는다. 베이킹소다와 남아 있던 식초가 반응하여 이산화탄소를 발생시켜 거품이 생길 것이다.

7 이 혼합물을 잘 저으면 액체처럼 부드러워진다. 균일하고 부드럽게 만들기 위해 물을 조금 더 붓거나 베이킹소다를 더 넣어도 된다.

8 이제 접착제가 완성되었다! 사용하기 전에 접착제가 제대로 작용하는지 시험해 이상이 없다면 성공이다. 그것으로 이번 과학 프로젝트도 끝났다.

병 안에 구름을 만드는 마술

(주의 : 이 실험은 불과 가연성 물질을 다루므로 어른의 지도하에 해야 한다!)

실험과 관련된 화학 원리

- 이상기체 법칙
- 기상변화
- 방울 형성

준비물

- 음료수 페트병(1L짜리)
- 따뜻한 물
- 성냥

1 병의 바닥이 겨우 덮일 정도로만 따뜻한 물을 병에 붓는다.

2 불에 데이지 않도록 조심하면서 성냥에 불을 붙인 뒤 병을 기울여 불이 타는 쪽을 병 안에 넣어 연기가 가득 차게 한다.

3 병이 연기로 가득 차거나 성냥불이 꺼지면 성냥을 꺼내고 병마개를 닫는다. 공기 중에서 연기 입자 주위에 작지만 눈으로 확인할 수 있는 물방울이 생기면 구름이 만들어진다. 이 실험에서는 연기가 주변에서 물방울이 만들어지는 입자를 제공한다.

4 병을 닫은 채 여러 번 누르면 구름이 만들어지는 것을 볼 수 있다! 병을 누르면 병 안의 공기 온도가 일시적으로 상승하지만 곧 빠르게 주변 온도와 평형 상태로 돌아올 것이다('원자와 분자' 부분에서 언급했던 이상기체 법칙 PV＝NkbT를 기억하자). 눌렀던 병을 놔두면 내부의 온도가 내려가 수증기를 식혀 연기가 제공하

어른의 지도 하에 따뜻한 물이 약간 들어 있는 병에 불이 켜진 성냥을 넣는다. 병 속에 약간의 연기가 모이면 마개를 닫고 구름이 만들어지는 것을 관찰한다. 물이 연기의 작은 입자들 주위에 모여 응결되어 구름이 된다(사진 Jim Fordyce).

는 입자들 주위에 작은 물방울을 만드는 것을 도와줄 것이다. 이것은 공기 중에서 실제 구름이 만들어지는 것과 매우 유사하다!

필름통으로 미니 로켓 만들기

실험과 관련된 화학 원리

- 기체와 압력
- 화학반응

준비물

- **35mm 필름통**(요즘은 점점 구하기 어려워지고 있다!). 필름통을 구할 수 없으면 쉽게 뚜껑이 열리는 작고 가벼운 플라스틱 용기를 사용해도 된다.
- 알카 제처®나 다른 제산제 알약
- 물

실험 방법

이 실험은 넓은 실외에서 해야 한다.

1 물 1티스푼을 필름통에 넣고 뚜껑을 열어 놓는다.

2 제산제 알약을 반으로 쪼개 통에 넣을 수 있도록 준비한다.

3 이 과정을 빠르게 진행해야 한다. 자른 제산제를 통에 넣고 재빨리 뚜껑을 닫은 다음 마개가 아래쪽으로 가도록 땅에 내려놓는다. 거리를 두고 물러나서 로켓이 발사되기를 기다린다. 알카 제처®가 물과 반응하여 이산화탄소를 발생시키면 압력이 높아지면 그 힘에 필름통의 뚜껑이 열려 필름통이 하늘로 발사된다.

4 대략 10~15초 후에 필름통이 하늘로 발사된다!

5 알카 제처®와 물의 비율을 달리하면서 이 실험을 반복해보고 다른 크기의 필름통을 이용해서도 해본다. 다른 종류의 제산제를 사용해보거나 통에 넣기 전에 제산제 알약을 다르게 부숴 실험해볼 수도 있다. 친구들과 누가 더 높이 로켓을 발사할 수 있는지 내기해보자!

이스트로 풍선 부풀리기

실험과 관련된 화학 원리

- 생화학적/효소 반응
- 기체

준비물

- 이스트(5 ~ 10g의 이스트 분말)
- 작은 페트병(500g 또는 그보다 작은)
- 설탕(1티스푼)
- 풍선
- 따뜻한 물

실험 방법

1 작은 페트병에 물을 약 2.5*cm*만 담는다. 이스트가 잘 작용하도록 물은 따뜻해야 한다.

2 5 ~ 10g의 이스트(작은 봉지 하나면 된다)를 병에 넣고 잘 섞는다. 이스트는 따뜻한 물에서 활동을 시작하는 진균 미생물이다.

3 물에 설탕 1티스푼을 넣는다. 설탕은 이스트의 먹이 역할을 해 이스트는 설탕을 소비하고 부산물로 이산화탄소를 내놓는다.

4 풍선으로 병의 입구를 막는다. 테이프나 고무줄을 이용해 기체가 달아나지 못하도록 잘 밀봉한다. 이스트가 활동할 수 있도록 20분 정도 기다리면 이스트가 이산화탄소를 발생시켜 풍선을 부풀게 할 것이다. 이스트로 빵을 만들 때와 동일한 작용으로, 빵에 보이는 작은 구멍들은 이스트가 만든 이산화탄소가 나온 구멍이다.

5 이 실험을 다른 양의 물과 설탕, 이스트를 이용해 반복해보고 어떤 것이 풍선을 얼마나 부풀리는지 관찰한다. 시험을 통해 확인해볼 수 있는 가정 중 하나는 물의 설탕 농도가 이산화탄소 배출량에 영향을 준다는 것이다. 사용하는 이스트의 양을 다르게 해보자. 풍선이 부풀어 오르는 속도와 최종 풍선의 크기에도 주의를 기울인다.

닭 뼈 연하게 만들기

실험과 관련된 화학 원리

- 약산의 용해도

준비물

- **용기**
- **초산**(용기를 채울 정도의)
- **닭 뼈**(닭다리 뼈가 가장 좋다)

실험 방법

1 닭 뼈에 붙은 살점을 모두 제거하고 물로 잘 씻는다.

2 손으로 휘어보아 단단한지 확인한다. 단단한 것만 확인해야 한다. 꺾으면 안된다.

3 식초로 채운 용기에 닭 뼈를 넣는다.

4 용기를 닫고(집 안 전체에 식초 냄새가 가득하지 않도록) 약 3일 동안 그대로 둔다. 식초는 아세트산을 희석한 수용액이므로 약산이다. 아세트산이 닭 뼈의 칼슘이 녹는 것을 돕게 된다 뼈를 단단하게 하는 것은 주로 칼슘 때문이므로 칼슘이 용해되면 뼈가 연해진다.

5 뼈를 꺼내 물로 씻고 다시 휘어본다. 전보다 훨씬 잘 휘는 것을 알 수 있을 것이다. 칼슘이 충분히 없으면 우리 뼈도 단단하지 못하다는 것을 알게 되었다! 이를 자주 닦아야 하는 이유가 여기에 있다. 이 사이에 칼슘을 용해시킬 수 있는 음식물 찌꺼기가 남아 있다면 이는 칼슘을 잃고 약해질 것이다.

큰 결정을 키우는 마술

실험과 관련된 화학 원리

- 결정
- 용해도

준비물

- 뜨거운 물
- 명반(약 2.5스푼) 화학식은 $KAl(SO_4)_2 \cdot 12\ H_2O$로, 채소가게에서 구할 수 있다.
- 나일론 낚싯줄 또는 실(약 15㎝)
- 연필이나 고무
- 용기(2개)
- 스푼
- 커피 필터나 종이수건

실험 방법

1 뜨거운 물 반 컵을 용기에 따른다.

2 약간의 명반을 물에 넣고 잘 젓는다. 물이 너무 식기 전에 해야 한다. 명반은 온도가 높을수록 더 잘 녹는다. 명반을 녹여 포화수용액을 만든다. 더 녹지 않을 때까지 명반을 넣은 다음 마지막 명반이 녹을 수 있도록 물을 약간 더 넣는다.

3 용기를 커피 필터나 종이수건으로 덮어서 그대로 밤새 둔다.

4 다음 날 용액을 다른 용기에 따른다. 용기 바닥에 적은 양의 결정이 남아 있을 것이다. 결정이 생긴 윗물을 따라내는 것을 '상층분리(디캔팅)'라고 한다. 바닥에 남은 결정은 커다란 명반 결정이 성장하는 핵으로 작용한다.

5 가장 큰 결정이나 모양이 좋아 보이는 결정을 집어내 낚싯줄이나 실을 묶고 다른 쪽 끝은 연필이나 자 또는 그 밖의 긴 물체에 묶는다. 실의 길이를 조절하여 두 번째 용기에 연필은 걸쳐놓고 결정이 용액에 잠기되 바닥에 닿지 않도록 한다.

6 결정이 용액 안에 매달려 있으면 이제 남은 일은 결정이 자라기를 기다리는 것뿐이다. 여러 날이 걸릴 수도 있다. 만약 용기의 바닥이나 벽에 작은 결정이 생기는 것이 보이면 용액을 다른 용기에 옮겨 용액 안에서 여러 개의 결정이 자라지 못하도록 한다(그렇게 해야 커다란 결정을 얻을 수 있다). 따라서 필요하다면 결정이 자라는 동안에 용액을 다른 용기에 여러 번 옮겨 담아도 된다.

물리상수

상수	기호	값
중력가속도	g	$9.806 \, \text{m/s}$
아보가드로수	NA	6.0221367×10^{23} 입자 mol^{-1}
보어 마그네톤	μ_β	$9.2740154 \times 10^{-24}$ J/T
보어 반지름	a_0	$5.2917721092(17) \times 10^{-11}$ m
볼츠만 상수	k_b	6.6260755×0^{-34} J $\times$ s
전자의 반지름	r_e	$2.8179403267(27) \times 10^{-15}$ m
전자의 전하	e	$1.60217733 \times 10^{-19}$ C
패러데이 상수	F	9.64846×10^4 C mol^{-1}
자유전자g인자	g_e	2.002319304
기체상수	R	$8.31451 \, \text{m}^2 \times \text{kg/s}^2 \times \text{K} \times \text{mol}^{-1}$ 8.3144621 J $\times \text{K}^{-1} \times \text{mol}^{-1}$ 5.189×1019 eV $\text{K}^{-1} \text{mol}^{-1}$ 0.08205746 L atm $\text{K}^{-1} \text{mol}^{-1}$ 1.9858775 cal $\text{K}^{-1} \text{mol}^{-1}$
전자 질량	m_e	$9.1093897 \times 10^{-31}$ kg
중성자 질량	m_n	$1.6749286 \times 10^{-27}$ kg
양성자 질량	m_p	$1.6726231 \times 10^{-27}$ kg
진공의 투자율	μ_0	$12.566370614 \times 10^{-7}$ $\text{T}^2 \times \text{m}^3 / \text{J}$
진공의 유전율	ε_0	$8.854187817 \times 10^{-12} \text{C}^2 \, \text{J}^{-1 \, \text{m}^{-1}}$
플랑크상수	h	$6.6260755 \times 10^{-34}$ J $\times$ s
리드베르크 상수	R	$1.973731568539(55) \times 10^7$ m-1
진공에서 빛의 속도	c	$2.99792458 \times 10^8 \, \text{m/s}$
스테판 볼츠만 상수	Σ	5.670373×10^8 W $\times \text{m}^{-2} \times \text{K}^{-4}$

환산표

질량 환산		
1g	=	1×10^{-3}kg
1g	=	1×10^{9}ng
1g	=	1×10^{12}pg
1g	=	0.035274oz
1 mg	=	1×10^{-6}kg
1 mg	=	1×10^{-3}g
1 lb	=	0.453592kg
1 lb	=	453.592g
1oz	=	28.3495g
1oz	=	0.0625 lb
1 m	=	1.66057×10^{-27}kg
1 metric ton	=	1×10^{3}kg
1 metric ton	=	2,204.6lb

길이 환산		
1cm	=	1×10^{-2}m
1mm	=	1×10^{-3}m
1nm	=	1×10^{-9}m
1 micrometer	=	1×10^{-6}m
1 angstrom	=	1×10^{-10}m
1 angstrom	=	1×10^{-8}cm
1 angstrom	=	100 pm
1 angstrom	=	0.1 nm
1 in	=	2.54cm
1 in	=	0.0833 ft
1 in	=	0.02778 yd
1cm	=	10mm
1cm	=	1×10^{-2} m
1cm	=	0.39370 in
1 mi	=	1.609 km
1 mi	=	5,280 ft
1 yd	=	0.9144 m
1 yd	=	36 in
1 m	=	39.37 in
1 m	=	3.281 ft
1 m	=	1.094 yd

부피 환산		
1 L	=	$1 \times 10^{-3}\,\text{m}^3$
1 L	=	1.057 qt
1 L	=	$1 \times 10^3\,\text{mL}$
1 L	=	$1 \times 10^3\,\text{cm}^3$
1 L	=	$1\,\text{dm}^3$
1 L	=	1.0567 qt
1 L	=	0.26417 gal
1 qt	=	0.9463 L
1 qt	=	946.3 mL
1 qt	=	$57.75\,\text{in}^3$
1 qt	=	32 fl oz
$1\,\text{cm}^3$	=	1 mL
$1\,\text{cm}^3$	=	$1 \times 10^{-6}\,\text{m}^3$
$1\,\text{cm}^3$	=	$0.001\,\text{dm}^3$
$1\,\text{cm}^3$	=	$3.531 \times 10^{-5}\,\text{ft}^3$
$1\,\text{cm}^3$	=	$1 \times 10^3\,\text{mm}^3$
$1\,\text{cm}^3$	=	$1.0567 \times 10^{-3}\,\text{qt}$

압력 환산		
1 atm	=	101,325 Pa
1 atm	=	101.325 kPa
1 atm	=	760 torr
1 atm	=	760 ㎜ Hg
1 atm	=	29.9213 in Hg
1 atm	=	$14.70\,\text{lb/in}^2$
1 atm	=	1.01325 bar
1 atm	=	1,013.25 mbar
1 torr	=	1 mm Hg
1 torr	=	133.322 Pa
1 torr	=	1.33322 mbar
1 bar	=	$1 \times 10^5\,\text{Pa}$
1 bar	=	1,000 mbar
1 bar	=	0.986923 atm
1 bar	=	750.062 torr

에너지 환산		
1 J	=	0.23901 cal
1 J	=	0.001 kJ
1 J	=	$1 \times 10^7\,\text{erg}$
1 J	=	0.0098692 L atm
1 cal	=	4.184 J
1 cal	=	$2.612 \times 10^{19}\,\text{eV}$
1 cal	=	$4.129 \times 10^{-2}\,\text{L atm}$
1 erg	=	$1 \times 10^{-7}\,\text{J}$
1 erg	=	$2.3901\ 10^{-8}\,\text{cal}$
1 L atm	=	24.217 cal
1 L atm	=	101.32 J
1 eV	=	96.485 kJ/mol
1 MeV	=	$1.6022 \times 10^{-13}\,\text{J}$
1 BTU	=	1,055.06 J
1 BTU	=	252.2 cal

용어해설

DNA	생명체의 유전 정보를 포함하고 있는 핵산 분자.
d 궤도	각운동량 양자수가 2인 원자의 전자궤도.
pH	용액의 수소 이온 농도를 나타내는 값.
pi 결합	인접한 두 원자의 두 궤도가 겹치는 화학결합.
pKa	산해리 상수의 로그 값.
p 궤도	각운동량 양자수가 1인 원자의 전자궤도로 땅콩 모양이다.
RNA-리보핵산	뉴클레오타이드로 형성된 사슬이며 유전정보를 가지고 있다.
s 궤도	각운동량 양자수가 0인 원자의 전자궤도로 공 모양이다.
X-선	파장이 짧은 전자기파 복사선.
가수분해	물을 첨가하여 화학결합을 분리하는 것.
가역반응	생성물이 다시 반응물로 돌아갈 수 있는 화학반응.
가용성	특정한 용매에 용해되는 성질.
가황	고무의 고분자 사슬을 교차 연결하는 화학반응.
간섭	두 개 이상의 파동이 겹쳐 파동이 강해지거나(보강간섭) 약해지는(소멸간섭) 현상.
감마선	주파수가 큰 전자기파 복사선으로 생명체에 위험이 될 수 있다.
거름	용액에 섞여 있는 고체 입자를 제거하는 것.
거울상이성질체	겹치지 않는 거울상을 가진 분자.
겔	액체 안에 고체가 섞여 있는 현탁액, 일종이 콜로이드.
격자	원자나 이온의 규칙적인 배열.
결정	원자나 분자가 규칙적으로 배열되어 있는 고체.
결정 장이론	전이금속 분자의 전자구조를 설명하는 모델로, 특히 d 궤도의 에너지를 설명하는 데 사용된다.
결정핵형성	결정, 액체 방울 등이 작은 핵을 중심으로 커나가기 시작하는 것.

결정화	화합물 용액에서 결정이 형성되는 것으로 종종 정제에 응용된다.
결합 강도	화학결합을 분리하는 데 필요한 에너지의 크기.
결합 궤도	분자 상태에서 원자일 때보다 더 안정해지는 궤도.
결합 차수	두 원자가 공유하는 전자쌍의 수.
결합각	세 개의 원자를 연결하는 두 결합 방향 사이의 각도.
결합길이	화학적으로 결합된 두 원자 사이의 거리.
계면활성제	액체의 표면장력을 낮추는 용질.
고분자	한 가지 단위체 또는 여러 종류의 단위체가 반복적으로 결합되어 이루어진 '사슬 분자'.
공명	분자 내의 전자 밀도의 편재성을 설명하는 것.
공비 혼합물	혼합액과 평형상태에 있는 증기의 성분비가 같은 혼합물.
공유결합	두 개 이상의 원자가 전자를 공유하여 이루어지는 결합.
공유띠	0K에서 전자가 가질 수 있는 가장 큰 에너지 띠.
공중합체	두 가지 이상의 단량체로 구성된 고분자.
과학적 표기법	10의 지수를 이용해 수를 나타내는 방법(예: $1{,}050 = 1.05 \times 10^3$).
광자	전자기파 복사선의 양자(또는 입자).
궤도	양자역학적으로 허용된 원자핵 주위의 전자밀도 분포
균일 혼합물	한 가지 순수한 물질만 포함하고 있는 물질.
그램	질량의 표준 단위 1킬로그램의 1000분의 1.
극성	전하분포가 전체적으로 쌍극자를 형성하는 화합물.
금속	열과 전기의 좋은 전도체인 원소, 화합물, 합금으로 빛을 잘 반사하고 연성이 좋으며 잘 휘어진다.
기질	시약으로 작용하는 분자.
기하이성질체	같은 분자식으로 나타내지만 공간의 원자 배열이 다른 분자.
껍질	주양자수에 의해 구분되는 원자의 전자궤도를 나타내는 말.
끓는점	액체의 증기압과 액체에 작용하는 외부압력이 같아지는 온도.

끓는점 오름	용질을 더하면 끓는점이 올라가는 성질.
네른스트 방정식	전기화학 전지의 퍼텐셜을 나타내는 방정식.
노르말 농도	용액에 들어 있는 용질의 당량 수(즉 H_2SO_4는 2배의 염기로 중화할 수 있다. 따라서 H_2SO_4 1M 용액의 노르말 농도는 2N이다).
녹는점	고체 상태와 액체 상태가 평형을 이루는 온도.
뉴클레오시드	핵염기와 당 분자로 이루어진 생체 분자.
뉴클레오타이드	핵염기, 당 분자, 인산기로 이루어진 생체 분자.
단분자 반응	한 종류의 분자가 다른 분자 또는 여러 종류의 분자로 전환되는 화학반응
단열과정	에너지를 흡수하거나 방출하지 않는 과정.
단위격자	결정의 3차원 구조와 대칭을 나타내는데 필요한 가자 작은 원자 집합체.
단위체	반복적으로 결합하여 고분자를 형성하는 기본 단위를 이루는 원자들.
단일단계 반응	한 단계로 이루어지는 반응.
당	탄수화물(탄소, 수소, 산소로만 이루어진 분자). 단당류에는 과당, 갈락토오스, 글루코오스가 포함된다.
도금	녹이 스는 것을 방지하기 위해 강철이나 철 표면에 얇은 주석 막을 입히는 것.
독립변수	실험에서 그 값이 알려진 특정한 변수.
돌턴의 법칙	기체의 부분압력에 대한 법칙으로 혼합 기체의 총 압력은 각각 성분의 부분압력의 합과 같다는 법칙.
동소체	한 종류의 원소로 이루어졌지만 배열 방법이 달라 구조가 다른 물질(예: 다이몬드와 흑연은 모두 탄소의 동소체이다).
동위원소	같은 원소(양성자의 수가 같은)지만 중성자의 수가 다른 원자.
동일배열 고분자	모든 치환체가 골격의 같은 위치에 있는 고분자.
동일족 원소	주기율표에서 같은 족에 속하는 원소.
동질이상	여러 가지 형태의 결정을 만들 수 있는 물질.
드브로이 파장	물질 파장이라고도 부르며 입자의 운동량에 반비례한다. 파동-입자의 이중성 참조.
들뜬상태	가장 낮은 에너지 상태보다 높은 에너지를 가지는 전자 상태.

등압과정	압력이 일정하게 유지되는 과정.
등온과정	온도가 일정하게 유지되는 과정.
디캔트	고체 침전물에서 액체를 따라버리는 것.
라디칼	쌍을 이루지 않은 전자를 가지고 있는 분자. 일반적으로 홀수 개의 가전자를 가지고 있는 분자.
라세미	카이럴리티를 가진 분자로 이루어진 두 가지 거울상이성질체가 같은 양만큼 포함된 혼합물.
라울의 법칙	용액의 증기압은 용질의 양(몰 비율)에 비례한다는 법칙.
란탄족	원자번호가 57~70인 원소.
런던 분산력	전자구름의 상호작용으로 분자 사이에 작용하는 약한 반발력.
루이스 구조	공유 전자는 점으로 나타내고 화학결합은 원자를 잇는 선으로 나타내는 표기 방식.
루이스산	전자쌍을 받아들일 수 있는 분자.
루이스 염기	전자쌍을 공여할 수 있는 분자.
르샤틀리에의 원리	평형상태에 있는 화학계에 가해지는 변화(농도, 압력, 온도, 부피)는 변화를 방해하는 방향으로 평형상태가 변한다는 원리.
리간드	금속 원자에 결합되어 착물을 형성하는 이온이나 분자.
마이크로파	파장이 1mm~1m 사이인 전자기파 복사선으로 적외선보다 파장이 길고 전파보다는 파장이 짧다.
밀도	단위 부피 안에 포함된 질량.
맬리어블	깨지거나 갈라지지 않고 압력을 가해 여러 가지 모양이나 판재료 성형할 수 있는 재료.
메니스커스	표면장력으로 곡면을 형성하는 표면.
메타	방향족 고리에서 하나의 위치가 다른 두 치환체를 나타내는 데 사용한 용어 (예: 1, 3-치환체).
몰	화합물의 양을 나타내는 SI 단위. 6.023×10^{23}
몰 농도	1kg 용매 속에 포함된 용질의 몰 수.

몰 농도	1L의 용매 속에 포함된 용질의 몰 수.
몰 비율	전체 몰수와 특정한 물질의 몰 수의 비.
무게	물체에 작용하는 중력.
무수	물이 포함되지 않은.
물리적 변화	화학적 조성의 변화 없이 물질의 거시적인 성질이 변하는 것.
물질	질량을 가진 모든 물질.
바닥 상태	원자나 분자의 가장 낮은 에너지 상태.
반감기	처음 질량의 반을 소모하는 걸리는 시간.
반결합성 궤도	서로 위상이 맞지 않는 원자의 전자궤도로 원자끼리 반발하게 하거나 불안정하게 만드는 궤도이다.
반금속	금속과 비금속의 성질을 모두 가지고 있는 원소로 준금속이라고도 한다.
반데르발스 반지름	원자의 크기를 나타내는 데 사용되는 가상적인 구의 반지름.
반데르발스 힘	쌍극자나 유도된 쌍극자의 상호작용으로 분자 사이에 작용하는 힘.
반응	분자나 이온 화합물의 화학결합이 바뀌는 과정.
반응 속도	반응이 얼마나 빠르게 진행되는지를 나타내는 것, 일반적으로 농도의 변화 속도를 측정하여 결정.
반응 차수	동시에 화학반응에 관여하는 분자의 수.
반응물	화학반응에서 소모되거나 변환되는 화합물.
반응속도 결정단계	다단계 화학반응에서 가장 느리게 진행되는 단계로 대개 에너지가 가장 큰 전이상태를 거치는 단계.
반응속도상수	화학반응이 일어나는 속도를 나타내는 값.
반자성체	외부에서 작용하는 반응하여 반대 방향의 자기장을 만드는 물질.
발열반응	열을 방출하는 반응이나 과정.
발화점	액체의 증기압이 증기가 발화할 수 있을 정도로 큰 온도.
방사선	에너지나 전자기파가 방출되는 것.

방사성	복사선이나 입자를 방출하는.
배위수	한 원자의 결합 수.
밴드 갭	반도체에서 공유띠의 윗부분과 전도띠의 아랫부분 사이의 에너지 간격.
베타 입자	원자핵의 방사성 붕괴 시에 방출되는 전자.
보일의 법칙	기체의 부피와 압력이 반비례한다는 법칙.
부분입체이성질체	거울상이성질체가 아닌 입체이성질체.
부여결합	한 원자가 결합에 관여하는 두 개의 전자를 모두 제공하는 화학결합.
부자 비대칭성	거울을 대칭을 이루지 않는 분자의 기하학적 성질.
부피	물질이 차지하고 있는 공간의 크기.
분자궤도	분자 안에서 전자의 위치를 나타내는 식.
분자식	분자를 구상하는 원자의 종류와 수를 나타낸 식. 실험 식과 달리 비율을 약분하지 않는다.
불균일 혼합물	하나 이상의 물질을 포함하고 있는 혼합물.
불용성	용매에 녹지 않는 물질.
불포화 화합물	하나 이상의 파이 결합이나 고리 구조를 가지고 있는 화합물.
불활성기체	주기율표의 18족에 속하는 원소로 공유껍질에 전자가 차 있어 불활성을 나타내는 것이 특징이다.
붕괴 속도	원자핵이 입자를 방출하는 속도.
비가역과정	생성물이 다시 반응물로 돌아갈 수 없는 반응.
비극성	전하의 분포가 전체적으로 쌍극자 모멘트를 만들지 않는 분자.
비금속	금속의 성질을 가지고 있지 않은 원소.
비누화	수산화나트륨을 이용하여 중성지방의 가수분해, 더 일반적으로는 모든 에스테르의 가수분해를 가리킨다.
비대칭 중심	거울 대칭을 이루지 않는 원자 배열에서 중심이 되는 원자.
비부피	단이 질량이 차지하고 있는 부피.

비열	물체의 온도를 1℃ 올리는 데 필요한 열량.
비정질	반복되거나 규칙적인 구조를 가지고 있지 않은 고체.
비중	화합물의 밀도와 기준이 되는 물질(주로 액체 상태의 물)의 밀도의 비율.
산	수소 이론을 제거할 수 있거나(브뢴스테드 산) 전자쌍을 받아들일 수 있거나(루이스산) 또는 용액에 수소 이온을 방출할 수 있는(아레니우스 산)는 분자.
산화상태	원자의 산화된 정도를 나타낸다.
산화제	다른 분자에서 전자를 제거하는 분자나 물질.
삼중점	고체, 액체, 기체 상태가 평형을 이루는 온도와 압력.
삼투압	농도가 높은 곳에서 농도가 낮은 곳으로 용질이 이동하는 확산 현상.
상경계	두 상태 사이의 경계(예: 고체−액체, 액체−기체 또는 고체−기체의 경계).
상자성체	알짜 스핀을 가지고 있는 분자, 외부 자기장이 존재할 때만 자기력이 작용하는 물질.
상태	물질의 상태(예: 고체, 액체, 기체).
상태도	물질의 상태를 온도나 압력과 같은 변수를 이용하여 나타낸 그래프.
생성물	화학반응에서 생성되는 물질.
샤를의 법칙	기체의 부피가 온도에 비례한다는 법칙.
석출	보통 불용성으로 인해 용액에서 물질이 분리되어 나오는 과정.
섭씨온도	물이 어는 온도가 0℃이고 끓는 온도가 100℃인 온도로 일반적으로 사용되는 온도.
세기 성질	물질의 양과 관계없는 성질(예: 밀도, 온도, 색깔).
세라믹	일반적으로 가열하여 만든 무기물 고체.
소수성	물과 반응하지 않는 비극성 분자.
수소결합	전기음성도가 큰 루이스 염기 원자와 수소 원자 사이의 결합.
수착	한 물질이 다른 물질에 붙는 것. 흡수와 흡착 참조.
스펙트럼	파장의 함수로 나타낸 복사선의 세기.
스핀	전자나 다른 입자들이 가지고 있는 일종의 각운동량.

승화	액체 상태를 거치지 않고 고체에서 기체로 변하는 상변화(예: 드라이아이스가 만들어내는 '연기').
시그마 결합	인접 원자의 궤도가 직접 겹쳐지는 화학결합. 시그마 결합은 결합축을 중심으로 회전했을 때 대칭을 이룬다.
신디오텍틱 고분자	골격의 반대쪽에 교대로 치환체가 결합된 고분자.
실험식	물질 안에 포함된 원소들의 상대적 존재 비율.
쌍극자	$(+)$ 전하와 $(-)$ 전하가 분리되어 있는 분자나 그런 분자의 성질.
아말감	수은 합금.
아보가드로수	1몰 안에 포함된 입자의 수. 6.022×10^{23}.
악티늄족 원소	원자번호 89~102 사이의 원소.
알칼리	염기성 물질(즉 $pH > 7$).
알칼리금속	주기율표에서 1족에 속하는 원소(즉 Li, Na, K, Rb, Cs, Fr).
알칼리토금속	주기율표에서 2족에 속하는 원소(즉 Be, Mg, Ca, Sr, Ba, Ra).
알케인	화학식 C_nH_{2n+2}로 나타내지는 탄화수소(즉 이중 결합이 없는).
알켄	하나의 이중결합을 가지고 있는 탄화수소.
알파 입자	두 개의 양성자와 두 개의 중성자로 이루어진 입자(즉 헬륨 원자핵).
압력계	압력을 측정하는 장치.
압력계	기체의 압력을 측정하는 도구.
액체	일정한 부피를 가지고 있지만 모양은 일정하지 않은 상태.
앨리쿼트	시료의 일부를 적출하여 검사할 때 적출한 시료의 일부.
양극	산화가 일어나는 전극.
양성자	전자의 전하와 전하량은 같지만 부호는 반대인 전하를 가지고 있는 원자핵을 구성하는 입자.
양이온	$(+)$ 전하를 띤 이온.
양자	불연속적인 에너지, 전하나 따른 물리량.

양자수	양자역학계에서 보존되는 값. 전자의 양자역학적 상태는 네 가지 양자수를 이용하여 나타낸다. n ; 주양자수, l ; 각운동량 양자수 ; ml : 자기 양자수 ; ms : 스핀 양자수.
양자역학	아원자 입자들의 운동과 상호작용을 다루는 물리학의 한 분야.
어는점	고체와 액체 상태가 평형 상태에 있는 온도.
어는점 내림	순수한 용매보다 용액의 어는점이 낮아지는 것.
에멀전	액체 안에 다른 액체가 섞여 만들어진 현탁액, 콜로이드의 한 형태.
에어로졸	기체 안에 고체나 액체가 섞여 있는 상태(예: 연기, 안개).
엔탈피	반응 시에 방출되거나 흡수된 열을 엔탈피의 변화라고 정의된다.
엔트로피	무질서 또는 에너지 분산의 정도, 열역학 제2법칙에 의하면 고립계에서 일어나는 자발적인 변화는 엔트로피를 감소시킬 수 없다.
여러자리 리간드	중심 원자에 여러 번 결합하는 리간드.
연료전지	화학 에너지를 전기에너지로 바꾸는 장치.
연성	잘 휘어지는, 부서지지 않는; 가는 선을 만들 수 있는 금속.
연소	연료와 산소가 반응하여 열을 발생시키는 반응.
열	온도가 다른 물체 사이의 에너지 전달.
열경화성 플라스틱	가열했다가 식히면 단단해지는 플라스틱.
열량계	화학반응 시에 출입하는 열을 측정하는 기구.
열용량	물질 일정량의 온도를 올리는데 필요한 열량.
염	산과 염기의 중화반응으로 생성되는 이온화합물.
염 다리	화학전지에서 양쪽(용액)을 연결하는 방법.
염기	수소 이온을 받아들이거나(브뢴스테드) 전자쌍을 가지고 있거나(루이스산) 용액에서 수산이온을 방출하는(아레니우스) 화합물.
오쏘	방향족 고리에서 인접한 위치에 결합해 있는 두 치환체를 나타내는 데 사용하는 말.
옥텟 규칙	원자는 공유껍질에 8개의 전자를 가지는 것을 선호한다는 규칙.

온도	분자의 평균 운동에너지를 나타내는 물질의 물리적 성질.
올레핀	탄소와 탄소 사이의 이중결합을 가지고 있는 분자로 알켄이라고도 한다.
옴	저항을 나타내는 SI 단위.
옴미터	전기저항을 측정하는 데 사용하는 장치.
옹스트롬	결합 길이를 나타내는 데 주로 사용하는 단위. $1\,Å = 10^{-10}$m.
완충액	산이나 염기를 더할 때 pH의 변화에 저항하는 용액.
용매	용액의 주성분.
용액	여러 가지 성분을 포함하고 있는 액체 혼합물, 일반적으로 하나의 주성분과 여러 가지 보조 성분이 들어 있다.
용질	용액에 녹는 물질, 대개 용매보다 훨씬 적은 양이다.
우회전성	편광면이 시계 방향으로 회전하는 성질.
운동론	화학반응이나 과정의 속도를 다루는 이론.
운동에너지	물체가 가지고 있는 운동으로 인한 에너지.
원소	원자번호가 같은 원자들.
원자	화학 원소의 가장 작은 단위.
원자 반지름	같은 원자 상의 거리의 반.
원자 번호	원자 안에 포함된 양성자의 수.
원자 준위	원자핵 주위에서 전자가 발견될 확률을 나타내는 식.
원자가 껍질	원자에서 가장 에너지가 큰 부분적으로 채워진 전자 껍질.
원자가 전자	원자의 원자가 껍질에 존재하는 전자.
원자량	같은 종류(동위원소) 원자의 평균 질량.
원자핵	(+) 전하를 띤 양성자와 전하를 띠지 않은 중성자로 이루어진 원자의 중심부.
유도효과	다른 화학결합을 통해 전달된 전하로 인해 화학결합에 생기는 극성.
유리	비결정 고체 물질.
유리 전이	무정형 물질에서 좀 더 액체 같은(또는 고무 같은) 물질에서 단단한 물질로의 전이.

유효숫자	어느 정도의 정확성 내에서 그 값이 알려진 자릿수.
음극	환원 반응이 일어나는 전극.
음이온	(−) 전하를 띤 이온.
응결	기체가 액체로 바뀌는 변화.
이분자 반응	반응속도를 결정하는 전이상태에 두 분자가 관여하는 반응.
이상기체 법칙	기체의 성질을 나타내는 법칙으로 다음 식으로 나타낸다. $PV=nRT$.
이성질체	분자식은 같지만 원자 배열이 다른 분자.
이온	전하를 띤 원자나 분자.
이온 결합	반대 전하를 띤 이온 사이의 결합.
이온쌍	한 원자에 편재된 공유 전자쌍(즉 결합에 관계하지 않는).
이온화에너지	원자나 이온으로부터 전자 하나를 제거하는 데 필요한 에너지(즉 이온화 퍼텐셜).
이종 원자	탄소나 수소가 아닌 모든 원자.
일	상자를 들어 올리는 것과 같이 일정한 거리에 힘이 작용하여 에너지를 전달하는 것.
임계점	물질의 두 상태 사이의 경계가 존재하지 않는 조건.
입체이성질체	원자의 공간적 배열만 다른 분자.
입체화학	3차원 공간에서 원자나 분자의 배열과 관련된 화학(입체 이성질체, 거울상이성질체, 편좌우이성질체 참조).
자기 양자수	세 번째 양자수(m)로 전자 각운동량의 방향을 나타낸다.
자연 존재비	지구상에서 발견되는 동위원소의 상대적인 존재 비율(즉 실험실에서 만들어진 것이 아닌).
자연발화성 물질	공기에 노출되면 자연 발화하는 물질.
자외선	파장이 10㎚~400㎚ 사이에 있는 전자기파로 가시광선보다 파장이 짧고, X선보다 파장이 길다.
적외선	파장이 750㎚~1㎜인 전자기파로 가시광선보다 파장이 길지만 마이크로파보다는 파장이 짧다.

적정	농도가 알려진 용액을 반응시켜 용액의 농도를 알아내는 과정.
전기음성도	원자가 전자를 끌어당기는 정도.
전기 친화도	중성 분자에 전자를 더했을 때의 에너지 변화.
전기분해	전류를 이용하여 산화환원 반응을 하는 것.
전기화학 전지	전류를 발생시키거나 전류를 이용하여 산화환원 반응을 일으키는 장치.
전압	두 점 사이의 전기 퍼텐셜의 차이.
전압계	전압을 측정하는 장치.
전이 금속	일반적으로 주기율표의 d 블록(3족에서 12족까지)에 속하는 모든 원소.
전자	(−) 전하를 가지고 있는 기본 입자.
전자 파동 함수	화학에서 전자를 기술하는 데 사용되는 수학 식.
전해질	이온을 포함하고 있는 용액.
절대영도	이론적으로 가장 낮은 온도(0.00K, −273.15℃, −459.67℉).
절대온도	물의 삼중점을 273.16K로 정의한 표준 온도.
점성	외부에서 가해진 힘에 의해 유체의 흐름이 바뀌는 성질로 흐를 수 있는 능력과 관련이 있다.
정량분석	시료에 들어 있는 분자들의 양을 알아내는 분석.
정밀성	같은 측정값이 반복해서 측정될 가능성(이것은 정확성과는 다르다).
정성분석	시료에 들어 있는 분자의 종류를 알아내는 분석.
정확도	측정값이 실제 값 또는 받아들여지는 값에 근접한 정도.
제거 반응	분자에서 두 개의 리간드나 치환체가 제거되는 반응.
종속변수	독립변수의 함수로 변하는 변수.
좌선성	편광면이 반시계 방향으로 회전하는 성질.
주요 원소	주기율표에서 s와 p 블록에 속한 원소들.
주파수	단위 시간 동안에 일어나는 사건의 수.
준금속	금속과 비금속의 성질을 가지고 있는 원소, 화합물, 합금.

중성자	원자핵을 구성하는 입자 중 하나로 전하를 띠고 있지 않다.
증기압	고체와 액체의 평형 상태에서 성분 물질의 기체 상태의 부분 압력.
증류	끓는점의 차이를 이용하여 물질을 분리하는 정제 기술.
증발	액체가 기체로 변하는 것.
지시약	화학적 변화(예: pH, 산화환원, 금석 이온의 존재) 과정에서 관측 가능한 변화가 일어나는 물질.
지질	소수성을 가지고 있는 생체분자(예: 왁스, 지방, 비타민 A, D, E, K, 중성지방 등).
진폭	파동의 높이(또는 최대 변이).
질량	가속도에 저항하는 정도. 일반적으로 무게와 같은 의미로 사용되기도 한다. 그러나 무게는 중력에 따라 달라지고 질량은 중력에 관계없이 일정하다.
청동	구리와 주석 합금으로 구리가 주성분이다.
촉매	소모되지 않고 화학반응의 속도를 증가시키는 물질.
총괄성	용해된 용질의 양에 따라 달라지는 성질.
추출	혼합물에서 하나 이상의 성분 물질을 분류하는 것으로 대개 용해도 차이를 이용한다.
축퇴 궤도	같은 에너지를 가지는 원자나 분자궤도.
축합 반응	물이나 HCl 같은 작은 분자를 방출하면서 두 개의 분자가 결합하여 하나의 큰 분자를 만드는 반응.
충돌 주파수	1초 동안에 충돌하는 평균 횟수.
충돌이론	충돌 주파수를 이용하여 반응 속도를 정의하는 이론.
치환 반응	다른 원자로 치환되는 화학반응.
치환체	분자에서 지정된 위치를 차지하는 원자나 기.
친수성	일반적으로 수소결합이나 다른 극성 상호작용을 통해 물을 끌어당기거나 잘 반응하는 분자.
친전자체	전자가 많은 원자나 분자를 끌어당기는 분자.
친핵체	친전자체(즉 루이스산)에 전자쌍(즉 루이스 염기)을 공여하여 결합을 형성하는 분자.

카르보 양이온	탄소 원자가 (+)전하의 대부분을 가지고 있는 양이온.
카르보 음이온	탄소 원자가 (−)전하의 대부분을 가지고 있는 음이온.
칼로리	4.184J과 같은 열량의 단위.
콜로이드	한 물질 속에 다른 물질이 들어가 있는 현탁액(예: 우유).
쿨롱	전하의 표준 단위로 1A의 전류가 흐를 때 1초 동안 지나가는 전하량으로 정의됨.
쿨롱 법칙	일정한 거리로 떨어져 있는 전하 사이에 작용하는 힘의 크기를 설명하는 법칙.
큐리점	강자성체가 상자성체로 변하는 온도.
크기 성질	물질의 양에 따라 달라지는 성질(예: 크기, 질량, 부피).
크로마토그래피	혼합물을 분리하는 과정, 일반적으로 고체상태의 친화도의 차이를 이용한다.
키나아제	인산화 반응(인산기로 전환하는)을 촉매하는 효소.
킬레이트화	리간드가 두 개 이상의 위치를 통해 금속 원자에 결합하는 것.
킬로그램	질량의 표준 단위.
탄성 물질	외부에서 힘을 가하면 변형되지만 외부의 힘을 제거하면 원래의 모양으로 돌아가는 물질.
탄수화물	탄소, 수소, 물로 이루어진 유기화합물. 대개 수소와 산소의 비율은 2:1이다. 이것을 당이라고도 한다.
파라	방향족 고리에서 서로 반대 방향으로 결합되어 있는 두 개의 치환체를 나타내는 데 사용하는 말.
파수	파장의 역수. 일반적으로 m^{-1} 또는 cm^{-1}의 단위를 이용하여 나타낸다.
퍼텐셜 에너지	상태(전하 분포, 다른 물체에 대한 상대 위치 등)에 의해 물체가 가지게 된 에너지.
펩타이드	아미노산으로 이루어진 고분자.
평형	순방향과 역방향의 화학반응이 같은 속도로 이루어지는 상태.
포화 화합물	파이 결합이나 고리 구조를 가지고 있지 않은 분자.
포화용액	용질이 최대로 녹아 있는 용액(즉 용질을 더 첨가하면 녹지 않고 그대로 남아 있는 용액).

플라스마	상당한 수의 전자가 원자핵으로부터 이온화된 상태.
한자리 리간드	한 원자를 통해서만 중심 원자와 결합하는 리간드(켈레이트와 비교).
할로겐	18족 원소(VIIA 족).
합금	금속의 혼합물(예: 아연과 구리의 혼합물인 청동).
핵분열	원자핵이 작은 원자핵으로 갈라지는 것.
핵산	RNA와 DNA를 가리키는 일반적인 명칭, 핵산은 당, 인산 기, 염기로 이루어진 뉴클레오타이드가 반복적으로 연결되어 만들어진다.
핵염기	핵산에서 질소를 포함하고 있는 분자. 아데닌, 사이토신, 구아닌, 티아민, 우라실이 주요 핵염기이다. DNA의 두 나선 사슬은 연기 사이의 수소결합을 통해 연결되어 있다.
핵융합	두 원자핵의 결합.
햅티시티	중심 원자에 결합하는 원자의 수.
헤스의 법칙	여러 단계로 일어나는 화학반응에서의 엔탈피 변화는 각 단계의 엔탈피 변화를 합한 값과 같다는 법칙으로, 열역학 제1법칙과 연관이 있다.
헨더슨	하셀바흐 방정식 – 용액의 pH를 산의 세기(pKa)로 나타내는 식. $pH = pK_a \log_{10}([A-]/[HA])$.
헨리의 법칙	기체의 압력과 액체의 용해도 사이의 관계를 나타내는 식.
형식 전하	분자의 특정한 원자에 부여된 전하(일반적으로 전자 전하의 정수배로).
호변이성체	수소의 위치만 다른 구조 이성질체.
혼성 궤도	여러 개의 원자 궤도로 이루어진 궤도(예: sp3 혼성 궤도).
혼합물	두 종류 이상의 물질로 이루어진 계.
화학결합	두 개 이상의 원자가 전자를 공유하는 것.
화학 발광	화학반응에 의해 빛을 방출하는 것.
화학 변화	물질 내 원자들의 배열이 달라지는 과정.
화학량론	화학반응에서 소모되는 반응물과 생성되는 생성물의 양의 비율.
화합물	하나 이상의 원소로 이루어진 물질.

확산	널리 퍼지는 것, 농도가 높은 곳에서 농도가 낮은 곳으로 물질이 이동하는 것, 공간이나 물질을 통해 파동이 흩어지는 것.
환원제	전자를 다른 분자에 줄 수 있는 분자나 물질.
활성화 에너지	화학반응이나 과정에서 반응물의 에너지와 전이상태(또는 완전히 활성화 된 상태) 사이의 에너지 차이.
황동	구리와 아연 합금, 두 금속의 비율은 변할 수 있다.
황족원소	16개 원소(산소, 황, 셀레늄, 텔루륨, 폴로늄, 리버모륨).
회절	장애물(예, 벽이나 원자핵)에 의해 파동의 방향이 바뀌는 것.
효소	촉매로 작용하는 단백질을 바탕으로 하는 분자.
휘발성	일반적인 온도와 압력에서 쉽게 증발할 수 있는 물질.
흑체복사	흑체가 내는 전자기 복사선. 실온에서는 대부분 적외선을 방출하지만 높은 온도에서는 가시광선을 방출할 수 있다.
흡수	한 물질이 다른 물질 안에 잡히는 것(물리적 과정이나 화학적 과정일 수 있음).
흡착	한 물질이 다른 물질의 표면에 잡히는 것.
흡습성	주변에서 물을 잘 흡수하는 물질.
흡열반응	열을 흡수하는 반응이나 과정.
희석	물질의 농도를 낮추는 것.
희토류 원소	란탄족과 악티늄족 원소(스칸듐과 이트륨을 포함하여).

화학의 역사 연대표

연도	사건
c. 465 B.C.E.	데모크리토스가 처음으로 모든 물질은 작은 입자로 이루어졌다고 제안. 그는 이 입자를 설명하기 위해 처음으로 '원자'라는 단어를 사용함.
c. 450 B.C.E.	엠페도클레스가 4원소(공기, 불, 흙, 물)를 제안.
c. 360 B.C.E.	플라톤은 물질의 기본 구성 요소를 기술하기 위해 '원소'라는 말을 처음 사용함.
c. 350 B.C.E.	아리스토텔레스는 엠페도클레스의 이론에 다섯 번째 원소인 에테르를 포함하여 확장함.
c. 300 C.E.	연금술에 관한 초기 책들이 출판됨.
c. 770	페르시아의 연금술사 아부 무사 자비르 이븐 하이얀 Abu Musa Jabir ibnHayyan(게베르라고도 알려진)이 화학 성분을 분리하기 위한 실험 방법을 최초로 개발함.
c. 1000~1650	연금술사들이 값싼 금속을 금으로 바꾸는 방법, 오래 살 수 있도록 하는 약을 만드는 방법, 모든 것을 녹이는 용매에 대한 연구를 함. 이러한 목적은 달성하지 못했지만 연금술사들은 식물 추출물과 금속을 질병 치료에 이용하는 방법을 알아내는데 진전을 이루었다. 1000년경에 일부 연금술사들은 연금술을 반대하는 목소리를 내기 시작하고 연금술의 목표가 달성 불가능한 것이라고 주장했다.
c. 1167	매지스터 살러너스 Magister Salernus가 최초로 포도주 증류법에 대한 기록을 남김.
c. 1220	로버트 그로스세테스테 Robertgrosseteste가 과학 방법에 대하여 설명함.
c. 1250	분별 증류법이 개발됨.
c. 1260	세인트 알베르투스 마그너스 Saint Albertus Magnus가 비소를 발견함.
c. 1310	게베르가 모든 금속은 황과 수은으로 되어 있다는 이론을 확립한 책을 출판함 (현재는 옳지 않은 것으로 밝혀짐). 오늘날에도 사용하는 여러 강산 용액에 대해 처음으로 설명함.
c. 1530	파라셀수스 Paracelsus가 생명 연장과 관련된 화학의 분야를 연구하기 시작했고, 이는 약학의 기초를 닦은 것으로 인정됨.

연도	사건
1597	초기 화학 교과서 알케미아^{Alchemia}가 출판됨.
1605	프란시스 베이컨^{Francis Bacon}이 과학 방법에 대해 처음 설명함.
1643	에반젤리스타 토리첼리^{Evangelista Torricelli}가 수은을 사용한 온도계를 발명.
1661	로버트 보일^{Robert Boyle}이 '회의적인 화학자^{The Sceptical Chemist}'를 출판하고 연금술과 화학의 차이점을 설명하여 근대 화학의 기초를 닦음.
1662	기체의 압력과 부피가 반비례한다는 보일의 법칙이 처음으로 제안됨.
1728	제임스 브래들리^{James Bradley}가 빛의 속도를 결정함.
1752	벤자민 프랭클린^{Benjamin Franklin}이 번개가 전기 작용이라는 것을 밝혀냄.
1754	이산화탄소가 처음으로 분리됨.
1772~1777	조셉 프리스틀리^{Joseph Priestly}와 칼 빌헬름 셸레^{Carl Wilhelm Scheele}가 독립적으로 산소를 분리하고 안토닌 라부아지에^{Antoine Lavoisier}는 그것이 산소라는 것을 밝혀냄.
1787	자케 샤를^{Jacques Charles}이 기체의 부피와 온도가 비례한다는 샤를의 법칙을 처음으로 제안함.
1797	조셉 푸르스트^{Joseph Proust}가 화합물을 형성하는 원소의 비는 정수비를 이룬다는 일정성분비의 법칙을 제안함.
1798	럼퍼드^{Rumford} 열이 에너지의 한 형태라고 제안함.
1800	알레산드로 볼타^{Alessandro Volta}가 최초의 화학전지를 발명.
1801	토마스 영^{Thomas Young}이 간섭무늬를 이용하여 빛의 파동성을 보여줌.
1801	존 돌턴^{John Dalton}이 기체 안에 포함된 성분의 양과 부분 압력이 비례한다는 돌턴의 분압법칙을 제안함.
1805	물이 수소와 산소가 2대 1로 결합되어 이루어진다는 것이 밝혀짐.
1811	아보가드로의 법칙이 제안됨. 이 법칙은 기체 상태에서 분자의 종류에 관계없이 같은 양은 같은 부피를 차지한다고 설명했다.
1825	이성질체의 존재가 밝혀짐.
1826	전기저항의 개념을 설명하고 저항과 전류의 관계를 밝힌 옴의 법칙이 제안됨.

연도	사건
1827	생체분자를 처음으로 탄수화물, 단백질, 지질로 분류함(DNA는 아직 발견되지 않음).
1840	화학반응에서의 에너지 변화는 반응물과 생성물의 종류와만 관련이 있고 중간 단계와는 무관하다고 주장한 헤스의 법칙이 제안됨.
1843	열이 에너지의 한 형태라는 것이 증명됨.
1848	켈빈이 분자들의 모든 운동이 정지되는 절대 0도의 개념을 제안함.
1852	아우구스트 비어$^{August\ Beer}$가 특정한 파장의 빛의 흡수는 농도와 관련이 있다는 비어의 법칙을 제안함.
1857	분자에서 탄소는 주변에 있는 네 개의 원자와 결합한다고 설명함.
1859	제임스 맥스웰$^{James\ Maxwell}$이 기체분자의 속도 분포함수를 제안함.
1859~1860	구스타프 키르히호프$^{Gustav\ Kirchhoff}$와 로버트 분젠$^{Robert\ Bunsen}$이 분광학의 기초를 닦음.
1864	현대 주기율표로 발전하는 중요 단계인 옥타브 법칙이 제안됨.
1865	1몰 안에 포함된 분자의 수가 처음으로 결정됨.
1869	멘델레예프^{Mendeleev}가 66개의 원소가 포함된 현대적인 주기율표를 편찬하고 아직 발견되지 않은 원소를 빈 칸으로 남겨 놓음.
1869	DNA을 처음으로 발견함.
1874	켈빈이 열역학 제2법칙을 제안함.
1874	전류는 전자의 운동에 의한 것이라고 제안됨.
1876	조시아 윌라드 깁스$^{Josiah\ Willardgibbs}$가 화학 평형을 설명하기 위해 자유에너지 개념을 도입함.
1877	루드비히 볼츠만$^{Ludwig\ Boltzmann}$이 엔트로피를 정의하고 다른 여러 물리적 개념을 통계적으로 유도해냄.
1884	화학계의 변화가 평형 상태의 병화를 가져온다는 르샤틀리에의 원리가 제안됨.
1887	광전효과가 처음으로 발견됨.

연도	사건
1888	하인리히 헤르츠^{Heinrich Hertz}가 전자기파를 발견함.
1893	알프레드 베르너^{Alfred Werner}가 일부 코발트 착염이 중심의 코발트 원자가 여섯 개의 리간드와 결합하여 팔면체 배열을 이룬다는 것을 밝혀내 배위화학의 기초를 닦음.
1894	불활성 기체가 처음으로 발견됨.
1895	X-선이 발견됨.
1897	전자가 발견됨.
1900	막스 플랑크^{Max Planck}가 플랑크상수를 제안함.
1900	어니스트 러더퍼드^{Ernest Rutherford}가 방사능은 원자의 붕괴에 기인한다는 것을 밝혀냄.
1901	노벨상이 처음으로 수여됨.

노벨 화학상 수상자

1901   **야코브스 헨리쿠스 반트호프**^{Jacobus Henricus van't Hoff} (네덜란드)

최초의 노벨상은 삼투압과 화학 평형에 관한 발견으로 화학 역학 발전에 공헌한 반트호프에게 수여되었다. 그는 '화학 역학과 용액의 삼투압 법칙의 발견'으로 노벨 화학상을 수상했다. 설탕은 통과시키지 못하고 물은 통과시키는 막으로 설탕물과 순수한 물이 분리되어 있으면 막의 양쪽이 평형을 이룰 때까지 물이 막을 통과해 지나간다. 따라서 물이 이동하는 쪽으로 더 큰 압력이 작용하게 되는데 이것을 삼투압이라고 한다.

1902   **헤르만 에밀 피셔**^{Hermann Emil Fischer} (독일)

'당과 퓨린의 합성에 대한 연구'로 노벨 화학상을 수상했다. 피셔는 서로 관계가 없는 것으로 생각했던 식물이나 동물의 다양한 분자들이 실제로는 구조적으로 유사하다는 것을 발견했으며, 우레아와 같은 단순화 화학물질을 이용해 다양한 형태의 당을 만들 수 있다는 것도 알아냈다. 또한 당 분자를 만들 수 있는 능력을 바탕으로 알려져 있는 모든 당의 3차원 구조를 밝혀냈다.

1903   **스반테 아우구스트 아레니우스**^{Svante August Arrhenius} (스웨덴)

'전기 분해 이론에 대한 연구'로 노벨 화학상을 수상했다. 아레니우스는 읍살라 대학 대학원 학생일 때 다양한 용액이 얼마나 전류를 잘 흐르게 하는지에 대해 연구했다. 그는 소금 용액이 전류를 잘 흐르게 하는 것은 전류가 흐르지 않는 경우에도 소금이 전하를 띤 입자(후에 이온)로 이루어졌기 때문이라고 가정했다. 그의 지도교수는 아레니우스의 연구에 큰 관심을 갖지 않았지만 1884년에 3급 학위를 받았다. 아레니우스는 연구를 계속하여 창의적인 착상에 대한 공로로 노벨상을 수상했다.

1904   **윌리엄 램지**^{Sir William Ramsay} (영국)

'공기 중에서 불활성 기체를 발견하고 주기율표에서 이들의 위치를 결정한 공로'로 노벨 화학상을 수상했다. 공기 중에서 분리한 질소와 실험실에서 합성한 질소의 밀도가 다르다는 레일리 교수의 강의 내용에 램지는 레일리의 관찰을 다시 확인하고 처음으로 질소 기체에서 아르곤을 분리했고, 네온, 크립톤, 크세논도 발견했다.

1905 요한 프리드리히 빌헬름 아돌프 폰 바이어 ^{Johann Friedrich Wilhelm Adolf von Baeyer}(독일)

'유기 염료와 수소방향족 화합물에 대한 연구를 통해 유기화학과 화학 공업에 공헌한 공로'로 노벨 화학상을 수상했다. 또한 그는 현재도 널리 사용되고 있는 인디고를 처음으로 합성했다(오늘날에는 다른 합성방법이 사용되고 있다).

1906 앙리 무아상^{Henri Moissan}(프랑스)

'불소의 분리와 연구 그리고 그의 이름을 딴 전기로에 대한 연구'로 노벨 화학상을 수상했다. 무아상은 HF 액체에 KHF_2를 녹인 용액에 전류를 흘려 불소 기체(F_2)를 처음으로 분리해냈다. 노벨위원회가 언급한 두 번째 업적은 전기 아크로에 대한 연구와 관련된 것으로, 그는 다이아몬드 합성에 사용하기 위해 이 노를 설계했다.

1907 에듀아르드 부흐너^{Eduard Buchner}(독일)

'생화학에 대한 연구와 비세포적 발효에 대한 연구'로 1907년 노벨 화학상을 수상했다. 부흐너는 건조한 이스트 세포, 수정, 규조토라고 알려진 실리카를 함께 갈아 세포의 내용물이 나오도록 했다. 그런 다음 이스트 세포가 없는 상태에서도 당의 발효가 일어나는지를 관찰했다.

1908 어니스트 러더퍼드^{Ernest Rutherford}(영국, 뉴질랜드)

'원소의 분해와 방사성 원소의 화학에 관한 연구'로 노벨 화학상을 수상했다. 러더퍼드의 가장 유명한 실험인 '금박실험'은 그가 노벨상을 수상한 다음에 이루어졌다. 그는 여러 종류의 방사선(그는 알파선과 베타선이라고 이름 붙였고 후에 감마선이 첨가되었다)이 존재한다는 것을 발견하고, 방사성 붕괴는 실제로 원자가 분해되어 일어난다는 것을 밝혀낸 공로로 노벨상을 수상했다. 러더퍼드의 연구 이전까지도 화학자들은 원자가 쪼개지지 않는다고 믿었다.

1909 빌헬름 오스트발트^{Wilhelm Ostwal}(독일)

'촉매에 대한 연구와 화학적 평형과 반응속도를 지배하는 기본 원리에 대한 연구'로 노벨 화학상을 수상했다. 오스트발트는 산과 염기의 세기와 관련한 많은 실험을 했으며 산·염기 촉매에 의해 반응속도가 어떻게 영형을 받는지를 처음으로 주의 깊게 연구한 사람이다. 화학적인 의미에서 '촉매'라는 용어를 처음으로 사용한 사람이기도 하며 촉매에 대한 그의 정의는 오늘날까지 그대로 사용되고 있다. 오스트발트의 연구는 아레니우스의 산·염기에 대한 이전 연구결과를 확실하게 하고 다양한 산·염기 조건하에서의 반응속도 측정은 브뢴스테드와 로리의 산과 염기에 대한 이해를 든든한 기반 위에 올려놓았다. 또한 산 · 염기 촉매의 범주를 확장했으며 그의 연구는 오늘날 우리가 알고 있는 화학반응 속도에 대한 이해를 가능하게 했다. 뿐만 아니라 화학반응 속도- 그리고 반응속도에 영향을 주는 요소- 는 정량적으로 측정 가능한 변수임을 증명했다.

1910   오토 발라흐Otto Wallach (독일)

'지방족 고리화합물에 대한 연구를 통해 유기화학과 화학산업에 대한 공헌'으로 노벨 화학상을 수상했다. 지방족 고리화합물은 방향족 고리는 가지고 있지 않지만 다른 종류의 고리를 가지고 있는 화합물이다. 시클로헥세인은 지방족고리화합물의 간단한 예이다. 발라흐는 다양한 식물의 기름에 포함되어 있는 테르펜에 대해 연구했다. 그는 화학적인 방법으로 이 액체를 당시에 가능한 연구 방법으로 쉽게 연구할 수 있는 결정형 고체로 변화시킬 수 있었다. 발라흐는 오늘날에도 그의 이름으로 불리는 많은 유기 화학 반응(발라흐 재배열, 발라흐 규칙, 발라흐 분해, 루카르트-발라흐 반응)으로도 널리 알려져 있다.

1911   마리 퀴리Marie Curie, née Sklodowska (폴란드/프랑스)

'라듐과 폴로늄 원소의 발견과 라듐의 분리, 이 원소의 성질과 화합물에 대한 연구'로 노벨 화학상을 수상했다. 퀴리는 최초로 노벨상을 받은 여성이며 아직까지도 복수의 노벨상을 받은 유일한 여성이다. 1900년부터 파리 대학의 교수를 역임했고(최초의 여성 교수), 1906년에는 소르본 대학의 교수로(그곳에서도 최초의 여성 교수) 재직했다. 1903년에는 남편 피에르 퀴리Pierre Curie, 안토닌 앙리 베크렐Antoine Henri Becquerel과 함께 방사선 연구로 노벨 물리학상을 수상했다. 마리는 1910년 수소 기체가 존재하는 상태에서 염화라듐을 전기분해하여 최초로 라듐을 분리했다. 이 업적으로도 프랑스 과학 아카데미의 회원은 될 수 없었지만 1년 후 두 번째 노벨상은 수상할 수 있었다.

1912   빅토르 그리나르Victor Grignard (프랑스)
폴 사바티에Paul Sabatie (프랑스)

빅토르 그리나르는 '그리나르 시약의 발견'으로, 폴 사바티에Paul Sabatie (프랑스)는 '곱게 간 금속의 존재 하에 유기화합물을 수소화하는 방법에 대한 연구'로 노벨 화학상을 공동 수상했다. 그리나르는 유기할로겐화물(R-X)과 마그네슘 금속을 이용하여 만든 유기 마그네슘 화합물(R-MgX)의 합성과 이 화합물의 성질을 밝혀낸 연구를 인정받았다. 그는 이 마그네슘 시약이 카르보닐기와 반응하여 새로운 탄소-탄소 결합을 만들 수 있다는 것과 니켈이 이 반응의 촉매로 작용한다는 것을 알아냈다. 그의 이름을 딴 사바티에 반응(CO_2와 H_2가 반응하여 CH_4와 H_2O를 형성하는)은 아직도 사용되고 있다. NASA는 폐기되는(우주 비행사들이 내쉬는 숨으로) CO_2로 물을 생산하기 위해 이 과정을 연구하고 있다.

1913 알프레드 베르너 Alfred Werner (스위스)

'무기분자 안에서 원자들의 결합에 대한 연구'로 노벨 화학상을 수상했다. 베르너는 $[Co(NH_3)_4Cl_2]^+$와 같은 무기화합물의 정확한 구조를 처음 제안했고 코발트 이온을 중심으로 암모니아와 염소 리간드가 팔면체를 형성하며 배열되어 있음을 발견했다. 이러한 제안은 이 화합물의 두 이성질체가 관측된 것을 잘 설명할 수 있었다. 두 개의 염소 리간드가 $180°$(트랜스) 또는 $90°$(시스)로 코발트 이온 중심에 결합하여 두 가지 이성질체를 만든다.

1914 시어도어 윌리엄 리처즈 Theodore William Richards (미국)

'많은 원소의 원자량을 정밀하게 측정한 공로'로 노벨 화학상을 수상했다. 리처즈는 노벨 화학상을 수상한 최초의 미국인이었다. 그와 제자들은 55가지 원소의 원자량을 정밀하게 측정했고 일부 결정형 고체가 격자 안에 기체와 같은 다른 용질을 포함하고 있다는 것을 증명했다.

1915 리하르트 빌슈테터 Richard Martin Willstéter (독일)

'식물 색소, 특히 클로로필에 대한 연구'로 노벨 화학상을 수상했다. 빌슈테터는 꽃이나 과일에서 분리한 다양한 색소에 대하여 연구한 독일 유기 화학자였다. 그는 클로로필이 오늘날에는 클로로필 a와 클로로필 b라고 알려진 두 가지 화학물의 혼합물이라는 것을 처음으로 밝혀냈다. 이 두 가지 분자는 조금 다른 파장의 빛을 흡수하기 때문에 식물이 더 많은 태양에너지를 받아들일 수 있다.

1916 ~ 1917 수상자 없음

1918 프리츠 하버 Fritz Haber (독일)

'성분 원소로부터 암모니아를 합성한 공로'로 노벨 화학상을 수상했다. 칼스루헤 대학에서 칼 보쉬 Carl Bosch 와 함께 질소(N_2)와 수소(H_2)로 암모니아 (NH_3) 합성에 성공한 독일의 화학자이다. 암모니아는 비료, 화약, 다른 화학물질의 재료로 널리 응용되는 중요한 물질이다. 화학비료가 널리 사용되면서 우리 몸을 구성하는 질소의 반은 하버-보쉬 과정을 거쳤을 것으로 추정되고 있다. 이 과정이 없다면 많은 사람들이 살아남지 못했을 것이다.

1919 수상자 없음

1920   발터 헤르만 네른스트^{Walther Hermann Nernst}**(독일)**

'열화학 분야에 관한 연구'로 노벨 화학상을 수상했다. 네른스트는 매우 낮은 온도에서의 화합물의 비열, 전지의 사용, 열화학적 성질로부터 화학적 친화도의 계산, 다른 온도에서의 화학 평형의 변화와 같은 서로 관련된 많은 연구를 했다. 화학에 대한 네른스트의 가장 큰 공헌은 특정 조성에서 일어나는 반응 정도를 계산할 수 있도록 한 것이었다. 네른스트는 열역학 제3법칙을 처음으로 제안한 사람이기도 하다.

1921   프레데릭 소디^{Frederick Soddy}**(영국)**

'방사성 물질에 대한 이해를 넓히고, 동위원소의 기원과 성질에 대한 연구'로 노벨 화학상을 수상했다. 영국의 화학자인 소디는 원소의 방사성은 한 원소가 다른 원소로 변하는 원자핵 변환으로 인한 것이라는 것을 밝혀냈다. 그중 우라늄이 라듐으로 변하는 것을 보여주었고, 알파 붕괴(헬륨 원자핵을 잃어 원자번호가 2 줄어드는)와 베타 붕괴(중성자가 전자를 방출해 원자번호가 1 증가하는)의 차이점을 알아냈다. 또한 방사성 원소는 원자량이 다르다는 것을 밝혀내 동위원소의 개념을 탄생시켰다.

1922   프란시스 윌리엄 애스턴^{Francis William Aston}**(영국)**

'질량 분석을 통해 방사성 원소가 아닌 많은 원소의 동위원소를 발견한 것과 동위원소의 원자량이 정수여야 한다는 정수의 법칙을 제안한 공로'로 노벨 화학상을 수상했다. 노벨 위원회는 1921년 소디의 노벨 화학상 수상에 이어 애스턴을 수상자로 선정함으로써 동위원소의 중요성을 인정했다. 애스턴은 동위원소 분리 장치를 처음으로 개발해 200개가 넘는 동위원소를 찾아냈다. 그는 연구 결과를 바탕으로 모든 동위원소는 정수의 질량을 가져야 한다고 결론지었다(산소의 가장 중요한 동위원소의 원자량이 16이다).

1923   프리츠 프레겔^{Fritz Pregl}**(오스트리아)**

'유기물의 미세분석 방법을 개발한 공로'로 노벨 화학상을 수상했다. 화학자이자 물리학자였던 프레겔은 유기분자의 정량적 분석 방법에 대한 연구 공로를 인정받았다. 또한 연소 생성물을 측정하여 물질이 포함하고 있는 다양한 원소를 알아내는 원소 분석법의 향상에 크게 기여했다.

1924   수상자 없음

1925   리하르트 아돌프 지그몬디^{Richard Adolf Zsigmondy}**(독일/헝가리)**

'콜로이드 용액의 불균일한 성질을 밝혀낸 것과 그가 사용한 방법'으로 노벨 화학상을 수상했다. 노벨 위원회가 정확하게 이름을 명시하지는 않았지만 그가 사용한 방법은 가시광선을 이용하여 빛의 파장보다 작은 물체를 볼 수 있도록 한 한외 현미경을 발명한 것을 말한다. 지그몬디는 시료에 의해 반사된 빛이 아니라 시료에서 산란되어 나오는 빛을 봄으로써 물리적으로 가능하지 않은 일을 가능하게 했다. 이 새로운 현미경을 이용해 '크랜베리 유리'의 붉은색이 작은 금 입자(4nm) 때문이라는 것을 밝혀냈고 이것은 당시 그의 고용주였던 쇼트 글라스의 관심을 끌었다.

1926 테오드로 스베드베리^{Theodor Svedberg}(스웨덴)

'분산계에 대한 연구'로 노벨 화학상을 수상했다. 스베드베리의 분산계는 전년도 노벨상 수상자의 연구와 마찬가지로 콜로이드였다. 흡수, 확산, 침전에 대해 연구했던 그는 아인슈타인의 브라운 운동을 적용할 수 있는 콜로이드 입자를 만들 수 있었다. 이 연구를 위해 그는 단백질을 정제하는 데 사용한 초원심분리기를 제작했다. 현재 입자가 침전하는 속도를 나타내는 데 사용하는 단위는 그의 업적을 기려 스베드베리이다(1스베드베리=10^{-13}초=1펨토초).

1927 하인리히 오토 발란트^{Heinrich Otto Wieland}(독일)

'담즙산과 이와 관련된 물질 구성 성분에 대한 연구'로 노벨 화학상을 수상했다. 담즙산은 간에서 염산, 케노디옥시콜산과 함께 합성되는 스테로이드 산이다(이 모든 산은 콜레스테롤로 만든다). 발란트는 생물학적으로 중요한 이 화합물들을 분리하고 구조를 밝혀냈으며, 독 개구리와 버섯에서 톡신을 분리하기도 했다.

1928 아돌프 오토 라인홀드 빈다우스^{Adolf Otto Reinhold Windaus}(독일)

'스테롤의 조성과 비타민과의 관계를 밝혀낸 연구'로 노벨 화학상을 수상했다. 빈다우스는 콜레스테롤(스테롤의 하나인)이 여러 단계를 거쳐 콜레칼시페롤(비타민 D3)로 제거된다는 것을 밝혀냈다. 빈다우스의 박사과정 제자였던 아돌프 부테난트^{Adolf Butenandt}도 후에 노벨상을 수상했다.

1929 아서 하든^{Arthur Harden}(영국)
한스 칼 아우구스트 시몬 폰 오일러켈핀^{Hans Karl August Simon von Euler - Chelpin}(독일)

'당의 발효와 발효 효소에 대한 연구'로 노벨 화학상을 공동 수상했다. 하든과 오일러켈핀은 독립적으로 발효과정을 연구한 생화학자였다. 하든은 알코올의 발효에 인이 필요하다는 것을 밝혀냈고, 오일러켈핀은 살아 있는 세포가 당 분자를 분해해 에너지를 얻는 방법과 세포가 이 반응을 위해 사용하는 기전을 밝혀냈다.

1930 **한스 피셔**Hans Fischer(독일)

'헤민과 클로로필의 조성을 밝혀낸 연구와 특히 헤민의 합성에 관한 연구'로 노벨 화학상을 수상했다. 피셔는 생물학적으로 중요한 염료, 특히 혈액이나 담즙과 같은 인간의 몸에 포함된 액체와 식물의 초록색에 관심을 가지고 있었다. 그는 최초로 철포르피린 분자(네 개의 질소 리간드가 철 중심에 결합된 커다란 고리)인 헴 B와 헴 S의 구조를 결정했다. 이 붉은색 분자는 O_2를 나르는 일뿐만 아니라 다른 중요한 기능도 한다. 그는 헴과 비슷한 구조를 가지고 있지만 커다란 프로피린 고리 중심에 철 대신 마그네슘이 자리 잡고 있는 클로로필의 구조도 결정했다.

1931 **카를 보쉬**Carl Bosch(독일)
프리드리히 베르기우스 Friedrich Bergius(독일)

'화학적 고압력 방법에 발명과 개발에 공헌한 공로'로 노벨 화학상을 공동 수상했다. 보쉬는 프리츠 하버Fritz Haber와 함께 두 사람의 이름을 따서 명명된 암모니아의 합성방법(하버-보쉬 과정)을 개발했지만 1918년 후보에만 올라갔다. 베르기우스는 석탄에서 액체 탄화수소를 생산하는 과정을 개발해 보쉬가 일하고 있던 BASF에 특허를 팔았다. 그 뒤 보쉬 역시 베르기우스 과정에 대해 연구했다. 베르기우스 과정과 하버-보쉬 과정은 모두 고압 하에서 작동되며 두 과정 모두 인류 역사에 큰 영향을 주었다.

1932 **어빙 랭뮤어**Irving Langmuir(미국)

'표면 화학에서의 발견과 연구'로 노벨 화학상을 수상했다. 대학원생이던 랭뮤어는 전구를 연구했고, 진공 펌프를 개선했다. 이 두 분야에 대한 관심이 합쳐져 랭뮤어는 백열등을 발명할 수 있었다. 이 과정에서 텅스텐 필라멘트(백열등 안에 있는 것과 같은)의 표면에서 H_2가 분리되어 수소 원자로 이루어진 단원자 층을 만든다는 것을 관찰하고 표면 화학에 관심을 가지게 되었다. 그러나 그에게 노벨상을 안겨준 것은 오일 박막과 물 표면에서의 계면활성제 박막에 대한 연구였다. 랭뮤어는 계면활성제 분자들이 단분자 두께로 일정한 방향으로 배열한다고 가정한 뒤 박막의 성질을 밝히는 물리이론을 개발했고, 그것이 실제로 단분자 층이라는 것을 밝혀냈다.

1933 **수상자 없음**

1934 **하롤드 클레이톤 유리**Harold Clayton Urey(미국)

'중수소를 발견한 공로'로 노벨 화학상을 수상했다. 액체 수소를 여러 번 증류해 중수소(D_2)를 분리해낸 그는 맨해튼 프로젝트에서 일한 것으로 더 잘 알려져 있다(노벨상을 받은 것보다 다른 일로 더 잘 알려져 있다는 것은 놀라운 일이다). 컬럼비아 대학에서 근무하고 있던 유리와 그의 연구 팀은 기체 확산을 이용하여 우라늄을 농축하는 방법을 개발했다. 제2차 세계대전[WWII]이 끝난 후에 유리와 그의 대학원생 제자였던 스탠리 밀러[Stanley Miller]는 시카고 대학에서 물, 암모니아, 메테인, 수소의 혼합물을 전기 방전에 노출시키면 아미노산이 형성될 수 있다는 것을 보여주었다. 이 실험은 초기 지구의 환경을 재현한 것으로, 생명체의 기반이 되는 유기분자가 기본적인 무기물과 약간의 전기 방전으로 만들어질 수 있다는 것을 증명해냈다. 그의 사후, 이 혼합물에 유리와 밀러가 처음 발견했던 것보다 훨씬 많은 20가지 아미노산이 포함되어 있었다는 것이 밝혀졌다.

1935   프레데릭 졸리오 [Frédéric Joliot] (프랑스)
이레느 퀴리 [Iréne Curie] (프랑스)

'새로운 방사성 원소의 합성'으로 노벨 화학상을 공동 수상했다. 프레데릭은 마리 퀴리의 조수였다가 마리 퀴리의 딸인 이레느와 결혼했다. 졸리오와 퀴리 부부 팀은 다른 입자를 원자에 충돌시키는 실험을 했다. 특히 알파 입자(He₂ 이온)를 보론, 마그네슘, 알루미늄 원자에 충돌시켜 반감기가 짧은 새로운 방사성 입자를 만들어냈다.

1936   페테루스 요셉푸스 빌핼르무스 드베이어 [Petrus (Peter) Josephus Wilhelmus Debye] (네덜란드)

'쌍극자에 대한 연구와 기체에서의 X－선과 전자의 산란에 대한 연구'로 노벨 화학상을 수상했다. 드베이어는 전기장이 분자에 미치는 영향에 대한 이론을 개발했고, 온도에 따라 밀도와 절연 성질이 변하는 것을 측정해 쌍극자 모멘트를 결정하는 방법을 찾아냈다. 그는 또한 기체 상태의 분자들의 X－선과 전자의 간섭을 측정했으며 분자의 화학적 구조를 결정하기 위한 분자 구조 연구를 하기도 했다. 이 연구는 최초로 자세한 구조적 특징을 알아냈고, 이는 화학자들이 이성질체(분자식은 같지만 원자의 공간적 배열이 다른 분자)의 다른 구조를 정확하게 결정할 수 있도록 했다.

1937   월터 노르만 호어스 [Walter Norman Haworth] (미국)
파울 카러 [Paul Karrer] (스위스)

월터 노르만 호어스는 '탄화수소와 비타민 C에 대한 연구'로, 파울 카러는 '카로티노이드, 플라빈, 비타민 A와 B2에 대한 연구'로 노벨 화학상을 공동 수상했다. 호어스의 탄화수소에 대한 연구는 피셔의 연구를 확장한 것으로, 단당류와 이당류의 다양한 이성질체의 구조를 이해하는 데 큰 진전을 가져왔다. 이전에는 비타민, 카로티노이드, 플라빈에 대해 거의 알려진 것이 없었으나 이들의 연구로 이 분자들의 화학 조성이 처음으로 밝혀졌다. 호어스는 당에 대한 연구와 더불어 비타민 C의 조성에 대해서도 연구했다. 카러는 여러 가지 카로티노이드와 플라빈, 그리고 비타민 A와 비타민 B2의 조성을 밝혀내 호어스와 공동 수상자가 되었다. 이 분자들의 화학적 조성이 알려지면서 이들이 어떻게 형성되었는지, 사람의 몸에서 어떤 역할을 하는지에 대해 많은 것을 이해할 수 있게 되었다. 이들의 연구 이전에는 이 분자들의 조성이 알려지지 않아 화학이나 반응성에 대해 거의 알려진 것이 없었다.

1938 리하르트 쿤 Richard Kuhn (독일)

'카로티노이드와 비타민에 대한 연구'로 노벨 화학상을 수상했다. 1938년 당시에는 노벨 화학상 수상자를 결정하지 못했기 때문에 1938년 노벨 화학상은 1939년에 가서야 쿤에게 수여되었다. 쿤은 비타민과 카로티노이드에 관한 연구를 인정받았다. 그는 여러 가지 화합물을 분리하고 조성을 밝혀냈으며 이 분자들의 광학적 성질을 연구하여 화학 구조의 차이를 밝혀냈다. 또한 비타민 B2(락토플라빈 또는 리보플라빈)와 비타민 B6를 포함하여 비타민 B에 대한 이해에 크게 기여했다.

1939 아돌프 프리드리히 브테난트 Adolf Friedrich Johann Butenandt (독일)
레오폴드 루지치카 Leopold Ruzicka (크로아티아)

아돌프 프리드리히 브테난트는 '성호르몬에 과한 연구'로, 레오폴드 루지치카는 '폴리메틸렌 및 고 테르펜에 대한 연구'로 1939년 노벨 화학상을 공동으로 수상했다. 브레난트는 남성의 소변에서 성호르몬을 추출하고 결정으로 만들었으며 이 화합물의 화학식을 알아내고 안도스테론이라고 이름 지었다. 그 후 이 화합물은 남성 호르몬인 테스토스테론과 약간 다르다는 것이 밝혀졌다. 브테난트와 루지치카는 모두 안도스테론에서 테스토스테론을 합성할 수 있었다. 루지치카는 브테난트가 남성의 소변에서 추출했던 안도스테론을 합성했고 이를 남성 호르몬인 테스토스테론으로 변환시킬 수 있었다. 루지치카는 물리학적으로나 생물학적으로 중요한 물질인 성호르몬을 포함하는 폴리테르펜 화합물을 합성하고 구조를 규명하는 연구도 했다. 루지치카의 연구는 생리학적으로 매우 중요한 성호르몬에 대한 지식을 넓히는 데 크게 공헌했고 이 화합물에 대한 더 많은 연구의 바탕을 제공했다.

1940 ~ 1942 수상자 없음

1943 조지 드 헤베시 George de Hevesy (헝가리)

'화학반응을 연구하는 추적자로 동위원소를 이용하는 연구'로 노벨 화학상을 수상했다. 헤베시는 화학연구에 방사성 동위원소를 이용하기 시작한 선구자이다. 동위원소의 이용으로 시료에 주입한 원소에 어떤 일이 일어나는지를 추적할 수 있게 되어 다양한 분야에서 새로운 통찰력을 가질 수 있도록 했다. 예를 들면 사람의 몸에 방사성 나트륨을 주입하여 나트륨이 몸 속에서 이동하는 경로를 추적할 수 있었다. 그는 혈구가 나트륨의 반을 하루 동안에 잃고 다시 보충한다는 것을 발견했다. 다른 과학자들도 이 방법을 다양하게 응용해 사용했다.

1944　오토 한^{Otto Hahn}(독일)

'무거운 원소의 핵분열을 발견한 공로'로 노벨 화학상을 수상했다. 한과 동료들은 원자핵 분열을 발견했는데, 특히 우라늄 원자핵이 핵분열에 의해 작은 원자핵으로 쪼개진다는 것을 확인했다. 이것은 매우 중요한 발견으로, 적절하게 사용되고 관리되지 않으면 사회에 위협이 될 수도 있는 발견이었다. 한 자신도 이 발견의 잠재적인 위험을 잘 알고 있었다. 그럼에도 불구하고 이 발견은 원자핵화학 연구를 위한 길을 열어 놓았고, 현대 원자로 개발의 밑바탕을 제공했다.

1945　아르투리 비르타넨^{Artturi Ilmari Virtanen}(핀란드)

'농업과 식품 화학의 연구와 발명, 사료 보존법 개발'로 노벨 화학상을 수상했다. 비르타넨은 매우 재미있는 화학자이자 농부였다. 그의 사료 저장법은 사료가 발효되는 과정을 억제하기 위해 염산과 황산을 사용하는 방법이었다. 그는 식품·농업 화학 분야에도 여러 가지 업적을 남겨 농가에서 기르는 가축에게 더 영양가가 높은 사료를 제공할 수 있게 했다.

1946　제임스 베첼러 섬너^{James Batcheller Sumner}(미국)
　　　존 하워드 노스롭^{John Howard Northrop}(미국)
　　　웬델 메리디스 스탠리^{Wendell Meredith Stanley}(미국)

제임스 베첼러 섬너는 '효소가 결정화 될 수 있다는 것을 발견한 공로'로, 존 하워드 노스롭과 웬델 메리디스 스탠리는 '순수 형태의 바이러스 및 효소의 단백질 제조법을 개발한 공로'로 노벨 화학상을 공동 수상했다. 섬너는 효소와 단백질이 결정화될 수 있다는 확실한 증거를 처음으로 찾아냈으며, 이 분야의 연구를 위한 기초를 닦았다. 노스롭과 동료들은 결정성 단백질이 형성되는 조건에 대하여 연구했으며 현대 과학자들이 단백질과 바이러스를 결정으로 만드는 연구의 길을 열어놓았다. 스탠리는 바이러스도 단백질과 동일한 방법으로 결정화된다는 것을 증명했으며, 사실상 바이러스가 단백질이라는 것을 밝혀냈다.

1947   **로버트 로빈슨** Sir Robert Robinson **(영국)**

'생물학적으로 중요한 식물 생산물, 특히 알칼로이드에 대한 연구'로 노벨 화학상을 수상했다. 로빈슨은 의약품의 합성과 의약품이 작용하는 메커니즘에 대한 더 깊은 이해를 통해 의학 화학 진전에 크게 공헌했다. 특히 키니네, 코카인, 아트로핀을 포함한 알칼로이드에 대한 연구로 노벨상을 수상했다, 로빈슨은 이런 형태의 분자가 사람의 몸과 마음에 어떻게 작용하는지에 대한 이해를 돕는 연구를 했다.

1948   **아르네 빌헬름 카우린 티셀리우스** Arne Wilhelm Kaurin Tiselius **(스웨덴)**

'전기영동과 흡착에 관한 연구, 특히 혈청 단백질의 복잡한 성질과 관련된 발견'으로 노벨 화학상을 수상했다.

1949   **윌리엄 프란시스 지오크** William Francis Giauque **(미국)**

'화학 열역학 분야에 대한 공헌, 특히 극저온에서의 물질의 행동과 관련된 연구'로 노벨 화학상을 수상했다. 지오크의 연구는 열역학 제3법칙(네른스트가 처음 제안한)을 증명했고, 분자 형성의 자유에너지를 계산할 수 있도록 했다. 이것은 극저온에서의 실험을 통해 가능했다. 지오크는 절대영도에 가까운 극저온에서의 실험 방법을 개발한 것에 대한 공헌도 인정받았다. 지오크의 연구는 다양한 물질의 다양한 형태와 관련된 엔트로피, 즉 무질서도를 계산했다. 그는 저온에서의 분자 연구 분야에서 선구적인 일을 많이 했다.

1950   **오토 파울 헤르만 딜스** Otto Paul Hermann Diels **(독일)**
　　　　　쿠르트 알더 Kurt Alder **(독일)**

'디엔 합성 방법의 발견'으로 노벨 화학상을 공동으로 수상했다. 딜스와 알더는 유기물 합성에 널리 사용될 수 있는 그들의 이름이 붙은 '딜스–알더 반응'을 개발했다. 디엔은 한 쌍의 탄소–탄소 짝이중결합을 가지고 있는 화합물로, 많은 경우에 고리형 생성물 형성 반응을 할 수 있다. 이런 종류의 반응에 대한 연구는 유기화학 분야 전반에 걸쳐 널리 응용가능하다.

1951   **에드윈 마티슨 맥밀란** Edwin Mattison McMillan **(미국)**
　　　　　글렌 테오도르 시보그 Glenn Theodore Seaborg **(미국)**

'초우라늄 원소의 발견'으로 노벨 화학상을 공동으로 수상했다. 1934년에 페르미는 무거운 원소에 중성자를 충돌시키면 더 무거운 원소를 만들 수 있다는 것을 알아냈다. 맥밀란은 당시 주기율표에서 가장 무거운 원소인 우라늄보다 더 무거운 원소의 존재를 최초로 증명했고, 시보그는 이 연구를 확장하여 주기율표에 새로운 한 줄을 더 보탰다!

1952 **아처 존 포터 마틴**^{Archer John Porter Martin}(영국)
리처드 로렌스 밀링턴 싱^{Richard Laurence Millington Synge}(영국)

'분해 크로마토그래피의 발명'으로 노벨 화학상을 공동으로 수상했다. 마틴과 싱은 크로마토그래피와 화학적 성질(대개 극성)의 차이를 바탕으로 화학물질을 분리하는 방법의 기본 원리를 개발했다. 그들의 분리 방법에는 혼합물의 한 방울을 종이 띠 위에 떨구면 용매, 물이나 알코올(또는 이들의 혼합물)이 종이 띠를 따라 올라오면서 혼합물 안의 성분이 분리된다. 이와 같은 분리는 혼합물의 각 성분이 용매와 다르게 반응하기 때문이다. 후에 이 방법은 다른 많은 연구자들에 의해 확장되어 크로마토그래피 방법은 오늘날 화학실험실에서 중요한 역할을 하고 있다.

1953 **헤르만 스타우딩거**^{Hermann Staudinger}(독일)

'고분자화학에서의 발견'으로 노벨 화학상을 수상했다. 스타우딩거는 고분자의 중요성과 함께 고분자가 화학에서 중요한 역할을 한다고 최초로 주장했던 사람들 중 한 명이다. 이러한 견해가 당시의 사람들에게는 받아들여지지 않았지만 그는 실험적으로 고분자의 존재를 증명했다. 오늘날에는 고분자화학, 생화학을 비롯한 많은 분야에서 고분자의 중요성이 널리 인식되고 있다.

1954 **라이너스 칼 폴링**^{Linus Carl Pauling}(미국)

'화학결합의 성격에 대한 연구와 복잡한 화합물의 구조를 밝혀낸 연구'로 노벨 화학상을 수상했다. 폴링은 거의 모든 화학반응과 관계된 화학결합의 성격을 규명하는 데 큰 진전을 이루었다. 또 화학결합을 특징짓는 방법으로 전기음성도를 제안했으며 전기음성도 값을 나타내는 방법을 개발했다. 폴링은 X-선을 이용하여 수많은 분자의 구조를 밝혀냈으며, 매우 복잡한 분자의 구조를 규명하는 데 X-선을 사용할 수 있는 길을 닦았다. 1863년에는 노벨 평화상도 수상했다. 그는 과학적 발견을 위한 연구에 평생을 보냈다.

1955 **빈센트 뒤비뇨**^{Vincent du Vigneaud}(미국)

'생화학에서 중요한 황 화합물에 대한 연구, 특히 폴리펩타이드 호르몬을 최초로 합성한 연구'로 노벨 화학상을 수상했다. 뒤비뇨는 생화학적으로 중요한 화합물을 합성하여 유기화학과 생화학을 연결한 사람으로 인정받고 있다. 그는 최초로 폴리펩타이드 호르몬을 합성했고, 특히 황을 포함하고 있는 펩타이드와 관련된 지식을 확장시켰다. 초기 실험에서 뇌의 전두엽에 많은 양의 황이 포함되어 있는 것을 알게 된 후 뒤비뇨는 일생 동안 황의 생물학적 활동에 대해 연구했다.

1956   시릴 노먼 힌셜우드^{Sir Cyril Norman Hinshelwood}(영국)
        니콜라이 니콜라에비치 세묘노프^{Nikolay Nikolaevich Semenov}(소련)

'화학반응의 메커니즘에 대한 연구'로 노벨 화학상을 공동 수상했다. 이들은 화학반응 메커니즘에 대한 여러 가지 중요한 발견을 했으며, 특히 연쇄반응 메커니즘의 중요성을 보여주었다. 또한 많은 경우에 관측된 사실들이 종료되기 전에 여러 번 반복되는 '자기 전파'에 의한 연쇄반응 메커니즘으로 설명할 수 있다는 것을 증명했다. 이런 연쇄반응 이 폭발에 이르는 화학반응의 핵심적인 과정이라는 것을 보여주었다.

1957   알렉산더 토드^{Lord (Alexander R.) Todd}(영국)

'뉴클레오타이드와 뉴클레오타이드 조효소에 대한 연구'로 노벨 화학상을 수상했다. 토 드는 살아 있는 생명체 안에서의 뉴클레오타이드의 역할과 뉴클레오타이드의 구조와 관련된 생화학, 유전학, 생물학적 연구의 기초를 닦았다. 그는 뉴클레오타이드의 화학적 구조와, 생화학적 과정에서 인산화 반응의 역할(매우 중요한)을 밝혀냈다.

1958   프레더릭 상어^{Frederick Sanger}(영국)

'단백질의 구조, 특히 인슐린의 구조에 대한 연구'로 노벨 화학상을 수상했다. 상어는 인 슐린이 잔기의 길이가 각각 31과 20인 두 아미노산 사슬로 만들어졌다는 것을 처음으 로 밝혀냈다. 또 두 사슬의 아미노산(모두 51개의)의 순서를 밝혀내 인슐린의 조성을 결 정했다. 인슐린은 사람의 몸 안의 글루코오스 수준을 조절하는 핵심적인 펩타이드 호 르몬이다. 상어는 그 외에도 많은 업적을 남겼다. 인슐린의 구조를 결정하기 위해 사용 했던 방법은 과학자들이 단백질의 구조를 밝혀내는 데 다양하게 응용했다.

1959   야로슬라프 헤이로프스키^{Jaroslav Heyrovský}(체코슬로바키아)

'폴라로그래픽 분석 방법의 발견'으로 노벨 화학상을 수상했다. 헤이로프스키는 화학 분석 방법을 혁신한 사람으로, 물에 녹아 있는 거의 모든 분자의 존재를 분석할 수 있는 폴라로그래픽 분석 방법을 개발하여 분자들의 상대적 존재비를 결정할 수 있었다. 그가 사용한 방법은 여기서 자세히 다루지 않겠지만 전류와 수은을 이용한 비교적 간단한 방 법을 바탕으로 한 것이었다.

1960　윌라드 프랭크 리비$^{\text{Willard Frank Libby}}$(미국)

'고고학, 지질학, 지질물리학, 그리고 다른 과학 분야에서 널리 사용되는 탄소-14를 이용한 연대 측정 방법의 개발'로 노벨 화학상을 수상했다. 리비는 시료에 존재하는 탄소 동위원소의 양을 측정하여 시료의 연대를 결정하는 방법을 개발했다. 이 방법은 여러 분야의 과학자들에게 매우 중요한 방법으로, 연사가 기록되기 이전의 사건의 순서를 정하는 데 핵심적인 역할을 했다.

1961　멜빈 캘빈$^{\text{Melvin Calvin}}$(미국)

'식물에서의 이산화탄소 동화에 대한 연구'로 노벨 화학상을 수상했다. 캘빈은 녹색식물의 이산화탄소 고정, 다시 말해 공기 속에 포함된 이산화탄소 분자를 다른 분자로 바꾸는 오늘날 켈빈 사이클이라고 알려진 과정에 대한 연구로 노벨상을 수상했다. 그는 또한 탄수화물의 대사와 광합성 사이에 밀접한 관계가 있다는 것을 밝혀냈다. 이 반응은 매우 복잡해 10번의 중간 단계를 거치며 각 단계에는 11가지 다른 효소가 촉매로 작용한다.

1962　막스 페르디난드 페루츠$^{\text{Max Ferdinand Perutz}}$(영국)
　　　 존 코데리 켄드루$^{\text{John Cowdery Kendrew}}$(영국)

'구형 단백질의 구조에 대한 연구'로 노벨 화학상을 공동 수상했다. 페루츠와 켄드루는 X-선 회절을 이용하여 커다란 단백질인 헤모글로빈과 미오글로빈의 구조를 밝혀내려고 시도했다. 그들은 수없이(약 50만 번의) X-선 회절을 기록하는 방법, 위치를 정확하게 결정할 수 있는 무거운 금 원자나 수은 원자를 분자에 주입하는 방법, 수집한 많은 양의 자료를 처리하기 위해 컴퓨터(당시로서는 성능이 뛰어난)의 사용 등 다양한 방법을 시도했다. 미오글로빈(둘 중의 더 작은 분자)마저도 2,600개의 원자를 포함하고 있었으므로 이것은 매우 도전적인 과제였다. 그들의 연구는 처음으로 구형 단백질과 관련된 원리를 이해할 수 있도록 했다.

1963　칼 지글러$^{\text{Karl Ziegler}}$(독일)
　　　 줄리오 나타$^{\text{Giulio Natta}}$(이태리)

'고분자와 관련된 기술과 화학 분야에서의 발견'으로 노벨 화학상을 공동 수상했다. 이 위대한 두 고분자화학자는 여러 종류의 고분자를 개발했으며 고분자화 과정의 메커니즘을 명확하게 하고 단순하게 했다. 지글러는 올레핀 고분자화 과정에 촉매작용을 하는 티타늄 화합물을 발견했고, 나타는 프로필렌으로 입체규칙성 고분자를 만드는 방법을 개발했다. 당시는 고분자화학이 아직 시작 단계에 있어 노벨 위원회가 이들의 수상을 결정할 당시에는 이들 연구의 중요성을 충분히 이해하지 못했다. 오늘날 지글러와 나타의 연구는 우리가 사용하는 많은 플라스틱 생산에 사용되는 기술의 바탕이 되었다.

1964   도로시 크로푸트 호지킨^{Dorothy Crowfoot Hodgkin}**(영국)**

'X-선 기술을 이용하여 중요한 생화학 물질의 구조를 결정한 공로'로 노벨 화학상을 수상했다. 호지킨은 X-선 결정 분석법을 이용하여 페니실린과 비타민 B12를 비롯한 많은 생화학적으로 중요한 분자들의 구조를 결정했다. X-선 결정 구조에 대한 자료를 처리하는 데 컴퓨터의 중요성이 높아졌고 호지킨은 뛰어난 자료 처리 능력을 높게 평가받았다. 노벨 위원회도 그녀가 많은 일을 이룰 수 있었던 것이 컴퓨터를 이용한 자료 처리 능력을 가지고 있었기 때문이라고 인정했다.

1965   로버트 번스 우드워드^{Robert Burns Woodward}**(미국)**

'유기 합성에서의 뛰어난 성취'로 노벨 화학상을 수상했다. 우드워드는 유기 합성 분야에서 폭넓은 성과를 이루어냈다. 그는 오레오마이신과 테라마이신(항생제인)의 구조를 밝혀내 이 분야에서 새로운 합성 연구를 가능하게 했다. 또한 말라리아와 싸우는 위대한 도전으로 여기던 키니네 합성에 성공했고, 후에는 콜레스테롤과 코리토손도 합성했다. 이 밖에도 그가 합성한 유기화합물은 아주 많으며 합성 분야에서 가장 많은 업적을 남긴 과학자라고 할 수 있다. 유기물의 합성 외에 우드워드는 중요한 많은 화합물의 구조를 결정하는 업적도 남겼다.

1966   로버트 멀리컨^{Robert S. Mulliken}**(미국)**

'화학결합과 분자궤도 방법을 이용한 분자의 전자구조에 대한 기초적인 연구'로 노벨 화학상을 수상했다. 멀리컨은 그가 개발한 분자궤도를 이용한 접근을 통해 분자 안에서 전자의 행동에 대한 연구 성과를 인정받았다. 각 원자의 궤도가 겹쳐져서 만들어지는 분자궤도는 한 쌍의 원자 사이에 결합이 존재할 것인지, 얼마나 강하게 결합할 것인지, 분자가 어떤 형태의 반응성을 가지게 될지를 예측하는 데 사용할 수 있다.

1967   맴프레드 아이겐^{Manfred Eigen}**(독일)**
로날드 조지 우레이포드 노리시^{Ronald George Wreyford Norrish}**(영국)**
조지 포터^{George Porter}**(영국)**

'짧은 주기로 에너지 펄스를 방출하여 평형상태를 어지럽히는 극단적으로 빠른 화학반응에 대한 연구'로 노벨 화학상을 공동으로 수상했다. 노리시와 포터는 짧은 주기의 광펄스를 이용하여 광화학반응을 유도하는 광분해 방법을 개발하여 이전에는 가능하지 않았던 매우 빠른 화학반응에 대한 연구를 가능하게 한 것을 인정받았다. 아이겐의 연구에서는 화학반응을 유도하는 데 소리를 이용한 것이 다르다. 소리는 분자들의 행동에 극적인 변화를 가져오지 않기 때문에 덜 효과적인 방법이다. 두 방법 중에서 플래시 광분해 방법이 오늘날 사용하는 현대적 분광 분석법과 훨씬 더 유사하며, 소리를 기반으로 하는 방법은 큰 주목을 끌지 못했다.

1968 라스 온사거$^{Lars\ Onsager}$(미국)

'비가역 과정에 대한 열역학의 기초가 되는 그의 이름을 딴 역 관계의 발견'으로 노벨화학상을 수상했다. 비가역 과정의 이론적 설명을 가능하게 하는 뛰어난 수학적 연구를 인정받은 것이다. 이 밖에도 그는 용액의 전도도와 전해질의 흐름, 이징 모델의 해결을 포함하여 물리학과 화학 분야에서 많은 업적을 남겼다.

1969 디릭 바틴$^{Derek\ H.\ R.\ Barton}$(영국)
오드 하셀$^{Odd\ Hassel}$(노르웨이)

'입체 구조의 개념 발전과 이 개념을 화학에 응용하는 데 대한 공헌'으로 노벨상을 공동 수상했다. 바틴과 하셀은 분자의 입체적 분석과 관련된 연구를 했다. 우리는 종이에 분자를 일정한 방향으로 그리지만 실제로는 수많은 입체 구조가 가능하다. 이것은 특히 '유연한' 분자에서 사실이다. 따라서 이런 분자에서는 특히 입체적 분석이 중요하다. 이들의 연구는 화학에서 회전의 중요성과 다른 입체적 변화에 관심을 가지도록 했다. 그들은 분자의 입체 구조가 반응성에 큰 영향을 미친다는 것을 보여주었다. 따라서 입체 구조의 변화는 반응성의 증가를 위해서 반응을 일으키는 데 필요할 수도 있다.

1970 루이스 를루아르$^{Luis\ F.\ Leloir}$(아르헨티나)

'당 뉴클레오타이드를 발견하고 탄수화물 합성에서 이들의 역할을 밝혀낸 연구'로 노벨화학상을 수상했다. 를루아르는 한 종류의 당을 다른 종류의 당으로 변환시키는데 필수적인 물질을 발견했는데, 뉴클레오타이드에 결합된 당(당 뉴클레오타이드)이었다. 탄수화물 합성과 관련된 많은 문제들의 해결 방법이 가능해진 것을 알게 된 그는 열정적으로 그 길을 개척해 당의 합성과 생합성에 대한 이해를 혁명적으로 바꾸어놓았다.

1971 게하르트 헤르츠베르크$^{Gerhard\ Herzberg}$(캐나다)

'자유 라디칼의 전자구조와 기하학적 구조의 이해를 증진시킨 공로'로 노벨 화학상을 수상했다. 헤르츠베르크는 유명한 물리학자 겸 천체 물리학자였으며 분자 분광학에 대한 위대한 업적을 남긴 사람이다. 분광학 분야에서의 그의 뛰어난 능력은 화학반응에서의 자유 라디칼의 역할에 대한 연구에서 잘 나타났다. 자유 라디칼은 짧은 수명(수백만분의 1초 정도) 때문에 오랫동안 연구하기 어려운 대상이었지만 헤르츠베르크는 분광학에 대한 뛰어난 조예 덕분에 이 문제에 도전할 수 있었고, 다른 비슷한 문제에도 도전하여 해결할 수 있었다.

1972 **크리스찬 앤핀슨**Christian B. Anfinsen (미국)
스탠퍼드 무어 Stanford Moore (미국)
윌리엄 스타인 William H. Stein (미국)

크리스찬 앤핀슨은 '리보핵산 가수분해 효소, 특히 아미노산 서열과 생물학적으로 활동적인 입체 구조 사이의 연결에 관련된 연구'로, 스탠퍼드 무어와 윌리엄 스타인은 '리보핵산 가수분해 효소의 활동적인 중심의 촉매 활동과 화학적 구조의 연결에 대한 이해를 증진시킨 공로'로 노벨 화학상을 공동 수상했다. 세 사람은 공동으로 가수분해 효소의 구조를 밝혀냈으며 효소의 구조가 반응성과 어떤 관계를 가지는지 이해할 수 있도록 했다. 특히 무어와 스타인은 효소의 활동적인 부위의 구조와 반응성을 연관지었다. 그들의 연구 방법은 리보핵산 분해 효소에 대한 연구뿐만 아니라 비슷한 다른 연구를 위한 길도 열어 놓았다.

1973 **에른스트 오토 피셔**Ernst Otto Fischer (독일)
제프리 윌킨슨 Geoffrey Wilkinson (영국)

'샌드위치 화합물이라고 하는 유기금속 화학에 대해 독립적으로 수행한 선구자적인 연구'로 노벨 화학상을 공동 수상했다. 피셔와 윌킨슨은 유기금속 화합물의 결합과 반응성과 관련된 기초 성질을 밝혀낸 연구와 특히 금속 중심이 두 개의 리간드 사이에 '샌드위치'처럼 끼어 있는 샌드위치 유기금속 화합물에 초점을 맞춘 연구를 수행했다. 그들은 자신들의 연구가 실용적인 응용이 아직 명확하지 않다고 공개적으로 인정했기 때문에 이들의 수상은 특별하다. 그리고 그들의 연구로 가능해진 유기금속 화학에 대한 이해는 미래 화학 발전에 크게 도움이 될 것이다.

1974 **폴 플로리**Paul J. Flory (미국)

'거대 분자 물리화학의 이론적·실험적 기초 연구'로 노벨 화학상을 수상했다. 플로리는 고분자를 특징짓고 다른 고분자들을 비교할 수 있는 지표를 개발하여 고분자화학 분야의 발전에 크게 공헌했다. 고분자마다 조성이 다르고 입체 구조가 다르기 때문에 매우 어려운 작업이었음에도 그는 고분자화학을 든든한 이론적 바탕 위에 올려놓기 위한 큰 걸음을 내디뎠다. 그가 이 분야의 연구를 시작할 때는 그런 기반이 없었다.

1975   **존 바르컵 콘퍼스**John Warcup Cornforth**(오스트레일리아, 영국)**
        블라드지르 프렐로그 Vladimir Prelog**(유고슬라비아/스위스)**

존 바르컵 콘퍼스는 '효소가 촉매하는 반응의 입체화학에 대한 연구'로, 블라드지르 프렐로그는 '유기분자와 반응의 입체화학에 대한 연구'로 노벨 화학상을 공동 수상했다. 콘퍼스는 효소의 활동 부위의 기하학적 배열을 알아보기 위해 동위원소를 이용했다. 그는 동위원소로 표시한 수소 원자를 이용하여 효소가 촉매하는 반응의 입체 화학을 연구했다. 프렐로그는 유기분자의 입체화학이 어떻게 반응성에 영향을 미치는지에 대한 연구를 통해 중요한 발견을 했다. 또한 효소가 단순한 유기분자와 어떻게 반응하는지 관찰하여 효소가 촉매로 작용하는 반응의 입체 화학을 연구하기도 했다.

1976   **윌리엄 립스콤**William N. Lipscomb**(미국)**

'수소화 붕소 화합물(보란)의 구조를 그림으로 나타내는 연구'로 노벨 화학상을 수상했다. 수소화 붕소 화합물(보란)은 흥미로운 수많은 화학결합에 관여한다. 왜냐하면 붕소는 탄소보다 화학결합에 공여할 전자를 하나 덜 가지고 있지만 종종 네 개의 원자와 결합하여 화합물을 만들기 때문이다. 립스콤은 X−선 회절과 양자 화학적 계산을 이용하여 보란 화합물의 화학과 결합에 대한 선구자적 연구를 했다. 그는 보란 화합물의 성질과 반응성을 상당히 정확하게 예측할 수 있을 정도로 보란 화합물을 잘 이해했고, 그의 연구로 화학결합의 성격에 대해 더 깊은 이해가 가능하게 되었다.

1977   **일리야 프리고진**Ilya Prigogine**(벨기에)**

'비평형 열역학, 특히 소산 구조에 대한 이론 발전에 공헌한 공로'로 노벨 화학상을 수상했다. 비평형 열역학은 전통적으로 접근하기 어려운 주제로 여겼었다. 왜냐하면 분자의 행동에 관한 일반적인 가정들을 모두 버려야 하기 때문이다. 프리고진의 연구는 열역학 이론을 물이 아래에서부터 빠르게 가열되는 경우와 마찬가지로 평형과는 먼 계까지도 포함하도록 확장했다. 프리고진은 '소산 구조'라고 하는 구조는 평형에서 먼 상태에 있을 수 있다는 것과 주변 환경과의 연계 하에서만 존재할 수 있다는 것을 보여주었다.

1978   **피터 미첼**Peter D. Mitchell**(영국)**

'화학 삼투 이론을 통해 생물학적 에너지 전달과정을 이해하는 데 공헌한 공로'로 노벨 화학상을 수상했다. 미첼은 전자의 전달이 산화성 인산화반응과 광인산화반응에서 어떻게 ATP 합성과 연계되는지 설명하는 이론을 개발했다. 또 양성자의 농도 차이(따라서 전하의 차이)가 미토콘드리아 막 양쪽에 만들어진다고 제안하고 농도 차이를 없애기 위한 양성자의 흐름이 ATP 합성의 추진력을 제공한다고 설명했다. 이것이 바로 화학 삼투 이론이다.

1979   **허버트 브라운**^{Herbert C. Brown} **(미국)**
       게오르그 비티히^{Georg Wittig} **(독일)**

'유기 합성에서 중요한 시약으로 붕소와 인을 함유하고 있는 화합물의 이용 방법을 개발한 공로'로 노벨 화학상을 공동 수상했다. 브라운은 유기 합성에 붕소 시약을 이용한 연구와 분자로서의 유기보란을 개발하는 연구를 했다. 비티히는 카르보닐이 올레핀으로 변환되는 반응을 개발하는 데 인을 이용해 연구했다. 이 반응은 현재 비티히 반응으로 알려져 있다. 비티히와 브라운의 연구는 오늘날에도 유기 합성에 널리 응용되고 있는 유용한 시약의 개발로 이어졌다.

1980   **폴 버그**^{Paul Berg} **(미국)**
       월터 길버트^{Walter Gilbert} **(미국)**
       프레데릭 상어^{Frederick Sanger} **(영국)**

폴 버그는 '핵산의 기초 연구, 특히 재조합 DNA에 대한 연구'로, 월터 길버트와 프레데릭 상어는 '핵산의 염기서열 결정과 관련된 연구'로 노벨 화학상을 공동 수상했다. 버그는 다른 DNA의 일부를 포함하고 있는 DNA 분자인 재조합-DNA 분자를 최초로 설계하였다. 길버트와 상어는 DNA 염기 서열을 결정하는 연구로 상금의 반을 공동으로 받았다. 초기에는 DNA 염기 서열을 결정하는 일은 매우 많은 시간과 비용이 드는 작업이었지만 오늘날에는 효과적으로 쉽게 할 수 있는 일이 되었다.

1981   **겐이치 후쿠이**^{Kenichi Fukui} **(일본)**
       로알드 호프만^{Roald Hoffmann} **(미국)**

'화학반응의 과정과 관련해 독립적으로 개발한 이론'으로 노벨 화학상을 공동 수상했다. 후쿠이는 가장 느슨하게 결합된 전자들(가장 높은 에너지 준위를 차지한 전자들)과 전자가 채워지지 않은 가장 낮은 에너지 준위의 성질을 바탕으로 화합물의 반응성을 예측할 수 있는 분자궤도 이론을 개발한 공로를 인정받았다. 호프만은 우두워드와 공동으로 연구하는 동안 중요한 이론적 연구를 완성했고, 화학반응과 반응에 관여하는 궤도의 대칭성 사이의 관계에 대한 결론을 이끌어냈다. 이 위대한 두 과학자는 일반화, 단순화, 관찰에서 나타난 기본적인 규칙성에 초점을 맞추어 어려운 문제를 해결하는 데 성공했다.

1982 아론 클루그^{Aaron Klug}(영국)

'생물학적으로 중요한 핵산 단백질 복합물질의 구조를 밝혀내고 결정학적 전자현미경의 개발'로 노벨 화학상을 수상했다. 클루그는 영상 정보의 수학적 처리에 바탕을 둔 접근을 통해 상대적으로 약한 전자빔으로 더 해상도가 높은 영상을 얻을 수 있도록 하여 시료에 두꺼운 금속 코팅을 하지 않고도 시료를 연구할 수 있도록 기존 전자 현미경의 기술을 개선했다. 그의 접근으로 이전에는 어려웠거나 정확한 분석이 가능하지 않았던 중요한 복합물의 구조를 결정할 수 있게 되었다.

1983 헨리 타우비^{Henry Taube}(미국)

'금속 복합 물질 안에서 전자 이동 반응의 메커니즘에 대한 연구'로 노벨 화학상을 수상했다. 타우비는 코발트와 크로뮴 이온을 연구하여 일부 분자는 용액 안에서 화학적 평형에 도달하지만 어떤 분자는 그렇지 않다는 것을 발견했다. 조심스런 일련의 실험은 어떤 경우에는 금속 이온쌍(또는 이들의 리간드 쌍) 사이에 전자 전달이 일어나기 위해서는 다리가 필요하다는 것을 나타냈다. 그러나 다른 경우에는 전자 전달이 먼 거리에서도 일어날 수 있었다. 이러한 관측은 많은 화학반응, 특히 생화학 분야의 반응에서 큰 응용성이 있는 것으로 판명되었다. 노벨상을 수상할 당시 타우비는 이미 화학 분야에서 매우 중요한 발견을 발표하여 화학의 역사를 새롭게 쓰고 있었다. 노벨 위원회는 배위 화학 분야에서 그의 중요성을 인정했다. 다음 인용문은 보고 중 일부이다. '해리 타우비가 배위 화학 분야의 모든 영역에서 우리 세대의 가장 창의적인 연구자라는 것은 의심의 여지가 없다. 그는 30년 동안 여러 분야에서 첨단 연구를 이끌었고 이 분야의 발전에 결정적인 영향을 끼쳤다.'

1984 로버트 브루스 메리필드^{Robert Bruce Merrifield}(미국)

'고체 기저 위에 화학합성을 하는 방법의 개발'로 노벨 화학상을 수상했다. 메리필드는 펩타이드와 핵산의 사슬을 합성하는 간단하고 영리한 방법을 개발했다. 이는 최초의 핵산 사슬을 고분자에 결합시킨 후 다음 잔기들을 추가하는 방법이었다. 이 방법을 이용하면 이전의 방법보다 빠르게, 원하는 최종 생성물을 다량으로 생산할 수 있다는 것이 밝혀졌다.

1985 헤르트 하우프트먼^{Herbert A. Hauptman}(미국)
제롬 카를^{Jerome Karle}(미국)

'결정 구조를 결정하는 직접적인 방법을 개발하는 뛰어난 업적'으로 노벨 화학상을 공동 수상했다. 이들은 결정 구조를 분석하는 방법을 개량하여 분자 구조를 규명할 수 있도록 했다. 그것은 관측된 회절 무늬를 화학 구조에 연결시키는 확률 방정식의 개발과 분자 구조를 결정하기 위해 많은 회절 무늬를 측정하는 방법에 바탕을 두고 있다.

1986   **더들리 허시박**^{Dudley R. Herschbach}(미국),

       리위안저^{Yuan T. Lee}(미국)

       존 폴라니^{John C. Polanyi}(캐나다/헝가리)

'기초 화학반응 역학과 관련된 연구'로 노벨 화학상을 공동 수상했다. 허시박은 화학 역학을 자세하게 연구하기 위해 교차된 분자 빔을 이용하는 방법의 개발을 인정받았다. 처음에 리는 허시박과 함께 연구했지만 상대적으로 큰 분자의 중요한 반응을 연구하기 위해 독립적으로 교차 분자 빔을 이용하는 방법에 대한 연구를 계속했다. 폴라니는 적외선 영역에서 화학 형광을 이용하는 방법을 개발했다. 이 방법에서는 최근에 형성된 분자가 내는 약한 적외선을 측정하여 화학반응 시 어떻게 에너지가 방출되는지를 밝혀 냈다.

1987   **도널드 크램**^{Donald J. Cram}(미국)

       장 미리 렝^{Jean-Marie Lehn}(프랑스)

       찰스 페더슨^{Charles J. Pedersen}(미국)

'선택적으로 특정한 방법으로 반응하는 구조를 가진 분자의 개발과 사용'으로 노벨 화학상을 공동 수상했다. 이 화학자들은 서로를 '인식'할 수 있어 매우 독특한 방법으로 반응하여 화합물을 형성할 수 있는 분자의 발견을 인정받았다. 그들은 고도의 분자 인식을 가능하게 하는 분자의 핵심 특징을 연구했다. 그 결과 효소의 특정한 인식 작용을 흉내 내는 분자를 만들 수 있었다. 이들의 연구는 오늘날 초분자화학으로 알려진 연구 분야를 개척했다.

1988   **요한 다이젠호퍼**^{Johann Deisenhofer}(독일)

       로베르트 후버^{Robert Huber}(독일)

       하르트무트 미첼^{Hartmut Michel}(독일)

'광합성 반응 중심의 3차원 구조를 결정한 연구'로 노벨 화학상을 공동 수상했다. 이들은 광합성을 수행하는 단백질 막을 원자 단위에서 규명하는 연구를 하였다. 이 단백질을 결정으로 만들기는 매우 어려웠는데, 미첼은 이 어려운 과제를 해결한 공로를 인정받았다. 그 뒤 미첼은 후버, 다이젠호퍼와 공동 연구를 통해 결정화된 광합성 중심 막의 구조를 세밀하게 결정했다.

1989 **시드니 알트먼**^{Sidney Altman}(캐나다, 미국)

토머스 체크^{Thomas Cech}(미국)

'RNA의 촉매적 성질에 대한 발견'으로 노벨 화학상을 수상했다. 유전과 유전 정보 전달에서의 RNA의 역할은 이미 알려져 있었지만 알트먼과 체크는 RNA가 생물 촉매의 기능도 한다는 것을 발견했다. 이 발견은 과학계를 완전히 놀라게 하는 결과였다. 이들은 RNA를 어떤 단백질 효소도 포함되어 있지 않은 시험관에 넣었을 때 RNA가 스스로 작은 조각으로 나뉘었다가 재결합하는 것을 발견했다. 이 관측은 최초 RNA 효소의 발견으로 이어져, 노벨 화학상이 수여될 시점에는 거의 100가지나 되는 RNA 효소가 발견되어 있었다.

1990 **일라이어스 제임스 코리**^{Elias James Corey}(미국)

'유기 합성의 방법과 이론의 개발'로 노벨 화학상을 수상했다. 코리는 생물학적으로 활동적인 자연 생성물의 생산을 가능하게 하는 이론과 방법의 개발을 포함한 유기 합성의 수많은 중요한 연구를 인정받아 노벨상을 받았다. 이것은 많은 상업의약품 생산을 가능하게 했고 따라서 일반인의 건강 증진에 크게 도움을 주었다. 그의 연구는 '역합성 분석'이라고 알려진 방법의 개발로 인해 매우 성공적이었다. 이 방법은 목표로 하는 분자에서 출발하여 이미 합성이 가능한 단순한 구조에 도달할 때까지 반대 순서로 결합을 분석하는 것이었다.

1991 **리하르트 에른스트**^{Richard R. Ernst}(스위스)

'고해상도 핵자기공명(NMR) 분광법의 개발'로 노벨 화학상을 수상했다. 핵자기 공명(NMR) 분광법은 물리적으로나 합성 화학자 모두에게 강력한 도구가 될 수 있다는 것이 증명되었다. 이 분광법은 여러 가지에 응용될 수 있지만 특히 단순한 유기화합물과 복잡한 생체분자의 구조를 결정하고, 화학반응의 과정을 추정하는 데 사용되었다. 에른스트는 2차원 또는 3차원 접근을 포함하여 NMR 기기의 정밀도와 해상도를 상당히 발전시킨 공로로 노벨상을 받았으며 후에 실현된 NMR−위상 영상을 얻는 방법을 제안하기도 했다.

1992 **루돌프 마커스**^{Rudolph A. Marcus}(미국)

'화학계에서 전자 이동 반응에 대한 이론 개발'로 노벨 화학상을 수상했다. 마커스는 전자 전달 반응에 대한 연구와 기본적인 화학반응과 관련된 이론 개발 연구를 했다. 두 분자 사이의 전자 전달은 화학반응의 어디에서나 일어나는 과정이기 때문에 물질의 전도성에서부터 화학합성, 그리고 에너지를 흡수하기 위해 식물이 빛을 받아들이는 반응에 이르기까지 넓은 범위의 화학 현상에서 중요하다. 마커스는 1950년대와 1960년대에 전자 전달 이론과 관련된 연구를 완성했고, 다른 화학계에서 관측된 다양한 속도의 전자 전달을 설명했다. 이 이론의 일부 측면은 실험적으로 증명하기 어려워 1980년대까지 증명되지 못했기 때문에 마커스는 노벨상을 받기까지 오랜 시간을 기다려야 했다.

1993 **캐리 멀리스**^{Kary B. Mullis}(미국)

마이클 스미스^{Michael Smith}(캐나다)

캐리 멀리스는 'DNA-기반 화학에서 폴리메라제 연쇄반응(PCR)의 발명을 위한 방법의 개발'로, 마이클 스미스는 '올리고뉴클레오타이드를 기반으로 한 지정 부위 돌연변이 방법의 개발과 단백질 연구를 위한 이용에 대한 공헌'으로 노벨 화학상을 공동 수상했다. 멀리스는 널리 사용되는 실험 방법인 폴리메라제 연쇄반응을 개발하였다. PCR은 비교적 간단한 실험실 장비를 사용하여 불과 몇 시간 만에 수백만 개의 DNA 복사본을 만들 수 있도록 했는데 이는 많은 실험실에서 다양하게 응용될 수 있는 것으로 밝혀졌다. 예를 들면 오래 전에 멸종한 생명체의 화석으로부터 DNA 복사본을 만드는 데에도 이용될 수 있다. 스미스는 유전 정보를 '조작'하는 연구로 멀리스와 노벨상을 공동 수상했다. 세포에서는 생명체의 DNA 안에 있는 뉴클레오타이드의 순서를 이용하여 단백질을 생산한다. 이 순서는 단백질에 결합하는 아미노산의 순서를 나타낸다. 스미스는 DNA를 선택적으로 조작하여 생산되는 단백질의 아미노산의 순서를 바꾸는 방법을 개발했다.

1994 **조지 올라**^{George A. Olah}(미국/헝가리)

'카르보 양이온 화학에 대한 공헌'으로 노벨 화학상을 수상했다. 카르보 양이온은 하나 이상의 (+) 전하를 띤 탄소 원자를 가진 분자이다. 이런 형태의 중간 단계가 유기물의 반응에서 중요한 역할을 할 것이라는 추정이 여러 해 전부터 있었지만 이들의 반응이 매우 활발해 이것을 분리할 수 있을 것이라고는 생각하지 못했다. 올라는 극단적으로 강한 산(초강산이라고 부르는) 화합물을 이용하여 안정한 카르보 양이온을 만드는 데 성공했다. 이 분자를 처음으로 밝혀낸 올라의 연구는 카르보 양이온 화학 분야에 혁명적인 변화를 가져왔다. 이 연구는 유기 화학에서 중요한 중간 상태를 더 깊이 이해하는 데 큰 영향을 미쳤다.

1995 **파울 크루첸**^{Paul J. Crutzen}(네덜란드)

마리오 몰리나^{Mario J. Molina}(멕시코/미국)

셔우드 롤런드^{F. Sherwood Rowland}(미국)

대기 화학, 특히 '오존층의 형성과 해체에 관련한 연구'로 노벨 화학상을 공동 수상했다. 이 연구자들은 대기에서의 반응을 통해 오존층이 어떻게 파괴되는지 밝히는 데 크게 공헌했다. 이들은 오존층 파괴의 원인이 인류에 의한 오염라는 사실을 보여주었으며 대기의 오염 물질이 어떻게 오존을 분해하는지 알아냈다. 이러한 정보는 오존층을 보호하여 지구의 기후를 안정시키는 데 큰 도움이 될 것이다.

1996 **로버트 컬**Robert F. Curl Jr.(미국)
해럴드 크로토 Sir Harold W. Kroto(영국)
리처드 스몰리 Richard E. Smalley(미국)

'풀러렌의 발견'으로 노벨 화학상을 공동 수상했다. 이들은 탄소 원자가 공을 만드는 형태로 배열되어 있는 새로운 탄소 분자를 발견했다. 세 과학자는 공동 연구를 통해 이 발견을 이루어냈고, 이들이 발견한 새로운 형태의 탄소 분자는 풀러렌이라는 이름으로 불리게 되었다. 풀러렌은 강력한 레이저 펄스를 조사했을 때 생성되는 탄소 증기를 불활성 기체 하에서 농축시켰을 때 만들어진다. 현재는 다양한 크기의 풀러렌이 발견되었다.

1997 **폴 보이어**Paul D. Boyer(미국)
존 워커 John E. Walker(영국)
젠스 스코우 Jens C. Skou(덴마크)

폴 보이어와 존 워커는 'ATP 합성에 관여하는 효소 메커니즘을 밝혀낸 공로'로, 젠스 스코우는 '이온 전달 효소인 Na, K-ATPase를 최초로 발견한 공로'로 노벨 화학상을 공동 수상했다. 보이어와 워커는 ATP 합성 효소가 어떻게 ATP의 형성을 촉매하는지 밝혀내어 노벨 화학상을 수상했다. 이 정보는 세포에서 에너지가 어떻게 저장되고 전달되며 사용되는지에 대한 이해와 밀접한 관계가 있다. 스코우는 최초로 세포의 나트륨과 칼륨 농도를 유지하는 이온 전달 효소를 발견한 연구로 노벨 화학상을 수상했다.

1998 **월터 콘**Walter Kohn(미국)
존 포플 John A. Pople(영국)

월터 콘은 '밀도 기능 이론의 개발'로, 존 포플은 '양자 화학의 컴퓨터 이용 방법 개발'로 노벨 화학상을 공동 수상했다. 콘과 포플은 현대 컴퓨터 화학 방법의 기초를 만든 사람들로 인정받고 있다. 콘이 개발한 밀도 기능 이론은 분자 내의 지역적 전자 밀도를 이용하여 분자의 성질을 계산하는 방법으로 현재 널리 사용되고 있다. 포플은 많은 화학자들이 사용할 수 있는 컴퓨터 이용 방법을 개발하는 데 앞장섰던 사람이다. 이런 기술적인 업적 외에도 그는 오늘날 가장 널리 사용되고 있는 컴퓨터 화학 도구인 가우시안 컴퓨터 화학 소프트웨어를 개발한 공적도 인정받았다.

1999 **아흐메드 즈웨일**^{Ahmed Zewail} (이집트/미국)

'펨토초 분광학을 이용한 화학반응의 전이상태 연구'로 노벨 화학상을 수상했다. 즈웨일은 실시간으로 화학반응을 연구하기 위해 펨토초(실제로 화학반응이 일어나는 시간) 분광법 이용 방법을 연구했다. 이 분야에서의 즈웨일의 초기 실험은 시안화요오드와 요오드화나트륨을 살펴보는 것이었다. 그는 분자들이 분해된 후 재결합이 실제로 일어나는 것을 최초로 관측한 사람으로, 그의 연구는 분광학 분야에 혁명적인 발전을 가져왔고 오늘날에도 지속적인 발전이 이루어지고 있다!

2000 **앨런 히거** Alan J. Heeger (미국)
앨런 맥더미드 Alan G. MacDiarmid (미국/뉴질랜드)
히데키 시라카와 Hideki Shirakawa (일본)

'도체 고분자의 발견과 개발'로 노벨 화학상을 공동 수상했다. 이들은 특정한 조건 아래서 플라스틱 또는 고분자가 전기 전도성을 가질 수 있다는 것을 발견했다. 누구도 플라스틱이 전도성 물질이라고 생각하지 않았기 때문에 이것은 매우 놀라운 결과였다. 이 플라스틱과 고분자는 복합 탄소-탄소 이중 결합(다시 말해 탄소-탄소 이중결합이 탄소-탄소 단일결합과 교대로 배열된)으로 이루어진 사슬로 구성되어 있다. 이런 고분자는 산화와 환원을 통해 인공적으로 전자를 주입하거나 제거할 수 있다.

2001 **윌리엄 놀스** William S. Knowles (미국)
노요리 료지 Ryōji Noyori (일본)
배리 샤플리스 K. Barry Sharpless (미국)

윌리엄 놀스와 노요리 료지는 '비대칭 촉매에 의한 수소화반응에 대한 연구'로, 배리 샤플리스는 '비대칭 촉매에 의한 산화반응 연구'로 노벨 화학상을 공동 수상했다. 이 상의 반은 수소화 반응 또는 두 개의 수소가 첨가되는 반응에 비대칭적으로 작용하는 비대칭 촉매에 관한 연구를 인정하여 놀스와 노요리에게 수여되었다. 이 연구는 곧 제약 생산에 응용될 수 있다는 것이 증명되었다. 샤플리스는 산화반응에 비대칭 촉매 작용을 하는 촉매에 대한 연구로 이 상의 반을 수상했다. 이 반응은 유기 합성에서 또 다른 중요한 반응이다.

존 펜 John B. Fenn (미국)

존 펜^{John B. Fenn}(미국)

코이치 다나카^{Koichi Tanaka}(일본)

쿠르트 뷔트리히^{Kurt Wüthrich}(스위스)

존 펜과 코이치 다나카는 '생물학적 거대 분자의 질량 분석 및 3차원 구조 규명'으로, 쿠르트 뷔트리히는 '용액 안의 생물학적 거대 분자의 3차원 구조를 결정하는 데 필요한 핵자기 공명 분광법을 개발하기 위한 생물학적 거대 분자의 구조 분석 방법의 개발'로 노벨 화학상을 공동 수상했다. 과거에는 질량 분석법이 상대적으로 작고 가벼운 분자의 연구에 한정되었지만 펜과 다나카는 거대 분자에까지 확장한 연구로 노벨상을 수상했다. 그들은 또한 독립적으로 질량 분석에 적합한 자유롭게 떠다니는 단백질 시료를 얻어내는 두 가지 다른 방법을 개발했다. 뷔트리히는 ^{NMR} 분광법을 이용하여 용액 안에 있는 생체분자의 3차원 구조를 결정한 연구로 노벨 화학상의 반을 수상했다. 생체분자의 구조는 결정 상태와 용액 상태에서 다르고, 용액 상태가 실제 생물학적 기능에서 중요하기 때문에 이 연구는 결정 구조 분석에서 한 걸음 더 나아간 것으로 인정받았다.

2003 **피터 에이그리**^{Peter Agre}(미국)

로더릭 매키넌^{Roderick MacKinnon}(미국)

피터 에이그리는 '물 통로의 발견을 위한 세포막 통로와 관련된 발견'으로, 로더릭 매키넌은 '이온 통로에 대한 역학적이고 구조적인 연구를 위한 세포막의 통로와 관련된 발견'으로 노벨 화학상을 공동 수상했다. 에이그리는 세포의 물 통로가 되는 막 단백질를 분리하는 데 성공하여 이 상의 반을 받았다. 약 200년 동안 세포는 물이 드나드는 통로를 가지고 있을 것이라고 추정해왔다. 그러나 에이그리는 물 통로의 확실한 증거를 찾아냈으며, 특히 칼륨 통로의 구조를 밝혀냈다. 처음으로 화학자들이 칼륨 이온이 세포로 들러오고 나가는 것을 '볼' 수 있게 되었다.

2004 **아론 시에치노버**^{Aaron Ciechanover}(이스라엘)

아브람 헤르슈코^{Avram Hershko}(이스라엘)

어윈 로즈^{Irwin Rose}(미국)

'유비퀴틴에 의해 매개된 단백질의 분해를 발견한 연구'로 노벨 화학상을 공동 수상했다. 단백질과 관련된 연구의 대부분은 어떻게 합성하고 기능하는지에 관심을 가지고 있었던 데 반해 이들은 세포가 어떻게 단백질의 분해를 조절하는지에 초점을 맞추었다. 그들은 누구도 예측할 수 없었던 빠른 속도로 단백질이 분해(그리고 재합성)된다는 것을 알아냈다. 단백질은 분해될 시기가 되면 표시가 된 후 작은 조각으로 나누어지기 때문에 더 이상 기능하지 못한다.

2005   이브 쇼뱅[Yves Chauvin](프랑스)
        로버트 그럽스[Robert H. Grubbs](미국)
        리처드 슈록[Richard R. Schrock](미국)

'유기 합성에서 복분해 방법의 개발'로 노벨 화학상을 공동 수상했다. 쇼뱅, 그럽스, 슈록은 탄소－탄소 이중 결합을 교환하는 금속이 촉매로 작용하는 반응(복분해)에 대해 연구했다. 이 촉매와 작용하는 이중결합의 대부분은 매우 강해서 이중결합을 분리하는 반응이 매우 인상적이다. 쇼뱅이 촉매 작용의 자세한 메커니즘을 처음 제안했다. 그럽스와 슈록은 독립적으로 몰리브데넘과 루터늄 금속을 이용하여 이 반응을 위한 매우 활동적인 촉매를 개발했다.

2006   로저 콘버그[Roger D. Kornberg](미국)

'진핵생물 전사의 분자 기반에 대한 연구'로 노벨 화학상을 수상했다. 단백질을 생산하기 위해 DNA를 읽으려면 몇 단계 핵심적인 과정을 거쳐야 한다. 콘버그는 첫 번째 핵심 단계인 번역 단계를 세밀하게 밝히는 연구를 했다. 번역은 세포 핵 밖으로 전달되는 DNA의 복사를 만드는 것과 관련된다. 로저 콘버그의 아버지 아서 콘버그는 DNA에서 다른 곳으로 정보가 어떻게 전달되는지에 대한 연구로 1959년 노벨 생리 의학상을 수상했다. 어느 누가 아버지의 연구와 관련된 주제로 아들이 노벨상을 받을 것이라고 예측할 수 있었을까?

2007   게하르트 에르틀[Gerhard Ertl](독일)

'고체 표면에서의 화학반응에 대한 연구'로 노벨 화학상을 수상했다. 표면화학은 화학의 여러 응용 분야에서 폭넓게 중요성을 인정받는 주제이다. 여기에는 대기화학(대기의 중요한 일부 반응이 얼음의 표면에서 일어난다), 반도체, 태양 에너지 흡수 같은 분야가 포함된다. 에르틀은 현대 표면과학의 기초를 다진 사람들 중 한 사람으로 오늘날 표면 연구에 이용되는 많은 기술을 개발했다. 정밀한 표면에 대한 연구는 표면에 흡수될 수 있는 기체 상태의 분자들에 의해 오염되는 것을 피하기 위해 고도의 진공상태에서 이루어져야 하다.

2008   오사무 시모무라[Osamu Shimomura](일본)
        마틴 챌피[Martin Chalfie](미국)
        로저 첸[Roger Y. Tsien](미국)

'녹색 형광 단백질, GFP의 발견과 개발'로 노벨 화학상을 공동 수상했다. 이 세 과학자들은 녹색 형광 단백질 또는 GFP라고 하는 단백질에 대해 연구했다. 이 단백질은 1962

년 해파리에서 처음으로 발견되었고 점차 생물학자들에게 중요한 분자가 되었다. 일부 과학자들은 GFP를 보이지 않는 과학 반응을 연구하는 데 사용하기도 했다. 시모무라, 챌피, 첸은 GFP에 대한 이해를 증진시킨 중요한 발견을 한 이 분야의 선두주자였다.

2009　**벤카트라만 라마크리슈난**Venkatraman Ramakrishnan(미국)

　　　　토머스 스타이츠 Thomas A. Steitz(미국)

　　　　아다 요나트 Ada E. Yonath(이스라엘)

'리보솜의 구조와 기능에 대한 연구'로 노벨 화학상을 공동 수상했다. 라마크리슈난, 스타이츠, 요나는 리보솜의 구조와 기능을 원자 수준에서 밝혀냈다. 그들은 수십만 개의 원자로 이루어진 리보솜을 구성하는 각 원자의 지도를 만들기 위해 X−선 결정학을 이용했다. 리보솜은 세포에서 단백질을 합성하는 핵심 역할을 한다. 이 연구 결과를 바탕으로 그들은 항생제가 어떻게 리보솜에 결합하는지 보여주는 모델을 개발하기도 했다.

2010　**리처드 헤크**Richard F. Heck(미국)

　　　　에이이치 네기시 Ei-ichi Negishi(일본)

　　　　아키라 스즈키 Akira Suzuki(일본)

'유기 합성에 팔라듐 촉매를 이용하는 새로운 합성법의 개발'로 노벨 화학상을 공동 수상했다. 헤크와 네기시는 팔라듐 촉매를 이용한 교차 연결이라는 일련의 반응을 개발했다. 이 반응들은 유기 합성에서 강력한 도구로, 화학자들이 탄소−탄소 결합(일반적으로 쉬운 일이 아닌)을 형성할 수 있도록 했다. 이 반응은 탄소 원자가 탄소−탄소 결합을 일으킬 수 있는 공통의 팔라듐 중심에 결합하여 이루어진다.

2011　**다니엘 세흐트만**Dan Shechtman(이스라엘)

'준결정 발견'으로 노벨 화학상을 수상했다. 세흐트만이 처음 준결정을 발견했을 때 일각에서는 그를 비웃었다. 세흐트만은 현미경을 이용하여 반복적인 형태로 쌓인 것처럼 보이는 분자의 형태를 발견했지만 이것은 기하학에서 허용하는 주기적인 형태와는 다른 것이었다. 이 역설적인 발견에 대한 확신 때문에 그는 당시 연구팀을 떠나달라는 요청까지 받았다. 오랜 논쟁 끝에 마침내 세흐트만의 발견은 인정받았고, 현재까지도 준결정이 많이 응용되고 있지는 않지만 과학자들에게 고체에 대한 기본적인 생각을 다시 하게 만들었다. 그것 역시 커다란 성과였다.

2012 로버트 레프코비츠^{Robert J. Lefkowitz}(미국)

브리안 코비카^{Brian K. Kobilka}(미국)

'G단백질 연관 수용체에 대한 연구'로 노벨 화학상을 공동 수상했다. 레프코비츠와 코비카는 G단백질 수용체라고 하는 수용체 군에 대해 연구했다. 이것은 세포가 주변 환경을 감각하는 방법, 특히 의약품, 호르몬 그리고 다른 신호 분자에 반응하는 방법을 결정하는 데 중요한 역할을 한다. 레프코비츠는 1960년대 말부터 이 분야의 연구를 계속 해왔고, 코비카는 1980년대부터 연구를 해왔지만 2011년이 되어서야 호르몬이 신호 메커니즘을 활성화하는 정확한 순간의 수용체 영상을 얻을 수 있었다. 이 상은 이 수용체가 어떻게 작용하는지를 밝혀낸 전체적인 연구에 수여되었다.

2013 마르틴 카플러스^{Martin Karplus}(오스트리아)

마이클 레빗^{Michael Levitt}(미국)

아리엘 와르셸^{Arieh Warshel}(미국)

'분자동역학^{Molecular Mechanics} 분야에서 거대 분자의 복잡한 화학반응을 예측할 수 있는 시뮬레이션 기법 개발'로 노벨 화학상을 공동 수상했다.
카플러스와 레빗, 위셜이 빛에 가까운 속도로 일어나는 분자 단위의 화학반응을 단계별로 세밀하게 분석하는 복잡한 화학반응 과정과 분자 조합의 계산과 예측을 위해 개발한 다층적 분석 모델은 화학연구의 새 장을 열었다.

2014 에릭 베지그^{Eric Betzig}(미국)

스테판 헬^{Stefan W.Hell}(독일)

윌리엄 모에너^{William E.Moerner}(미국)

'초고해상도 광학 현미경을 개발해 살아 있는 세포를 나노미터 단위 수준에서 관찰 가능하게 한 공로'로 노벨 화학상을 공동 수상했다.
극저온 상태에서만 사용 가능한 전자 현미경으로는 냉동 세포만 관찰할 수 있고 광학 현미경은 빛의 간섭 현상 때문에 바이러스(100nm)나 단백질(10nm) 등은 관찰하기 어려워 살아 있는 세포를 관찰하고자 했던 화학자들의 바람은 이들이 형광 물질로 현미경의 해상도를 높여 초고해상도 광학 현미경을 개발함으로써 나노미터 수준까지 세포 내부를 관찰할 수 있게 함으로써 이루어졌다.
이는 뇌의 신경세포나 단백질 관찰 등이 가능하게 됨으로써 생명 연구를 통해 다양한 질병 극복에 도움이 되고 있다.

2015   **토마스 린달**^{Tomas Lindahl}(스웨덴)

폴 모드리치^{Paul Modrich}(미국)

아지즈 산자르^{Aziz Sancar}(터키)

'DNA 손상 복구 메커니즘'을 연구한 공로로 노벨 화학상을 공동 수상했다.

이들이 발견한 매커니즘은 체내에서 발생하는 DNA 손상이나 DNA 복제할 때 발생하는 오류 등을 인식해 정상으로 회복시키는 생체 메커니즘으로, 세포가 손상된 DNA를 복구하면서 유전자 정보를 보호하는 메커니즘으로 새로운 암 치료 방법의 개발에 도움을 주고 있다.

2016   **장 피에르 소바주**^{Jean－Pierre Sauvage}(프랑스)

프레이저 슈토다르트^{Sir J.Fraser Stoddart}(미국)

버나드 페링하^{Bernard L. Feringa}(네덜란드)

새로운 물질을 비롯 신개념 센서, 배터리 등 다양한 분야에 활용될 수 있는 분자기계 개발로 노벨 화학상을 공동 수상했다.

'분자기계^{molecular machine}'란 우리 몸의 생리적 현상을 모방해 분자 수준에서 그 기능을 기계적으로 재현한 것을 말한다.

1983년 소바주 교수가 개발한 분자기계는 슈토다르트 교수가 1991년 연결체인 로탁세인^{rotaxane}으로 발전시켰고 페링하 교수는 두 교수의 연구 결과를 기반으로 1999년 자외선을 쬐면 같은 방향으로 돌아가는 분자모터를 개발했다.

참고 도서

BOOKS AND ARTICLES

Anastas, P. T., and J. C. Warner, *Green Chemistry: Theory and Practice*, New York: Oxford University Press, 1998, p. 30. ISBN 978-0198506980.

Arnett, David. *Supernovae and Nucleosynthesis*. First edition. Princeton, NJ: Princeton University Press, 1996. ISBN 0-691-01147-8.

Burke, J. *Connections*. Boston: Little, Brown & Company, 1978. ISBN 0-316-11681-5.

Cline, D. B. "On the Physical Origin of the Homochirality of Life." *European Review* 13 (2005): 49.

DeKock, R. L., and Harry B. Gray. *Chemical Structure and Bonding*. Second edition. Sausalito, CA: University Science Books, 1989. ISBN 978-0935702613.

D'Ettorre, P. Heinze, J. "Sociobiology of Slave-making Ants" *Acta Ethologica* 3 (2001): 67.

Ettlinger, Steve. *Twinkie, Deconstructed: My Journey to Discover How the Ingredients Found in Processed Foods Are Grown, Mined (Yes, Mined), and Manipulated into What America Eats*. New York: Hudson Street Press, 2007. ISBN 978-1594630187.

Gilbert, Avery. *What the Nose Knows: The Science of Scent in Everyday Life*. Crown Publishers, 2008. p. 28. ISBN 140008234X.

Karmarkar, U. R., and D. V. Buonomano. "Timing in the Absence of Clocks: Encoding Time in Neural Network States." *Neuron* 53 (2007): 427.

McQuarrie, Donald A., and John D. Simon. *Physical Chemistry: A Molecular Approach*. University Science Books, 1997. ISBN 978-0935702996.

Strlič, M., J. Thomas, T. Trafela, L. Cséfalvayová, I. K. Cigič , J. Kolar, and M. Cassar. "Material Degradomics: On the Smell of Old Books." *Analytical Chemistry* 81 (2009): 8617.

ONLINE RESOURCES

Bellasugar—What Makes Mascara Waterproof?: http://www.bellasugar.com/What-Makes-Mascara-Waterproof-2804912.

Business Briefing, Pharmatech 2002. "Pharmaceutical Quality Control—Today and Tomorrow" a report by Dr. Michael Hildebrand:
http://www.touchbriefings.com/pdf/17/pt031_r_17_hildebrand.pdf.

CNN Tech—Can World's Largest Laser Zap Earth's Energy Woes?:
http://articles.cnn.com/2010-04-28/tech/laser.fusion.nif_1_largest-laser-national-ignition-facility-energy?_s=PM:TECH.

Discover Magazine—How Your Brain Can Control Time:
http://discovermagazine.com/2008/aug/11-how-your-brain-can-control-time.

Energy Quest: http://www.energyquest.ca.gov/.

European Nuclear Society—Nuclear Power Plants World-wide:
http://www.euronuclear.org/info/encyclopedia/n/nuclear-power-plant-world-wide.htm.

Green Econometrics—Understanding the Cost of Solar Energy:
http://greenecon.net/understanding-the-cost-of-solar-energy/energy_economics.html.

The Guardian—World Carbon Dioxide Emissions by Country: China Speeds Ahead of the Rest:
http://www.guardian.co.uk/news/datablog/2011/jan/31/world-carbon-dioxide-emissionscountry-data-co2#data.

Harvard Medical School, Healthy Sleep—Why Do We Sleep, Anyway?:
http://healthysleep.med.harvard.edu/healthy/matters/benefits-of-sleep/why-do-we-sleep.

Hillman's Hyperlinked and Searchable Chambers' Book of Days:
http://www.thebookofdays.com.

International Energy Agency—Key World Energy Statistics 2007:
http://www.iea.org/textbase/nppdf/free/2007/key_stats_2007.pdf.

International Union of Pure and Applied Chemistry Gold Book: http://goldbook.iupac.org.

National Historic Chemical Landmarks—Joseph Priestly, Discoverer of Oxygen:
http://acswebcontent.acs.org/landmarks/landmarks/priestley.

National Public Radio—A Chemist Explains Why Gold Beat Out Lithium, Osmium, Einsteinium…
http://www.npr.org/blogs/money/2011/02/15/131430755/a-chemist-explains-why-goldbeat-out-lithium-osmium-einsteinium.

Nobel Prize Official Website: http://www.nobelprize.org.

Nuclear Energy Institute—Where Does Uranium Come From?:
http://www.nei.org/resourcesandstats/publicationsandmedia/insight/insightmay2009/where-does-uranium-come-from.

Science Bob—Experiments: http://www.sciencebob.com/experiments.

Scientific American—Does Turkey Make You Sleepy?:
http://www.scientificamerican.com/article.cfm?id=fact-or-fiction-does-turkey-makeyou-sleepy.

Scientific American—Our Planet's Leaky Atmosphere:
http://www.scientificamerican.com/article.cfm?id=how-planets-lose-their-atmospheres.

United States Energy Information Administration: http://www.eia.gov.

United States Environmental Protection Agency: http://www.epa.gov.

University of Maryland Medical Center—Herbal Medicine:
http://www.umm.edu/altmed/articles/herbal-medicine-000351.htm.

West Coast Analytical Service—Metals Analysis by ICPMS: http://www.wcaslab.com/tech/tbicpms.htm.

추천 도서

CHAPTER 1

Burke, J. *Connections*. Boston: Little, Brown & Company, 1978.

CHAPTERS 2, 3, AND 4

Oxtoby, David, H. Pat Gillis, and Alan Campion. *Principles of Modern Chemistry*, 7th edition. Belmont, CA: Brooks/Cole, 2012. ISBN 978-0840049315.

Tro, Nivaldo J. *Chemistry: A Molecular Approach*, 2nd U.S. edition. Upper Saddle River, NJ: Prentice Hall, 2011. ISBN 978-0321651785.

CHAPTER 5

Egè, Seyhan. *Organic Chemistry: Structure and Reactivity*, 5th Edition. New York: Houghton Mifflin Harcourt, 2003. ISBN 978-0618318094.

Vollhardt, K. Peter C., and Neil E. Schore. *Organic Chemistry: Structure and Function, Fifth Edition*. W. H. Freeman, 2005. ISBN 978-0716799498.

CHAPTER 6

Cotton, F. Albert. *Chemical Applications of Group Theory*, 3rd edition. New York: Wiley, 1990. ISBN 978-0471510949.

Cotton, F. Albert F., Geoffrey Wilkinson, and Paul L. Gaus. *Basic Inorganic Chemistry*, 3rd edition. New York: Wiley, 1994. ISBN 978-0471505327.

Miessler, G. L., and Donald A. Tarr. *Inorganic Chemistry*, 3rd edition. Upper Saddle River, NJ: Prentice Hall, 2003. ISBN 978-0130354716.

DeKock, R. L., and Harry B. Gray. *Chemical Structure and Bonding*, 2nd edition. Sausalito, CA: University Science Books, 1989. ISBN 978-0935702613.

CHAPTER 7

Harris, Daniel C. *Quantitative Chemical Analysis*, 8th edition. Wiley-Interscience, 1990.
ISBN 978-471510949.

Harvey, David T. *Modern Analytical Chemistry*. New York: McGraw-Hill, 1999. ISBN 978-0072375473.

Skoog, Douglas A., Donald M. West, F. James Holler, and Stanley R. Crouch. *Fundamentals of Analytical Chemistry*, 8th edition. Brooks Cole, 2003. ISBN 978-0030355233.

CHAPTER 8

Lehninger, A., David L. Nelson, and Michael M. Cox. *Principles of Biochemistry*, 5th edition. W. H. Freeman,
2008. ISBN 978-1429224161.

Voet, D., and Judith G. Voet. *Biochemistry*, 4th edition. Wiley, 2010. ISBN 978-0470570951.

CHAPTER 9

Atkins, Peter, and Julio De Paula. *Physical Chemistry*, 8th edition. Oxford University Press, 2006. ISBN 978-0198700722.

Chandler, David. *Introduction to Modern Statistical Mechanics*. Oxford University Press, 1987. ISBN 978-0195042771.

McQuarrie, Donald A., and John D. Simon. Physical Chemistry: *A Molecular Approach*. University Science
Books, 1997. ISBN 978-0935702996.

CHAPTER 10

Jaffe, Bernard. *Crucibles: The Story of Chemistry from Ancient Alchemy to Nuclear Fission*, Dover Publications,
1976. ISBN 978-0486233420.

CHAPTER 11

Odian, George. *Principles of Polymerization*. Wiley-Interscience, 2004. ISBN 978-0471274001.

Stevens, Malcolm P. *Polymer Chemistry: An Introduction*. Oxford University Press, 1998.
ISBN 978-0195124446.

CHAPTER 12

Yergin, Daviel. *The Quest: Energy, Security, and the Remaking of the Modern World*. New York: Penguin
Books, 2012. ISBN 978-0143121947.

CHAPTER 13

Pavia, Donald L., Gary M. Lampman, George S. Kriz, Randall G. Engel. *Microscale and Macroscale*

Techniques in the Organic Laboratory. Brooks Cole, 2001. ISBN 978-0030343117.

CHAPTER 14

Fetterolf, Monty L. *The Joy of Chemistry: The Amazing Science of Familiar Things*. Prometheus Books, 2010. ISBN 978-1591027713.

Field, Simon Q. *Why There's Antifreeze in Your Toothpaste: The Chemistry of Household Ingredients*. Chicago Review Press, 2008. ISBN 978-1556526978.

Le Couteur, Penny. Napoleon's Buttons: *How 17 Molecules Changed History*. Jeremy P. Tarcher, 2004. ISBN 978-1585423316.

CHAPTER 15

Anastas, P. T., and J. C. Warner. *Green Chemistry: Theory and Practice*, New York: Oxford University Press, 1998, p.30.

CHAPTER 16

Callister Jr., William D., and David G. Rethwisch. *Materials Science and Engineering: An Introduction*. John Wiley and Sons, 2010. ISBN 978-0470419977.

CHAPTER 17

Miller, Steve. *The Chemical Cosmos: A Guided Tour*. Springer, 2011. ISBN 978-1441984432.

CHAPTER 18

Corriher, Shirley O. CookWise: *The Hows & Whys of Successful Cooking, The Secrets of Cooking Revealed*. William Morrow Cookbooks, 1997. ISBN 978-0688102296.

Ettlinger, Steve Twinkie, *Deconstructed: My Journey to Discover How the Ingredients Found in Processed Foods Are Grown, Mined (Yes, Mined), and Manipulated into What America Eats*. Hudson Street Press, 2007. ISBN 978-1594630187.

Wolke, Robert L. *What Einstein Told His Cook: Kitchen Science Explained*. W. W. Norton & Company, 2008. ISBN 978-0393329421.

CHAPTER 19

Science Bob—Experiments: http://www.sciencebob.com/experiments.

Thompson, Robert B. *Illustrated Guide to Home Chemistry Experiments: All Lab, No Lecture*. O'Reilly Media, 2008. ISBN 978-0596514921.

찾아보기

이미지 저작권